SYSTÈME GLACIAIRE

OU RECHERCHES

SUR LES GLACIERS

LEUR MÉCANISME, LEUR ANCIENNE EXTENSION

ET LE RÔLE QU'ILS ONT JOUÉ DANS L'HISTOIRE DE LA TERRE,

PAR

MM. L. AGASSIZ, A. GUYOT & E. DESOR.

Première Partie.

Corbeil, imprimerie de CRÉTÉ.

NOUVELLES ÉTUDES ET EXPÉRIENCES

SUR LES

GLACIERS ACTUELS

LEUR STRUCTURE, LEUR PROGRESSION

ET LEUR ACTION PHYSIQUE SUR LE SOL;

PAR

L. AGASSIZ.

Avec un Atlas de 9 cartes et 9 planches.

PARIS,

VICTOR MASSON,

LIBRAIRE DES SOCIÉTÉS SAVANTES PRÈS LE MINISTÈRE DE L'INSTRUCTION PUBLIQUE,

Place de l'École de Médecine.

LEIPZIG, LÉOPOLD VOSS.

M DCCC XLVII

PREMIÈRE PARTIE.

INTRODUCTION

AUX NOUVELLES RECHERCHES SUR LES GLACIERS ACTUELS.

Dans cette première partie, je me propose de traiter du *système glaciaire,* de l'histoire des glaciers actuels et plus particulièrement des glaciers des Alpes, en exposant leurs conditions générales d'existence, leur dépendance des reliefs environnants, les transformations qu'ils subissent dans leur trajet à partir des régions supérieures où ils se forment et se consolident, jusqu'à leur extrémité qui descend jusque dans les vallées inférieures ; je parlerai de l'influence qu'exercent sur leur allure les conditions atmosphériques, leur progression dans un temps donné, le mécanisme de cette locomotion, et enfin l'action qu'ils exercent sur le sol des vallées et des couloirs qui leur servent de lit.

Une partie de ces questions ont déjà été traitées dans mon premier ouvrage sur les glaciers (*). Mon but était alors de montrer la liaison intime qui existe entre les phénomènes erratiques et les effets semblables que nous voyons se produire sous nos yeux dans le domaine des glaciers ac-

---

(*) *Études sur les Glaciers,* Neufchâtel, 1840.

tuels ; je devais, tout en étudiant l'action des glaciers sur le
sol, m'enquérir des lois qui régissent ce mécanisme mys-
térieux en vertu duquel ces gigantesques amas de glace
s'avancent ainsi lentement, mais irrésistiblement. A cette
époque on ne possédait encore aucune donnée précise sur
la somme du déplacement dans un temps donné, ni sur
les variations auxquelles le mouvement est assujetti. Cependant, en visitant les principaux glaciers de nos Alpes, je
compris que la théorie de Saussure, telle qu'on la concevait
alors, était impuissante à rendre compte de toutes les circonstances du mouvement des glaciers. La théorie de la dilatation proposée par Scheuchzer, il y a deux siècles, et remise
en honneur par MM. Biselx et de Charpentier, me semblait
fournir une explication plus vraie du phénomène. Elle
avait en outre l'avantage de rattacher d'une manière plus
directe le mouvement des glaciers aux influences climatologiques ; mais la discussion avait fait naître une foule d'objections que la théorie de la dilatation était impuissante à
résoudre. Les faits sur lesquels elle se fondait n'avaient été
observés qu'à une seule époque de l'année, pendant la
belle saison, et l'on ne possédait que des données vagues
sur les modifications que déterminent les conditions variables de température et d'humidité aux différentes saisons.
La structure de la glace elle-même exigeait de nouvelles
recherches. On avait sans doute remarqué sa compacité
croissante d'amont en aval ; mais les causes de cette augmentation de densité étaient inconnues. Le rôle des fissures capillaires avait été pressenti, mais l'on ne possédait
aucune expérience sur la filtration des liquides dans ce
réseau. On n'avait fait qu'indiquer la présence de bandes

de glace bleue au milieu de la glace bulleuse, mais sans les
expliquer. Le phénomène si important de la stratification
et sa persistance jusque dans les régions inférieures avait
été à peu près complétement négligé. On n'avait pas apprécié à leur juste valeur les rapports qui existent entre l'é-
tendue des glaciers et les reliefs des montagnes. La forme
et la distribution des glaces sur les hauts sommets étaient à
peu près inconnues. Enfin il restait à indiquer d'une manière rigoureuse la quantité dont les glaciers se déplacent
dans un temps donné et leur vitesse relative sur les différents points de leur cours.

Des problèmes de cette nature n'étaient plus du ressort
des observations éphémères comme celles qu'on peut faire
dans une course de montagne. Il fallait remplacer les observations passagères par des séries d'expériences faites
d'une manière continue sur quelque grand glacier des Alpes.
Il fallait en un mot vivre, pour ainsi dire, dans l'intimité du
glacier, pour lui arracher les secrets de sa formation et de
sa marche annuelle. Sans connaître encore toutes les difficultés de la tâche que j'allais entreprendre, je ne reculai pas
devant les sacrifices qu'elle m'imposait. Ce fut en 1841 que
je commençai la nouvelle série de travaux dont je vais rendre compte dans cet ouvrage. Je choisis pour théâtre de
mes investigations, le glacier de l'Aar que j'avais déjà ha-
bité en 1840 et qui, par son étendue, son accès facile et la
proximité de l'hospice du Grimsel, m'avait paru le plus approprié au but que je poursuivais.

La première année (1841), je dirigeai surtout mon attention sur la structure de la glace, sur les fissures capillaires,
sur la disposition des crevasses. Des observations nom-

breuses furent faites sur la température de l'intérieur du
glacier, et sur la quantité d'eau qui s'accumule au fond des
cavités; je consacrai un soin tout particulier à l'étude des
glaces dans les hautes régions, et j'entrepris même dans ce
but l'ascension de la Jungfrau, le 28 août 1841. Enfin, j'eus
soin d'aligner au travers du glacier un certain nombre de
pieux et de déterminer la position exacte d'une série de
blocs destinés à me faire connaître l'avancement exact du
glacier dans un temps donné.

Ces signaux relevés au commencement de l'été de 1842,
constituent le premier document précis que l'on possède
sur l'avancement des glaciers.

Cependant ces relevés ne devaient acquérir toute leur importance qu'autant qu'ils pourraient être inscrits sur un plan
exact du glacier. J'avais trop souvent été dans le cas de dé-
plorer le manque d'une bonne carte des glaciers, pour ne
pas songer à combler cette lacune. Je ne tardai pas à obtenir de mon ami, J. Wild, la promesse qu'il se chargerait
de cette tâche. La carte du glacier de l'Aar qui accompagne
cet ouvrage a été levée par cet habile ingénieur pendant la
campagne de 1842, ainsi que le plan plus détaillé d'une
bande de 150 mètres de large prise à travers le glacier et destinée à faire apprécier les moindres changements de la surface du glacier en ce point. Pendant que M. Wild était occupé à ces travaux, des expériences suivies se faisaient à
l'Hôtel des Neuchâtelois sur la perméabilité du glacier, sur
la quantité d'air contenue dans les différentes espèces de
glace. On observait la structure de la glace, la répartition
des bandes bleues sur de grands espaces, la disposition
des couches avec leur inclinaison variable, la marche de la

température de l'intérieur du glacier comparativement à celle de l'air, enfin les déplacements journaliers de plusieurs pieux fixés dans la glace.

La campagne de 1843 devait me donner les premiers relevés complets du déplacement annuel sur dix-huit points compris dans le réseau trigonométrique de la carte. J'appris ainsi que le mouvement du glacier n'est pas uniforme dans toute son étendue, mais qu'il va en se ralentissant d'amont en aval, à partir d'une certaine région qui correspond probablement au maximum d'épaisseur. De nouvelles observations ont été ajoutées à celles que l'on possédait déjà sur la structure du glacier et spécialement sur la disposition dès couches dont les contours sont indiqués sur la carte de Pl. III.

La campagne de 1844 a été signalée par des travaux non moins importants. On ne se contenta pas seulement de relever, comme par le passé, la marche annuelle et d'observer les déplacements journaliers du grand glacier. La progression des petits glaciers latéraux qui viennent affluer sur les deux rives du glacier de l'Aar fut également soumise à l'expérience. Il importait d'autant plus de connaître la vitesse de leur marche que, reposant sur des pentes très-roides, on pouvait espérer arriver par ce moyen à apprécier l'influence de la pente dans la locomotion des glaciers, en comparant leur marche à celle des grands glaciers à faible pente. Des appareils particuliers furent en outre établis sur le bord du glacier de l'Aar, afin d'observer de jour en jour et d'heure en heure la marche exacte des régions riveraines et la manière dont elle est influencée par les obstacles du rivage. L'ablation fut observée en détail non-seulement dans les

régions moyenne et inférieure du glacier, mais aussi dans
les régions supérieures, ainsi que sur les glaciers latéraux
et la rive droite. Enfin des expériences de jaugeage sur
les variations de niveau de l'Aar à sa sortie du glacier devaient nous apprendre le rapport qui existe entre la fonte
superficielle et le débit de la rivière.

La campagne de 1845 plus favorisée du temps que les précédentes devait compléter le cycle des observations sur la
progression en nous faisant connaître les variations du
mouvement selon les saisons. Quatre stations furent échelonnées de distance en distance sur le glacier de l'Aar et
disposées de manière à pouvoir être relevées même en hiver. Ce que la théorie avait prévu, l'expérience l'a démontré, savoir que le mouvement se ralentit à l'approche de
l'hiver, pour s'accélérer de nouveau au printemps.

Ces observations, ainsi que celles sur la marche annuelle
et sur la marche diurne ont été continuées en 1846 par les
soins de MM. Dollfus-Ausset et Ch. Martins, qui ont en outre démontré le rapport de vitesse qui existe entre les
différentes assises d'une même section, savoir que les couches inférieures marchent plus lentement que les supérieures.

Je n'anticiperai pas sur les résultats qui découlent de ces
expériences. On les trouvera formulés à la fin de chaque
chapitre, et dans un résumé général sur les causes du mouvement à la fin du chapitre qui traite de la progression.
En signalant ici les principaux travaux qui ont été exécutés
sous ma direction et avec le concours de mes amis pendant
les cinq années qui viennent de s'écouler, je n'ai d'autre
but, que de faire voir qu'il ne s'agit pas d'un travail spécu-

latif, mais d'une série d'expériences et d'observations rigoureuses recueillies avec avec tout le soin que comportent les circonstances difficiles et les obstacles sans nombre au milieu desquels elles ont été faites. Aussi je n'hésiterai pas à signaler soigneusement ce que mes opinions antérieures ont eu d'erroné toutes les fois qu'elles se trouveront en opposition avec les résultats des nouvelles expériences.

Des travaux aussi variés ne sauraient être l'œuvre d'un seul homme. Loin de méconnaître la part très-grande qui revient à autrui dans ces recherches, c'est pour moi un devoir bien doux à remplir que celui de rendre un témoignage public de ma reconnaissance aux nombreux amis de la science qui m'ont prêté le concours de leurs lumières, de leur zèle et de leur dévoûment. Les uns ont partagé avec moi les labeurs et quelquefois les dangers de ces travaux ; d'autres m'ont facilité par leur généreux appui, la réalisation d'expériences qu'il m'eût été impossible de tenter avec mes propres ressources. Qu'il me soit permis de rappeler ici le nom de S. M. le roi de Prusse, notre gracieux souverain, dont la magnanimité se plaît à encourager tous ceux qui cultivent les sciences et les arts.

Quant à ceux de mes amis qui ont pris une part active à ces recherches j'ose espérer qu'ils accueilleront avec indulgence, ce livre qui renferme le résumé de nos travaux communs. Ce vœu s'adresse en particulier à M. Wild, à qui je dois les deux principales cartes de l'atlas qui accompagne cet ouvrage, à MM. Escher de la Linth et Ferd. Keller qui m'ont aidé dans mes recherches sur la structure et sur le mouvement des glaciers, à MM. Dollfus-Ausset, Cél. Nicolet, C. Vogt, E. Collomb et Dollfus fils, qui ont fait à m sollicitation de nombreuses expériences sur les propriétés physiques de la glace et de la neige ; à MM. Otz et Stengel, qui ont bien voulu se charger, en l'absence de M. Wild, des relevés géodésiques des blocs pendant les campagnes de 1844 et 1845 ; à MM. Delcros et d'Osterwald qui m'ont aidé de leurs conseils et de leurs lumières dans l'élaboration de la partie géodésique de ce travail, enfin à MM. Martins et Bravais qui, en me communiquant les détails des expériences qu'ils faisaient simultanément sur le glacier du Faulhorn, m'ont mis à même de traiter plusieurs points de la structure des glaciers avec plus de généralité que je n'aurai pu le faire d'après mes propres observations. Enfin je dois mentionner d'une manière toute spéciale la part qui revient dans ce travail à mon ami et fidèle compagnon de voyage, M. E. Desor. Sa collaboration active et constante dans les expériences sur le glacier et dans la rédaction de l'ouvrage m'impose la douce obligation de l'en remercier publiquement et de signaler son nom à l'estime des voyageurs et des savants.

Je joins à cette introduction une énumération des principaux ouvrages, mémoires et notices qui traitent des glaciers actuels, d'après le résumé qu'en a fait M. Desor.

LISTE

PAR ORDRE ALPHABÉTIQUE,

DES AUTEURS QUI ONT TRAITÉ DES GLACIERS ACTUELS

AVEC L'INDICATION DE LEURS ÉCRITS.

AGASSIZ (L.). Discours d'ouverture des séances de la Société helvétique des Sciences naturelles à Neuchâtel, le 24 juillet 1837. Neuchâtel, 1837. 8°. — Contient le premier exposé de la théorie de l'auteur, qui se trouve modifiée de différentes manières dans ses écrits subséquents.

AGASSIZ (L). Notice sur les glaciers.—*Bibl. univ., de Genève*, Tom. XX (1839), p. 382. — *Bull. Soc. géol. Fr.* IX, p. 443. — Reproduite en tête des *Excursions dans les Alpes* par *E. Desor*.

AGASSIZ (L). Études sur les glaciers. Neuchâtel 1840. 8°. Un vol. de texte accompagné d'un atlas in-folio de 32 planches. Le même ouvrage en allemand, sous le titre de : Untersuchungen über die Gletscher.

AGASSIZ (L). Lettre à M. Arago. — *Compt. rend., Acad.* 1842. — Tom. XV, p. 284 et 435. — Inst. X, p. 278, 305, 359. — *Leonh* et *Br., N. Jahrb. f. Miner.*, 1843, p. 364. — Contient un résumé des expériences entreprises par l'auteur pendant l'année 1842.

AGASSIZ (L). The glacial theory and it recent progress. — *Edinb. n. philos. Journ.* 1842, vol. XXXIII, p. 217. — *Bibl. univ., Genève*, 1842, Tom. XLI, p. 118 (1).

(1) La première partie renferme un exposé du phénomène erratique avec indication des caractères qu'il revêt 1° dans l'intérieur des vallées, 2° dans les plaines,

AGASSIZ (L.). Lettre à M. Arago. — *Compt. rend., Acad.*, 1842. — *Edinb. n. philos. Jour.*, 1842, Tom. XXXIII, p. 339. — Contient un exposé des principaux résultats obtenus pendant le séjour de l'auteur sur le glacier de l'Aar en 1842.

AGASSIZ (L.). Sur la détermination exacte de la limite des neiges éternelles en un point donné. — *Compt. rend., Acad.* 1843, Tom. XVI, p. 752. — *Poggend, Ann. d. Phys. u. Chem.*, LIX, p. 342.

AGASSIZ (L.). Dans *L. et Br., N. Jahrb f. Miner*, 1843., p. 84 et 86. — Exposé abrégé de la stratification des glaciers avec des coupes.

AGASSIZ (L). Quel est l'âge des plus grands glaciers des Alpes suisses? Lettre à M. Arago. — *Compt. rend.*, 1843, Tom. XVI, p. 678.

AGASSIZ (L.). *Bull. soc. Neuch.*, 1843. — *L. et Br., N. Jahrb f. Min.*, 1844, p. 620. — Expériences sur la manière dont progressent les blocs de glace placés sur des plans inclinés divers.

ALTMANN (Joh. Georg). Versuch einer historischen und physischen Beschreibung der helvetischen Eisberge. Zurich, 1751. 8° (1 vol).

BADEFELD (Ed.). Quelques mots sur l'Oetzthal. — *Messager tyrolien*, 1825, n° 93-101, et 1829, n° 96-98. — Contient des renseignements sur les glaciers de cette vallée.

BEAUMONT (Élie de). Remarques sur deux points de la théorie des glaciers, et note sur les pentes de la limite supérieure de la zone erratique, sur leur comparaison avec les pentes des glaciers et celles des cours d'eau. — *Ann. des Sc. géol.*, 1842. — *Inst.*, 1842, X, p. 300. — *Leonh. und Br., N. Jahrb.*, 1842, p. 855. — *Bibl. univ., de Genève*, 1842, Tom. XLI, p. 184. — *Edinb. n. philos. Journ.*, 1843, vol. XXXIV, p. 110.

BISELX. Notice sur l'histoire naturelle du mont Saint-Bernard. — *Bibl. univ.*, 1819, Tom. XI, p. 205, Tom. XII, p. 43. — *Gilbert's, Ann. d. Phys.*, LXIV, p. 183.

BISCHOF (G). Einige physikalische und chemische Beobachtungen in den Schweizer Alpen. — *Poggend., Ann. d. Phys.*, 1836, XXXVII, p. 259. — L'auteur signale l'effet réfrigérant de l'évaporation. Il parle de la formation des baignoires qu'il attribue aux particules d'eau chaude qui tendent à gagner le fond, et la composition de l'air qui s'échappe des glaciers.

BISCHOF (G). Die Gletscher in ihrer Beziehung zur Hebung der Alpen, zur Contraktion krystallinischer Formationen und zu den erratischen Geschieben. — *L. u. Br., N. Jahrb. f. Miner.*, 1843, 505. — L'auteur insiste sur les rapports qui existent entre les glaciers et la constitution géognostique des Alpes.

BISCHOF. Die Waermelehre. — Contient de nombreux détails sur les glaciers et leurs rapports avec la chaleur terrestre.

BOUSSINGAULT. Recherches sur la composition de l'air qui se trouve dans les pores de la neige. — *Compt. rend., Acad.*, 1841. — *Bibl. univers.*, 1841, Tom. XXXI, p. 399.

BOUSSINGAULT. Sur le rayonnement de la neige. Extrait d'une lettre à M. Arago. — *Compt. rend. Acad.*, Tom. XIV, p. 405. — *Poggend., Ann. d. Phys.*, LVI, p. 604.

BRAVAIS et MARTINS. Rapport adressé à M. Villemain, ministre de l'instruction publique, sur leur mission scientifique dans les Alpes, et leur ascension du Mont-Blanc. — *Moniteur* des 18 septembre et 27 octobre 1844 et *Rev. scientif. et industr.*, de Quesneville, 1844.

BRUNNER (C.). Sur un moyen de mesurer la densité de la glace à différentes températures. *Inst.*, 2 juillet 1845, N. 601. — *Bibl. univ. de Genève*, 1845, Tom. LV p. 145. — *Poggend. Ann., d. Phys.*, 1845, vol. LXIV. — L'auteur démontre que la glace est de tous les corps solides, celui qui se contracte le plus. Il en résulte par conséquent que, tandis que l'eau, sous forme liquide, se dilate par un abaissement de température au-dessous de $+ 4°$; la glace ou l'eau solide se contracte à mesure que la température descend au-dessous de zéro.

BUCH (L.v.). Ueber die Grenzen des ewigen Schnees im Norden. — *Gilbert, Ann. d. Phys.*, vol. XLI.

CHARPENTIER (J. de). Essai sur la constitution géognostique des Pyrénées. — Renferme des détails sur la forme et l'étendue des glaciers des Pyrénées.

CHARPENTIER (J. de). Essai sur les glaciers et le terrain erratique de la vallée du Rhône. Ouvrage fondamental. 1841, un vol. in-8°.

CHARPENTIER (T. de). Ueber Gletscher *Gilbert's, Ann. der Phys.* vol. LXIII.

COLLOMB (E.). Sur certains mouvements observés dans les neiges des Vosges avant leur fusion complète. — *Compt. rend., Acad.*, 1845, Tom. XXI. p. 32.

DARWIN et FORBES. Extract from Letters on the analogy of the structure of some volcanic rocks with that of glaciers. — *Edinb. n. phil. Journ.*, vol. XXXVII, 1845, p. 370.—L'auteur insiste sur l'analogie qu'il prétend exister entre la structure des glaciers et celle de certaines roches volcaniques.

DELUC (J.-A.). — Notice sur les glaces de la baie de Baffin. *Bibl. univ. de Genève*, 1820, *p.* 288. — *Gilbert's, Ann. d. Phys.*, 1821, Tom. LXIX, p. 149.—C'est un résumé des observations du capitaine Ross sur les glaciers de la Baie de Baffin.

DE LA PROSTAYE et DESAINS. Chaleur latente de la glace. *Instit.*, 1843. — *Compt. rend., de l'Acad.*, 1843.

DELUC (J.-A., neveu). Note sur les glaciers des Alpes. — *Bibl. univ. de Genève*, 1839, Tom. XXI, p. 141.

DELUC (J.-A., neveu). Remarques sur l'ouvrage du professeur Forbes, intitulé : Voyages dans les Alpes pennines, avec des observations sur les phénomènes des glaciers. — *Bibl. univ. de Genève*, 1844, Tom. L, p. 486.

DESOR (Ed.). Journal d'une course faite aux glaciers du Mont-Rose et du Mont-Cervin, etc. — *Bibl. univ. de Genève*, 1840, Tom. XXVII, p. 129 et 336 (1).

DESOR (Ed.). Séjour de M. Agassiz sur la mer de glace du Lauteraar et Finsterar.— *Bibl. univ., Genève*, 1841, Tom. XXXII, p. 116 et 359.

DESOR (Ed.). Quelques observations sur les névés. — *Bibl. univ., Genève*, 1841, Tom. XXXII, p. 387.

DESOR (Ed.). L'ascension de la Jungfrau, etc. — *Bibl. univ. de Genève*, 1841, Tom. XXXVI, p. 112. — Traduction allemande par Ch. Vogt, in-8°. — *Edinb. n. philos. Jour.*, 1842, Tom. XXXII, p. 291.

DESOR (Ed.). Récit d'une course faite aux glaciers en hiver. — *Bibl. univ., Genève*, 1842, Tom. XXXVIII, p. 354.—Trad. anglaise, *Edinb. n. philos. Journ.*, 1842, Tom. XXXIII, p. 243.

DESOR (Ed.). Compte rendu des Recherches de **M. Agassiz** pendant ses deux derniers séjours à l'Hôtel des Neuchâtelois, sur le glacier inférieur de l'Aar, en 1841 et 1842. — *Bibl. univ. de Genève*, 1843, Tom. XLIV, p. 118 et 333. — *Edinb. n. philos. Jour.*, 1843, Tom. XXXV, p. 166 et 290, et Tom. XXXVI, p. 144.

(1) Ce Mémoire et les cinq suivants sont reproduits en substance dans les Excursions du même auteur.

DESOR (Ed.). L ascension du Schreckhorn. — *Revue suisse*, 1843.

DESOR (Ed.). Excursions et séjours dans les glaciers et les hautes régions des Alpes, de M. Agassiz et de ses compagnons de voyage. Neuchâtel, 1844, in-12. — *Traduct. allem. par Ch. Vogt.*

DESOR (Ed.). Sur le mouvement des glaciers latéraux. — *Compt. rend. Acad. Sc.*, 1844, Tom. XIX, p. 1299 (*).

DESOR (Ed.). Lettre à M. Mérian dans *Leonhard's und Bronn's, Jahr f. Min.*, 1844. — Réfutation de l'article de M. Mérian.

DESOR (Ed.). Sur les rapports des glaciers avec les reliefs des Alpes. — *Compt. rend. Acad. Sc.*, 1845, Tom. XX, p. 883.

DESOR (Ed.). Nouvelles excursions et séjours dans les glaciers et les hautes régions des Alpes, de M. Agassiz et de ses compagnons de voyage. Neuchâtel, 1845, in-12.

DOLLFUS. Hautes régions des Alpes. Campagne de 1844. Mulhouse, in-8.

DUFRÉNOY et ELIE de BEAUMONT. Mémoires géologiques, etc. — Contiennent quelques indications sur la pente des glaciers.

ENGELHARDT (C.-M.). Naturschilderungen, aus den hœchsten Schwei, zeralpen, 1840. — L'atlas qui accompagne l'ouvrage renferme quelques jolies vues de glaciers.

ESCHER DE LA LINTH (C.). Gegenbemerkungen über die von H.-T. v. Charpentier aufgestellte Erklærung des Vorwærts Gehens der Gletscher. — *Gilbert, Ann. d. Phys.* 1821, Tom. LXIX, p. 113. — L'auteur défend la théorie du glissement contre M. T. de Charpentier, qui attribue le mouvement des glaciers à la congélation de l'eau renfermée dans les crevasses. Cet article est suivi de notes explicatives par Gilbert.

FAVRE (A.). Compte rendu des ouvrages de MM. Godefroy, Agassiz, et Rendu sur les glaciers. — *Bibl. univ. de Genève*, 1841, Tom. XXXI, p. 339.

FORBES (J.-D.). On a remarquable structure observed by the author in the ice of glaciers. — *Edinb. n. philos. Journ.*, 1842, Vol. XXXII, p. 84. — *Bibl. univ. Genève*, 1842, Tom. XXXIX, p. 392. — Description abrégée des bandes de glace bleue qu'on trouve dans l'intérieur des glaciers, et dont l'auteur s'attribue à tort la découverte.

(*) Ce mémoire et le suivant sont reproduits en substance dans les nouvelles excursions du même auteur.

FORBES (J. D.). Historical Remarks on the first discovery of the real structure of glacier ice. — *Edinb., n. philos. Journ.*, 1843. vol. XXXIV p. 133. — Simple querelle de priorité.

FORBES (J.-D.). The glacier Theory. — *Edinb. Review*, 1842. — Critique de l'ouvrage de M. Agassiz.

FORBES (J.-D.). Travels through the Alps of Savoy, and other parts of the pennine chain with observations on the phenomena of glaciers. Edinburgh 1843, in 8. — Traduct. allem. par *G. Leonhard*. Seconde édition, 1845.

FORBES (J. D.). Account of his recent observations on glaciers. — *Edinb. n. Philos. Journ.*, 1842, vol. XXXIII, p. 338. — *Bibl. univ. de Genève*, 1842, Tom. XLII, p. 338. — L'auteur expose dans une série de lettres les observations faites par lui sur les glaciers de Chamonix.

FORBES (J. D.). Fourth Letter on the glacier Theory. — *Edinb. n. philos. Journ.*, 1843, vol. XXXIV, p. 1.

FORBES (J. D.). Fifth Letter. — *Edinb. n. philos. Journ.*, 1844, vol. XXXVI, p. 217. — Détails sur le mouvement et la stratification.

FORBES (J. D.). Sixth Letter. — *Edinb. n. philos. Journ.*, 1844, vol. XXXVII, p. 231. — L'auteur cherche à montrer que le mouvement du glacier est le même que celui des coulées de laves.

FORBES (J. D.). Seventh Letter. — *Edinb. n. philos. Journ.*, 1844, vol. XXXVII, p. 244. — *Bibl. univ. Genève*, 1844, Tom. LI, p. 354. — Tentative d'expliquer l'inclinaison des couches par l'inégalité de mouvement.

FORBES (J. D.). Eighth Letter. — *Edinb. n. philos. Journ.*, 1844, vol. XXXVII, p. 375. — Détails sur l'inégalité de mouvement du glacier, aux différentes stations.

FORBES (J. D.). Ninth Letter. — *Edinb. n. philos. Journ.*, 1845, vol. XXXVIII, p. 332. — *Bibl. univ. de Genève*, 1845, Tom. LVI, p. 134, — Critique des recherches de M. Desor sur le mouvement des glaciers.

FORBES (J. D.). On the movement and structure of the mer de glace of Chamonix. — *Edinb. n. philos. Journ.*, 1843, Tom. XXXIV, p. 380. — L'auteur traite des différences qu'on remarque dans le mouvement des glaciers suivant les époques et les conditions locales.

FORBES (J. D.). Sur la théorie des glaciers. Lettre adressée au prof. Studer. — *Bibl. univ. Genève*, 1844, Tom. LIII, p. 140

FRIGNET (Ernest). Essai sur le phénomène erratique en Tyrol, suivi d'une relation historique de l'écoulement du lac du Roten-Eis dans l'Oetzthal. Paris, 1846, in-8. — Simple traduction de l'ouvrage de M. Stotter.

FROEBEL (Julius). Reise in die weniger bekannten Thäler auf der Nordseite der Penninischen Alpen. Berlin, 1840, in-8. — Renferme quelques détails sur les glaciers de la chaîne du mont Rose, au point de vue topographique.

GEBLER (Fr.). Uebersicht des Katunischen Gebirges. — *Mém. des savants étrangers de l'Acad. de St. Pétersb.*. 1837, Vol. III, p. 455.— Renferme des données intéressantes sur les glaciers de l'Altaï. On retrouve au Katunjglëtscher tous les phénomènes ordinaires des glaciers, les tables de glacier, les moraines élargies de haut en bas et même les sèracs, les crevasses longitudinales à l'extrémité des glaciers. L'auteur y a aussi reconnu la stratification.

GODEFROY (Ch.). Notice sur les glaciers, les moraines et les blocs erratiques des Alpes avec une table analytique. Genève, 1840, in-8. —Un amateur, homme du monde, qui s'est amusé à faire une théorie sur le mécanisme des glaciers, après s'être promené la canne à la main dans quelques vallées des Alpes.

GORDON. On the subject of the viscous theory of glaciers.— *Edinb. n. philos. Journ.*, avril 1845, p. 372. — Expérience sur la poix coulante dans laquelle l'auteur voit un analogue du mouvement des glaciers.

GRANGE (Jules). Recherches sur les glaciers, les glaces flottantes, les dépôts erratiques, sur la distribution géographique et la limite inférieure des glaciers. Étude du phénomène erratique du nord de l'Europe, 1846, in-8. — Ce mémoire ne contient aucune observation propre à l'auteur.

GRUNER. Die Eisgebirge des Schweizerlandes. Bern, 1760, 3 vol. in-8. — Traduct. franç., par *de Keralio*. Paris, 1770. — L'ouvrage est défiguré par le traducteur, qui est un ignorant.

HARGASSER. Reise nach Solden und. Zwieselstein, 1821.— *Allg. Bot. Zeitung*, 1825, p. 435, 1823, p. 573, et 1821, p. 257. — Contient des renseignements sur l'envahissement des glaciers du Tyrol.

HERSCHEL. On some phenomena observed on glaciers. — *Proc. geol. Soc., Lond.*, Vol. III, p. 699.— *Edinb. n. philos. Journ.*, 1843, Vol. XXXIV, p. 17. — L'auteur cherche à expliquer la température de l'intérieur des glaciers, par des ondes successives, comme cela a lieu dans les glacières naturelles.

HOPKINS (W.). Researches in physical geology. — *Trans. Cambridge philos. soc.* Vol. VI, part. I, 1836-1838. — L'auteur examine le mouvement des glaciers au point de vue purement mécanique.

HOPKINS (W.) On the motion of glaciers. — *Trans. Cambr. Philos. Soc.*, Vol. VIII, part. II. — Second mémoire de l'auteur sur le même sujet.

HOPKINS (W.) On the motion of glaciers. — *Philos. mag.*, Vol. XXVI, 1845. — L'auteur discute contradictoirement avec M. Forbes la question du mouvement des glaciers au point de vue mathématique et mécanique.

HOPKINS (W... Reply to Dr Whewell's Remark on glacier theories — *Philos. mag.*, Vol. XXVI, p. 334. — Controverse avec M. Whewell sur la question de savoir si les glaciers sont des corps solides ou des corps fluides.

HUGI. Naturhistorische Alpenreisen, 1830, in-8.—Renferme le récit des excursions de l'auteur dans les glaciers des Alpes bernoises.

HUGI. Ueber das Wesen der Gletscher und Winterreise in das Eismeer, 1842, in-8. — Renferme des discussions sur différents point litigieux du régime des glaciers, avec le récit d'une course faite en hiver.

HUGI. Die Gletscher und die erratischen Blœcke, 1843, in-8.—Ouvrage polémique sur les différentes théories relatives aux glaciers.

HUMBOLDT (Alex. de). Des lignes isothermes et de la distribution de la chaleur sur le globe.— *Mém. Soc. d'Arcueil*, Tom. III, p. 587.

HUMBOLDT. Wanderungen in die Gletscherwelt. Zurich, 1843.

KÆMTZ. Vorlesungen über Meteorologie. Traduct. française, avec notes, par *Ch. Martins*.

KOLENATI. Die Ersteigung des Kasbeck. — *Bull. Acad., Saint-Pétersb.*, Tom. IV, n. 12, 13 et 14. — *Poggend. Ann. de Phys.*, 1845, Vol. LXVI, page 553.— *Bericht der Berl. Acad.*, 1845.—*Instit.* 1845, p. 397. — *Ermans, Archiv.* Tom. V, p. 248. — Récit de son ascension du Kasbeck, avec des détails sur les glaciers du Caucase.

KOTZEBUE. Endeckungsreise in der Sudsee und nach der Behringsstrasse, Weimar, 1821. — Contient des détails fort curieux sur les glaciers du Nord. Par extrait dans *Gilberts, Ann.*, 1821, Vol. LXIX, p. 143.

KRIES. Bemerkungen über das Gefrieren des Wassers. — *Poggend. Ann. d. Phys.*, Vol. LII, p. 636.

KUHM. (B.-Fr.). Versuch über den Mechanismus der Gletscher. — *Hœpfner, Mag. Naturk. Helv.*, 17. — Excellent travail fort supérieur à bien des travaux plus récents.

KUHN (B.-Fr.). Erwiederung auf Ploucquets Ansicht von der Unbeweglichkeit der Gletscher.—*Hœpfner, Mag. Naturk. Helv.*, 17...

KURSINGER (Ignaz v.) und SPITALER (Dr Franz). Der Gross-Venediger, in der norischen Central-Alpenkette, seine erste Ersteigung, am 3 september 1841, und sein Gletscher in seiner gegenwärtigen und ehemaligen Ausdehnung. Insbruck, 1843, in-8. — Récit de leur ascension du Gross-Venediger, avec quelques observations sur les glaces et les névés.

LADAME. Sur le passage de la neige farineuse à la neige grenue, et de celle-ci à la glace compacte avec application à la théorie des glaciers. —*Bull. Soc. Sc. nat. de Neuch.*, 1844-1845.

LINK (H.-F.). Ueber die Erscheinungen beim Gefrieren des Wassers unter einem Mikroskop. —| *Poggend., Ann.*, 1845, Vol. LXIV. — L'auteur montre qu'avant de passer à l'état solide, l'eau, comme tous les corps, passe par un état intermédiaire de mollesse.

MALLET. On the brettleness and non plasticity of glacier ice.— *Philos. Magaz.*, 1845, Tom. XXVI, p. 586. — L'auteur montre que la glace des glaciers n'est pas un corps plastique, comme le prétend M. Forbes.

MARTINS (Ch.). Observations sur les glaciers du Spitzberg comparés à ceux de la Suisse et de la Norvège. — *Bibl. univ., de Genève*, 1840, Tom. XXVIII, p. 139.— *Bull. Soc. géol. Fr.* XI, p. 282, 1840.— *Edinb. n. Philos. Journ.*, Tom. XXX, p. 284, 1841. — C'est, avec celui de Scoresby, le meilleur travail que l'on possède sur les glaciers du Nord.

MARTINS (Ch.). Sur la température au fond de la mer dans le voisinage des glaciers du Spitzberg.—*Comptes rendus de l'Acad. des Sc.*, 7 janvier 1839. — *Poggend. Ann. d. Phys.*(Ergænzungsb.), 1842, p. 189.

MARTINS (Ch.). Remarques et expériences sur les glaciers sans névé de la chaîne du Faulhorn. — *Annales des Sc. géolog.*, 1842. — *Bibl. univ. de Genève*, 1843, Tom. XLIII, p. 369.

MARTINS (Ch.). Nouvelles observations sur le glacier du Faulhorn. — *Bull. Soc. géol. Fr.* 1845, 2ᵉ série, Tom. II, p. 223. — *Bibl. univ. de Genève*, 1845, Tom. LVI, p. 323.

MARTINS (Ch.). De l'ancienne extension des glaciers de Chamonix, depuis les Alpes jusqu'au Jura.— *Revue des Deux Mondes*, Tom. XVII, pag. 919. — 1ᵉʳ mars 1847. — La première partie de cet article contient l'exposé de tous les phénomènes des glaciers actuels qui s'appliquent immédiatement à l'étude de leur ancienne extension.

MERIAN P. Ueber die Theorie der Gletscher. — *Bericht der naturf. Gesellsch. Basel*, V. — *Bibl. univ. Genève*, 1843, Tom. XLVI, p. 325. — *Poggend. Ann. Phys*, Vol. LX, p. 417 et 527.

MIDDENDORF. Rapport sur le puits de Shergine. — *Bull. Acad., Saint-Péters.*, 2e trim., 1844. — *Instit.* 1845, p. 155. — Renseignements très-curieux sur l'accroissement de la température dans ce puits.

MIDDENDORF. Bericht über die Expedition in das nordöstliche Sibirien, während der Sommerhælfte des Jahres 1843. — *Bull. Acad. Saint-Pétersb.*, 1845. Tom. III, p. 150. — Contient des renseignements précieux sur la météorologie, les effets du froid et les mammouths.

NICOLET (C.). Observations faites à la Chaux de Fonds sur la neige et sa température. — *Bibl. univ. de Genève*, 1842, Tom. XXXIX, p. 176.

PARRY (E.). Voyage of *Hecla* and *Griper* for the discovery, of a nord-west passage, 1810-1820. — Renferme beaucoup d'observations intéressantes sur les glaces polaires.

PETZHOLDT (Alex.). Versuch einer neuen Gletschertheorie. Leipzig, 1843, in-8. — Cette théorie, fondée sur l'idée erronée que la glace augmente de volume en se refroidissant, est aujourd'hui abandonnée par l'auteur lui-même.

PFAUNDLER (Aloys). Beitraege zur Geschichte der Naturkunde, in Tyrol. Tom. I, 1825. — Contient des renseignements sur les glaciers.

PLOUCQUET (W.-G.). Vertrauliche Erzaehlung einer Schweizerreise im Jahr 1786, in Briefen. *Tubingen*, 1787, in-8. — Contient une discussion assez piquante sur le mouvement des glaciers, que l'auteur conteste, sous le prétexte qu'il a toujours trouvé les glaciers immobiles.

PLOUCQUET (Wilh. Gottfr.). Ueber einige Gegenstaende in der Schweiz. Tubingen, 1789, in-8. — Controverse avec les naturalistes suisses.

RENDU. Théorie des glaciers de la Savoie. *Mémoires de la Soc. roy. acad. de Savoie*, Tom. X, 1840, in-8. — Ouvrage très-intéressant, bien qu'il contienne peu d'observations originales.

ROHRER. Dissertatio inauguralis de glaciarorum vera ratione eorumque influxus in sanitatem accolarum. Tubingen, 1803.

RUMFORD. Mémoire sur la chaleur. Paris, 1804. — *Gilberts, Ann.*, 1804, Tom. XVIII, p. 364. — Renferme l'explication des trous (baignoires), qui se creusent naturellement à la surface du glacier. Suivant l'auteur, ce sont les molécules de la surface réchauffées au

contact des vents chauds qui gagnent le fond en vertu de leur poids
et fondent une partie de la glace.

SABINE. On the agency of glaciers in transporting rocks. — Athe-
næum, n° 827, p. 803. — *Edinb. n. philos. Journ.*, 1843, Vol. XXXV.
p. 389. — L'auteur a vu des masses de glace flottante détachées des
glaciers polaires, transporter des blocs erratiques.

SAUSSURE. Voyage dans les Alpes. Neuchâtel, 1803, in-4 (4 vol.).

SCHEUCHZER. Iter alpinum quartum. Lugd. Batav. — Contient sa théorie du mouvement par l'effet de la congélation de l'eau dans le glacier.

SCHMID (E.). Kristallgestalt und optisches Verhalten des Eises bey
langsamer Schmelzung. — *Poggend. Ann., d. Phys.*, 1842, Vol. LV.
p. 472. — Quelques observations sur la cristallisation de l'eau.

SCHUMACHER. Ueber die Crystallisation des Wassers, 1844. — Contient de nombreuses figures avec descriptions sur les formes de la
cristallisation de l'eau.

SCORESBY. Account of the arctic regions, 1820, vol. 1. — *Gilberts,
Ann.*, T. LXIX, p. 136. — L'auteur traite en détail des glaciers du
Spitzberg, qu'il désigne sous le nom de *ice-bergs*.

SHUTTLEWORTH (R. J.). Nouvelles observations sur la matière colo-
rante de la neige rouge.—*Bibl. univ. Genève*, 1840, Tom. XXV, p. 383.

SIMLER (Josias). Vallesiæ et Alpinum descriptio. Lugd. Batav., 1633
— Essentiellement topographique.

STARK. On the structure, formation and movement of glaciers and the
probable cause of their extension and subsequent disapparance. —
Proc. Roy. soc., Edinb., vol. XXXIII. — *Edinb. n. philos. Journ.*
1843, Vol. XXXIV, p. 171. — Renferme une critique des différentes
théories avec des considérations théoriques sur différents phénomènes des glaciers, tels que la stratification, les crevasses, etc.

STORR. Ueber die Spuren von Verænderungen die das helvetische
Alpengebirge durch eine grosse Naturbegebenheit erlitten zu haben
scheint. — *Hœpfner, Mag., Naturk. Helv.*

STOTTER. Die Gletscher des Vernagt-Thales in Tyrol. Inspruck, 1846,
in-8. — Contient de précieux détails sur l'envahissement du glacier
de Vernagt et l'écoulement du lac auquel il avait donné lieu.

STRUVE. Sur la densité de la glace. — *Bull. Acad. St. Pétersb.*, 1845
Tom. IV, p. 170.—Instit., 1845, p. 397. — *Poggend., Ann. d. Phys.*,
1845, Vol. LXVI, p. 298.

STUDER (B.). Lehrbuch der physikalischen Geographie und Geologie.
Bern, 1843, un vol. in-8.

STUDER (G.). Hochalpen, 1842, in-12. — C'est le meilleur ouvrage topographique que l'on possède sur les Alpes bernoises, avec un atlas contenant des panoramas fort exacts.

STUDER (le père). Ueber Gletschertische. — *Hœpfner, Mag. Naturk. Helv.* — C'est le premier auteur qui explique d'une manière satisfaisante la formation des tables de glace.

SUTCLIFFE (W). Suggestions relative to the theory of the movement of glaciers. — *Phil. magaz.*, Tom. XXVI. 1845 , p. 495. — Considérations sur le mouvement des glaciers.

SUTHERLAND. The infiltration Theory of glacier motion. — *Lond. Polytechn. Magaz.* — L'auteur est un des premiers qui ait attribué à l'eau une influence capitale sur la marche des glaciers.

TRALLES (Joh.-Georg.). Bestimmung der Hœhen der bekannten Berge des Cantons Bern. Bern, 1790, in-8.

VENETZ. Mémoire sur les variations de la température dans les Alpes de la Suisse. — *Denkschr. allg. Schw. Gesellchs.*, I, II, p. 1. — Ouvrage capital.

VENETZ. Bericht von der Zerstœrung des Dorfes Randa in Oberwallis. — *Naturwissenschaftlicher Anzeiger der allegm. Schw. Gesellsch.* 1820. — *Gilbert, Ann. Phys.*, 1820, Tom. LXIV, p. 209, — Rapport sur la chute du glacier de Randa, le 19 décembre 1819, avec des notes par Gilbert.

VOGT (Ch.). Notice sur les animalcules de la neige rouge. — *Bibl. univ. de Genève*, 1841, Tom. XXXII, p. 377.

WALCHER. Nachrichten über die Eisberge in Tyrol , 1773. — Renseignements sur l'envahissement des glaciers de Rofenthal et de Vernagt à cette époque.

WELDEN (Ludw. v.). Der Monte Rosa. *Wien*, 1824, in-8. — Comprend le récit des ascensions du Mont-Rose par Zumstein.

WHELEWELL. On glaciers Theories. — *Philos. Mag.*, Vol. XXVI, p. 171, 217, 334 et 431. — Simple controverse mêlée de plaisanteries, sur la question de la fluidité des glaciers.

ZUMSTEIN. Son ascension du Mont-Rose. Voy. *Welden*.

ZUMSTEIN. Versuch einer Beschreibung des Grindelwaldthales.

ZUMSTEIN. Ueber die Hœhe des ewigen Schnees an den beiden Abhaengen des Himalaya-Gebirges 1844. — *Poggend. Ann. Phys.* Vol. LXII, p. 277.

ZURBRIGGEN (P. J.). Die Geschichte des Thales Saas, aus œthch. und andern Schriften zusammengezogen.

CHAPITRE I.

DIVISION DES GLACIERS.

Je devrais, pour me conformer à un usage fort ancien, commencer ce livre, soit par une définition de mon sujet, soit par un tableau général du phénomène que je me propose d'analyser. Mais comme mon but est moins d'écrire un *traité des glaciers* que d'exposer une série de recherches nouvelles dans un domaine où l'observation rigoureuse n'avait jusqu'ici exercé son contrôle que d'une manière très-incomplète, je crois pouvoir déroger à la méthode scolastique, d'autant plus que j'aime à me persuader que la plupart de mes lecteurs sont familiers avec les traits les plus saillants des glaciers. Je ne pourrais d'ailleurs que répéter la définition que j'en ai donnée dans mes *Études* (*). D'un autre côté, la plume du naturaliste ne saurait avoir la prétention de peindre la grandeur et la beauté d'un spectacle tel que celui d'une mer de glace, entourée de ses immenses remparts dont l'aspect impo-

(*) *Agassiz*, Études sur les glaciers. Neuchâtel. 1840, in-8°. Chap. II, p. 18 et suiv.

1

sant lui rappelle les plus grandes commotions du globe.
Il n'appartient qu'au génie de l'art, dans sa plus haute
expression, de reproduire le majestueux ensemble d'un
pareil tableau (*).

Saussure déjà a divisé les glaciers en deux catégories.
« Je reconnais, dit-il, deux genres de glaciers bien dis-
« tincts et auxquels on peut rapporter toutes leurs varié-
« tés, quelque nombreuses qu'elles puissent être.

« Les uns sont renfermés dans des vallées plus ou moins
« profondes, qui, bien que très-élevées, sont cependant
« dominées de tous côtés par des montagnes encore plus
« hautes.

« Les autres ne sont point renfermés dans des vallées,
« mais sont étendus sur les pentes des hautes sommi-
« tés (**). »

Au premier abord, cette division paraît quelque peu
vague et arbitraire, et c'est sans doute pour cette raison
qu'on ne la trouve pas reproduite dans la plupart des ouvrages qui traitent des glaciers. Néanmoins elle est fondée
dans la nature, surtout si on la considère au point de vue
des reliefs orographiques. Ce point de vue, sur lequel
M. Desor a insisté d'une manière toute spéciale dans ces

(*) Les amateurs des hautes régions n'apprendront pas sans intérêt que M. Calame, notre célèbre paysagiste, a commencé au glacier de
l'Aar une série d'études destinées à un tableau qui sera le digne pendant de celui qu'il a déjà fait du Mont-Rose, et qui se trouve au musée
de Neuchâtel.

(**) *Saussure*, Voyages dans les Alpes, § 521.

derniers temps (*), renferme en effet la seule base réelle de la classification des glaciers et de leur distribution à la surface du globe. J'espère prouver que si les Alpes sont le sol classique des glaciers, c'est essentiellement à leur structure orographique qu'elles le doivent.

Pour compléter la distinction de Saussure, j ajouterai que les glaciers de premier ordre ont en général une pente assez douce, de 3 à 10°, tandis que la pente des glaciers de second ordre est toujours beaucoup plus forte, de 15 à 50° et au delà.

Le glacier de l'Aar dont nous aurons à nous occuper spécialement, est un glacier de premier ordre, ainsi que tous les glaciers qu'on visite ordinairement en Suisse, tels que les glaciers du Rhône, de Grindelwald, de Rosenlaui et dans la chaîne du Mont–Blanc celui des Bois (la Mer de glace), celui des Bossons, celui d'Argentière, etc.

Les glaciers de second ordre se tiennent à des niveaux beaucoup plus élevés et ne sont guère connus que de ceux qui ont fréquenté les hautes régions des Alpes. Les quatre glaciers qui viennent confluer avec le glacier de l'Aar sur sa rive droite en sont des exemples.

Au point de vue physique, les glaciers de second ordre sont de même nature que ceux de premier ordre. Ils se trouvent côte à côte avec ces derniers, dans les mêmes conditions de climat, de température, d'exposition. Ils se

____

(*) *Desor*, Nouvelles Excursions et Séjours dans les glaciers Neuchâtel, 1845, in-12°, p. 181.

forment de la même manière, parcourent les mêmes phases et donnent lieu aux mêmes phénomènes extérieurs en tant toutefois que leur inclinaison le comporte. Ainsi on y trouve des moraines, des crevasses, des puits ou moulins, des rudiments de tables et de petits ruisseaux; mais ils sont d'ordinaire dépourvus de cônes graveleux, de trous méridiens, de grandes tables, de grands ruisseaux et de tous ces phénomènes superficiels qui sont l'apanage des glaciers à faible pente.

Dans l'état actuel de nos connaissances géographiques, on peut poser en principe que les Alpes sont la seule chaîne de montagnes de la zône tempérée qui possède des glaciers de premier ordre (*). Et pourtant parmi les autres chaînes de montagnes de cette zône, la plupart égalent ou dépassent la hauteur des Alpes, et presque toutes ont leurs sommets couronnés de neiges éternelles: telles sont les Pyrénées, le Caucase, l'Altaï, les montagnes du Ciel, l'Himalaya, les Montagnes Rocheuses. Plusieurs ont même de vrais glaciers, et l'on sait que la plupart des fleuves des Pyrénées ont pour origine première le torrent d'une *serneille*. Il y a même plusieurs de ces glaciers qui sont considérables: tels sont entre autres le glacier de la Maledetta, dont M. de Charpentier évalue la longueur à environ 6000 toises (**), le glacier de Crabioules, le glacier du Mont-Perdu, le glacier de Vignemale,

(*) M. Élie de Beaumont explique l'absence de glaciers dans la zône torride par l'absence de froid hivernal.

(**) Ce chiffre de 6000 t. me paraît un peu exagéré; le glacier de la

le glacier de Néouville; mais, comme le dit positivement M. de Charpentier, ce n'en sont pas moins des glaciers de second ordre, car ils ne sont pas encaissés dans des gorges ou des vallées (*), et il n'en est aucun qui descende dans les régions cultivées comme les glaciers des Alpes.

D'où vient cette différence entre deux chaînes si semblables sous d'autres rapports? On me répondra que les Pyrénées ayant une température moyenne plus chaude et la ligne des neiges éternelles y étant plus haute, les glaciers doivent y être moins grands et se maintenir à des niveaux plus élevés. Mais pour qu'il en fût ainsi, il faudrait qu'on eût observé ailleurs un rapport semblable entre la température et la longueur des glaciers. Or, la région où se forment les grands glaciers des Alpes n'est en aucune façon une région propre; elle n'est pas non plus dans le voisinage des hauts sommets; c'est une zône qui oscille entre 2600 et 3000 mètres; et ce qui prouve que ce n'est pas uniquement la température de cette zône qui détermine la grandeur des glaciers, c'est que nous voyons partout, dans les mêmes régions, des glaciers de second ordre prendre naissance et se développer à côté des glaciers principaux. Ainsi, tandis que la vallée de l'Aar donne naissance au beau et grand glacier de ce nom, la vallée de Baechli

---

Maledetta serait dans ce cas d'un tiers plus long que le glacier de l'Aar à partir de l'Abschwung, par conséquent plus long que le glacier supérieur de Grindelwald et aussi long que le glacier du Rhône.

(*) *J. de Charpentier*, Essai sur la constitution géognostique des Pyrénées, p. 50.

qui lui est adjacente et parallèle, ne fournit qu'un glacier de second ordre (*. Et pourtant les conditions climatologiques sont les mêmes, et le col de Hubnerthaeli, auquel le glacier de Baechli se rattache, n'est pas moins élevé que le col du Lauteraar. Il en est de même de tous les glaciers qu'alimente la chaîne du Ritzlihorn. Le glacier de Renfen sur le revers des Wetterhœrner prend naissance à côté de celui de Rosenlaui. Enfin les affluents latéraux du glacier de l'Aar se trouvent exactement dans les mêmes conditions climatologiques que le glacier principal à son origine.

On a voulu voir dans la hauteur des cimes alpines la raison de la plus grande longueur des glaciers et l'on en a conclu que les glaciers descendaient d'autant plus bas que les pics auxquels ils se rattachent sont plus élevés. Il est de fait que les plus grands glaciers des Alpes se trouvent dans le voisinage des plus hautes cimes. Mais cette coïncidence est plus fortuite que nécessaire. Sans vouloir nier l'influence des grands pics, je suis porté à croire qu'elle n'est qu'indirecte et secondaire. S'il en était autrement, on remarquerait une correspondance plus constante entre la longueur des glaciers et la hauteur des sommets avoisinants. Le Mont-Blanc, qui s'élève à 4810 mètres, devrait donner lieu aux plus grands glaciers; or, loin de là, c'est dans la chaîne Bernoise qu'il faut chercher les glaciers au plus long cours, témoin le

----

(* Voyez la carte en tête des *Nouvelles Excursions*, de M. Desor.

glacier d'Aletsch, qui descend sur le revers méridional de la Jungfrau et qui est le plus grand de tous les glaciers de la Suisse.

Je crois que le secret de nos grands glaciers gît dans les accidents du sol sur lequel ils reposent. Saussure a dit : « Les glaciers de premier ordre sont renfermés dans des vallées plus ou moins profondes. » Il aurait dû ajouter que le caractère propre de ces vallées c'est de s'élargir vers leur origine. Le glacier de l'Aar tel qu'il est représenté dans notre carte (Pl. ii), en est un exemple frappant. Si l'on remonte l'une ou l'autre des deux grandes vallées qui viennent se joindre au pied de l'Abschwung, on voit l'élargissement se continuer dans la même proportion ; enfin toutes deux aboutissent à une sorte de grand amphithéâtre entouré de parois très-escarpées, sur lesquelles sont assises les plus hautes cimes des Alpes bernoises. Ces amphithéâtres connus sous le nom de *cirques*, se trouvent à l'origine de tous les grands glaciers. Ils constituent l'un des traits saillants de l'orographie des Alpes (*).

Une autre condition non moins essentielle pour la formation de grands glaciers, c'est que le fond de la vallée soit uni et à faible pente. Ce n'est qu'à cette condition que la neige peut s'accumuler en assez grande quantité

(*) Des opinions diverses ont été émises sur l'origine de ces cirques. Les uns les attribuent à des fentes ou failles ; d'autres y voient des enfoncements. Voyez Bulletin de la Société des sciences naturelles de Neuchâtel. 1844-1845.

pour fournir des émissaires aussi gigantesques que les glaciers de l'Aar, d'Aletsch, du Rhône, etc. Les glaciers de second ordre vont bien aussi en s'élargissant de bas en haut, ils ont aussi une sorte de cirque à leur origine ; mais il leur manque la profondeur. Le glacier de Thierberg, l'un des plus grands glaciers latéraux que je connaisse, en est la preuve. Son berceau est considérable (plus d'un kilomètre carré) ; malgré cela il ne donne lieu qu'à un émissaire relativement fort étroit et peu épais. C'est qu'en effet il n'y a pas à son origine de cirque profond ; ce sont des terrasses étagées sur les flancs de la montagne et qui, par conséquent, ne comportent qu'une accumulation de neige très-limitée ; aussi la pente générale du glacier est-elle très-considérable, en moyenne d'au moins 20°.

Qu'on compare maintenant cet affluent avec l'un des cirques dont je viens de parler, celui du Lauteraar par exemple. Là il ne s'agit plus de pente de 20° ; au lieu d'étages superposés, nous avons affaire à une sorte de vaste réservoir à pente faible, entouré de parois tellement abruptes qu'elles paraissent à peu près verticales, et dans lequel se trouve entassée une masse de neige et de glace de plus de 300 mètres d'épaisseur (*). Or, il est évident qu'à parité de conditions climatologiques, un réservoir de cette profondeur doit pouvoir alimen-

(*) Telle est, d'après les indices que je possède, l'épaisseur de la glace aux environs de l'Abschwung (voy. Chap. v, de l'épaisseur des glaciers).

ter un glacier beaucoup plus considérable qu'une série de terrasses recouvertes de neige. Supposons un instant que l'ablation annuelle soit de 3 mètres et le mouvement de translation annuelle de 50 mètres dans les deux glaciers. Qu'arrivera-t-il? c'est que le glacier de Thierberg qui a 40 mètres d'épaisseur maximum, sera épuisé au bout de treize ans après un trajet de 650 mètres seulement, tandis que le Lauteraar pourra se maintenir pendant 100 ans, en parcourant une étendue de 5000 mètres. Et pourtant les deux glaciers sont nés dans des conditions climatologiques semblables ; c'est la même température, la même altitude, la même exposition. Mais il y a entre eux cette différence : c'est que l'un débouche d'un cirque, tandis que l'autre naît sur le flanc d'une montagne. C'est parce qu'il se trouve des cirques profonds à l'origine de la plupart de nos vallées alpines, que le phénomène des grands glaciers ou glaciers de premier ordre est développé sur une si grande échelle dans la chaîne des Alpes. Du moment que le cirque manque à une vallée, fût-elle du reste sous le rapport climatologique, dans les conditions les plus favorables à la formation d'un glacier, on ne doit pas s'attendre à y voir se développer de grands glaciers. On a cité à bon droit, comme l'un des exemples les plus remarquables de cette influence, le revers septentrional de la Jungfrau et du Mœnch (*). Tandis que ces deux montagnes alimentent

(*) E. Desor, Nouvelles Excursions, p. 183.

à leur pied méridional le plus grand glacier des Alpes, le glacier d'Aletsch, le versant septentrional, qui pourtant est plus froid, ne donne naissance à aucun glacier de quelque importance ; mais aussi il y a à l'origine de la vallée d'Aletsch, un vaste cirque dont le fond doit être à peu près plat, comme celui du Lauteraar, à en juger d'après l'inclinaison très-faible de la surface, qui est évaluée par M. Élie de Beaumont à 3°. Le revers septentrional en revanche n'a que des terrasses comme celles du glacier de Thierberg ; la neige y tombe sans doute en aussi grande quantité que sur le revers opposé, mais elle ne parvient pas à s'accumuler en masse aussi considérable, et c'est pourquoi il ne s'y forme pas de grands glaciers.

Je ne prétends pas affirmer par là que la présence des cirques entraîne partout de grands glaciers à sa suite. On connaît dans les Alpes plus d'un exemple de cirques dont le fond est tapissé de glaciers latéraux et qui ne sont pas pour cela remplis de neige et de glace. Le cirque de Giebel, au fond de la vallée de Mættithal, dans la chaîne du Simplon, en est un exemple frappant; sa hauteur au-dessus de la mer est d'environ 2500 mètres ; ses parois s'élèvent verticalement à 300 et 400 mètres au-dessus d'un fond plat et uni (*). Mais bien qu'il porte de nom-

---

(*) Le cirque de Monte-Léone sur le revers méridional de la même chaîne est dans le même genre ; cependant son fond est moins plat. Le cirque de Déver, également sur le revers méridional, ressemble fort au cirque de Giebel, mais il est à un niveau moins élevé et n'a pas de glaciers. J'emprunte ces détails à M. Desor. Voy. *Nouvelles Excursions*, p. 23 et suiv.

breuses traces d'une ancienne extension des glaciers, on
n'a cependant aucun indice qu'il ait été comblé dans les
temps historiques; peut-être faut-il en chercher la cause
dans la trop faible quantité de neige qui tombe dans ces
contrées; peut-être aussi les vents chauds qui soufflent
dans ces régions l'enlèvent-ils avant qu'elle n'ait le temps
de se transformer en glace. Mais ce qui paraît probable,
c'est que si à la suite d'une série d'années froides, le cirque venait à se remplir, il donnerait lieu à un glacier
de premier ordre qui se prolongerait peut-être jusque
dans la vallée de Mœttithal, qui est au bas.

Ce qui est vrai du cirque de Giebel peut s'appliquer à
une foule d'autres cirques, et en particulier à ceux des
Pyrénées, qui, grâce à leur température trop élevée, ne
parviennent pas à se remplir de neige; mais il suffirait
que la température moyenne diminuât d'une faible
quantité, ou que les étés se détériorassent, pour que les
cirques de Gavarnie, de Héas, d'Estaubé, etc., devins-
sent des réservoirs de neige, et de ce moment les Pyrénées auraient des glaciers à long cours, comme les
Alpes.

Par conséquent, pour qu'un grand glacier puisse se
former, deux conditions sont requises : 1° Il faut qu'il y
ait à l'origine de la vallée un cirque élargi et à fond plat
où les neiges puissent s'entasser en grande quantité,
comme dans les cirques d'Aletsch, du Lauteraar, du
Rhône, de Gauli, etc. ; 2° il faut que ces cirques soient
situés au-dessus d'une certaine limite qui doit être d'au

moins 2600 à 2700 mètres dans les Alpes. Si l'une ou l'autre de ces conditions manque, il peut bien se former des glaciers de second ordre, mais il n'en existe pas de premier ordre. C'est faute de cirque que le revers septentrional de la Jungfrau n'a pas de grand glacier; c'est parce que les cirques de Giebel, de Monte-Léone et ceux des Pyrénées ne sont pas à une hauteur suffisante qu'ils en sont dépourvus. Mais les uns et les autres ont des glaciers de second ordre ou des *serneilles*, d'où il faut conclure que tandis que ces derniers sont un phénomène de climatologie purement et simplement, *les grands glaciers sont un phénomène mixte, à la fois orographique et climatologique.*

CHAPITRE II.

INFLUENCE DU CLIMAT ET DE LA TEMPÉRATURE.

Le fait qu'il n'y a des glaciers que dans les hautes latitudes du globe ou sur les flancs des montagnes très-élevées, prouve assez que leur présence est liée à certaines conditions climatologiques qui n'existent que dans les régions froides. Mais on aurait tort d'en conclure qu'il doit nécessairement se former des glaciers partout où la température atteint certaines limites de l'échelle thermométrique. L'on tomberait dans une erreur encore plus grave, si l'on s'imaginait que la grandeur des glaciers est en raison de la rigueur du climat. Lorsqu'on veut apprécier le rôle de la température dans l'histoire des glaciers, il faut avoir soin de bien distinguer entre leurs différentes phases et particulièrement entre leur naissance et leur développement ultérieur. Un glacier peut *exister* et se *conserver* dans des conditions où il est impossible qu'il se forme, témoin les nombreux glaciers des Alpes dont quelques-uns descendent jusqu'au milieu de nos champs et de nos prés. Pour qu'un glacier puisse *se former*, il faut que la température du lieu se maintienne dans certaines limites qui permettent à la neige d'hiver de résister en partie aux chaleurs de l'été. Ces limites sont déterminées par la position géographique du lieu, combinée avec sa hauteur au-dessus de la mer. Il devra, par conséquent, se former des glaciers partout où la neige persiste en été, et dans ce sens, on peut dire qu'en général la zône des neiges éternelles indique la limite extrême de la formation des glaciers. Malheureusement rien n'est plus vague que cette ligne des neiges dans les Alpes. Sans doute, lorsqu'on voit en été les Alpes à une certaine distance, la région des neiges représente une bande sensiblement horizontale (*) qui semble limitée par une ligne droite; mais à mesure que l'on s'en rapproche, cette ligne devient toujours plus sinueuse, et suivant la forme, la structure et l'exposition des montagnes, on la voit osciller dans des limites de plusieurs centaines de mètres. Saussure déjà avait été frappé de ces inégalités, et tout en rendant hommage au génie de Bouguer, qui le premier envisagea d'un point de vue général la répartition de la neige à la surface du globe, il fait la remarque expresse que « quant aux Alpes, il y a une distinction à faire entre les montagnes dont la hauteur surpasse beaucoup la limite inférieure des neiges et celles qui se terminent à cette limite. » « Les premières,

(*) J. de Charpentier, Essai sur la constitution géognostique des Pyrénées, p. 57.

« dit-il, comme le Mont-Blanc, les Hautes-Aiguilles, le
« Buet même, ont leur cime et leurs flancs couverts de
« grands amas de neiges éternelles qui refroidissent de
« proche en proche les couches inférieures de l'air, im-
« bibent continuellement d'une eau glacée les terres et
« les rochers qui sont au-dessous d'elles, et entretiennent
« ainsi pendant toute l'année, des neiges à des hauteurs
« où elles se fondraient si elles étaient sur des montagnes
« moins hautes, où elles n'auraient à combattre que le
« froid de l'air, et non des amas de frimas dans un état
« de congélation actuelle. Ainsi, sans parler des glaciers
« qui par une cause différente descendent encore beau-
« coup plus bas, on peut dire en général que les neiges
« proprement dites ne fondent guère au-dessus de
« 1300 toises sur les montagnes dont la hauteur totale
« surpasse 15 à 1600 toises.

« Mais les cimes isolées, ou qui du moins ne sont pas
« immédiatement jointes avec de très-hautes montagnes,
« se débarrassent de toutes leurs neiges lorsque leur élé-
« vation au-dessus de la mer ne surpasse pas 1400 et quel-
« ques toises. Ainsi le Cramont et les Fours et d'autres
« qui ont environ 1400 toises de hauteur, se dégagent
« entièrement et produisent quelques gramens et quel-
« ques autres plantes sur leurs sommités. Mais toutes les
« montagnes dont la hauteur surpasse 1400 ou 1450 toi-
« ses, conservent à leur cime des neiges éternelles (*). »

(*) *Saussure*, Voyages dans les Alpes, § 942.

Cette limite de 2530 mètres (1300 toises) que donne Saussure, est en effet à peu près la limite inférieure moyenne des neiges dans les Alpes, du côté du nord; mais le revers méridional se dégage à une plus grande hauteur non-seulement sur les pics isolés, mais aussi sur les flancs de nos plus hautes montagnes, au centre des mers de glace. J'ai cueilli souvent des renoncules et des séneçons sur les flancs de l'Ewigschneehorn à une hauteur de 3000 mètres et au delà; et ce sont sans doute des observations semblables qui ont engagé M. de Humboldt à relever la ligne des neiges de 90 toises dans la chaîne des Alpes (*). Il la fixe dans ses tableaux à 2708 mètres (1390 toises). M. Rendu ne trouve pas encore ce chiffre suffisant, et il propose de l'élever à 9000 pieds (2920 mètres), qui serait selon lui, la limite entre les glaciers réservoirs et les glaciers d'écoulement (**).

Des variations encore plus considérables s'observent sur les mêmes points d'une année à l'autre, car suivant la température estivale, telle montagne qui cette année se dégarnit complétement jusqu'à son sommet, peut rester couverte telle autre année jusqu'à un niveau très-bas. C'est ce dont mes séjours au glacier de l'Aar pendant plusieurs étés consécutifs, m'ont fourni de nombreux exemples. Le contraste le plus frappant a été observé entre les années 1842 et 1843. Au mois d'août 1842, les flancs du

---

(*) *A. de Humboldt*, Asie centrale, T. III, p. 360.
(**) *Rendu*, Théorie des glaciers de la Savoie, p. 13

Mieselen étaient dégarnis bien au delà de la limite des
polis, et il ne restait de la neige, au-dessous de cette limite, que dans les fondrières et les ravins. En 1843 quelle
différence ! A l'exception des rochers que leur verticalité
empêche de se garnir, toute la paroi que représente la
Pl. *C* de l'Atlas était couverte d'un vaste tapis de neige,
qui n'a commencé à être entamé par-ci par-là, qu'à la
fin du mois d'août et au commencement de septembre.

La limite des neiges est moins vague, lorsqu'au lieu
de la prendre sur les flancs des montagnes, on la prend
à la surface des glaciers. La neige tombe aussi bien sur
les glaciers que sur les montagnes qui les entourent. De
ce que les glaciers ne sont pas limités à la zône des frimas, mais se prolongent jusque dans nos régions cultivées, il s'ensuit qu'il doit se trouver à leur surface, aussi
bien que sur les montagnes qui les environnent, un point
à partir duquel la neige fond toutes les années. Si ce point
n'a pas été remarqué jusqu'ici, c'est sans doute parce qu'il
se trouve dans une région où la surface du glacier n'est
pas encore changée en glace compacte, mais conserve
la forme grenue du névé. Or, comme la neige d'hiver affecte aussi une structure grenue, lorsqu'elle a été exposée
quelque temps aux variations de la température, il en
résulte qu'on ne distingue ordinairement la couche hivernale qu'à sa superposition à toutes les autres. En hiver,
elle recouvre uniformément toute la surface du glacier,
mais à mesure qu'elle se dissout sous l'influence de la
chaleur du printemps, les affleurements des couches

sous-jacentes se montrent successivement sous la forme de lignes ondulées, telles qu'elles sont représentées dans les planches *A* et *B*. Partout où ces affleurements sont visibles, c'est une preuve que la couche hivernale a disparu. En 1842, ces lignes ondulées se voyaient sur le Lauteraar, jusqu'en face du Berglistock, c'est-à-dire jusqu'à une hauteur absolue de 2600 mètres. L'année suivante (1843), par suite de l'été froid et humide, le glacier ne se dégarnit que jusqu'à l'Hôtel des Neuchâtelois, et la ligne des neiges se trouva ainsi transportée à plus d'une lieue de son emplacement en 1842. Mais il ne faut pas oublier que si la distance de l'un de ces points à l'autre est considérable, leur hauteur ne diffère pas dans les mêmes proportions. En effet, la hauteur de l'Hôtel des Neuchâtelois est de 2486 mètres d'après les mesures trigonométriques de M. Wild ; la base du Berglistock étant de 3600 mètres, la différence n'est par conséquent que de 114 mètres. Cette différence peut être envisagée comme le maximum des oscillations que la ligne des neiges annuelles subit sur le glacier, par la raison que les deux années de 1842 et 1843 représentent réellement des extrêmes sous le rapport de la température. Dans les années communes, cette ligne n'oscille guère au glacier de l'Aar qu'entre 2540 et 2550 mètres.

Ces oscillations, quoique considérables, sont cependant bien plus faibles que celles qui s'observent sur les montagnes, puisqu'en 1842 la ligne des neiges était sur le flanc du Mieselen de 400 mètres plus haut qu'en 1843. A la première de ces époques elle s'élevait au-dessus de la ligne des polis, par conséquent à plus de 3000 mètres, tandis qu'en 1843, elle ne dépassait pas 2600 mètres.

La cause de cette moindre variabilité de la limite des neiges à la surface du glacier est facile à saisir. La température du glacier ne s'élève jamais au-dessus de 0° ; elle ne contribue donc en aucune façon à la fonte de la neige d'hiver ; si celle-ci disparaît, c'est uniquement par l'effet de la chaleur estivale, c'est l'œuvre du soleil purement et simplement. Il n'en est pas de même des sols rocheux; comme ils sont très-inégaux, la neige n'y a pas partout la même épaisseur; les endroits les moins garnis se dégagent les premiers et, s'échauffant beaucoup plus que la neige, ils accélèrent par là même la fonte autour d'eux. De là, une plus grande inégalité dans les contours de la ligne ; de là aussi, une plus grande variété entre les versans et entre les années.

Il ne suffit pas pour former un glacier que la neige persiste pendant un ou plusieurs étés sur un point quelconque. Un glacier, par cela même qu'il est glacier, suppose des conditions bien plus stables. Il lui faut pour se former, tout un concours de circonstances qui sont indépendantes des caprices des saisons. La neige qui a persisté en 1843 sur les flancs du Mieselen, n'a pas pour cela donné lieu à de nouveaux glaciers, quoiqu'elle ait résisté en partie à l'été de 1844. En 1845, on pouvait cueillir des soldanelles sur ces mêmes rochers qui furent couverts pendant les deux étés précédents. Mais lorsqu'un glacier

est une fois formé, il a beaucoup plus de chance de se
conserver. On ne connaît dans toute la chaîne des Alpes
aucun exemple d'un véritable glacier qui ait disparu. Ce
que l'on en a dit se rapporte selon toute apparence à des
taches de névé ou de glace de névé, comme celles qu'on
voit sur les flancs du Mieselen (Pl. *A*.) Il est à peine
besoin de dire que les niveaux auxquels descendent les
glaciers dans les Alpes ne sauraient être l'expression
d'une loi climatologique, puisqu'il n'y en a pas deux qui
s'arrêtent à la même hauteur.

En posant en thèse que pour qu'un glacier puisse se
former, il faut que la température n'excède pas certaines
limites, je suis loin de prétendre que tous les lieux dont
sa température moyenne reste au-dessous de ces limites
soient propres à donner naissance à des glaciers. Il y
la longtemps que M. de Humboldt a montré que la
courbe de la ligne des neiges éternelles n'est pas parallèle à l'isotherme de $0°$, mais qu'elle forme au contraire
avec elle un angle aigu (*). Les températures moyennes
peuvent en effet être composées d'éléments très- différents, d'étés très-chauds et d'hivers très-froids, ou bien
d'étés tempérés et d'hivers doux. Les éléments extrêmes
ne sont favorables ni à la formation, ni au développement des glaciers. On sait que la neige qui constitue
la matière première du glacier ne tombe pas en grande

(*) *A. de Humboldt*. Des lignes isothermes et de la distribution de la
chaleur sur le globe, dans les *Mémoires de la soc. d'Arcueil*; t. 3, p. 587.

quantité par les températures basses, par la raison qu'alors l'air ne peut contenir qu'une très-petite quantité de vapeur d'eau. S'il neige par de grands froids, c'est en petits grains ou en petits cristaux, et jamais il n'en résulte des couches bien épaisses. Les grandes chutes de neige ont lieu par une température de 0° et au-dessus, et c'est pour cela qu'elles sont le plus fréquentes en automne et au printemps. Nous n'avons aucun indice que les hivers rigoureux soient plus neigeux que d'autres. C'est au contraire l'inverse qui a lieu, par la même raison qui fait que la neige n'est pas excessivement abondante dans les pays très-froids (*). Pour les glaciers, il est à peu près indifférent, du moment que la température est trop basse pour favoriser la chute de la neige, que le thermomètre marque 10° ou 20°. Loin donc de profiter du froid, ils y perdent au contraire, parce qu'ils ne sont pas approvisionnés de neige. Supposons qu'à un hiver très-froid et peu neigeux succède un été très-chaud, la couche de neige, si elle est peu épaisse sera bientôt dissoute; elle ne protégera que fort peu de temps la surface du glacier, celui-c subira une ablation considérable et finira par s'épuiser. C'est pour cela que bien des régions, dont la température moyenne est égale à celle de nos Alpes, n'ont pas de glaciers; les hivers y sont trop froids et les étés trop chauds.

La température estivale exerce une influence bien plus

(*) **M. Middendorf** dit positivement qu'on trouve en Sibérie la neige en moins grande quantité lorsqu'on s'avance vers le nord au delà de la région des forêts (Bulletin de la soc. géogr. de Berlin, 18.....

grande sur les glaciers. Leur aspect extérieur, leur fonte plus ou moins active, leur avancement tantôt accéléré tantôt ralenti, sont les conséquences de la température de l'été. Aussi a-t-elle été de ma part l'objet d'une attention suivie. Il ne s'est pas passé un seul jour pendant mes séjours au glacier de l'Aar où le thermomètre n'ait été observé au moins plusieurs fois, et souvent on faisait dix, douze et même vingt observations par jour. Ne voulant pas reproduire ici le détail de tous ces chiffres, je me bornerai à en donner les principaux résultats.

Il y a plusieurs moyens d'évaluer la température moyenne d'un lieu, d'après des observations saisonnières. Le procédé le plus usité est de prendre la moyenne des *maxima* et des *minima*. Ordinairement cette moyenne correspond à la température du matin entre 8 et 9 heures et à celle du soir entre 4 et 5 heures. Au glacier, il n'en est pas ainsi; la moyenne qui résulte des *maxima* et des *minima* est bien au-dessous de la température de 8 heures du matin, comme aussi de celle de 4 à 5 heures du soir. Pour avoir son équivalent, il faudrait prendre les moyennes de 7 heures du matin et de 6 à 7 heures du soir. On en jugera par le tableau suivant qui donne la moyenne d'après trois méthodes différentes.

Température estivale à l'hôtel des Neuchâtelois.

DATE 1841 Août	MOYENNE d'après les *maxima* du jour et les *minima* de la nuit.			MOYENNE d'après les observ. de 7 h. m. et 6 à 7 h. s.	MOYENNES d'après les observ. de 8 à 9 h. et 4 à 5 h.	ÉTAT DU CIEL.
	MINIMA.	MAXIMA.	MOYENNE.			
24	+ 1,3	+ 7°	+ 4,15	+ 3,5	+ 3°	Pluie et neige.
25	— 3,4	— 0,5	— 1,95	— 1,8	0°	Neige.
26	— 1,5	+ 7°	+ 2,75	+ 2,1	+ 4,3	Serein.
27	— 0,2	+ 12°	+ 5,90	+ 6,5	+ 8,5	Parfaitement serein
28	— 0,4	+ 9,5	+ 4,55	+ 5,	+ 6°	Parfaitement serein
29	— 0,3	+ 9,5	+ 4,60	+ 4	+ 6,5	Serein.
30	— 0,4	+ 11°	+ 5,30	+ 4,9	+ 7,2	Serein.
31	— 1,1	+ 9,5	+ 4,20	+ 4,5	+ 7,2	Nuageux.
Moyenne........			+ 3,68	+ 4,02	+ 5,35	

En calculant les nombreuses observations de 1842 d'après la moyenne de 7 heures du matin et de 6 à 7 du soir, je trouve pour moyenne + 4,32. Par conséquent, en évaluant à + 4 la moyenne de la température estivale de l'Hôtel des Neuchâtelois, on ne doit pas être loin de la vérité (*). Les conséquences qui découlent de ce chiffre pour la théorie de la formation des glaciers en général, sont faciles à saisir. L'Hôtel des Neuchâtelois, on le sait, est situé un peu au-dessous de la ligne des neiges éternelles prise sur le glacier. La neige y fond régulièrement toutes

(*) Les extrêmes observés ont été :

pour le maximum   14, 3 }
pour le minimum — 4, 5 } moyenne + 4, 9

les années. Mais la fonte est, comme nous l'avons vu plus haut, essentiellement l'œuvre de la température estivale. Si donc la neige ne peut pas persister et se changer en glacier par une température moyenne estivale de + 4°, malgré l'influence du sol de glace, il est évident que ce chiffre représente une limite extrême au delà de laquelle il ne se *forme* plus de glaciers dans nos régions. Ce chiffre correspond, au glacier de l'Aar, à une altitude de 2486 mètres qui est la hauteur de l'Hôtel des Neuchâtelois, telle qu'elle a été déterminée par M. Wild. Or, comme la situation de cette station n'a rien d'extraordinaire, nous en concluons que la formation des glaciers dans les Alpes doit avoir lieu *au-dessus* de 2500 mètres. Et en effet, tous les glaciers que je connais, même les plus petits, naissent au-dessus de cette limite. Les glaciers du Zinkenstock, sur la rive droite du glacier de l'Aar, qui comptent parmi les moins élevés, naissent au moins à 100 mètres au-dessus de l'Hôtel des Neuchâtelois.

A mesure qu'on descend, la température augmente. Au pied du Pavillon qui est à 140 mètres plus bas que l'Hôtel des Neuchâtelois, les moyennes de la température sont déjà beaucoup plus fortes. On en jugera par le tableau ci-joint que j'ai dressé d'après les notes de M. Desor, recueillies en 1845.

Moyenne de la température estivale au pied du Pavillon.

DATE	D'après les maxima et les minima recueillis en 1845.			ÉTAT DU CIEL.
1845 JUILLET	MINIMUM.	MAXIMUM.	MOYENNE.	
18	— 4,8	+ 10⁰	+ 2,1⁰	Serein.
19	— 1,7	+ 12⁰	+ 5,1	Serein.
20	+ 0,1	+ 12⁰	+ 6⁰	Partiellement couvert.
21	+ 0,1	+ 12⁰	+ 6⁰	Neige et pluie le m.. serein l'après-midi.
22	+ 0,3	+ 11,5	+ 5,9	Couvert.
23	+ 0,4	+ 14⁰	+ 7,2	Partiellement couvert.
25	+ 2,2	+ 13⁰	+ 7,6	Partiellement couvert, brouillard le soir.
26	+ 3,3	+ 10⁰	+ 6,6	Couvert et pluie.
27	+ 0,2	+ 7,5	+ 3,8	Pluie et neige le m., couvert l'après-midi,
28	— 1⁰	+ 6⁰	+ 2,5	Serein le matin, pluie l'après-midi.
29	+ 2,1	+ 7⁰	+ 4,5	Pluie continuelle.
Moyenne				+ 5,2

La moyenne de + 5,2 que donne le tableau ci-dessus,
est très-élevée si on la compare à celle de l'Hôtel des Neuchâtelois, telle que nous l'avons déduite des observations
de 1841 et 1842. Mais il ne faut pas oublier que la partie
du glacier située au pied du Pavillon, où ont été faites la
plupart des observations de température en 1844 et 1845,
jouit d'une température privilégiée, en ce sens qu'elle
reçoit toute la chaleur réfléchie par les rochers de la rive
gauche. A parité de conditions , c'est-à-dire si les observations avaient pu être faites au milieu du glacier, il
est probable que la différence aurait été moins grande.
Grâce à ces conditions favorables, le versant méridional du

Mieselen est couvert de gazon et de pâturage bien au-dessus de la limite où les neiges persistent sur le revers opposé.

Les mêmes causes qui font que dans les Alpes il peut se former des glaciers à des niveaux où il ne s'en formerait pas dans d'autres montagnes douées de la même température moyenne annuelle, mais où la température estivale est répartie différemment, ces mêmes causes agissent sur la *conservation* des glaciers. Le fait que les étés sont tempérés et que les hivers ne sont pas très-froids, permet aux glaciers de se maintenir plus longtemps et de descendre à des niveaux plus bas qu'ils ne le pourraient dans d'autres chaînes de montagnes où la chaleur serait autrement repartie. Il est probable que si l'on transportait les glaciers de Grindelwald sur quelque point de la chaîne du Jura, jouissant de la même température moyenne que le Mettenberg, sur le flanc de Chasseral par exemple, où la température estivale est plus élevée et le froid de l'hiver plus intense, il est probable, dis-je, que l'ablation serait beaucoup plus forte. La masse de glace s'épuiserait plus vite et les glaciers descendraient moins bas.

Quoiqu'on ne possède pas des renseignements bien nombreux sur la température moyenne des hautes régions des Alpes, nous savons cependant que les extrêmes y sont moins éloignés qu'on ne le suppose ordinairement. Saussure [*] avait été amené à conclure de ses observations générales, que la température moyenne de l'hiver sur les hauts sommets au Col-du-Géant, au sommet du

[*] Voyages dans les Alpes, § 2054.

Mont-Blanc, etc.) ne devait être que d'environ 10° plus froide qu'à Genève. Les prévisions de l'illustre historien des Alpes ont été confirmées plus tard par les observations météorologiques du grand Saint-Bernard (*), et par celles que j'ai faites moi-même au glacier de l'Aar (**), d'où il résulte que le climat des Alpes n'est rien moins qu'excessif, et que si la température moyenne y est assez basse, c'est moins parce que les hivers y sont rigoureux que parce que les étés y sont peu chauds. Or, ce sont là, avec les cirques, les conditions les plus favorables pour la formation des glaciers.

Hygrométrie.

A côté de la température nous devons mentionner l'état hygrométrique de l'air, comme exerçant une grande influence sur l'économie des glaciers. Absolument parlant, l'air des hautes régions qui entoure les glaciers contient moins d'eau que celui de la plaine, par la raison qu'étant à une température moins élevée, il n'a pas la faculté de tenir en suspension une aussi grande quantité de vapeur d'eau. Saussure déjà a trouvé qu'entre l'air de Genève et celui du sommet du Mont-Blanc, le rapport est comme 6 à 1. Néanmoins l'air de la montagne est relativement plus humide que celui de la plaine, en d'autres

(*) Bibliothèque universelle de Genève.

(**) *E. Desor*. Excursions, p. 275 et suiv. Il est rare que le thermomètre descende aussi bas au Saint-Bernard et au Grimsel que dans les hautes vallées du Jura, ce qu'il faut attribuer en grande partie à la prédominance des vents du Sud. Le minimum de l'hiver 1844 a été au Pavillon de —17°,5 ; le minimum de l'hiver 1845 à 1846 au Grimsel de —19°,5.

termes, il est en moyenne plus près du terme de la saturation (*). Cette circonstance détermine une plus grande variabilité dans l'état météorologique qui est souvent fort différent sur des points très-rapprochés. Il n'est pas rare qu'il pleuve sur l'un des versants d'une montagne, tandis que sur l'autre versant, à quelques pas de là, le ciel est serein (**). Les glaciers ne sont pas étrangers à ces variations atmosphériques. Depuis que j'ai transporté mon habitation de l'Hôtel des Neuchâtelois au Pavillon, sur la rive gauche, à environ cent mètres au-dessus de la glace, j'ai souvent vu le soir et particulièrement à la suite de journées sereines, la surface du glacier se couvrir d'une couche de brouillard qui s'élevait jusqu'à 20, 30 et

(*) Ce résultat a été obtenu par les recherches de M. Kaemtz, et confirmé par celles de MM. Bravais et Martins. Auparavant on admettait généralement le contraire, c'est-à-dire que l'on supposait l'air de la montagne sensiblement plus sec que celui de la plaine. Comme l'a fort bien fait remarquer M. Kaemtz (*Météorologie*, p. 92), cela tient à l'habitude que l'on a de ne visiter les hautes montagnes que par le beau temps. L'air de la montagne est en effet plus sec que celui de la plaine, toutes les fois que le ciel est serein. Mais, d'un autre côté, il ne faut pas oublier qu'il y pleut bien plus souvent que dans les régions inférieures. Pour avoir l'expression vraie de l'état hygrométrique moyen d'un lieu, il faut des séries d'observations consécutives, et celles-là ne peuvent s'obtenir que par un séjour prolongé dans les montagnes.

(**) Le col du Grimsel a été cité comme offrant souvent ce spectacle : tandis que d'épais brouillards règnent dans la vallée du Hassli, la vallée du Rhône jouit du plus beau soleil, et si poussés par le vent d'ouest, ces brouillards s'avancent vers le haut de la vallée, on les voit d'ordinaire se dissiper au moment où ils franchissent le col. La température plus élevée du Valais permet à la vapeur d'eau de rester à l'état aériforme de ce côté, tandis qu'elle se condense sur le revers opposé, dans la vallée du Hassli, où la température est plus basse.

50 mètres de hauteur; mais les régions supérieures en étaient affranchies. La cause de cette différence est facile à saisir; les couches d'air voisines de la surface du glacier se refroidissent par le contact avec le glacier qui rayonne, et la vapeur d'eau se condense, tandis qu'elle reste en suspension dans les couches supérieures.

Cette influence des glaciers sur l'atmosphère qui les entoure n'a pas échappé à l'attention des physiciens. Plusieurs d'entre eux s'en sont occupés d'une manière suivie, et envisageant les glaciers et les pics neigeux comme d'immenses condensateurs, ils ont vu dans la condensation de la vapeur d'eau autour de ces foyers de froid, une des principales causes de l'agrandissement des glaciers. Telle est en particulier l'opinion du savant-évêque d'Annecy, M. Rendu. Le fait que les hautes cimes des Alpes et en particulier du Mont-Blanc, sont le plus souvent entourées de nuages, en est à ses yeux la preuve évidente. « Le Mont-Blanc, dit-il, est presque continuelle- « ment caché et ne se laisse pour ainsi dire voir que par « exception, et tandis que les nuages qui sont dans le « milieu des airs voguent au gré des vents, ceux qui l'en- « tourent y semblent enchaînés par une force inconnue. « Il n'est pas rare qu'on voie ainsi le nuage naître et « grandir autour des crêtes glacées; alors il paraît rester « là comme un bonnet pour couvrir la cime (*). » Nul

(*) *Rendu*, Théorie des glaciers de la Savoie; p. 17. — Les paysans disent dans ce cas qu'il y a un âne sur le Mont-Blanc. MM. Bravais et Martins ont étudié ce phénomène le dernier jour qu'ils ont passé au grand

doute en effet que l'action réfrigérante des neiges et des
glaces ne contribue pour une bonne part à l'alimentation
des glaciers, au moyen de la vapeur d'eau qu'elle condense. Mais pour que cette condensation ait lieu, il n'est
pas nécessaire que la vapeur d'eau se *condense en brouillards et en nuages*. La condensation se fait également
sans que la vapeur passe à l'état vésiculaire; elle a lieu
en plein soleil, à toutes les heures du jour, alors que les
cimes et les glaciers sont parfaitement dégagés. Je crois
utile pour l'intelligence des observations qui suivront de
rappeler ici en peu de mots les lois générales de la condensation et de l'évaporation, telles qu'elles résultent
des expériences les plus récentes des physiciens (*).

Pour qu'il y ait évaporation, la première condition re-
quise, c'est que le corps qu'on veut faire évaporer soit à
une température supérieure au point de rosée (terme de la
saturation). S'il est à une température inférieure, il y
aura au contraire condensation. Que l'on place l'un à
côté de l'autre, dans un appartement dont le point de

Plateau, à 900 mètres seulement au-dessous de la cime. Ils se sont
assurés que ce nuage est formé par la condensation de la vapeur d'eau
contenue dans l'air qui passe au-dessus du sommet. Ils voyaient le nuage
se renouveler sans cesse ; les parties condensées étaient entraînées du
côté méridional de la cime et remplacées immédiatement par d'autres
qui venaient du nord.

(*) Les travaux les plus complets que nous possédions sur l'hygrométrie, sont, après les ouvrages de Saussure, les mémoires spéciaux
de MM. Wells, August, Daniell, Pouillet, Kaemtz et plus particulièrement le mémoire de M. Régnault, inséré dans les Comptes rendus de
l'Académie des sciences de 1845 ; tome 20, p. 1127.

rosée soit par exemple de + 5°, deux vases remplis d'eau,
l'un à + 10°, l'autre à 0°, le premier évaporera jusqu'à
ce qu'il se soit refroidi à la température de + 5°, le second, au contraire, condensera jusqu'à ce qu'il ait atteint
cette même température. Si au lieu de l'eau à 0° on prend
de la glace, cette glace condensera également, mais il y
aura cette différence avec l'eau, c'est qu'étant de sa nature
incapable de se réchauffer à plus de 0° sous peine de se
fondre, elle condensera toujours avec la même activité,
aussi longtemps qu'il en restera une parcelle. Cet exemple nous explique ce qui se passe dans les Hautes-Alpes.
Comme les glaciers ne sont jamais qu'à 0°, il s'ensuit
qu'ils doivent condenser toutes les fois que le point de
rosée est au-dessus de zéro. Il y aura, en revanche, évaporation toutes les fois que le point de rosée sera à une
température inférieure à la glace.

On peut prévoir d'après cela que dans toutes les stations dont la température ne diffère pas notablement de
celle du glacier d'Aar, la condensation aura lieu de préférence en été et l'évaporation en hiver (*). C'est en effet
ce que l'expérience nous enseigne.

(*) Ce n'est pourtant pas à dire qu'il n'y ait pas de condensation en
hiver, ni d'évaporation en été. La condensation peut également se faire
par une température basse, toutes les fois qu'à la suite du rayonnement
nocturne le glacier se refroidit plus que l'air. Ainsi, par exemple, si la
surface du glacier est à — 2° et à l'air à — 1°, il y a condensation, mais
condensation gelée, aussi longtemps que le point de saturation se maintient au-dessus de la température du glacier, par exemple s'il est à - 1,5.

Il y a réciproquement évaporation en été, toutes les fois que le point
de rosée tombe au-dessous de la température du glacier, ce qui arrive

On peut, au moyen de bons instruments d'hygrométrie, connaître à chaque instant le degré de saturation de l'air, et par conséquent savoir s'il y a condensation ou évaporation (*). En comparant les nombreuses observations d'hygrométrie faites par M. Dollfus pendant les campagnes de 1844 et 1845, je trouve qu'en été les conditions atmosphériques sont en effet de nature à favoriser la condensation beaucoup plus que l'évaporation ; et en cela elles sont parfaitement d'accord avec les expériences directes qui ont été faites au moyen de balances, et dont nous parlerons plus bas en traitant des causes de l'augmentation des glaciers.

Au premier abord, ce résultat paraît étrange et contraire aux observations de la plupart de ceux qui ont fait

quelquefois par une température assez élevée lorsqu'un vent très-sec souffle. L'évaporation est d'autant plus prompte que la différence entre le point de rosée et la température de l'air est plus grande. Il se passe, dans ce cas, exactement le même phénomène qui a lieu dans la plaine, lorsque la neige disparaît sous l'influence du vent du nord-est (de la bise). On dit alors en Suisse que la bise mange la neige.

(*) M. Dollfus a trouvé le moyen de simplifier considérablement ces expériences, en faisant usage d'un roséomètre particulier. L'appareil repose sur le même principe que celui de Pouillet. C'est un vase en cuivre doré, de la capacité d'un demi-litre à peu près, dans lequel on met de l'eau mélangée de glace, ou un mélange réfrigérant, si le point de saturation est très-bas. Un thermomètre qu'on a soin de remuer dans le mélange indique l'abaissement de la température, au moment où la condensation se fait sur les parois du vase. Si le thermomètre est à longue échelle, on peut savoir à un dixième de degré près le point de saturation de l'air. Cet instrument a ce grand avantage, qu'il est d'un maniement facile, et qu'il permet d'employer toutes sortes de liquides. Au moyen d'un peu de sulfate de soude, il peut fonctionner dans toutes les conditions de température.

des ascensions dans les hautes régions des Alpes. Tous s'accordent à représenter l'extrême sécheresse de l'air comme le trait dominant de l'atmosphère sur les hautes sommités. Cette sécheresse en effet est très-grande, et j'en ai éprouvé moi-même tous les inconvénients dans mes différentes ascensions, entre autres au Wetterhorn. Il n'est pas même nécessaire de monter sur les grands pics des Alpes pour en ressentir les effets. On les remarque déjà à une hauteur bien moindre, de 2000 à 3000 mètres. A l'Hôtel des Neuchâtelois, les aliments se dessèchent avec une grande rapidité, ce qui est cause que l'on est obligé de renouveler les provisions tous les deux jours au moins. Un morceau de pain est aussi hâlé au bout de vingt-quatre heures de beau temps qu'il l'est dans la plaine après plusieurs jours. Ces effets sont d'autant plus sensibles qu'on s'élève à de plus grandes hauteurs. M. Desor a fait la remarque qu'à moins qu'il ne neige ou ne pleuve, on ne transpire plus au delà de 10000 pieds, ce qui ne veut dire autre chose sinon qu'à cette hauteur la sécrétion humide de la peau est instantanément absorbée par l'évaporation.

Mais il ne faudrait cependant pas conclure de cette excessive évaporation que nous observons sur notre corps, qu'elle agit avec la même efficacité sur le glacier. D'abord, l'évaporation n'a lieu qu'autant que le corps, exposé à l'air, se maintient à une température supérieure au point de rosée ; et en second lieu, l'intensité de l'évaporation est, en raison de la différence qui existe, d'une part entre le point de rosée et la température du corps qui évapore, et d'autre part entre le point de rosée et la température de l'air ambiant. L'air est sec lorsque cette différence est grande ; il est humide lorsqu'elle est faible. Dans la plaine, le point de rosée ne diffère en général que de quelques degrés de la température ambiante (*). Dans les hautes régions des Alpes, la différence est plus considérable par les ciels sereins, de 4°, 6°, 8°, 10° et davantage (**). L'air, qui est alors très-avide d'humidité, *en emprunte à tous les corps humides qui sont à une température plus élevée que le point de rosée* (***). Les mêmes effets ne sont pas produits, lorsqu'il s'agit de corps dont la température est inférieure au point de rosée. Ceux-ci se trouvent dans les conditions du vase à 0°,

(*) M. de Humboldt dit avoir trouvé la plus grande sécheresse dans les steppes de la Russie. La température de l'air était à + 23°, 7, et le point de rosée à — 4,3 (*Asie centrale;* tom. 3, p. 87).

(**) Voy. sur la marche de l'hygrométrie dans les montagnes, les observations de M. Kaemtz (*Cours de Météorologie*, pag. 87 et suiv.), et celles de MM. Bravais et Martins (même ouvrage). Les nombreuses expériences faites par M. Dollfuss, au glacier de l'Aar, sont encore inédites.

(***) Nous n'avons pas à rechercher ici la part qui revient à la hauteur du lieu dans l'appréciation de l'évaporation. Tout le monde sait qu'à parité de conditions météorologiques, l'évaporation va en augmentant dans une progression constante, à mesure que la pression atmosphérique diminue. Saussure admet § 2062) que toutes choses égales, une diminution d'environ un tiers dans la densité de l'air, rend plus que double la quantité de l'évaporation. Suivant M. Desor, c'est essentiellement pour se préserver contre cette évaporation excessive, que les montagnards ont soin de se couvrir la face d'un voile, lorsqu'ils font des ascensions dans les hautes régions. Ils entretiennent par ce moyen une atmosphère saturée d'humidité autour du visage.

dont nous avons parlé plus haut, c'est-à-dire qu'ils con-
densent. Or, comme la température des glaciers n'excède
jamais 0°, il s'ensuit qu'*ils doivent condenser pendant
que la plupart des autres corps évaporent*. C'est par conséquent dans l'inaptitude du glacier à s'élever à une température supérieure à 0° que gît le secret de leur apparente anomalie, sous le rapport de l'évaporation.

De ce que c'est la température propre des glaciers qui
les empêche d'évaporer en été, il ne s'ensuit pas que
les basses températures de l'hiver soient une cause permanente d'évaporation. Cela serait le cas, si la neige qui
recouvre le glacier ne se refroidissait que par le contact
de l'air, sous l'influence des vents froids; mais il existe
une autre cause de refroidissement beaucoup plus efficace, c'est le rayonnement nocturne. Nous savons par
les recherches de MM. Bravais et Martins au Mont-Blanc,
que la neige est de tous les corps celui qui rayonne le
plus. Aussi, lorsque MM. Desor et Dollfus visitèrent le
glacier de l'Aar au mois de janvier 1846, trouvèrent-ils
pendant trois jours consécutifs qu'ils passèrent aux environs de l'hospice du Grimsel, la température de la neige
en moyenne de cinq degrés au-dessous du minimum de
l'air (*). Il est vrai que pendant ces trois jours le ciel fut
constamment serein. Il est probable qu'il n'en est plus

____

(*) On observait une gradation assez constante dans l'intérieur de la
neige. Près de la surface le thermomètre marquait — 13°; à 20 centimètres, — 10°,5; à 50 centimètres, — 8°; à 1 mètre, — 3°; à 1 mètre
60 centimètres, — 2°. L'air oscillait entre — 6° et — 8°.

de même lorsque le ciel est couvert. La neige, ne se refroidissant plus par rayonnement, doit avoir alors une température moins basse que l'air, et le glacier doit par conséquent évaporer.

Les circonstances les plus favorables à l'évaporation, ont lieu lorsque des vents froids succèdent à des nuits brumeuses. La surface du glacier, qui n'a pas pu se refroidir par rayonnement, est alors à une température supérieure à celle de l'air, et comme la couche d'air en contact avec le glacier est continuellement renouvelée par l'effet du vent, il s'ensuit qu'en rasant la surface du glacier, elle se sature plus ou moins au détriment de la glace, qui s'évapore directement, sans passer par l'état de fluidité (*).

Ces conditions particulières d'humidité dans les montagnes, ne laissent pas que d'exercer une grande influence

(*) M. Dollfuss qui a fait des expériences comparatives sur l'évaporation de la glace et de l'eau, a trouvé, qu'à parité de conditions, les deux corps perdent exactement la même quantité de substance par évaporation. L'évaporation a lieu en raison des surfaces. Je tiens d'autant plus à ce résultat, que des personnes qui se disent versées dans la physique, se sont récriées contre un énoncé semblable contenu dans mes *Études*. Je disais, p. 221, « Alors même qu'on ne saurait pas par des expériences directes que la glace s'évapore continuellement a sa surface, on pourrait le conclure d'un phénomène que l'on observe assez fréquemment sur les glaciers, c'est que, même par une température assez élevée de l'air, la glace reste sèche à sa surface; ce qui prouve bien évidemment qu'au lieu de se fondre, elle s'évapore immédiatement. » Ce passage a été l'objet d'une amère critique de la part de M. Petzholdt, qui trouve fort ridicule ce que l'expérience démontre aussi, savoir que la glace s'évapore sans passer par l'état fluide (*Petzholdt*, Geognosie von Tyrol).

sur la répartition et la destinée des glaciers. Ce sont elles
en particulier qui favorisent les chutes de neige qui ont
lieu à toutes les saisons. En effet, la neige, comme tous
les précipités de l'atmosphère, suppose un air saturé
d'humidité. Si donc, dans un lieu quelconque, l'air est
souvent à saturation d'espace, par une température basse,
en d'autres termes si le climat y est humide, les chutes
de neige seront fréquentes. Les neiges s'accumuleront en
couches épaisses, et la chaleur de l'été n'étant pas suffisante pour les fondre, elles persisteront, tandis que d'autres localités, où la température est la même, mais où la
couche des neiges hivernales est moins épaisse, se dégar-
niront. La zône des neiges éternelles se trouvera ainsi
naturellement abaissée par le fait de l'humidité du climat,
et il se formera des glaciers à des niveaux où ils ne pourraient pas exister dans des stations moins humides. Par
conséquent, les montagnes qui jouissent d'un climat maritime devront, toutes autres choses égales d'ailleurs,
fournir de plus grands glaciers que celles dont le climat
est continental. Je ne doute pas que si le climat maritime
s'étendait jusqu'aux Pyrénées, cette chaîne de montagnes n'eut des glaciers de premier ordre comme les
Alpes. Les glaciers des Alpes, eux-mêmes, seraient plus
grands qu'ils ne sont réellement s'ils se trouvaient sous
l'influence des vents de mer (*).

(*) On trouvera de plus amples détails sur cette influence des climats
sur la limite des glaciers dans le mémoire récent de M. Grange, intitulé : *Recherches sur les glaciers, les glaces flottantes, les dépôts éna-
tiques*, etc. Paris, 1846.

Influence de l'hygrométricité de l'air sur l'eau

L'état thermométrique et hygrométrique de l'air agit aussi sur l'eau, mais d'une autre manière que sur la glace et la neige. L'eau étant susceptible de s'échauffer à tous les degrés, il s'ensuit que l'évaporation doit avoir sur elle beaucoup plus de prise. C'est ce dont j'ai vu des exemples frappants dans les Alpes. Si à la suite d'une chute de neige survient une journée de soleil ardent, on voit la neige disparaître à vue d'œil, et des ruisseaux nombreux se former au bord de la zône occupée par la neige fraîche. Mais ces ruisseaux, quelque abondants qu'ils paraissent, n'apportent aucune augmentation sensible aux eaux de la vallée. Si on suit leur cours, on le voit diminuer sensiblement, et il y en a beaucoup qui disparaissent déjà au bout d'un trajet de quelques cents mètres, surtout lorsqu'ils coulent sur des rochers nus. J'ai vu à plusieurs reprises au-dessus du Pavillon, des ruisseaux abondants qui auraient pu faire tourner une roue de moulin, s'évaporer avant d'avoir atteint le glacier, c'est-à-dire au bout d'un trajet de 300 mètres.

J'ai donné dans mes *Études* (p. 215) un aperçu de la manière dont l'eau des rivières s'échauffe sous l'influence de la température, d'après une série d'observations faites le long de la Viège et le long de l'Aar. Je puis aujourd'hui compléter ces indications par quelques observations recueillies au Pavillon. Le torrent de Trift sur la rive gauche du glacier de l'Aar, sort du glacier de Trift antérieur

qui occupe un enfoncement latéral de la montagne, en
aval du Pavillon (voy. Pl. III). Son volume n'est pas très-
considérable, et son trajet jusqu'au glacier d'environ
2000 mètres. A sa sortie de dessous la neige qui est entassée devant le glacier, l'eau est à 0°; un peu plus loin
à 200 mètres environ, elle s'élève, par les journées
chaudes, à + 1°,5; à 500 mètres elle acquiert + 3°; à
1000 mètres + 5°; à 1500 mètres + 6°; à 2000 mètres
+ 6°,5 et quelquefois + 7°. Par conséquent l'eau du torrent de Trift s'échauffe beaucoup plus vite que l'Aar, qui
n'arrive à cette température de + 7° qu'aux environs de
Meyringen, c'est-à-dire après un trajet de sept lieues.
Mais il ne faut pas oublier que ce torrent est incompa-
rablement plus faible que l'Aar, qu'il coule en partie sur
des roches polies, et qu'il reçoit dans tout son trajet, les
rayons du soleil en plein.

CHAPITRE III.

DES DIFFÉRENTES RÉGIONS DES GLACIERS.

Lorsqu'on parle de glaciers, dans un sens général, on a ordinairement en vue leur partie terminale. On se représente d'immenses amas de glaces occupant les vallées alpines, et s'avançant quelquefois jusque dans les régions cultivées, tantôt recouverts d'une quantité de débris rocheux qui forment comme autant de remparts à leur surface, tantôt profondément déchirés et montrant aux regards de l'observateur leurs flancs azurés, composés d'une glace dure et transparente comme du verre. Mais tel n'est pas l'aspect des glaciers dans tout leur cours. A mesure qu'on approche des cirques, leur surface prend un aspect plus uniforme; la glace perd de plus en plus sa dureté et sa transparence, et de compacte qu'elle était, elle finit par devenir incohérente et grenue. C'est cette seconde forme que les montagnards de l'Oberland désignent sous le nom de *firn*, et que M. de Charpentier appelle *névé*, d'après une dénomination empruntée aux montagnards de la Savoie. Le névé occupe de vastes étendues dans la partie supérieure des grands glaciers, particulièrement dans l'intérieur des cirques, et comme les espaces qui en sont recouverts se distinguent par une apparence toute particulière, on a transféré le nom de névé à ces mêmes régions, et l'on a distingué topographiquement entre le névé et le glacier, comme ailleurs on distingue entre la région des pâturages et celle des forêts. Au-dessus des névés s'élèvent les grands pics et les hauts cols qui sont ordinairement recouverts d'une neige pulvérulente ou finement grenue.

M. Rendu, aujourd'hui évêque d'Annecy, divise les glaciers en deux régions (*). Il désigne sous le nom de *glaciers d'écoulement*, la partie inférieure des glaciers qui descend dans la région des cultures, et il comprend sous le nom de *glaciers réservoirs* toutes les régions supérieures, c'est-à-dire ces vastes espaces où la neige d'hiver ne fond plus, mais où elle se transforme en glace. Au point de vue topographique, cette division est en effet la plus naturelle, et avant de connaître l'ouvrage de M. Rendu, je l'avais adoptée sous une autre forme, dans mes *Études*, en distinguant les *mers de glace* des *glaciers proprement dits* (**). En effet, si un observateur pouvait s'élever à une hauteur suffisante pour que les reliefs intermédiaires disparussent à ses yeux, il distinguerait dans chacun des principaux groupes des Alpes, une vaste

(*) *Rendu*, Théorie des glaciers de la Savoie, p. 10.
(**) Études, p. 22.

étendue de glace (les glaciers réservoirs ou mers de glace), et sur leur pourtour un certain nombre de prolongements ou de dé; orgeoirs, qui seraient les glaciers proprement dits, ou glaciers d'écoulement de M. Rendu. C'est sous cette forme que l'ensemble des glaciers se présente dans la carte de l'Oberland bernois, qui accompagne la traduction allemande de notre ascension de la Jungfrau (*).

Mais cette distinction ne suffit plus, du moment qu'il s'agit de la formation et du mécanisme des glaciers, dans leur rapport avec les reliefs orographiques. Il faut alors distinguer une troisième région au-dessus du névé, que j'ai appelée la région des champs de neige (**). De cette manière on devra admettre dans chaque glacier trois régions qui ont chacune leur caractère et leur physionomie propres, savoir : 1º la glace compacte, 2º le névé, 3º les champs de neige.

Nous traiterons successivement de ces différentes régions et des caractères qui leur sont propres.

1º Région de la glace compacte.

La région de la glace compacte est sans contredit la plus intéressante, au point de vue de la variété et de la multiplicité des phénomènes qui s'y rencontrent. C'est là que se trouvent les moraines, les tables, les cônes gra-

---

(*) Die Besteigung des Jungfrauhorns, von E. Desor, 1842. Voyez aussi, E. Desor, Nouvelles Excursions, 1835.

(**) Voyez ma *Notice* dans E. Desor, Excursions, p. 1.

veleux, les aiguilles, les baignoires, les trous méridiens, les ruisseaux au lit resplendissant et ces mille accidents divers qu'on associe d'ordinaire à l'idée d'un glacier. Le développement de cette région, en longueur, est très-considérable. Il est tel glacier, le glacier d'Aletsch, par exemple, où elle est de plusieurs lieues. Au glacier de l'Aar, elle a 9000 mètres de longueur en ligne droite, depuis l'apparition des moraines sur le revers de l'Abschwung, jusqu'à la sortie de l'Aar. Mais il ne faut pas oublier que tous les glaciers vont en se rétrécissant d'amont en aval, en sorte que, tout en occupant une grande longueur, la superficie de cette région est cependant moins considérable que celle du névé et des champs de neige réunis.

Les caractères propres de la région de la glace compacte sont très-variés. Mais comme nous aurons à nous en occuper d'une manière spéciale en traitant de la topographie du glacier de l'Aar, nous ne nous y arrêterons pas ici et nous passerons immédiatement à l'étude du névé.

2° Région du névé (*).

Le névé ne se trouve guère que dans l'intérieur des cirques où il recouvre de vastes surfaces. Les deux névés du glacier de l'Aar (du Lauteraar et du Finsteraar

(*) Le nom de névé, emprunté à l'idiome des montagnards de la Savoie, n'est évidemment qu'une altération du mot *niris* (neige), employé plus particulièrement pour désigner la neige grenue qui persiste en été sur les hautes montagnes. Comme cette neige est surtout abondante

ne le cèdent pas en étendue au glacier proprement dit : leur surface est d'environ huit kilomètres carrés, tandis que le glacier en a environ dix (*). Il est d'autres glaciers où elle est encore plus considérable, au glacier d'Aletsch par exemple. La pente des névés est en général très-faible. M. Élie de Beaumont évalue celle du névé d'Aletsch à 3°; celle du névé du Finsteraar est de 1°40, depuis le pied de la Strahleck jusqu'à l'Abschwung; mais sur cette étendue se trouvent des espaces à peu près complétement planes, par exemple entre l'Abschwung et le Grunerhorn. Même dans les glaciers de second ordre, il faut pour que le névé puisse s'établir, que la pente ne dépasse pas une certaine inclinaison. Je ne connais pas de névé sur une pente de plus de 15°, dans les glaciers latéraux ou de second ordre, et je ne pense pas qu'il en existe sur des pentes de plus de 8° dans les glaciers de premier ordre.

Le caractère dominant du névé, c'est l'uniformité. Il n'y a ni moraines, ni ruisseaux, ni tables, ni aiguilles. Les crevasses elles-mêmes, à moins qu'un promontoire du rivage ou un accident du sol ne les provoquent, y sont très-rares. Il n'y en a que fort peu dans le Lauteraar, surtout dans la partie plane située derrière l'Abschwung. Je me souviens même d'avoir fait plus d'une lieue sur le

dans les cirques, le nom de la chose a passé à la contrée qui la renferme. De là vient que le nom de névé est quelquefois employé comme synonyme de cirque neigeux.

(*) La surface que représente la carte est de 9,456,000ᵐ carrés.

névé d'Aletsch sans rencontrer une seule crevasse, ni rien qui interrompit la monotonie de ce grand amphithéâtre. Ce n'est aussi qu'exceptionnellement, que leur surface prend une forme inégale qui rappelle un peu les bosses et les inégalités de la glace compacte (*).

Grâce à cette uniformité, il est facile de reconnaître le point où le névé finit, et où le glacier commence. Ce point est ce que l'on a appelé la *ligne du névé*.

Ligne de névé.

Cette ligne n'est pas à proprement parler une limite climatologique, ou du moins elle ne dépend pas directement des influences extérieures. Elle remonte à une cause plus générale, le mode particulier de translation du glacier, dont il sera traité à l'article de la stratification, et comme elle jouit d'une fixité toute particulière, elle est devenue naturellement un point de repère pour les observateurs des glaciers. M. Hugi, à qui appartient le mérite de l'avoir pour la première fois remarquée, a même proposé de la substituer à la ligne des neiges éternelles, comme étant beaucoup plus constante (**). Il dit l'avoir trouvée constamment entre 2470 et 2530 mètres (7600 à 7800 pieds) dans tout l'Oberland Bernois. C'est en effet

(*) Les seuls changements qu'on y remarque sont ceux que lui font subir les variations de la température. Le matin, et jusque vers les dix heures, leur surface est gelée, et l'on peut les arpenter avec la plus grande facilité. Plus tard ils sont détrempés et l'on y enfonce quelquefois à plusieurs décimètres.

(**) *Hugi*, Naturhistorische Alpenreise, p. 334.

là sa hauteur au glacier de l'Aar. En 1841, comme en 1843, je l'ai trouvée oscillant entre 2520 et 2530 mètres dans le cirque du Lauteraar. Mais de ce qu'elle est très-stable en un point, au glacier de l'Aar par exemple, il ne s'ensuit pas qu'elle doive nécessairement être partout à la même hauteur. J'ai montré ailleurs (*) que M. Hugi s'est trompé lorsqu'il prétendait qu'elle n'était qu'à 100 pieds plus haut dans la chaîne des Alpes pennines (**). Je l'y ai trouvée moi-même à plus de 3000 mètres sur le glacier de Furke au pied méridional du Mont Cervin.

On a souvent confondu cette limite avec la ligne des neiges hivernales, dont il a été question plus haut, ce qui est d'autant plus facile que le névé ancien et le névé de l'année ont la même structure. Il est cependant un moyen de s'assurer si l'on est réellement à la limite du névé, c'est d'avoir égard à la stratification. La ligne des neiges, ainsi que nous l'avons vu plus haut est soumise à des variations considérables; elle se voyait en 1842 au pied du Berglistock, et en 1843 en face de l'Hôtel des Neuchâtelois. Mais quelque part qu'elle se trouve, on peut toujours la reconnaître à cette circonstance, c'est qu'elle constitue le dernier affleurement, et que, recouvrant uniformément toutes les autres couches, elle les empêche par là même d'affleurer en amont. Par la même raison, elle recouvre aussi la limite du névé lorsqu'elle descend plus

* Études, p. 44.
** M. Hugi est convenu plus tard de son erreur.

bas que celle-ci. La figure 13 de la planche V, qui représente une coupe du glacier de l'Aar, dans sa partie supérieure, rendra ces rapports plus intelligibles.

Soit x la limite du névé, située un peu en amont de l'Abschwung, à 2530 mètres de hauteur. Cette limite, avons nous dit, est à peu près invariable; mais il ne suit pas de là qu'elle doive être toujours visible. Il faut avant tout que les neiges d'hiver disparaissent. En 1842, l'été ayant été très-chaud et la fonte considérable, non-seulement la ligne du névé (x) s'est trouvée à découvert, mais la limite des neiges hivernales a été refoulée bien plus haut, jusqu'au point n, de telle sorte que l'on voyait affleurer entre les deux points x et n, une quantité d'autres couches de névé $a. b. c.$, etc. Toutes les fois qu'une pareille succession de couches s'observe dans le névé, on peut être sûr que la première couche grenue, celle qui est en contact avec la glace compacte, indique la véritable limite du névé.

Mais les neiges d'hiver ne fondent pas toutes les années jusqu'à cette hauteur. Lorsque l'été est froid et humide, la ligne du névé et les régions environnantes restent enfonies sous la neige : c'est ce qui est arrivé en 1843. Non-seulement le point x (la véritable limite du névé) n'était pas visible, mais la ligne des neiges descendait même jusqu'au point m, de manière à recouvrir les moraines et une quantité de couches de glace (les couches $p. q. r. s. t. u.$). Aussi n'apercevait-on aucun indice de couches superposées en amont du point m.

Quelle que soit la fixité de la ligne du névé, je ne puis cependant admettre avec M. Hugi qu'elle soit indépendante des versants et de la position des glaciers vis-à-vis du soleil [*]. Mes expériences m'ont conduit à des résultats diamétralement opposés. Ainsi, j'ai remarqué que dans tous les glaciers orientés perpendiculairement au méridien, c'est-à-dire d'est en ouest ou d'ouest en est, elle est toujours plus déprimée sur la rive ombragée que sur celle qui est exposée au soleil. Le glacier de l'Aar lui-même en est un exemple frappant. La ligne du névé, dans le cirque du Lauteraar, coïncidait en 1845 avec la couche A de la Pl. III. Or, cette limite n'est rien moins qu'uniforme. Tandis qu'elle s'abaisse sur la rive ombragée jusqu'en face de l'Abschwung, nous la voyons remonter sur la rive gauche jusqu'au pied de l'Ewigschneehorn. La même inégalité s'observe sur le Finsteraar. Le pied méridional de l'Abschwung est de glace compacte, mais l'on ne se souvient pas d'avoir vu le pied du Studerhorn, qui est situé en face et à la même hauteur, autrement qu'à l'état de névé. Cette inégalité s'étend même à l'affluent de la Strahleck, qui est de glace sur sa rive gauche, jusqu'à une hauteur de 2800 mètres, tandis que sa rive droite est complétement à l'état de névé. Comme la limite est ici dans le sens de l'axe du glacier, on la voit distinctement sur toutes les crevasses qui traversent le milieu du glacier. Si, au contraire, un

---

[*] Hugi, Naturhistorische Alpenreise, p. 334.

glacier est orienté du sud au nord , comme le glacier de
Rosenlaui, ou du nord au sud, comme le glacier d'Aletsch ,
la ligne du névé y est sensiblement transversale. Il faut
par conséquent avoir soin , lorsqu'on veut mesurer sa
hauteur sur un glacier dont la direction n'est pas parallèle au méridien, comme le glacier de l'Aar, de prendre
la limite sur le milieu du glacier et non pas sur les
côtés.

L'apparition des moraines dans les glaciers composés
de plusieurs affluents coïncide d'une manière sensible
avec la ligne du névé , sans que pour cela elle lui soit
nécessairement subordonnée. C'est pour avoir confondu
la ligne du névé avec celle des neiges hivernales que
quelques observateurs ont pensé qu'il ne pouvait y avoir
de moraines dans le névé. Lorsque la fonte estivale est
faible , et qu'une portion considérable du névé reste en-
terrée sous les neiges , comme ce fut le cas en 1843 (*),
il est évident qu'aucune trace de moraines ne peut exister à la surface. Il n'en est pas de même lorsque le névé
est à découvert. Celui-ci n'exclut en aucune façon les débris rocheux, et s'ils sont rares dans cette région, ce n'est
pas, comme je le croyais autrefois, parce qu'ils s'enfoncent dans cette masse incohérente , mais parce que le
mouvement de translation des couches ne les a pas encore amenés à la surface. D'ailleurs les pierres ne manquent pas absolument dans le névé. Lorsqu'on remonte

(*) Voy. plus haut, p. 16 et 44.

vers l'origine d'une moraine dans une année où la ligne des neiges hivernales est très-haute, on voit çà et là des débris épars remonter jusqu'au delà de la ligne du névé. Ce sont comme les premiers rudiments de la moraine.

Ce n'est pas ici le lieu de discuter la cause de cette apparition successive des moraines. Ce phénomène étant intimement lié à la structure et au mécanisme propre des glaciers, nous y reviendrons en traitant de la stratification. Ce qui est certain, c'est que le point où ces débris se réunissent en traînées continues, où ils deviennent de vraies moraines, se trouve d'ordinaire en aval de la ligne du névé, et c'est dans ce sens qu'on a pu dire avec raison que le commencement des moraines indique la limite du névé (*).

Il résulte des observations qui précèdent que le névé, qui occupe de vastes espaces dans l'intérieur des cirques, est assujetti à une limite qu'il ne franchit pas. Cette limite que nous avons appelée la ligne du névé, doit être distinguée de la ligne des neiges éternelles. Indépendante par sa nature des influences du moment, elle se maintient à un niveau constant, dans tous les grands glaciers, en dépit des variations annuelles de la température, qui font osciller la ligne des neiges dans des limites si considérables. Elle peut et doit par conséquent, être envisagée comme une ligne météorologique d'un grand intérêt.

(*) Études, p. 11.

3° Région des champs de neige.

Les champs de neige occupent les hauts cols et les plateaux supérieurs, au-dessus des cirques du névé. Sous le rapport de la structure de la neige, il n'existe en réalité aucune différence entre la matière des champs de neige et celle des névés. Seulement, comme ceux-ci se maintiennent à des niveaux beaucoup plus élevés, où la température est par conséquent plus basse, on y trouve la neige bien plus souvent à l'état poudreux et cristallin, ou bien, si elle est grenue, comme dans le névé, les grains sont toujours plus petits, et les surfaces qui en sont recouvertes se distinguent par leur blancheur et par un aspect étincelant qui leur est propre et qu'on ne retrouve pas dans les névés, qui ont au contraire une certaine apparence terne et sale. Au glacier de l'Aar, les champs de neige se trouvent à l'origine des deux grands affluents, au col du Lauteraar et au col de la Strahleck. Tous deux sont élevés d'au moins 500 mètres au-dessus des névés qui sont à leurs pieds (*). Les revêtements glacés des pentes qui conduisent à ces cols sont d'une nature moins stable. Suivant la saison, et suivant le caractère de l'année, elles sont recouvertes tantôt de neige, tantôt de névé et tantôt de glace. Nous verrons plus loin, en traitant de l'origine des glaces supérieures, que cette inconstance est une conséquence de leur moindre épaisseur,

(*) La Strahleck est, d'après mes propres observations, à 3371ᵐ ; le col du Lauteraar est un peu moins élevé.

et qu'elle ne se rencontre que sur les endroits très-inclinés. Les endroits plus unis, où la neige peut s'entasser en plus grande quantité, ont une physionomie bien plus régulière. Leur substance est ordinairement de la neige finement grenue.

Les hauts cols peuvent être envisagés comme le véritable siége des champs de neige. Leur uniformité est encore plus grande que celle des névés, surtout lorsqu'ils sont horizontaux comme le col de la Strahleck, entre le Finsteraar et le glacier inférieur de Grindelwald. On n'y rencontre alors ni crevasses, ni moraines, ni ruisseaux, rien en un mot qui rappelle les régions inférieures du glacier. Mais du moment que la pente devient un peu roide, la scène change d'aspect. On voit alors apparaître ces immenses crevasses, si justement redoutées, que je désigne sous le nom de caveaux, et dont il sera question à l'article des crevasses.

Si j'ai distingué les champs de neige des névés, c'est moins à cause de leur structure qu'à cause du rôle différent qu'ils jouent dans l'économie des glaciers. De ce que les champs de neige aboutissent aux névés, on pourrait en conclure que ce sont eux qui les alimentent. Rien ne serait plus erroné qu'une pareille supposition. Sans doute les champs de neige viennent mêler, dans tous les cirques, leurs glaces à celles du névé; mais ce n'est pas à dire que ce soient eux qui les approvisionnent. S'il est un massif qui fournisse beaucoup de ces glaces, c'est bien le Schreckhorn. Son revers septentrional, depuis l'Abschwung jusqu'au col du Lauteraar, est complétement tapissé de champs de neige, qui par quatre affluents divers viennent apporter leur tribut au névé du Lauteraar qui est au bas. La masse de glace qu'ils y versent est sans doute très-considérable, et, malgré cela, la place qu'ils occupent dans le lit commun au pied de l'Abschwung est très-faible (voy. Pl. III); c'est à peine si les quatre affluents réunis (celui du Schreckhorn, les deux du Lauteraarhorn et celui de l'Abschwung) égalent le quart de la largeur du grand bras du Lauteraar. On les retrancherait complétement que le glacier n'en subsisterait pas moins, puisqu'il ne se trouverait diminué que d'un quart. Que si, au contraire, l'on retranchait le cirque qui est au bas, et si, au lieu d'un grand enfoncement, le glacier présentait une pente uniforme, depuis le col du Lauteraar jusqu'à l'Hôtel des Neuchâtelois, le résultat serait fort différent, ainsi qu'on s'en convaincra par l'examen comparatif des deux coupes représentées dans la Pl. V, fig. 2 et 3.

Fig. 3 représente une coupe du glacier de l'Aar montrant son épaisseur relative aux différentes parties de son cours. Ce ne sont certes pas les champs de neige qui recouvrent le col, et dont l'épaisseur maximum est à peine de 30 mètres, qui peuvent approvisionner l'immense amas de névé qui se trouve entassé au pied de l'escarpement (A), et encore moins fournir aux dépenses du grand glacier qui en sort. Supposez qu'au lieu de rencontrer sur leur chemin le cirque avec ses pentes roides, comme dans la figure 3, les champs de neige se meuvent sur une pente uniforme depuis le col du Lauteraar, jusqu'à l'Hôtel des Neuchâtelois (Fig. 2). Admettons en outre que les conditions climatologiques soient les mêmes, et que la couche de neige qui descend du col ait la même épaisseur que dans la figure 3. Qu'arrivera-t-il? C'est qu'aussi longtemps qu'elle restera dans la région des neiges éternelles, cette couche se conservera à peu près intacte, ou peut-être même grossira, parce que les neiges de l'hiver répareront toutes les années la fonte de l'été. Mais du moment qu'elle aura franchi cette limite et qu'elle sera obligée de vivre sur son propre fond, elle sera bientôt épuisée, et comme sa marche sera en même temps moins rapide, à raison de sa faible épaisseur, il est à présumer, qu'au lieu de donner lieu à un glacier se prolongeant jusqu'à une lieue du Grimsel, elle mourra en R, c'est-à-dire à une très-petite distance du point x.

Les champs de neige ne reconnaissent pas de limites en hauteur. Tout ce qui s'élève au-dessus des névés en fait partie. Dans les Alpes, ils embrassent par conséquent une zône d'environ 2000 mètres depuis la base des arêtes qui bordent les cirques, jusqu'aux plus hauts sommets de la chaîne (*).

(*) J'ai indiqué par des nuances particulières les différentes régions du glacier dans la petite carte qui accompagne la traduction de mon Ascension de la Jungfrau par M. *Vogt*. Voyez aussi la carte en tête des Nouvelles Excursions de M. *Desor*.

CHAPITRE IV.

LE GLACIER DE L'AAR.

Le glacier inférieur de l'Aar, d'où s'échappe la principale source de l'Aar, est situé entre les 46° 33′ 30″ et 46° 34′ 45″ latitude nord, et les 5° 50′ et 5° 56′ 45″ longitude est de Paris, au centre de la chaîne des Alpes bernoises. Il est compris en entier dans le massif géologique que M. Studer désigne sous le nom de massif du Finsteraarhorn. Comme tous les grands glaciers des Alpes, il occupe une vallée profonde entre de hautes montagnes, qu'entament çà et là quelques cols peu profonds. Il se compose de deux grands affluents, le glacier du Finsteraar qui se rattache au Finsteraarhorn, et le glacier du Lauteraar, qui est principalement alimenté par les neiges du Lauteraarhorn et du Schreckhorn. A partir de la réunion de ces deux branches, au pied du massif de l'Abschwung, le glacier prend le nom de *Glacier inférieur de l'Aar (Unteraargletscher)*. C'est cette partie du glacier qui est représentée dans la carte de Pl. II, et dont nous aurons surtout à nous occuper dans cet ouvrage. Disons d'abord un mot de cette carte.

I. GÉODÉSIE.

Je n'eus pas plutôt achevé mon premier ouvrage sur les glaciers, que j'acquis la conviction qu'un progrès ultérieur n'était possible qu'en ayant recours à des opérations géodésiques. Une carte détaillée de l'un de nos grands glaciers était devenue chose indispensable. Le glacier de l'Aar me parut le plus approprié à ce but, à cause de son accès facile et de la variété des accidents de sa surface. Je m'adressai donc à l'un des ingénieurs qui ont mesuré la base de la triangulation suisse, M. J. Wild de Richtherswyl, qui voulut bien accepter ma proposition et m'accompagner dans ma campagne de 1842. Voici en peu de mots comment M. Wild a procédé dans ce travail. Il commença par mesurer sur l'affluent du Finsteraar, vis-à-vis de l'Hôtel des Neuchâtelois, une base de 600 mètres (d'après la moyenne de plusieurs mesures). Il observa ensuite, au moyen d'un excellent théodolite, les angles que cette base formait avec des signaux plantés sur les rochers de l'Escherhorn et du Mieselen. Ces deux points fixes une fois déterminés, il prolongea sans difficulté sa triangulation jusqu'à l'extrémité inférieure du glacier. Là, voulant connaître le degré d'exactitude de son opération, il mesura une base de vérification dans la plaine de l'Aar, et nous eûmes la satisfaction de voir que la longueur mesurée comparée à la longueur déduite par le calcul ne différait que de 6 centimètres; la mesure directe avait donné 672 mètres 36 centimètres, la mesure calculée donna 672 mètres 42

centimètres. Ces travaux furent ensuite liés à la triangulation de la Suisse, en partant de la base Siedelhorn-Fins-
teraarhorn, au moyen d'un quadrilatère formé par ces
deux points et deux autres points convenablement situés,
le bloc de l'Hôtel des Neuchâtelois, qui porte le N° 2 sur
la carte et le promontoire de Bærenritz , sur la rive
gauche du glacier, non loin de son extrémité (Pl. I,
fig. 1, et Pl. III). M. Wild trouva la distance de
l'un de ces points à l'autre de 6502^m,2, en la calculant au moyen de la base Siedelhorn–Finsteraarhorn
et des angles observés sur l'Hôtel et au Bærenritz. Cette
mesure devint ainsi une seconde vérification qui permit
d'orienter la triangulation. La direction longitudinale du
glacier, en partant du N° 1 sur l'Abschwung se trouva
être à très-peu de chose près ouest-est, ce qui engagea
M. Wild à prendre pour axe des coordonnées, la méridienne du N° 1 , et la perpendiculaire à cette méridienne.

Je ne crois pas devoir entrer dans de longs détails sur
la manière dont la carte du glacier a été levée. Je n'en
dirai qu'un mot, pour qu'on puisse juger du degré d'exactitude qu'elle présente. Le levé a été fait par sections.
Dans chaque section , M. Wild inscrivait les points les
plus remarquables du glacier, et après avoir observé de
deux points différents les angles de tous ces points , il en
faisait le dessin , en se rendant sur chacun d'eux. La carte
est gravée à l'échelle de $\frac{1}{10000}$; de manière à faire ressortir nettement les principaux accidents du glacier ; on y
reconnaîtra aussi facilement les dislocations que subiront

à l'avenir les ruisseaux avec leurs entonnoirs, les grandes
crevasses et les moraines dans leurs rapports avec les rochers qui entourent le glacier. Enfin, j'ai fait inscrire sur
la carte, un certain nombre de blocs qui serviront à déterminer la position exacte des points sur lesquels ils reposent, et leur emplacement d'année en année. Ces blocs
sont répandus à peu près sur toute l'étendue du glacier,
de manière qu'en observant leur position relativement
aux points fixes de la triangulation, on pourra toujours
reconnaître exactement la marche de toutes les parties du
glacier dans un temps donné. Chaque bloc porte un nu-
méro qui est inscrit sur la carte en chiffres arabes. Les
numéros en chiffres romains désignent les points fixes de la
triangulation. La Pl. I en représente le tracé graphique.
Comme ces points devront servir de termes de comparaison pour l'avenir, je vais donner, dans une série de tableaux, les éléments numériques de ce réseau trigonométrique.

Ier TABLEAU. — Triangles des points fixes.

POINTS.	ANGLES.			LOGARITHMES des côtés EN MÈTRES.	COTÉS en MÈTRES.	OBSERVATIONS.
	°	'	''			
A	29	54	10	2.64952	494,90	A B = Base de
B	107	58	30	2.93010	851,34	600ᵐ,3 de lon -
IV	42	7	20	2.77837	600,30	gueur horizontale.
A	44	22	—	3.04215	1101,92	
B	113	14	30	3.16077	1448,00	
V	22	23	30	2.77837	600,30	

POINTS.	ANGLES.			LOGARITHMES des côtés EN MÈTRES.	COTÉS en MÈTRES.	OBSERVATIONS.
	0	′	″			
IV	—	—	—	3.16073	1447,87	Données : deux côtés et l'angle compris.
A	74	16	10	3.16652	1467,30	
V	—	—	—	2.93010	851,34	
IV	83	24	4	3.33877	2181,60	
V	54	40	33	3.25329	1791,80	
I	41	55	23	3.16652	1467,30	
V	34	33	17	3.09440	1242,80	
I	60	47	47	3.28163	1912,60	
II	84	38	56	3.33877	2181,60	
I	87	59	30	3.22889	1693,90	
II	44	51	—	3.07751	1195,40	
III	47	9	50	3.09440	1242,80	
I	69	7	3	3.24651	1764,05	
III	71	36	4	3.25323	1791,55	
I V	39	16	53	3.07751	1195,40	
IV	51	19	30	3.12107	1321,50	
V	68	34	50	3.19750	1575,80	
VII	60	5	40	3.16652	1467,30	
V	33	51	15	3.14675	1402,00	
VII	114	28	15	3.35996	2290,70	
VI	31	40	30	3.12107	1321,50	

POINTS.	ANGLES.			LOGARITHMES des côtes EN MÈTRES.	COTÉS en MÈTRES.	OBSERVATIONS.
	0	′	″			
VII	54	2	30	3.16831	1473,40	
VI	75	35	—	3.24623	1762,90	
VIII	50	22	30	3.14675	1405,24	
VI	40	15	—	3.07695	1193,85	
VIII	86	52	—	3.26598	1844,93	
IX	52	53	—	3.16831	1473,40	
VIII	51	54	40	3.08176	1207,14	
IX	76	58	30	3.17443	1494,30	
XI	51	6	50	3.07695	1193,85	
IX	43	29	40	3.08312	1210,93	
XI	93	10	50	3.24468	1756,63	
X	43	19	30	3.08176	1207,14	
VIII	91	31	56	3.49702	3140,70	
IX	66	8	7	3.45836	2873,20	
XIII	22	19	57	3.07695	1193,85	
IX	32	40	13	3.28183	1913,50	
X	117	37	44	3.49702	3140,70	
XIII	29	42	3	3.24462	1756,40	
IX	15	19	43	2.92671	844,72	
XIII	64	3	3	3.45840	2873,40	
XII	100	37	14	3.49702	3140,70	

POINTS.	ANGLES.			LOGARITHMES des côtés EN MÈTRES.	COTÉS en MÈTRES.	OBSERVATIONS.
	0	'	''			
XIII	71	37	34	3.09365	1240,65	
XII	68	7	23	3.08392	1213,16	
XIV	40	15	3	2.92671	844,71	
XII	27	8	10	2.79914	6297,71	
XIV	88	53	20	3.14000	1380,40	
XV	63	58	30	3.09365	1240,70	
XIV	14	36	50	2.33391	215,73	$a =$ point supérieur de la base de vérification
XV	32	49	—	2.66595	463,40	
a	132	34	10	2.79914	629,71	
XIV	43	34	20	2.73811	547,16	$b =$ point inférieur de la base de vérification.
XV	83	56	10	2.89728	789,37	
b	52	29	30	2.79914	629,71	
a	—	—	—	2.89728	789,37	
XIV	58	11	10	2.82765	672,44	
b	—	—	—	2.66595	463,40	

IIe Tableau. — *Triangles des blocs numérotés.*

POINTS.	ANGLES.			LOGARITHMES des côtes EN MÈTRES.	COTÉS en MÈTRES.	OBSERVATIONS.
	o	′	″			
I	48	20	—	3.01975	1046,53	Les chiffres arabes desi-
II	14	11	—	2.53562	343,26	gnent les blocs
1	117	29	—	3.09440	1242,79	numérotés.
I	48	30	30	2.97345	940,70	
II	49	54	—	2.98159	958,50	
2	81	44	30	3.09440	1242,79	
I	15	54	30	2.55510	359,01	
II	55	41	30	3.03418	1081,90	
3	108	24	—	3.09440	1242,79	
I	65	19	—	3.15415	1426,10	
II	62	19	30	3.14299	1389,90	
4	52	21	30	3.09440	1242,79	
IV	65	53	30	3.15928	1443,04	
VII	28	43	—	2.88058	759,60	
5	85	23	30	3.19750	1575,80	
IV	24	54	15	3.05660	1139,00	
VII	119	28	10	3.37204	2355,30	
10	35	37	35	3.19750	1575,80	
VII	64	41	6	3.10686	1279,00	
5	21	40	28	2.72962	536,56	
8	96	38	26	3.15928	1443,04	

POINTS.	ANGLES.			LOGARITHMES des côtés EN MÈTRES.	COTÉS en MÈTRES.	OBSERVATIONS.
	°	′	″			
5	37	29	—	2.89491	785,08	
8	60	3	20	3.04840	1117,90	
6	82	27	40	3.10686	1279,00	
5	34	9	10	2.85617	718,08	
8	56	35	—	3.02842	1067,63	
7	89	15	50	3.10686	1279,00	
5	63	43	—	3.06557	1163,00	
8	35	52	10	2.88081	760,00	
IV	80	24	50	3.10686	1279,00	
8	109	36	50	3.20841	1615,90	
IV	27	42	10	2.90172	797,48	
9	42	41	—	3.06557	1163,00	
XII	96	4	10	3.30356	2011,70	
XIII	59	15	—	3.24020	1738,60	
11	24	40	50	2.92671	844,72	
XII	82	18	10	3.21885	1655,20	
XIII	67	19	—	3.18782	1541,06	
12	30	22	50	2.92671	844,72	
XII	107	27	10	3.19675	1573,08	
XIII	41	44	—	3.04048	1097,70	
13	30	48	50	2.92671	844,72	

POINTS.	ANGLES.			LOGARITHMES des côtés EN MÈTRES.	COTÉS. en MÈTRES.	OBSERVATIONS.
	°	′	″			
XII	46	36	10	2.80701	641,22	
XIII	26	34	—	2.59625	394,68	
14	106	49	50	2.92671	844,71	
XII	24	31	10	2.55106	355,68	
XIII	55	45	—	2.85030	708,43	
15	99	43	50	2.92671	844,71	
XIV	74	22	20	2.85598	717,77	
XV	47	58	—	2,74319	553,59	
16	57	39	40	2.79914	629,97	
XIV	47	16	20	2.72775	534,26	
XV	72	45	—	2.84172	694,58	
17	59	58	40	2.79914	629,97	
XIV	41	46	20	2.62583	422,50	
XV	41	24	—	2.62265	419,42	
18	96	49	40	2.79914	629,97	
I	48	9	—	2 99302	984,06	e = cascade du Lauteraar en aval de l'Hôtel.
II	61	40	20	3.06563	1163,13	
e	70	10	40	3 09440	1242,80	
IV	21	28	—	2.53260	340,88	f = cascade du Finsteraar en aval de l'Hôtel.
5	33	10	—	2.70722	509,59	
f	125	22	—	2.88058	759,59	

POINTS.	ANGLES.			LOGARITHMES des côtes EN MÈTRES.	COTÉS en MÈTRES.	OBSERVATIONS.
	0	'	''			
IV	24	42	—	3.096639	1248,50	
VII	123	28	10	3.396661	2492,36	
Grand cône de la moraine mediane.	31	49	50	3.197550	1575,80	

Dans les deux tableaux qui précèdent, chaque case horizontale représente un triangle. La première colonne contient les numéros ou les noms des trois points des triangles; la seconde colonne indique la valeur des angles qui correspondent à ces points; la troisième, les logarithmes des côtés des triangles; la quatrième enfin, la longueur des côtés en mètres. Les chiffres représentent toujours les côtés opposés aux points qui se trouvent sur la même ligne.

IIIe Tableau. — *Coordonnées des points fixes.*

POINTS.	AZIMUTS.		X	Y	HAUTEURS au-dessus DE LA MER.
I			0^m	0^m CO	2537^m 1
II	I	121° 48′ 18″	+ 1056^m 18	— 654^m 99	
III	II	346° 39′ 18″	+ 665^m 19	+ 993^m 18	
IV	III	142° 12′ 44″	+ 1746^m 09	— 400^m 86	
V	IV	6° 19′ 55″	+ 1907^m 91	+ 1057^m 50	
	I	61° 0′ 31″	+ 1908^m 24	+ 1057^m 38	
VI	V	151° 36′ 20″	+ 2997^m 36	— 957^m 63	
VII	VI	3° 16′ 50″	+ 3077^m 58	+ 442^m 08	
	V	117° 45′ 8″	+ 3077^m 58	+ 442^m 08	
VIII	VII	129° 14′ 20″	+ 4443^m 00	— 673^m 08	2334^m 0
IX	VIII	345° 43′ 50″	+ 4148^m 76	+ 483^m 96	
	VI	38° 36′ 50″	+ 4148^m 73	+ 483^m 96	
X	IX	132° 15′	+ 5449^m 02	— 697^m 17	2240^m 4
XI	X	355° 31′ 30″	+ 5355^m 60	+ 510^m 15	2236^m 2
	IX	88° 45′ 20″	+ 5355^m 60	+ 510^m 18	
XII	IX	114° 54′ 30″	+ 6754^m 89	— 726^m 24	2178^m 6

POINTS.		AZIMUTS.	X	Y	HAUTEURS au-dessus DE LA MER.
XIII	X XII	69^0 52′ 44″ 35^0 31′ 44″	+ 7245^m 75 + 7245^m 78	— 38^m 91 — 38^m 79	2115^m 0
XIV	XII XIII	103^0 39′ 7″ 143^0 54′ 10″	+ 7960^m 53 + 7960^m 53	— 1019^m 07 — 1019^m 13	1983^m 9
XV	XII XIV	76^0 30′ 57″ 12^0 32′ 27″	+ 8097^m 24 + 8097^m 27	— 404^m 34 — 404^m 40	1944^m 6

Les coordonnées de ce tableau et du suivant se rapportent, ainsi qu'il a été dit plus haut, à une ligne partant du N° I, dans la direction de l'ouest à l'est. La troisième colonne de chaque case horizontale (sous la rubrique x), contient l'abscisse ou la distance du point de la première colonne, dans la direction d'ouest en est, le point N° I étant pris comme point de départ général. La quatrième colonne (sous le titre y) montre les ordonnées ou les distances verticales de ce même point à l'axe des abscisses, du côté du nord si le chiffre est précédé du signe +, et du côté du sud si le chiffre est précédé du signe —. La deuxième colonne contient les azimuts des points de la première colonne, tous comptés du sud à l'ouest. Pour la vérification des calculs, les coordonnées du même point ont été dérivées par différentes combinaisons de triangles.

IVᵉ TABLEAU. — *Coordonnées des blocs numérotés.*

POINTS.		AZIMUTS.	X	Y	HAUTEURS au-dessus DE LA MER.
1.	I	73° 28′ 18″	+ 329ᵐ 07	+ 97ᵐ 65	2490ᵐ 0
	II	315° 59′ 18″	+ 329ᵐ 04	+ 97ᵐ 68	
2.	I	73° 17′ 48″	+ 918ᵐ 06	+ 275ᵐ 61	2486ᵐ 7
	II	351° 33′ 18″	+ 918ᵐ 03	+ 275ᵐ 52	
3.	I	105° 53′ 18″	+ 1040ᵐ 52	— 296ᵐ 34	2491ᵐ 2
	II	357° 29′ 48″	+ 1040ᵐ 49	— 296ᵐ 31	
4.	I	56° 29′ 18″	+ 1158ᵐ 90	+ 767ᵐ 40	2459ᵐ 4
	II	4° 7′ 48″	+ 1158ᵐ 90	+ 767ᵐ 43	
5.	IV	351° 45′ 55″	+ 1637ᵐ 31	+ 350ᵐ 91	2457ᵐ 9
	VII	266° 22′ 25″	+ 1637ᵐ 43	+ 356ᵐ 82	
6.	5	145° 31′ 53″	+ 2270ᵐ 07	— 570ᵐ 81	2384ᵐ 7
7.	5	73° 53′ 43″	+ 2663ᵐ 10	+ 647ᵐ 01	2403ᵐ 9
8.	6	17° 59′ 33″	+ 2853ᵐ 42	— 45ᵐ 42	2407ᵐ 8
	7	164° 37′ 53″	+ 2853ᵐ 42	— 45ᵐ 39	
9.	8	142° 33′ 53″	+ 3338ᵐ 19	— 678ᵐ 66	2356ᵐ 8
	IV	99° 52′ 55″	+ 3338ᵐ 01	— 678ᵐ 24	
10.	IV	82° 33′ 43″	+ 4081ᵐ 56	— 95ᵐ 97	2338ᵐ 8
	VII	118° 11′ 18″	+ 4081ᵐ 68	— 96ᵐ 06	

POINTS.		AZIMUTS.	X	Y	HAUTEURS au-dessus DE LA MER.
11.	XII	299° 27′ 34″	+ 5241^m 06	+ 128^m 82	2250^m 9
	XIII	274° 46′ 44″	+ 5241^m 03	+ 128^m 73	
12.	XII	313° 13′ 34″	+ 5631^m 99	+ 329^m 19	2202^m 6
	XIII	282° 50′ 44″	+ 5632^m 02	+ 329^m 13	
13.	XII	288° 4′ 34″	+ 5711^m 37	— 385^m 65	2197^m 8
	XIII	257° 15′ 44″	+ 5711^m 37	— 385^m 71	
14.	XII	348° 55′ 34″	+ 6679^m 08	— 338^m 88	2117^m 1
	XIII	242° 5′ 44″	+ 6679^m 11	— 338^m 94	
15.	XII	11° 0′ 34″	+ 6890^m 19	— 30^m 84	2115^m 9
	XIII	271° 16′ 44″	+ 6890^m 16	— 30^m 90	
16.	XIV	298° 10′ 7″	+ 7472^m 49	— 757^m 77	1999^m 5
	XV	240° 30′ 27″	+ 7472^m 49	— 757^m 74	
17.	XIV	325° 16′ 7″	+ 7564^m 80	— 448^m 26	2003^m 1
	XV	265° 17′ 27″	+ 7564^m 80	— 448^m 23	
18.	XIV	330° 46′ 7″	+ 7755^m 72	— 653^m 10	1950^m 0
	XV	233° 56′ 27″	+ 7755^m 69	— 653^m 07	
c ou cascade du Lauteraar.	I	73° 39′ 18″	+ 1115^m 88	+ 327^m 27	
	II	3° 28′ 38″	+ 1115^m 88	+ 327^m 27	

POINTS.		AZIMUTS.	X	Y	HAUTEURS au-dessus DE LA MER.
j ou cascade du Finsteraar.	IV 5	330^0 17' 55'' 204^0 55' 55''	+ 1493^m 61 + 1493^m 67	+ 41^m 82 + 41^m 79	
Grand cône de la moraine médiane.	IV VII	82^0 21' 25'' 114^0 11' 15''	+ 4216^m 29 + 4216^m 50	— 69^m 36 — 69^m 45	

Les hauteurs au-dessus de la mer, telles que les donnent ce tableau et le précédent, sont toutes rapportées à la hauteur du Finsteraarhorn, telle qu'elle est indiquée dans l'ouvrage de M. Eschmann sur les résultats trigonométriques de la Suisse. On a tiré du même ouvrage les longitudes et les latitudes des cimes du Finsteraarhorn et du Siedelhorn, au moyen desquelles on a déduit l'orientation de l'axe des coordonnées.

Ve **Tableau**. — *Triangles servant à lier la triangulation
du glacier à celle de la Suisse.*

POINTS.	ANGLES.			LOGARITHMES des côtés EN MÈTRES.	COTÉS en MÈTRES.	OBSERVATIONS
	0	'	''			
VIII	90°	56	30	3.51815	3297,24	
IX	67	50	—	3.48486	3053,94	
Bærenritz.	21	13	30	3.07695	1193,85	
IX	34	22	3	3.32153	2096,67	
X	117	24	24	3.51816	3297,31	
Bærenritz.	28	13	33	3.24468	1756,63	
Finsteraarhorn	9	41	34	3.53735	3446,27	
Siedelhorn.	35	2	26	4.07013	11752,49	
Bærenritz.	135	16	—	4.15855	14406,22	
Finsteraarhorn	20	23	18	3.81306	6502,19	
Bærenritz.	18	38	20	3.77561	5965,00	6502^m 2
No 2.	140	58	22	4.07013	11752,49	
Siedelhorn.	17	7	8	3.81306	6502,19	
Bærenritz.	153	54	20	3.98749	9716,05	
No 2.	8	58	32	3.53735	3446,27	

De ces triangles on déduit les valeurs données par le
tableau suivant.

VIᵉ Tableau. — *Coordonnées du point Bærenritz.*

POINT.		AZIMUTS.	X	Y	HAUTEUR au-dessus DE LA MER.
Bærenritz.	X	69⁰ 39' 24''	+ 7414ᵐ 92	+ 31ᵐ 68	2262ᵐ 0
	VIII	76⁰ 40' 23''	+ 7414ᵐ 68	+ 30ᵐ 90	

Les coordonnées des deux points Bærenritz et Nᵒ 2 donnent pour la distance de ces points 6501ᵐ 3, tandis qu'elle a été trouvée par Finsteraarhorn et Siedelhorn, égale à 6502ᵐ 2.

VIIᵉ Tableau. — *Coordonnées pour l'orientation de la carte.*

POINTS.	AZIMUTS RÉCIPROQUES.	LATITUDE BORÉALE.	LONGITUDE de PARIS.	HAUTEURS au-dessus DE LA MER.
Finsteraarhorn	253⁰ 30' 35'' 0	46⁰ 32' 16'' 6	5⁰ 47' 26'' 2	4275ᵐ 1
Bærenritz.	73⁰ 36' 59'' 0	46⁰ 34' 4'' 3	5⁰ 56' 15'' 4	2262ᵐ 0
Bærenritz.	89⁰ 51' 41'' 0	46⁰ 34' 4'' 3	5⁰ 56' 15'' 4	—
Nᵒ 1.	269⁰ 47' 28'' 2	46⁰ 34' 3'' 6	5⁰ 50' 27'' 2	2537ᵐ 1
Finsteraarhorn	263⁰ 12' 9'' 0	46⁰ 32' 16'' 6	5⁰ 47' 26'' 2	—
Siedelhorn.	83⁰ 20' 16'' 6	46⁰ 33' 11'' 3	5⁰ 58' 37'' 9	2766ᵐ 0
Siedelhorn.	101⁰ 15' 34'' 6	46⁰ 33' 11'' 3	5⁰ 58' 37'' 9	
Nᵒ 2.	281⁰ 10' 9'' 6	46⁰ 34' 12'' 5	5⁰ 51' 10'' 3	
Nᵒ 2.	73⁰ 18' 19'' 6	46⁰ 34' 12'' 5	5⁰ 51' 10'' 3	
Nᵒ 1.	253⁰ 17' 18'' 2	46⁰ 34' 3'' 6	5⁰ 50' 27'' 2	

Telle est la carte qui accompagne ce volume. Je ne crois pas me tromper en pensant qu'elle est destinée à faire faire un progrès réel à l'étude des glaciers. Et d'abord elle donne une idée beaucoup plus exacte d'un glacier que les panoramas et tous les dessins faits à vue d'œil. En indiquant l'emplacement des blocs numérotés, elle permettra à tout le monde de poursuivre les observations que j'ai faites pendant plusieurs années, et de savoir au juste de combien telle ou telle partie du glacier s'est déplacée ; enfin, elle sera un monument sur lequel on pourra lire à l'avenir quelle a été la figure et l'étendue du glacier inférieur de l'Aar en 1842.

Quelque rigoureuse que soit cette carte, j'ai craint que, dépouillée comme elle l'est de tout entourage, elle ne rendît pas l'image vraie d'un glacier. Le système des hachures (système de Lehmann) ne permettait pas d'y comprendre les rives du glacier, qui sont trop escarpées pour être du ressort de ce système graphique. Voulant cependant donner une idée aussi complète que possible de la contrée, j'ai engagé M. Stengel, élève de M. d'Osterwald, à en esquisser le dessin, que j'ai reproduit sur une feuille à part (Pl. III de l'Atlas). Ce dessin est le complément naturel de la carte de Pl. II, en ce qu'il donne une très-juste idée des rives du glacier de l'Aar et de l'importance relative des affluents de toute espèce qui viennent apporter leur tribut au grand glacier.

Comme le glacier lui-même n'est figuré qu'au trait, j'en ai profité pour y inscrire la direction des couches telles qu'elles ont été mesurées en 1845, par M. Desor, et qui n'avaient pu trouver place dans la carte de Pl. II, ainsi que la hauteur des principaux sommets environnants.

Le plan de Pl. IV a un but plus spécial. Il m'importait de connaître d'une manière précise les changements qui surviennent à la surface du glacier par suite de son mouvement annuel, afin de pouvoir distinguer dans les phénomènes de la surface ce qui est constant de ce qui n'est que passager. Il fallait pour cela un plan spécial sur une grande échelle. Les environs du Rothhorn m'offraient sous ce rapport la plus grande variété. Le 15 et le 16 juillet 1842, je fis aligner à travers le glacier une série de pieux éloignés pour la plupart de 75 mètres l'un de l'autre, à l'exception de ceux du bord gauche qui sont plus rapprochés, et enfoncés à plusieurs mètres dans la glace. Une seconde série, parallèle à la première, fut échelonnée 150 mètres plus bas. L'espace compris entre ces deux lignes fut divisé en autant de parallélogrammes qu'il y a de piquets sur chaque ligne. La topographie de chacun de ces parallélogrammes a été dessinée au $\frac{1}{1000}$ par M. Wild, et gravée au $\frac{1}{2000}$ sur la Pl. IV. On ne s'est pas seulement borné à inscrire le nombre et la direction des crevasses, des petits et des grands ruisseaux, et des moraines. Leurs dimensions y ont encore été rigoureusement indiquées en sorte que par ce moyen on pourra connaître jusqu'aux moindres changements qui se seront opérés dans cette partie du glacier. Les deux lignes parallèles sont de plus rapportées à quatre points de repère fixes. Les profils de ces deux lignes qui accompagnent le plan, sont basés sur un nivellement précis, exécuté avec un instrument à niveler de M. Ertel et relié à un point fixe du Roth-horn.

II. TOPOGRAPHIE.

Comme tous les grands glaciers des Alpes, le glacier inférieur de l'Aar a sa plus grande largeur dans les régions supérieures. Cette particularité ressort d'une manière évidente de notre carte. Au confluent des deux grands affluents (du Lauteraar et du Finsteraar), la largeur du glacier est de 1450 mètres. A partir de là, il se rétrécit d'une manière d'abord assez insensible jusqu'en face du N° VIII, où il a encore 1100 mètres de large. Il va même ici en s'élargissant quelque peu, parce qu'il rencontre sur la rive gauche, au-dessus du N° XI, une anse latérale dans laquelle il se déploie ; mais immédiatement au-dessous de cet élargissement, il continue de nouveau à se rétrécir, d'abord d'une manière assez graduelle, jusqu'en face du N° XII, où il a encore près de 900 mètres de largeur, puis d'une manière très-rapide jusqu'à son extrémité, où il n'a plus que 550 mètres. Or comme la longueur du glacier depuis l'Abschwung est de 8000 mètres, on trouve, en combinant ces différents chiffres avec la longueur, que notre carte représente une étendue de glace de 9600000 mètres carrés ou 0,4 de lieue suisse.

Le même rétrécissement s'observe aussi dans les deux affluents supérieurs du Lauteraar et du Finsteraar, qui l'un et l'autre sont beaucoup plus larges à leur origine qu'à leur confluent, au pied de l'Abchswung, quoique leur largeur prise isolément égale encore à peu près celle du glacier réuni, immédiatement au-dessous de l'Abschwung.

Un autre trait non moins essentiel du glacier, c'est sa forme ondulée qui se plie à tous les accidents de la vallée. Il se comporte à cet égard à peu près comme un fleuve contournant les promontoires et s'étalant plus ou moins dans les anses et les découpures du rivage, et ce qui prouve bien que la masse entière participe à ces ondulations, c'est que la moraine médiane répète tous les contours de la vallée. Le premier promontoire que le glacier rencontre, se trouve sur sa rive gauche dans le massif du Mieselen ; mais il n'influe pas d'une manière notable sur sa direction. Un second beaucoup plus considérable se présente dans l'Escherhorn qui refoule la masse principale du glacier sur la rive gauche, où elle s'étale dans une grande anse, jusqu'à ce qu'elle rencontre le grand promontoire du Rothhorn qui la rejette de nouveau sur la rive droite en face des affluents du Thierberg et du Grünberg. Enfin, le Zinkenstock lui fait subir un dernier mais léger déplacement, en le refoulant sur la rive gauche.

Malgré ces vicissitudes, les divers affluents du glacier ne se mélangent pas; ils conservent au contraire chacun son caractère propre, qui est d'autant plus persistant que l'affluent est plus considérable. Tandis que les petits affluents finissent par être absorbés peu de temps après leur confluent, les deux grands bras du Lauteraar et du Finsteraar restent séparés par la moraine médiane jusqu'à leur extrémité. A leur confluent, au pied de l'Abschwung tous deux sont à peu près d'égale largeur, mais peu à peu le Finsteraar finit par l'emporter sur son rival. Déjà à la hauteur de la bande transversale, le Lauteraar, est d'un tiers moins large. Un peu plus loin, il rencontre l'évasement ou la grande anse comprise entre les N°ˢ IX et XI, dans laquelle il s'étale en s'appuyant contre les rochers de Brandlamm. Mais il semble que ce dégagement, loin de le fortifier, l'épuise au contraire. Plus loin, il n'a plus la force de contourner le promontoire de Brandlamm, le Finsteraar prend complétement le dessus, la moraine s'élargit toujours plus et, à partir du N° XI, on ne rencontre plus guère du Lauteraar que quelques lambeaux de moraines.

La cause de cette subite extinction doit sans doute être cherchée dans la position même du Lauteraar qui recevant les rayons du soleil en plein, se fond plus rapidement que le Finsteraar; car ainsi que nous l'avons vu plus haut, le glacier est orienté de l'ouest à l'est. Il est probable aussi que l'absence de moraine latérale sur une grande étendue contribue à accélérer la dissolution du Lauteraar. Nous reviendrons sur ce sujet en traitant des métamorphoses que subit la glace des glaciers.

Glaciers latéraux.

Dans son trajet de l'Abschwung jusqu'à son issue, le glacier reçoit le tribut de plusieurs glaciers latéraux qui sont au glacier principal, ce que les rivières tributaires sont aux grands fleuves. Ils sont au nombre de quatre sur la rive droite, savoir : le *glacier de Thierberg*, le *glacier de Silberberg*, celui de *Grünberg*, et celui du *Zinkenstock supérieur*. Tous les quatre sont de véritables glaciers qui parcourent toutes les phases du développement des grands glaciers ; leur glace est la même ; leur surface présente les mêmes accidents, leurs crevasses se forment d'après les mêmes lois, enfin, ils ont chacun leurs moraines qui subissent les mêmes mouvements de translation que celles des grands glaciers ; et il est probable qu'ils s'étendraient encore à quelque distance dans la vallée s'ils ne rencontraient au bas le grand glacier.

Le *glacier de Thierberg* est le plus grand et le plus important des quatre. Il naît de deux affluents qui descendant l'un du revers oriental de l'Escherhorn, l'autre du revers septentrional du Thierberg, se confondent dans un couloir commun entre ces deux pics. Très-large à la jonction des deux affluents, le glacier se rétrécit ensuite considérablement dans son cours moyen et n'a plus guère que 450 mètres de large à son issue.

Le *glacier de Silberberg* se compose, lui aussi, de deux affluents, dont la séparation primitive est indiquée par une moraine médiane. La branche supé-

rieure, celle qui occupe le côté gauche du glacier, descend du revers oriental du Thierberg. L'autre, qui
est la plus considérable, provient des arêtes neigeuses
entre le Thierberg et le Grünberg; elle ne forme à son
origine qu'une seule coulée avec le glacier de Grünberg.
C'est le monticule du Silberberg qui les sépare en deux
bras, non loin de leur confluent avec le grand glacier.

Le *glacier de Grünberg* est réduit à une coulée fort
étroite dans sa partie terminale; il n'a guère, en moyenne,
que 150 mètres de largeur. Son lit, ainsi que celui du
Silberberg, n'est pas très-profond; c'est plutôt un couloir qu'une vallée, aussi les masses de glace s'élèvent-elles
sur leurs bords au-dessus des rochers environnants, de
manière à présenter des parois verticales, d'où se détachent continuellement des avalanches de glace.

Le *glacier du Zinkenstock supérieur* descend encore des mêmes cimes que les deux précédents, par un
couloir très-peu profond; sa pente est très-forte, de plus
de 50° en certains endroits, ses côtés sont aussi abrupts
sur plusieurs points; sa largeur est de 150 mètres près
de son confluent.

Quoique ces quatre glaciers déversent une masse
considérable de glace dans le lit principal, ils n'influent
cependant sur lui que d'une manière bien faible. C'est
à peine s'ils refoulent un peu la grande moraine latérale
à l'endroit où ils viennent déboucher. Ils n'en augmentent en rien la largeur; au contraire, celui-ci continue
à se rétrécir, comme s'il n'avait reçu aucune addition.

Truelles.

A côté de ces quatre glaciers latéraux, il existe d'autres affluents qui viennent également apporter leur tribut au glacier principal, mais sous une autre forme. Ce ne sont pas de vrais glaciers, mais plutôt des coulées de névé que M. Desor a désignées sous le nom de *Truelles*, d'après le nom allemand *Kelle*, que lui donnent les montagnards de l'Oberland, sans doute à cause de leur forme triangulaire qui rappelle les truelles de maçon. Cette forme constitue en effet un trait caractéristique de ces couloirs, surtout si on la compare à celle des vrais glaciers, qui, ainsi que nous l'avons vu plus haut, sont tous plus larges à leur sommet qu'à leur extrémité. La rive droite compte un certain nombre de ces truelles, mais elles sont très-petites et remontent à peine à une centaine de mètres de hauteur. Elles n'ont ni moraines, ni ruisseaux, ni tables, ni aucun des caractères essentiels des vrais glaciers et ne font que remplir les entailles du rocher. Sur la rive droite, il y en a plusieurs qui occupent une plus grande étendue, entre autres à l'Escherhorn et au Zinkenstock, au-dessous du glacier du même nom : mais, comme elles ne reçoivent pas suffisamment d'eau, elles ne se convertissent ordinairement pas en glacier, ou si cela arrive, leur glace reste à l'é at de glace de névé et n'acquiert jamais cette compacité qui caractérise la glace des vrais glaciers. Leur pente est ordinairement très-forte, et comme leur surface est uniforme et que les crevasses y sont fort rares, on peut, sans inconvénient, se laisser glisser de leur sommet jusqu'à leur base (*).

Il est à peine nécessaire d'ajouter que si les truelles et les glaciers latéraux sont moins considérables sur la rive gauche que sur la rive droite, c'est parce que ce côté de la vallée est exposé en plein à l'action des rayons solaires. Il y a sans doute des glaciers sur l'arête du Mieselen, mais ils ne descendent pas jusqu'au niveau de la vallée et n'envoient au glacier que le tribut de leurs eaux, au lieu de lui amener leurs glaces.

Inclinaison du glacier de l'Aar.

Avant de traiter des phénomènes divers qui s'observent à la surface du glacier de l'Aar, je dois faire connaître en peu de mots son inclinaison. La pente en effet exerce la plus grande influence sur l'allure et la physionomie des glaciers en général, en provoquant ou modifiant leurs traits les plus saillants. C'est par suite de son inclinaison que tel glacier est profondément bouleversé et impraticable, tandis que tel autre est uni et d'un accès facile. On peut en dire autant des différentes parties d'un seul et même glacier, lorsqu'elles présentent entre elles des différences notables. Ainsi, lorsqu'à une surface unie et égale vient à succéder une région

(*) Les glaciers sans névé, comme celui du Faulhorn, sur lequel **MM. Bravais** et **Martins** ont concentré la plupart de leurs travaux, ressemblent, à bien des égards, à ces truelles. La seule différence, c'est que leur pente est moins roide.

profondément crevassée ou *vice versa*, c'est d'ordinaire parce que la pente a changé d'une manière sensible. Les glaciers, sous ce rapport, sont comparables aux fleuves; ils ont leurs calmes et leurs rapides qui sont déterminés par la forme de leur lit. C'est ainsi que nous voyons au glacier du Rhône et au glacier inférieur de Grindelwald, les crevasses et les aiguilles correspondre à des escarpements, tandis que les régions supérieures et inférieures, dont la pente est bien plus douce, sont à peine crevassées, du moins au glacier du Rhône.

Désirant connaître exactement l'inclinaison du glacier de l'Aar, j'engageai M. Wild à en faire le nivellement. Comme il s'agissait de la pente générale exprimée par une ligne et non pas de la surface entière du glacier, M. Wild se borna à mesurer la hauteur d'un certain nombre de points de la moraine médiane et il choisit, à cette fin, les blocs qui font partie du réseau destiné aux mesures de la progression annuelle, savoir les blocs 1, 2, 5, 8, 10, 11, 15 et 17. Le tableau suivant exprime en fractions centésimales et en degrés sexagésimaux la pente de l'un de ces points à l'autre, d'après les cotes de distance, telles qu'elles sont indiquées dans la fig. 2 de Pl. I.

Tableau de la pente du glacier inférieur de l'Aar.

INDICATION des POINTS.	DISTANCE DES POINTS suivant l'axe DES COORDONNÉES.	PENTE		
		EN MÈTRES pour 100.	EN DEGRÉS SEXAGÉSIM.	
			0°	'	"
Du Nᵒ 1 au Nᵒ 2	618ᵐ	0ᵐ53	0	18	21
Du Nᵒ 2 au Nᵒ 5	726	3,97	2	16	25
Du Nᵒ 5 au Nᵒ 8	1284	3,90	2	14	10
Du Nᵒ 8 au Nᵒ 10.	1260	5,47	3	08	21
Du Nᵒ 10 au Nᵒ 11. . . .	1179	7,455	4	16	32
Du Nᵒ 11 au Nᵒ 15. . . .	1671	8,08	4	38	02
Du Nᵒ 15 au Nᵒ 17. . .	792	14,24	8	11	17
Du Nᵒ 17 au bord du talus terminal.	300	17,90	10	18	42
Talus terminal	90	68,66	43	22	00
Lit de l'Aar.	672	1,78	1	01	23
MOYENNE du Nᵒ 1 au bord du talus terminal	7830	6,90	3	57	32

La pente de chacune de ces parties du glacier est exprimée dans la fig. 2, Pl. I.

Il résulte de ce tableau que la plus forte pente est dans la partie terminale, tandis que la plus faible se trouve aux environs de l'Abschwung où elle n'est même que de 0° 18′ 21″, sur un espace de 618 mètres. La pente moyenne, à partir du bloc N° 1, est de 3° 57′ 32″. Les parties supérieures du glacier, le Lauteraar et le Finsteraar, n'ont pas été nivelées directement ; mais leur pente peut se conclure d'une manière suffisamment exacte de la comparaison des points dont la hauteur est connue. D'après mes mesures barométriques, la hauteur du glacier du Finsteraar, à son origine au pied de la Strahleck, est de 2718^m ; la hauteur de l'Hôtel des Neuchâtelois (dans sa position de 1842, telle que la donne la Pl. 1) est de 2486^m,7 ; la différence est par conséquent de 231^m,3. La distance de l'un de ces points à l'autre peut être évaluée au moins à 8000 mètres, ce qui nous donne une pente moyenne de 2^m,89 p. 100. En combinant cette inclinaison avec celle du glacier proprement dit, telle qu'elle résulte du nivellement ci-dessus, on obtient une pente générale de 5^m,26 p. 100, soit 3° 0′ 55″ pour toute l'étendue du glacier de l'Aar, depuis son origine au pied de la Strahleck, jusqu'au bord du talus terminal. La pente du talus lui-même est beaucoup plus forte, de 43°22′.

Cette inclinaison est sans doute faible, si on la compare à celle de la plupart des autres glaciers et surtout à celle des glaciers de second ordre ; mais, comme l'a fort bien fait remarquer M. Elie de Beaumont, elle n'en serait pas moins très-forte, s'il s'agissait d'une rivière. Il résulte des tableaux de M. Elie de Beaumont (*), qu'il

* Annales des Mines, 3e série, T. X, p. 565, et Mémoires pour servir à une description géologique de la France, T. IV, p. 215.

n'y a que les torrents les plus impétueux des Alpes qui
coulent sur des pentes pareilles. Ce n'est pas ici le lieu
de discuter les arguments qu'on a tirés de cette inclinaison pour l'étude du transport des blocs erratiques. C'est
un sujet sur lequel nous reviendrons plus tard.

Je crois cependant devoir signaler dès maintenant, une
erreur grave qui a cours parmi les géologues, et dont la
conséquence est d'exagérer beaucoup la pente du lit des
glaciers. Cette erreur provient de ce qu'en comparant
les glaciers aux rivières, on a confondu, sans s'en douter,
deux choses bien distinctes, *la pente de la surface et celle
du fond*. On a admis, sans examen préalable, que la pente
du fond devait être la même que celle de la surface. Pour
qu'il en fût ainsi, il faudrait que l'épaisseur des glaciers
fût la même dans toute leur étendue. Or, nous verrons
bientôt qu'il existe au contraire une différence très-notable entre la puissance des glaciers sur les différents
points de leur cours et qu'ils sont tous beaucoup plus épais
à leur origine qu'à leur issue.

Inclinaison des glaciers latéraux.

Les glaciers latéraux ont une inclinaison bien plus
forte. Il n'en est aucun dont la pente moyenne soit inférieure à 15°. Celle du glacier de Grünberg est, d'après
la moyenne des trois stations A, B, D, de 32°. L'inclinaison du glacier de Zinkenstock est bien plus considérable; elle est de 41° au point A, de 38° au point B, et
il est des points en aval de A, où elle va jusqu'à 49°. La

moyenne n'est certainement pas au-dessous de 38°. La seconde des truelles de l'Escherhorn a 37°, d'après la moyenne des trois stations A, B, C. La principale truelle, celle qui est en amont, est encore plus raide et son inclinaison dépasse certainement 40°. Les glaciers de Trift, sur la rive gauche, ont une inclinaison un peu plus faible, en moyenne de 20° à 25°. Afin d'écarter d'entrée toute confusion dans l'esprit de mes lecteurs, je dois faire la remarque expresse, que si ces glaciers, malgré leur forte pente, ne sont pas aussi crevassés qu'on devrait s'y attendre, d'après l'influence que nous avons attribuée à l'inclinaison en général, il ne faut pas oublier que ce sont des glaciers latéraux, dont l'épaisseur est très-faible. Or, nous verrons plus bas, qu'à pente égale, il est dans la nature des choses qu'un glacier peu épais soit beaucoup moins bouleversé qu'un glacier à faible pente, surtout si, comme c'est ici le cas, il rencontre à son issue le grand glacier, qui lui fait barrière. C'est pourquoi aussi, il n'y a que les grands glaciers qui aient des aiguilles. Les glaciers latéraux en sont tous dépourvus.

Épaisseur des glaciers.

On s'est fait jusque dans ces derniers temps d'étranges illusions sur l'épaisseur des glaciers. De ce que Saussure dit l'avoir trouvée communément de 26 à 32 mètres (80 à 100 pieds) au glacier des Bois, on a conclu que c'était là réellement l'épaisseur moyenne des glaciers.

Cependant, l'illustre historien des Alpes a soin d'ajouter « qu'on dit avoir trouvé des épaisseurs de glace de plus de 100 toises, et que quoiqu'il ne l'ait pas vu, il n'a cependant pas de peine à le croire (*). » En tout cas, ce chiffre de 26 à 30 mètres ne peut concerner que l'extrémité des glaciers ; et il y en a même plusieurs dont le talus terminal est beaucoup plus épais, en particulier le glacier de l'Aar qui n'a pas moins de 62 mètres. L'erreur capitale qu'on a commise, c'est de n'avoir tenu compte que de la région terminale et d'avoir appliqué à toute la longueur du glacier des données qui ne se rapportent qu'à leur extrémité. Cependant, l'aspect des glaciers, la forme des vallées et le fait que les glaciers latéraux, dont la tranche latérale est visible, vont en augmentant d'épaisseur de bas en haut auraient dû faire soupçonner une augmentation proportionnelle dans les grands glaciers.

J'avais conçu l'espoir d'arriver à une connaissance précise de la puissance du glacier de l'Aar, au moyen des travaux de forage que je fis exécuter dans sa partie supérieure, pendant les années 1841 et 1842 (**). Je pénétrai effectivement la première année jusqu'à la profondeur de 45 mètres, et la seconde jusqu'à 66 mètres, mais sans atteindre le fond. Ayant découvert, à la même époque, dans les environs de l'Hôtel des Neuchâtelois, plu-

(*) *Saussure*, Voyages, § 523.

(**) J'ai indiqué dans la carte de Pl. II, les endroits où furent exécutés ces travaux. La lettre *a* sur le Finsteraar, à côté de la moraine médiane près de l'Hôtel des Neuchâtelois, indique l'emplacement du forage de 1842 ; la lettre *b* celui du forage de 1841.

sieurs trous à parois verticales qui semblaient très-profonds, j'essayai de les sonder et je trouvai que leur
profondeur excédait 100 mètres. J'en rencontrai même
un, dans lequel la sonde descendit jusqu'à 260 mètres (*).
Est-ce là la plus grande profondeur du glacier? Je ne
le pense pas, par la raison qu'il n'est pas dans la nature des puits, pas plus que des crevasses, de pénétrer
la masse de part en part. Nous verrons d'ailleurs, en
traitant du mécanisme du glacier, que la puissance des
masses est nécessairement en raison de la longueur des
glaciers. On en jugera par le fait suivant :

D'après mes observations sur la progression du glacier de l'Aar, dont il sera traité plus bas, le bloc N° 1,
situé au pied de l'Abschwung, mettra 133 ans pour atteindre l'emplacement actuel du bloc N° 17. Pendant
ce trajet, le glacier ne reste pas intact ; l'ablation lui enlève annuellement une certaine quantité de glace, qui
est en moyenne de $3^m,5$ par an, d'après le résumé de
mes observations annuelles. Il résulte de là, qu'arrivé
au point du N° 17, le glacier aura perdu, par suite de
l'ablation, une couche de glace de 469 mètres d'épaisseur $3^m,5 \times 133$. En ajoutant à ce chiffre l'épaisseur
effective du glacier sous le bloc N° 17, qui est d'au moins
100 mètres **, on obtient un minimum d'environ

570^m pour l'épaisseur de la couche de glace sous le N° 1.
Mais comme il faut défalquer de ce chiffre la somme
du gonflement hivernal, qui, comme nous le verrons
plus bas, en traitant des variations de niveau des glaciers, est au glacier de l'Aar d'au moins 1^m 40, cela réduit
l'ablation effective, à 2^m, 10. Ces 2^m, 10 multipliés par
133 ans nous donnent une épaisseur de 280^m qui, ajoutés
aux 100^m d'épaisseur de la glace sous le N° 17, portent
l'épaisseur de la couche de glace sous le bloc N° 1 à 360^m.

On arrive à une évaluation à peu près semblable par
un autre procédé que voici : Pour que l'épaisseur du
glacier de l'Aar, au pied de l'Abschwung, soit triple ou
quadruple de ce qu'elle est à son extrémité, il faut nécessairement que la pente générale du fond du glacier
soit faible, de 1° au plus, c'est-à-dire semblable à celle
du fond de la vallée au-devant du glacier. Or, nous possédons un document qui atteste que la région terminale,
c'est-à-dire précisément celle qui correspond à la plus
forte pente de la surface, repose sur un fond tout aussi
plat que celui qui précède le talus terminal. Ce document est une carte faisant partie d'un mémoire publié
il y a près d'un siècle dans l'ouvrage d'Altmann (*), et
que j'ai reproduite (Pl. V, fig. 1). Cette carte, sur laquelle
je reviendrai en traitant de l'envahissement des glaciers,
représente le glacier de l'Aar s'arrêtant en amont des
Grottes aux cristaux, c'est-à-dire à plusieurs kilomètres

(*) *Altmann*, Versuch einer historischen und physischen Beschreibung der helvetischen Eisbergen, p. 162.

de son extrémité actuelle. Le glacier se terminait par un talus comme de nos jours; mais ce qu'il importe surtout de remarquer, l'eau de l'Aar qui s'échappait par de nombreuses issues, formait plusieurs rivières qui serpentaient sur le sol les unes à côté des autres et ne se réunissaient qu'à une distance considérable, preuve évidente que le fond était à très-faible pente; car autrement, les eaux n'auraient pas manqué de se réunir dans un lit unique au point le plus bas de la vallée. Supposons un instant cette pente de 1^m,76 pour 100, ou de 1° 01' 23" 5, se prolongeant sous le glacier jusqu'à l'Abschwung, selon la ligne A B (Pl. 1, fig. 2), il en résulterait que le fond de la vallée, au-dessous du N° 1, devrait être de 141^m,78 plus élevé que le niveau de l'Aar, à sa sortie du glacier. Ce point aurait ainsi une hauteur absolue de 2029^m,38. Or, comme le bloc N° 1 est à 2490^m au-dessus de la mer, il serait supporté par une couche de glace de 460^m d'épaisseur [*]. Il est très-vraisemblable que les autres grands glaciers des Alpes, celui de Viesch, d'Aletsch, de Zermatt, etc., sont dans le même cas et que leur épaisseur ne le cède en rien à celle du glacier de l'Aar.

Il est plus facile de connaître l'épaisseur des glaciers de second ordre, parce qu'au lieu d'être encaissés dans des vallées profondes, ils n'occupent que des couloirs faible-

---

[*] Dans la même hypothèse, le fond de la vallée de l'Aar au-dessous du bloc N° 17 est à une hauteur de 1895^m,56; par conséquent la différence de hauteur avec le fond de la vallée sous le bloc N° 1 (qui est à 2029^m,38), serait de 134^m,82. La hauteur du bloc N° 17 était en 1842 de 2003^m sur la mer, d'où il résulte que l'épaisseur de la glace, sous ce bloc, serait de 108^m,51.

ment évasés, ou même reposent tout simplement sur les
flancs des montagnes. Je ne pense pas qu'il en existe aucun dont l'épaisseur excède 100 mètres. Le glacier de
Grünberg, dont on peut suivre la tranche jusqu'à la
hauteur du point D, n'a nulle part plus de 15 mètres
d'épaisseur. Le glacier de Zinkenstock n'en a que 5 à 6
à son extrémité, et cependant il se termine brusquement
au-dessus de la cascade qui en sort. Le glacier de Trift
antérieur a une dizaine de mètres à son issue, et celui
de Trift postérieur tout au plus 12 mètres. Nous verrons
plus bas que le mouvement des glaciers est intimement
lié à leur épaisseur et que la vitesse dont ils sont animés
est en raison de leur puissance et non en raison de leur
pente. C'est pourquoi, les glaciers latéraux, malgré leur
forte inclinaison, avancent bien plus lentement que
les glaciers principaux.

Relief du glacier de l'Aar.

La surface des glaciers n'est rien moins qu'égale
même dans les glaciers peu accidentés et à faible pente,
tels que le glacier de l'Aar. Afin de donner une juste
idée des inégalités qu'on y rencontre, j'ai fait niveler
rigoureusement en 1842 la surface du glacier aux environs du Pavillon, sur deux lignes A B et C D qui forment
les limites de la bande transversale (Pl. IV). Les deux
profils A B et C D qui accompagnent le plan de cette
même bande transversale, expriment le relief du glacier
sur ces deux lignes, avec l'indication en chiffres de la

hauteur des différents points et de leur distance les
uns des autres. Le point le plus élevé dans les deux
profils, qui, c'est la moraine médiane, dépasse de 11^m,30
le milieu du Lauteraar, le plus haut des points non
couverts de débris, et de 25^m,30, le point le plus bas
qui se trouve au pied méridional de la moraine sur le
Finsteraar. Le bras du Lauteraar se fait remarquer
par son renflement uniforme; il est sensiblement plus
haut que le point le plus exhaussé du Finsteraar; la
différence entre les deux points culminants des deux
grands bras est même assez considérable, de 9^m,15.
Ce même renflement du Lauteraar se déprime d'une
manière graduelle des deux côtés , mais plus fortement vers le rivage où le point le plus bas (qui est
le bord même du glacier), est à 23^m,16, au-dessous
du sommet du renflement. Les parties riveraines du
côté droit ne présentent pas une dépression semblable; elles s'élèvent au contraire à mesure qu'elles approchent du rivage, si bien que, dans la ligne C D, elles
dépassent même le sommet de la moraine médiane de
4^m,50. Le point le plus bas est dans l'une des lignes (C D) le bord gauche du glacier; dans l'autre
A B, le bord méridional de la moraine (*). Dans le
bras du Finsteraar, les points les plus saillants correspondent aux moraines qui séparent les différents af-

---

* Il est vrai que dans le profil A B, le glacier se déprime sur la rive
droite avant d'atteindre le rocher, mais cette dépression n'est que locale. Partout ailleurs, elle est bien moins sensible.

fluents, mais aucun d'eux n'atteint la hauteur de la moraine médiane, ni même le renflement du Lauteraar, excepté la moraine latérale droite dans le profil C D qui, comme nous venons de le voir, dépasse l'une et l'autre.

Ces inégalités n'ont pas toutes la même signification. Il y en a qui sont constantes, parce qu'elles tiennent à des causes générales, tandis que les autres, qui sont dues à des influences plus ou moins locales, peuvent varier d'un point à l'autre. Parmi les premières, il faut ranger la saillie de la moraine médiane, la dépression de la rive gauche et celle qu'on observe au bord méridional de la moraine médiane, enfin l'exhaussement de la rive droite. En revanche, le renflement du Lauteraar, la dépression de l'affluent du Schreckhorn, et, jusqu'à un certain point, les inégalités de l'affluent du Finsteraar sont moins constantes de leur nature. Par conséquent, sur quelque point qu'on nivelle la surface du glacier, on devra y trouver toujours, quoique à des degrés différents, la moraine médiane en relief, le bord gauche affaissé et le bord droit relevé, tandis que la dépression du Schreckhorn ou le renflement du Lauteraar qui est si prononcé dans le profil A B pourront s'atténuer ou même disparaître complétement, si l'on trace la coupe en un autre point du glacier.

Les causes de ces différences résident essentiellement dans l'inégalité de l'ablation. Nous y reviendrons par conséquent, en traitant de la fonte et de l'ablation. Je me bornerai ici à une explication sommaire : Les moraines

sont en relief, parce que les pierres protégent la glace
qu'elles recouvrent. La rive gauche est déprimée, parce
que la fonte y est plus abondante , la chaleur directe des
rayons solaires étant augmentée de celle que réfléchissent
les rochers du rivage. La rive droite est exhaussée par
les raisons contraires; elle est dans l'ombre, et l'ablation y est par conséquent moins forte. Enfin, le bord
droit de la moraine médiane est déprimé pour la même
raison que la rive gauche, c'est-à-dire, parce qu'il reçoit
la chaleur réfléchie par les pierres de la moraine.

Ces coupes ne sont cependant pas tellement constantes qu'elles ne puissent être modifiées par des influences
plus générales, parmi lesquelles il faut ranger en première ligne la position vis-à-vis du soleil. Tous les glaciers quels qu'ils soient, subissent l'effet de la chaleur
réfléchie des parois, et c'est pourquoi ils ont tous une
pente plus ou moins accusée vers le rivage. Mais il
n'y a que les glaciers orientés perpendiculairement au
méridien, c'est-à-dire d'E. en O., ou d'O. en E., comme
les glaciers de l'Aar qui montrent une aussi grande inégalité entre le niveau de leurs deux rives, par la raison
que la chaleur y est répartie d'une manière inégale.
Dans les glaciers dont la direction est parallèle au méridien, cette inégale répartition n'existe pas, et c'est pourquoi les deux rives doivent être sensiblement égales sous
le rapport de la hauteur. Il en est de ceci comme du
névé qui persiste beaucoup plus longtemps sur la rive
ombragée que sur celle qui est exposée au soleil.

PHYSIONOMIE DU GLACIER DE L'AAR.

Chaque glacier a une certaine allure propre qui est l'expression de toutes les influences réunies du sol et du climat et qui constitue ce que j'appelle sa *physionomie*. Les traits essentiels de cette physionomie résident dans la manière dont les accidents de la surface, les crevasses, les puits, les ravines, les ruisseaux, les moraines, les tables y sont distribués. Or, il est peu de glaciers qui sous ce rapport soient aussi remarquables que le glacier inférieur de l'Aar. Nous passerons successivement en revue ces différents accidents, en commençant par les cavités.

Crevasses.

Les plus importantes de toutes les cavités, ce sont les *crevasses*. Dans les glaciers à forte pente, les crevasses les plus remarquables correspondent aux endroits escarpés, où elles donnent lieu au phénomène si connu des aiguilles (*). Le glacier de l'Aar est trop uni pour avoir des aiguilles. Les crevasses elles-mêmes y conservent une certaine régularité; elles y sont peu nombreuses, et en général pas très-larges; aussi le glacier de l'Aar passe-t-il à juste titre pour l'un des plus praticables des Alpes. Les parties les plus crevassées sont certains endroits des bords où de nombreuses crevasses sont réunies en groupes autour des points saillants du rivage, par exemple aux environs du Mieselen, au pied du

(*) Voy. *Études*, Atlas, Pl. VI, IX et X.

Rothhorn, etc. (Pl. II . Nous verrons plus bas que ces crevasses sont des déchirures occasionnées par le retard que les promontoires font subir à la glace dans son mouvement d'amont en aval, et que c'est pour cette raison qu'on ne les rencontre que là où une saillie de rocher ou un renflement du rivage s'avancent dans la vallée.

D'autres crevasses plus longues, plus étroites et plus isolées se voient au milieu du glacier, particulièrement sur le bras du Lauteraar, en amont du Rothhorn et sur le bras du Finsteraar, au pied de l'Abschwung. Au point de vue du mécanisme des glaciers, ces crevasses ne sont pas moins importantes que les autres, mais comme elles n'occasionnent aucun bouleversement dans l'aspect extérieur du glacier, on ne leur prête pas ordinairement toute l'attention qu'elles méritent. La région terminale du glacier, quoique plus escarpée et plus accidentée que la partie supérieure, a cependant moins de ces crevasses. C'est toujours dans les régions supérieure et moyenne du glacier qu'il faut les chercher.

Les glaciers latéraux malgré leur forte inclinaison (en moyenne de 20 à 30°) ont proportionnellement peu de grandes crevasses. Je n'en ai rencontré de bien caractérisées que dans la région supérieure du glacier de Thierberg. Les crevasses marginales y sont plus nombreuses; elles correspondent aussi ici aux saillies du rivage, par exemple au glacier de Silberberg et de Grünberg.

Ruisseaux.

Si le glacier de l'Aar a peu de crevasses, on rencontre

en revanche à sa surface de nombreux *ruisseaux*, dont
plusieurs ont un volume considérable. Il est dans la nature des choses que ces deux phénomènes s'excluent. Du
moment qu'un glacier est crevassé, on ne doit pas s'attendre à rencontrer beaucoup d'eau à sa surface. Ces
grands ruisseaux d'une eau limpide, au lit resplendissant,
qui font l'admiration des voyageurs et que Saussure déjà
décrit avec enthousiasme, sont un phénomène qui n'appartient qu'aux glaciers unis et à faible pente. Au glacier
de l'Aar, les plus remarquables se trouvent non loin de
l'Hôtel des Neuchâtelois, sur les limites de la grande
moraine médiane. J'en ai mesuré un, au bord septentrional de la moraine, entre le N° 5 et le N° 8, qui avait,
en 1842, plus de 1100ᵐ de longueur en ligne droite.
Celui qu'on voit au milieu du Finsteraar, dans la même
région (Pl. II) n'est pas moins remarquable. Ceux du
Lauteraar, à la même hauteur, sont moins considérables
et l'on remarque qu'ils disparaissent tous avec l'apparition des premières crevasses. La région terminale des
glaciers n'est pas d'ordinaire le domaine des ruisseaux ;
mais le glacier de l'Aar, comme tous les glaciers à faible
pente, fait en quelque sorte exception sous ce rapport. Si
les ruisseaux n'y sont pas très-volumineux, ils y sont du
moins assez nombreux dans toute la partie qui n'est pas
recouverte de moraine. En revanche, la nappe de blocs
en est pour ainsi dire complétement dépourvue, ou s'il
en existe quelques traces, ce ne sont que de très-petits
filets d'eau qui se perdent aussitôt.

7

Chaque ruisseau est composé d'une grande quantité de très-petits filets qui lui apportent de tous côtés le tribut de leurs eaux. Il y a de ces ruisseaux qui embrassent ainsi un rayon très-considérable, entre autres, celui du Finsteraar en face de l'Hôtel des Neuchâtelois, dont le bassin ne mesure pas moins de 250 000 mètres carrés. Ce sont ces mille petits filets, qui en rongeant leur lit rendent la surface du glacier de l'Aar si inégale dans les endroits où la pente est faible et la surface peu accidentée. Il est intéressant, sous ce rapport, de comparer entre elles les deux grandes branches du glacier, telles qu'elles sont représentées sur le plan de la bande transversale (Pl. **IV**). La branche du Finsteraar qui n'a pas de crevasses est sillonnée de rigoles qui se dirigent toutes obliquement vers la moraine médiane d'une part, et vers la moraine du Studerhorn de l'autre. Sur la branche du Lauteraar, au contraire, les rigoles sont bien moins prononcées et la surface est en général beaucoup plus unie et plus régulière. Les régions voisines du névé sont aussi, d'ordinaire, moins inégales que celles de la glace compacte, et derrière l'Abschwung, le glacier n'est plus guère accidenté que par des crevasses. Cette inégalité de la surface n'est pas constante. Comme elle est l'effet d'une ablation inégale, elle va en augmentant avec la saison chaude, et c'est à la fin de l'été qu'elle arrive à son maximum. Le glacier est alors profondément ondulé et corrodé, tandis qu'au printemps, il est à peu près parfaitement uni. Nous verrons plus bas, en traitant de la structure du glacier, que c'est

là une conséquence de la neige d'hiver qui nivelle toutes
les années la surface du glacier.

Les ruisseaux participent de l'instabilité qui est propre
à tous les phénomènes du glacier; il suffit qu'une crevasse
se forme sur leur chemin pour abréger leur cours. J'ai
vu à plusieurs reprises des ruisseaux se raccourcir de
cette manière aux environs de l'Hôtel des Neuchâtelois.
Les anciens lits que l'on rencontre dans les régions
moyennes du glacier, ne sont autre chose que des ruisseaux mis à sec de cette manière. Mais ces vicissitudes ne
sauraient altérer les traits généraux des différentes régions du glacier, et l'on retrouve toutes les années les
principaux ruisseaux dans les mêmes endroits.

Puits ou Moulins.

Tous les ruisseaux de quelque importance s'engouffrent dans des trous circulaires ou elliptiques qui
sont en rapport avec leur volume et qu'on désigne sous
le nom de *puits* ou de *moulins*. Ces puits sont remarquables par leur profondeur, et comme ils sont verticaux
et d'un diamètre sensiblement égal, on peut, en détour-
nant les ruisseaux, s'y laisser dévaller, et pénétrer par ce
moyen à une grande profondeur dans l'intérieur du glacier, ainsi que je l'ai fait à plusieurs reprises (*). Quand

(*) La fig. 9 de Pl. V représente un de ces puits. J'y suis descendu
jusqu'à la profondeur de 16ᵐ où j'ai trouvé l'eau. On voit sur ses parois
des traces distinctes de la stratification (a a', ainsi que des fissures
irrégulières (b b). Je reviendrai plus tard sur ce point en traitant de la
stratification.

une nouvelle crevasse vient à se former sur le chemin
du ruisseau et en abrége le cours, le puits qui recevait ses
eaux persiste; de là vient qu'on rencontre dans la région
de l'Hôtel des Neuchâtelois une si grande quantité de
puits sans ruisseau , qui sont tantôt vides, tantôt remplis
jusqu'au bord.

Baignoires et trous méridiens.

Il ne faut pas confondre avec les puits, ces autres cavités de forme elliptique que j'ai décrites dans mes Études
sous le nom de *baignoires* (*). Comme les puits, elles sont
surtout fréquentes dans les régions moyennes des glaciers (au glacier de l'Aar entre le Pavillon et l'Hôtel des
Neuchâtelois). Elles diffèrent essentiellement des puits,
en ce qu'elles sont bien moins profondes; leur profondeur
excède rarement 5 mètres, et le plus souvent, elles n'en
ont que deux ou trois. Leur forme est aussi moins régulière ; elles sont plutôt elliptiques que circulaires. Lorsqu'elles se referment, elles donnent lieu au phénomène
connu sous le nom de *roses* ou *étoiles du glacier* (Pl. V,
fig. 6 à 8). Leur glace est d'une autre nature que celle
du glacier ; elle se dépose par couches concentriques au
centre de la circonférence, ainsi qu'on le voit dans les
étoiles à moitié remplies comme celle de fig. 7. Quant à
leur origine, je ne puis que confirmer ce que j'en ai dit
ailleurs (**). Les ruisselets de la surface déposent du gravier dans les endroits creux; ce gravier s'échauffe à tra-

(*) *Études*, p. 89.
(**) *Ibid.*, p. 89.

vers l'eau, et rongeant peu à peu la glace qu'il recouvre, le trou s'approfondit insensiblement, tout en se rétrécissant. Toutes les véritables baignoires doivent par conséquent avoir leur fond tapissé de gravier. Celles dont le fond est de glace pure sont probablement des crevasses resserrées ou des puits dont le fond apparaît à la surface par l'effet de l'ablation.

A côté des baignoires, se rangent les *trous méridiens*, qui n'en sont qu'une modification, mais auxquels leur forme et leur position invariables donnent un intérêt tout particulier. Ces trous, découverts par M. Keller lors de son séjour à l'Hôtel des Neuchâtelois, ont été décrits de la manière suivante par M. Desor : « Lorsqu'on se promène sur un glacier peu incliné et uniforme, comme sont, par exemple, les deux glaciers de l'Aar et le glacier d'Aletsch dans leur partie supérieure et moyenne, le glacier de Zermatt, celui de Zmutt et beaucoup d'autres, on rencontre à la surface une quantité de petits trous dont le fond est tapissé de gravier, et qui ont ordinairement un demi-pied à un pied de profondeur, une largeur à peu près égale et un pied à un pied et demi, et même deux pieds de long. Nous connaissions ces trous pour en avoir remarqué un grand nombre, mais nous ne leur avions pas accordé une attention particulière. Ce fut notre ami, M. F. Keller, qui le premier fut frappé de leur forme constante. Il remarqua qu'ils étaient tous semi-circulaires, ayant leur arc tourné au nord et la corde de l'arc au sud ; il remarqua en outre, qu'au sud de chaque trou se trouvait un renflement ou une colline de glace, et que tous les trous avaient leur plus grande profondeur au nord (*). Il chercha dès lors à se rendre compte de cette singulière disposition qu'il explique à peu près de la manière suivante. Lorsque quelques parcelles de gravier s'accumulent derrière un renflement de la surface du glacier, elles s'enfoncent peu à peu dans la glace et occasionnent un petit creux ou une sorte de bassin en miniature. Comme le gravier absorbe beaucoup plus de chaleur que la glace, il en résulte que ce sera du côté où les rayons solaires agiront le plus longtemps et avec le plus d'intensité que ce bassin devra s'élargir et le gravier s'enfoncer le plus profondément. Or, ce côté ne peut être que le côté septentrional, et voilà pourquoi ces bassins ont leur convexité tournée au nord (**). »

« Ces petits bassins ne sont pas sans quelque utilité pour le voyageur en ce qu'ils lui permettent, par exemple, de s'orienter avec assez de certitude malgré les brouillards, et même de savoir l'heure qu'il est, pour peu que le soleil soit visible. Il suffit pour cela qu'il place son bâton sur le trou, de manière qu'il touche, d'un côté le sommet de la colline de glace, et de l'autre le sommet de l'arc (suivant la ligne A B, fig. 3 et 4, de Pl. V); et la li-

(*) La fig. 3 de pl. V, représente un de ces trous méridiens vu de plan ; la fig. 4, en est le profil.

(**) De là vient aussi que lorsqu'on regarde le glacier horizontalement de manière à raser sa surface, on voit celle-ci pure et blanche si l'on regarde du sud au nord, tandis qu'elle paraît sale si l'on regarde du nord au sud.

gne que formera son bâton sera exactement nord-sud. La ligne perpendiculaire à cette dernière indiquera, par conséquent, l'orient et l'occident. Le point de midi étant ainsi connu, il est assez facile de savoir approximativement l'heure qu'il est, d'après l'angle que le soleil forme avec la ligne nord-sud. C'est à cause des facilités que ces trous ou petits bassins offrent à cet égard que nous les avons appelés *trous méridiens*. En allemand, nous les appelions *Kellerlœcher*, en l'honneur de notre ami Keller » (*).

Ravines.

Il est une autre sorte de cavités qu'il ne faut pas confondre avec les crevasses, ni avec les baignoires et dont le glacier de l'Aar nous offre de frappants exemples ; ce sont de grandes excavations ayant la forme d'immenses fosses et ressemblant quelquefois à des vallées d'érosion. Je les désigne sous le nom de *ravines*. Elles se rencontrent surtout près de l'extrémité des glaciers, là où les moraines commencent à s'étaler ; la plupart sont à sec, mais quelques-unes sont aussi remplies de flaques d'eau. Au glacier de l'Aar, les plus remarquables se trouvent sur la rive gauche, depuis la hauteur du N° IX jusqu'au N° XII. Il y en a là qui ont plus de 2000 mètres de longueur, et l'on remarque entre elles une certaine disposition en éventail, comme si elles se rattachaient toutes à un centre commun situé dans le voisinage du grand cône. Celles

(*) Excursions, p. 489 et suiv.

de la rive droite sont bien plus irrégulières, et il n'est
pas toujours facile de les distinguer des crevasses, d'autant plus que ces dernières sont souvent tout aussi évasées, notamment dans les endroits très-bouleversés.
Jusqu'ici on n'est pas encore parvenu à expliquer d'une
manière satisfaisante l'origine de ces ravines. Toutefois,
comme elles ne sont fréquentes qu'à l'extrémité des glaciers, là où les moraines commencent à s'étaler, je ne
puis me défendre de l'idée qu'elles se rattachent d'une manière quelconque à l'influence des moraines. On obtient
des creux à peu près semblables quand on enlève les
pierres sur un point quelconque de la moraine : il se
forme alors une cavité, dont les parois inclinées d'environ 40°, restent à découvert ou sont seulement garnies
de sable, tandis que les blocs tombent au fond du trou, à
mesure qu'ils perdent leur équilibre. J'ai vu de semblables
ravines à l'extrémité de plusieurs autres glaciers, entre
autres au glacier de Zmutt et au glacier de Rosenlaui
(branche droite); mais nulle part, elles ne sont aussi
grandes ni aussi régulières qu'au glacier de l'Aar. Des
cavités en apparence assez analogues, mais que je crois
cependant bien différentes, se voient aussi au milieu de
la glace sur plusieurs points du glacier de l'Aar, entre
autres sur la branche du Lauteraar, en face des Nᵒˢ V et
VII; leur forme est elliptique, leurs parois sont évasées
comme celles des ravines; enfin elles sont disposées d'une
manière assez régulière, qui fait présumer qu'elles proviennent de la même cause : peut-être faut-il leur assi-

gner la même origine qu'aux cuves tout à fait semblables qu'on voit sur le glacier de Zermatt (*).

Falaises.

Je dois enfin mentionner un dernier phénomène qui
me paraît avoir une grande analogie avec les ravines,
quoiqu'il se rencontre dans les régions plus élevées du
glacier. Ce sont certaines coupures presque verticales,
semblables à des falaises, dont la hauteur est assez considérable. Jusqu'ici, je n'ai rencontré ces coupures que
dans le voisinage des moraines ; la plus remarquable se
trouve au glacier de l'Aar (Pl. II), près du bord interne
de la moraine latérale du Finsteraar, au-dessous du
grand éboulement, entre les N°s VIII et IX ; elle n'a pas
moins de 250 mètres de longueur, et sa hauteur est d'au
moins 20 mètres ; une autre un peu moins inclinée, mais
plus longue se trouve sur le flanc droit de la moraine
médiane entre l'Hôtel des Neuchâtelois et la cabane Hugi,
où elle empêche la moraine de s'étaler de ce côté, ce qui
la fait paraître comme alignée sur un espace de plusieurs centaines de mètres. Ce qu'il y a de plus remarquable, c'est que l'ablation annuelle ne fait pas disparaître
ces accidents. On a cherché à expliquer leur persistance
par la forme ou le relief du sol, et l'on a supposé qu'ils se
formaient toutes les années à la même place. Mais cette
supposition est tout à fait gratuite, et ce qui prouve bien
que ce sont des phénomènes uniquement superficiels,

(*) Voy. Études sur les glaciers, pl. I.

c'est qu'ils cheminent de concert avec le reste du glacier, de manière à se trouver toujours dans la même position relativement aux autres parties de la moraine. C'est là un fait important sur lequel nous reviendrons en discutan' le mouvement du glacier.

Lacs.

Enfin, le glacier de l'Aar nous offre aussi plusieurs exemples de petits *lacs* sur ses bords. Il s'en trouvait ce dernières années plusieurs sur la rive droite, au pied de l'Escherhorn et un autre plus grand tout près du Pavillon, à l'angle de la bande transversale (Pl. IV). L'existence de ces petits amas d'eau soulève une question importante pour l'étude de la formation des glaciers, dont je me bornerai à indiquer ici la substance. Si cette eau, ainsi accumulée dans les anses du rivage, ne s'écoule pas, c'est, ou parce que le fond est gelé avec le sol, ou parce que la couche de gravier intermédiaire entre la glace et le sol, lui tient lieu de barrière. La plupart des naturalistes seront sans doute portés à admettre cette dernière explication ; cependant, il faut convenir qu'elle présente quelques difficultés si l'on songe à la nature incohérente du détritus qui laisse filtrer l'eau avec une très-grande facilité. Ce qui n'est pas moins curieux, c'est que la plupart de ces petits lacs se vident toutes les années à peu près à la même époque ; ainsi, la goille à Vassu au glacier de Valsorey, dont parle Saussure (*), le lac Méril

<hr>

(*) *Saussure*, Voyages dans les Alpes, § 1013.

au bord du glacier d'Aletsch (*), et même le petit lac de
la rive droite du glacier de Grindelwald (**). On sait
que M. de Charpentier attribue, sans doute avec raison,
à des lacs semblables, les dépôts stratifiés que l'on rencontre parfois dans les anses latérales des glaciers. Il
explique de la même manière certains dépôts stratifiés
qui se trouvent au milieu du terrain erratique de la
vallée du Rhône (***).

Moraines.

L'importance des moraines dans l'étude des glaciers
est trop généralement reconnue pour que j'aie besoin
d'insister sur la nécessité de les étudier avec soin. J'espère
qu'à l'aide de la carte du glacier de l'Aar, il sera facile
dorénavant de se faire une idée exacte de la répartition
de ces singulières digues et de la manière dont elles se
combinent entre elles. Il n'est pas un glacier dans toute
la chaîne des Alpes, qui puisse rivaliser avec le glacier
inférieur de l'Aar, et pour le nombre et pour la variété
des moraines. On n'en compte pas moins de quinze
sur les deux glaciers réunis, au pied de l'Abschwung,
savoir : huit sur la branche du Finsteraar, dont trois
principales, et sept sur la branche du Lauteraar.
Quelques-unes sont à la vérité très-étroites, et ne se
composent que de quelques blocs éparpillés, qui se
succèdent de loin en loin, par exemple, la petite mo-

(*) *Desor,* Excursions, p. 120 et suiv.
(**) *Ibid.,* p. 206.
(***) *Charpentier,* Essai, p. 63 et 257.

raine à droite de la moraine médiane, et celles qui naissent au milieu de la branche du Finsteraar. Mais à mesure qu'on descend, ces débris augmentent, les moraines s'élargissent, et comme le glacier se rétrécit en même temps d'amont en aval, elles finissent par recouvrir un espace toujours plus considérable à la surface du glacier. D'abord, ce sont les plus voisines qui se mélangent; c'est ainsi que les deux moraines externes du Finsteraar qui sont encore distinctes à la hauteur de la cabane de Hugi, se confondent à la hauteur du glacier de Thierberg. Plus loin, il en arrive de même, à la moraine du Finsteraarhorn qui conflue avec la moraine latérale à la hauteur du glacier du Zinkenstock supérieur. Enfin, le glacier continuant toujours à se rétrécir, toutes les moraines de la branche du Finsteraar finissent par se confondre, et ne forment qu'une large bande de débris qui s'étale toujours davantage, jusqu'à ce qu'à la fin la surface entière du glacier ne présente plus à son extrémité qu'une vaste nappe de blocs qui cache complétement la glace.

Les moraines offrent des teintes très-variées, suivant la nature de la roche dont elles sont composées. Quelque serrées qu'elles soient, elles ne se mélangent jamais entièrement, même dans les endroits où elles paraissent le plus bouleversées. Ainsi, la seconde moraine médiane du Finsteraar (moraine du Studerhorn) est reconnaissable jusqu'à l'extrémité du glacier à sa teinte rouge, provenant des schistes cuivrés dont elle se compose; sa voisine la moraine de l'Altmann et la moraine latérale sont en revanche l'une et l'autre granitiques.

Tout près de la moraine du Studerhorn, du côté interne, nous voyons en face du glacier de Grünberg une accumulation très-considérable de débris en forme d'ellipse, qui ne laisse derrière elle qu'une traînée très-étroite, qu'on poursuit jusque vers la limite du névé. C'est un exemple de cette forme de moraines que j'ai désignée dans mes Études sous le nom de *moraines d'éboulement* (*). Elle commence brusquement sous forme d'un immense mamelon, et comme ce mamelon n'a point de prolongement en aval, j'en conclus qu'il est le résultat d'un éboulement qui aura eu lieu subitement à un endroit où il ne se détachait pas de blocs auparavant. Une fois commencé, l'éboulement a continué, mais faiblement et de manière à occasionner la petite traînée très-maigre qui succède et qui est comme la queue du premier déversement. Des inégalités pareilles ne sont pas rares, et l'on voit dans presque toutes les moraines des renflements particuliers qui n'ont pas d'autre origine. Il en existe plusieurs sur la moraine médiane, entre autres un qui se remarque de fort loin et que nous avons désigné par cette raison sous le nom de *Grand Cône*. Il est situé un peu au-dessous du N° X, et marche parallèlement avec ce bloc.

Si de là nous passons à la rive gauche, nous y trouverons près du N° III, trois moraines, toutes trois schis-

(*) Études, p. 111.

teuses, mais dont les deux internes sont composées de
schiste roux, l'autre de schiste noir. Cette dernière est
plus rapprochée du rivage et provient par conséquent
d'un point moins éloigné que sa voisine. Les trois cheminent parallèlement jusqu'au-dessous du bloc N° IV, où
elles se confondent. Plus bas, en face du N° V, d'énormes
éboulis descendent des flancs du Mieselen, et viennent
mêler leurs débris granitiques aux roches schisteuses des
trois moraines réunies. Mais ce qui est surtout remarquable, c'est que cette moraine, au lieu de continuer son
cours ultérieurement, disparaît au contraire tout à coup
sous le glacier. Il se forme de grands vides entre la glace
et le rocher dans lesquels les débris s'engouffrent les uns
après les autres ; la moraine se rétrécit ainsi de plus en
plus et finit par se perdre complétement près du N° VII,
de telle sorte, qu'en aval de ce point, le flanc du glacier est entièrement dégarni de débris rocheux. Ce n'est
que plus bas, en face du N° IX, que d'autres débris se
montrent de nouveau à la surface. Le fait de la disparition de ces moraines latérales sur la rive gauche nous
servira plus loin à expliquer plusieurs phénomènes jusqu'ici imparfaitement compris ou mal interprétés, entre
autres la présence de cette innombrable quantité de cailloux frottés que l'on rencontre sous le glacier, partout
où une ouverture permet d'y pénétrer.

La moraine médiane du glacier de l'Aar est la plus
colossale de toutes celles que je connais. Elle est le produit des moraines latérales gauches du Finsteraar et des

moraines latérales droites du Lauteraar. La moraine
du Finsteraar est très-large ; elle est formée de la réunion des moraines latérales de tous les petits glaciers qui
descendent sur le revers occidental du massif de l'Abschwung , et se compose surtout de blocs de schiste
micacé entremêlés d'un très-petit nombre de blocs granitiques. Le Lauteraar nous offre, au lieu d'une moraine unique, une quantité de petites traînées isolées,
amenées par des glaciers latéraux peu éloignés et qui
n'ont pas encore eu le temps de se combiner. La première, celle qui se combine immédiatement avec la moraine du Finsteraar, est une moraine granitique qui
descend du flanc septentrional de l'Abschwung. A quelque distance de là, on rencontre une seconde petite
moraine granitique qui est indiquée sur la carte sous la
forme d'une très-petite bande. Vient ensuite la grande
moraine schisteuse qui descend du Schreckhorn, et plus
loin encore trois autres moraines très-étroites, éloignées
d'une centaine de mètres l'une de l'autre, et également
schisteuses. La grande moraine schisteuse du Lauteraar ne se réunit à celle du Finsteraar qu'au-dessous de
l'Hôtel des Neuchâtelois, c'est-à-dire à 1000 mètres environ de l'angle de l'Abschwung. Une conséquence de
cette réunion , c'est que les deux petites moraines granitiques qui se combinent les premières avec la grande
moraine schisteuse du Finsteraar, se trouvent par là
transportées au centre de la moraine médiane, et forment
le point culminant de tout le rempart, où on les aper-

çoit de fort loin, sous la forme d'une arête blanche.

C'est à partir de la cabane Hugi, à peu près à 1500 mètres de l'Abschwung, que la moraine médiane commence à s'élargir sensiblement. Sa largeur qui est, à l'Hôtel des Neuchâtelois, de 75 mètres, est, au-dessous de la cabane Hugi, de 120 mètres. Dans l'intérieur de la bande transversale A, B, C, D, c'est-à-dire à 1500 mètres plus bas, elle a déjà près de 210 mètres de large; à la hauteur du N° VIII, 255 mètres; enfin, à la hauteur du N° XI, elle s'étend sur toute la largeur de la branche du Lauteraar, et a près de 550 mètres de large. Les moraines latérales de droite se réunissent complétement à la moraine médiane, à la hauteur du N° XIII, c'est-à-dire, à environ 750 mètres de l'extrémité du glacier; mais il faut remarquer que la bande dégagée de blocs, qui les sépare, est excessivement étroite, et encore n'est-elle libre que d'une manière relative, car, comme elle est dans une dépression, elle se jonche d'une quantité de blocs qui descendent de chaque côté des flancs des moraines.

La hauteur de la moraine médiane est loin d'être égale dans toute la longueur du glacier; ses variations sont même très-considérables: c'est ainsi que près de l'Abschwung elle est à peu près à fleur du glacier, à quelque distance de là, aux environs du N° 1, elle a environ 3 mètres de hauteur; à l'Hôtel des Neuchâtelois, elle a 9 mètres de haut; entre les N°s IV et V, un peu au-dessous de la cabane Hugi, 18 mètres;

dans la bande transversale, 37 mètres, et au grand cône, 42 mètres. Au delà du grand cône, la moraine commence de nouveau à s'aplanir, et, plus bas, vers le N° XII, elle ressemble à un large plateau, séparé de la moraine latérale droite par une dépression médiane. Quant à l'épaisseur des débris rocheux, elle est à peu près partout la même, soit que le rempart s'élève à 40 mètres au-dessus du glacier ou qu'il soit de niveau avec lui. Elle est ordinairement de 30 à 50 centimètres, rarement de 1 mètre; et ce n'est que dans certaines dépressions ou dans des creux qu'elle atteint plusieurs mètres.

Il résulte de ces données que la moraine médiane augmente à la fois en hauteur et en largeur, à mesure qu'elle descend dans les régions inférieures. On éprouve d'abord quelque difficulté à se rendre compte de ce fait. Cependant, quand l'on songe que les pierres qui composent la moraine, protégent la glace et l'empêchent de se fondre et de s'évaporer aussi vite que la surface libre du glacier, on conçoit que la moraine doit finir par s'exhausser(*). Or, à mesure qu'elle s'exhausse, ses flancs s'inclinent et les pierres qui, dans l'origine, reposaient sur un plan horizontal, prennent une position de plus en plus inclinée, jusqu'à ce que la pente devenant trop roide, elles roulent au bas du rempart. Dans les journées chaudes de l'été, on voit fréquemment des pierres glisser ainsi le

___

(*) Elle serait même beaucoup plus haute, si la fonte du printemps ne compensait jusqu'à un certain point cette différence, ainsi que nous le montrerons plus bas.

8

long du talus morainique. Mais cela seul ne suffit cependant pas pour rendre compte de l'élargissement si considérable de la moraine médiane du glacier de l'Aar, surtout à partir du bloc N° V. Il est évident, en effet, que le volume de la moraine, tel qu'il est à l'Hôtel des Neuchâtelois, ne saurait suffire pour couvrir une surface deux fois plus considérable, comme celui de la moraine en face du N° VII, à la hauteur de l'affluent du Thierberg. On pourrait, à la vérité, supposer que lorsque les débris rocheux, qui sont aujourd'hui en face de ce point, se trouvaient à l'Hôtel des Neuchâtelois la masse morainique était plus abondante que de nos jours. Mais outre que rien n'autorise une pareille supposition, on peut expliquer cette différence d'une manière bien plus naturelle par le simple fait du mouvement, combiné avec l'ablation.

Remarquons d'abord que la moraine commence à s'élargir dans les environs de l'Hôtel des Neuchâtelois, c'est-à-dire, à partir du point où la progression se ralentit. En face du N° VII, la différence de vitesse d'avec l'Hôtel des Neuchâtelois est déjà très-sensible, comme 6 à 7 (plus exactement, comme 1795 à 2119). Par conséquent, une étendue de moraine qui, à l'Hôtel des Neuchâtelois, mesurait 100 mètres de longueur, se trouvera raccourcie d'un septième en arrivant en face du Thierberg; elle n'aura plus que 86 mètres de longueur. Mais comme l'épaisseur de la moraine ne va pas en augmentant, les débris, obligés de se serrer, se seront déversés latérale-

ment. L'espace, couvert de moraine, aura gagné en largeur ce qu'il a perdu en longueur. Supposez que cet
espace soit représenté, à l'Hôtel des Neuchâtelois, par le
parallélipipède A, B, C, D, de la fig. 9 de Pl. V, il aura,
en face du Thierberg, la forme de la figure 10
C'est ainsi qu'on peut, jusqu'à un certain point, juger du rapport de vitesse des différentes parties d'un
glacier d'après la forme de ses moraines. Si, sur une
étendue donnée, d'une lieue par exemple, la moraine
conserve à peu près la même largeur, c'est un indice que
la vitesse du mouvement est à peu près la même sur tous
ces points ; si, au contraire, la moraine va en s'élargissant, on doit en conclure que la marche du glacier est
ralentie. Entre les deux points que je viens de citer, la
différence est sans doute plus considérable ; mais il ne
faut pas oublier que les affleurements des couches amè-
nent aussi constamment de nouveaux matériaux à la surface, qui ont pour résultat d'agrandir et d'élargir le rempart.

La hauteur de la moraine dépend, comme sa largeur, de la vitesse relative du mouvement. Il en est,
à cet égard, des moraines à peu près comme des cônes
graveleux, elles sont supportées par une arête de glace et
le détritus n'est que superficiel ; enlevez au cône une
partie de son détritus, de manière que le soleil et l'air
extérieur aient prise sur la glace, et vous le verrez en peu
de temps tomber en ruine. Il suffit de déblayer la surface
de la moraine en un endroit quelconque pour la voir

s'affaisser tout autour de l'endroit dégagé. Or, rien n'est plus propre à prévenir de pareils déblaiements qu'un mouvement ralenti d'un point à un autre. Plus ce ralentissement est sensible, plus aussi les débris de la moraine se serrent les uns contre les autres, et plus, par conséquent, les chances d'y voir des solutions de continuité sont faibles, parce que les débris forment une enveloppe continue qui ôte toute prise aux agents extérieurs, et qu'à la faveur de cette enveloppe protectrice, la glace située dessous s'élève peu à peu au-dessus de la surface du glacier, en formant un rempart plus ou moins puissant.

Réciproquement lorsqu'il y a entre deux moraines un espace dégarni de blocs, cet espace, par cela même qu'il subit une plus forte ablation, doit se dessiner en creux. C'est pour cette raison que la bande de glace qui se voit à l'extrémité du glacier de l'Aar entre les deux zones de moraines se présente sous la forme d'une vallée creusée dans un plateau.

Faut-il conclure de ces divers faits que, chaque fois qu'une moraine s'élève et se rétrécit relativement à un point situé en amont, il y a nécessairement accélération. Je ne le pense pas, par la raison qu'un pareil rétrécissement peut aussi, dans certains cas, provenir de circonstances locales. C'est ainsi que la moraine latérale gauche du Finsteraar est plus large au-dessus de la réunion des deux glaciers que les deux moraines réunies à la hauteur de l'Hôtel des Neuchâtelois. Ici, c'est évidemment dans la

jonction des deux glaciers qu'il faut en chercher la cause.
On comprend en effet que les deux glaciers qui ont ensemble une largeur de 2250 mètres, immédiatement
avant leur réunion, étant obligés de se contracter subitement dans un espace de 1500 mètres, la moraine doit
se ressentir de ce rétrécissement. Les pierres qui jusque-là étaient plus ou moins isolées se rapprochent et
forment un revêtement continu; c'est à partir de ce
moment que la moraine apparaît en relief, qu'elle
forme rempart. Plus haut elle est à peu près à fleur de
glace.

Il n'y a cependant que les moraines médianes qui puissent ainsi servir à faire apprécier la marche et les allures du glacier. Les moraines latérales, bien qu'elles
soient aussi intimement liées au mouvement du glacier,
sont soumises à une foule d'accidents qui entravent la
régularité de leur marche, tels que les saillies et les
rentrées du rivage, les crevasses qui sont d'ordinaire
plus fréquentes sur les bords qu'au milieu du glacier, l'effet inégal de la réverbération, etc. Aussi importe-t-il
lorsqu'on veut connaître la marche du glacier dans un
temps donné, de rapporter ses mesures à des points situés au milieu des glaciers et non pas à des points voisins du rivage.

On n'a pas en général assez distingué entre les moraines
superficielles dont les roches sont toujours plus ou moins
anguleuses et les débris qui arrivent de dessous le glacier
et qui constituent ce que j'ai appelé dans mes Études

la *couche de boue ou de gravier* (*). La différence entre
les débris de ces deux catégories est si grande, que lorsqu'on se trouve dans le voisinage d'un glacier qui charrie de nombreux débris rocheux, on peut, sans hésiter,
se prononcer sur l'origine de chaque fragment. Ceux
qui appartiennent aux moraines superficielles sont d'ordinaire beaucoup plus volumineux ; cependant, il y en
a aussi d'assez gros qui proviennent de dessous le glacier. J'ai vu sur la rive gauche du glacier du Rhône des
blocs arrondis d'un mètre de diamètre, qui étaient encore à moitié recouverts par la glace. En général, ce
n'est guère qu'à l'issue des glaciers qu'on trouve les blocs
arrondis, parce que c'est là principalement que la couche
de gravier vient se mêler à la moraine frontale et aux
moraines latérales. Il existe bien aussi parmi les débris
de la moraine superficielle des blocs écornés et plus ou
moins arrondis par le frottement; mais ils sont fort rares,
et de plus il n'y a jamais que leurs angles qui soient
émoussés, tandis que ceux de la couche inférieure sont
non-seulement usés de tous côtés, mais encore polis et
même parfois rayés.

D'où viennent, a-t-on demandé, ces cailloux et blocs
arrondis de la couche inférieure, puisque les crevasses
ne pénètrent pas la masse entière et que les moraines res-

(*) Cette couche existe dans tous les glaciers, et je ne comprends pas
comment M. Necker a pu la révoquer en doute. C'est une manière assez
commode de combattre des théories contraires, que de contester les faits
essentiels sur lesquels elles se fondent.

tent à la surface? La réponse à cette question est donnée
de la manière la plus complète dans notre carte. Nous
avons vu plus haut, que les moraines latérales gauches
du glacier, après s'être combinées de manière à n'en
former plus qu'une, disparaissent tout d'un coup sous la
glace, un peu en amont du point fixe N° VII. Leur disparition n'est nullement temporaire, comme on pourrait
le croire, car, sur tout l'espace compris entre le N° VII
et le N° IX il n'y a aucune trace de moraines, et si plus
loin on voit reparaître quelques petites traînées de blocs,
on ne saurait les attribuer à une résurrection de blocs
enfouis, puisque ce sont, presque sans exception, des blocs
de granit, tandis que la moraine engloutie était en grande
partie composée de débris gneissiques et schisteux. Je ne
doute nullement que les débris qui sortent de dessous la
glace à l'issue du glacier sous la forme de cailloux et de
blocs arrondis, ne soient fournis, en partie du moins,
par de pareilles disparitions des moraines. Ceux qui con-
naissent les localités m'objecteront peut-être que la moraine engloutie étant en grande partie schisteuse, les
blocs arrondis et les galets de la couche inférieure devraient être de même nature, tandis qu'ils sont au contraire presque exclusivement granitiques. Mais cette
objection n'a aucune portée réelle. S'il n'y a pas beaucoup de galets de gneiss et de schiste dans la couche inférieure du glacier de l'Aar, il faut se rappeler que cette
roche étant bien moins dure que le granit et parfois
même très-destructible, doit aussi s'user beaucoup plus

facilement sous l'énorme pression du glacier. Ce qui prouve bien qu'il en est ainsi, c'est que le sable fin qui accompagne les galets de l'Aar est d'un gris foncé, bien que le rocher en place sur lequel se meut le glacier, soit un granit très-dur. J'en conclus par conséquent, que les débris granitiques fournissent de préférence les galets, tandis que les débris schisteux fournissent le sable fin et la boue de la couche inférieure.

Particularités des anciennes moraines de l'Aar.

Il semble que même les grands blocs de gneiss et de schiste que le glacier charrie à sa surface, ne soient pas de nature à résister longtemps à l'influence des agents atmosphériques, du moins n'en rencontre-t-on que de faibles traces dans le grand dépôt du Kirchet près de Meyringen et parmi les blocs erratiques de Goldswyl au bord du lac de Brienz, en face d'Interlaken. Je n'en ai rencontré que quelques blocs parmi les amas erratiques qui reposent sur les mamelons arrondis situés tout près de l'extrémité du glacier. Il y en a un peu plus dans l'accumulation en forme de rempart ou d'ancienne moraine, que M. Studer a découverte près de Mouri. Mais il est à remarquer qu'ici ils sont ensevelis dans une couche de gravier qui a dû les protéger contre l'action destructive des agents atmosphériques ; d'ailleurs, ils n'appartiennent pas à la même variété que les gneiss du glacier de l'Aar, ils sont plus cristallins, moins schisteux et proviennent sans doute du glacier de Grindelwald où le gneiss affecte en général une forme plus compacte.

Les moraines au point de vue géognostique.

Considérons maintenant les moraines du glacier de l'Aar dans leur rapport avec les roches des massifs environnants. Les rives du glacier telles que les représente notre carte (*) sont tout entières de granit, à l'exception de quelques intercalations de gneiss sur la rive droite, entre le glacier de Thierberg et celui de Silberberg. Sur la rive gauche, la limite des deux roches est à quelques kilomètres en amont du promontoire du Mieselen. Au delà de cette limite, tout est gneiss et schiste micacé. Il n'y a que l'angle du promontoire de l'Abschwung, ainsi qu'une faible partie de la base du Mittelgrat sur la rive droite du glacier de la Strahleck et une partie des pics de l'Altmann et de l'Oberaarhorn qui soient granitiques. Or, comme le développement des rives de chacun des deux grands bras, du Lauteraar et du Finsteraar, est plus considérable que celui des rives du glacier réuni (glacier inférieur de l'Aar), il s'en suit, 1° que toutes choses égales, les moraines amenées par ces deux affluents doivent être plus considérables que celles qui tombent sur le glacier, à partir du confluent; 2° que les rives de ces deux grands bras étant de schiste micacé et de gneiss, elles doivent se déliter plus facilement que les rives granitiques du Lauteraar, et fournir une plus grande masse de débris, ainsi que cela a effectivement lieu.

(*) Voyez aussi la carte géologique de *M. Desor* dans ses Nouvelles Excursions, Pl. II.

En fait de moraines de gneiss et de schiste, nous avons d'abord :

1° La grande moraine médiane composée des moraines latérales du Finsteraar et du Lauteraar, à l'exception d'une petite traînée granitique qui en forme la crête et qui provient du pied même de l'Abschwung. La roche amenée par le Finsteraar provient des pentes occidentales de l'arête du Schreckhorn, de la Strahleck et du Mieselen; celle du Lauteraar est essentiellement schisteuse, composée d'un schiste noir à grain très-fin, provenant du revers septentrional du Schreckhorn.

2° Les moraines latérales du Lauteraar, dont les unes (les internes) sont gneissiques et proviennent du Berglistock et de l'Ewigschneehorn, tandis que l'externe qui est plus schisteuse descend des flancs mêmes du Mieselen.

3° La moraine du Studerhorn, composée de schiste cuivreux appartenant au Studerhorn et à l'angle du Finsteraarhorn.

4° La moraine d'éboulement qui est à côté et qui se compose de gneiss provenant selon toute apparence du Finsteraarhorn.

Les moraines granitiques, ainsi que nous l'avons vu plus haut, sont essentiellement alimentées par la rive droite du Finsteraar. La plus considérable, celle dont fait partie le bloc N° III, se rattache, selon toute apparence, aux granits de l'Altmann et de l'Oberaarhorn, les autres plus externes proviennent des flancs de l'Escherhorn et du Thierberg. Le reste se borne à quel-

ques petites traînées : l'une, celle qui court à droite de la
moraine médiane, provient des gîtes de gneiss du Mittelgrat; les autres descendent de l'Abschwung même. La
moraine granitique de la rive gauche du Lauteraar, à la
hauteur du N° V, est très-bornée et se perd bientôt sous
le glacier.

Cette supériorité des moraines de gneiss et de schiste
sur les moraines granitiques est une conséquence naturelle de la structure même de la roche. Les schistes et les
gneiss sont de leur nature beaucoup plus fissibles que le
granit. Dès lors, ils doivent se déliter plus facilement sous
l'influence des agents atmosphériques. Aussi tous ceux
qui ont gravi quelques-unes des hautes cimes d'où
descendent ces moraines, loin de s'étonner de la quantité
de débris charriée par les glaciers, trouvent au contraire
plutôt surprenant qu'il n'y en ait pas davantage, tant il
y a encombre de roches éboulées. Les arêtes et les pics
granitiques, quoique également très-délités en beaucoup
d'endroits, le sont cependant bien moins, et c'est ce qui
explique la maigreur des moraines granitiques comparée
à la puissance des moraines schisteuses.

Une autre cause de l'infériorité des moraines granitiques doit être cherchée dans les roches polies. Nous
verrons plus bas, en traitant des roches polies, que
les flancs de toutes ces montagnes sont polis jusqu'à un
certain niveau. Le poli, dont l'origine remonte à une
époque où le glacier atteignait une hauteur bien plus
considérable que de nos jours, est beaucoup plus parfait

sur les masses granitiques que sur les roches schisteuses et les protége par conséquent bien mieux contre les agents extérieurs. Or, comme les rives granitiques, à partir du Mieselen sur la rive gauche, et de l'Escherhorn sur la rive droite, sont beaucoup moins élevées que les arêtes schisteuses qui bordent les cimes du Lauteraar et du Finsteraar, il s'en suit que les surfaces non rabotées sont plus considérables sur ces massifs que sur les flancs du Mieselen et du Zinkenstock, où il n'y a guère que les dernières arêtes qui s'élèvent au-dessus de la région des polis. Les arêtes schisteuses ont ainsi le double désavantage d'être plus fissibles de leur nature, et en second lieu de n'être pas protégées par la ceinture des anciens polis.

Des tables de glaciers et des cônes de gravier.

Les tables ne sont qu'une modification des moraines. Qu'on enlève de la moraine un bloc d'une certaine dimension et qu'on le transporte en pleine glace, on le verra au bout d'un certain temps, s'élever au-dessus de la surface ambiante, parce que protégeant la glace qu'il recouvre contre l'action du soleil, il l'empêche par là même de fondre (*). Au glacier de l'Aar, comme dans tous les

(*) Ce phénomène, dont on s'est si fort préoccupé dans ces derniers temps, se trouve déjà expliqué de la manière la plus précise, dans une lettre de Storr, du mois d'août 1783, insérée dans le Magasin de *Hœpfner*, T. I, p. 260, et accompagnée d'une figure très-exacte. On trouve dans le même article une description minutieuse et détaillée des cônes de gravier; mais l'explication que l'auteur en donne n'est pas tout à fait exacte

grands glaciers, les tables se trouvent dans le voisinage de la moraine. On en voit de fort beaux exemples sur les côtés de la moraine médiane, à la hauteur du Pavillon. Il y en a dont la colonne a jusqu'à 2 mètres de hauteur et au delà.

Les *cônes de gravier*, dont j'ai donné une explication détaillée dans mes Études (p. 132), sont très-fréquents au glacier de l'Aar. J'en ai vu qui avaient jusqu'à 4 mètres de hauteur, et au moins 12 mètres de pourtour. De même que les tables, ils se tiennent de préférence dans le voisinage des moraines ; les plus grands se trouvent près de l'extrémité du glacier ; il n'y en a que fort peu et de très-petites dans les régions supérieures.

CHAPITRE V.

DES DIFFÉRENTES PHASES DES GLACIERS.

Après avoir traité dans le Chap. III des différentes
régions des glaciers sous le rapport de leur étendue et
de leur distribution, il nous reste maintenant à traiter
de la structure particulière que les masses glacées affectent dans chacune de ces régions.

I. DE LA NEIGE.

La matière première des glaciers, c'est la neige qui
tombe à toutes les époques de l'année dans les hautes
régions des Alpes (*). Jusque dans les derniers temps, on
ne possédait que des données assez vagues sur la forme

(*) La neige qui tombe en hiver sur les régions inférieures du glacier, au-dessous de la ligne des neiges, ne contribue pas à l'alimentation des glaciers, ou du moins n'y contribue que d'une manière indirecte
par l'eau qu'elle fournit. Elle peut bien se transformer en névé et en
glace de névé, mais elle ne se convertit jamais en glace compacte ;
témoin les moraines qu'on retrouve constamment à la surface du
glacier. Mais l'influence de cette neige sur l'économie du glacier,
n'en est pas moins très-grande, en ce qu'elle entrave l'ablation, ainsi
que nous le verrons plus bas, Chap. X.

que la neige revêt dans ces régions élevées, au moment
de sa chute. La forme grenue (grésil) est celle qui a été
le plus remarquée par les auteurs qui ont écrit sur les
glaciers (*). Mais de ce que cette forme s'y rencontre fréquemment, il ne faut pas en conclure que ce soit la
seule (**). De fait, rien n'est plus polymorphe que la
neige des hautes régions. On y retrouve tous les dessins
de la plaine associés peut-être à un certain nombre de
formes particulières aux hautes montagnes. Toutes ces
formes alternent entre elles de la manière la plus frappante, à tel point qu'il arrive souvent qu'en moins d'un
quart d'heure, on peut réunir une collection de dessins
très-divers. Voici comment M. Desor, qui s'est appliqué
d'une manière toute spéciale à l'étude de la neige et du
névé, résume les observations qu'il a faites au Pavillon
pendant l'été de 1844, qui ne fut que trop favorable à ce
genre de recherches. « Cette fois encore, dit-il, nous
avons pu constater la plus grande variété dans les formes
des cristaux. Ces variations ne sont nullement accidentelles, mais elles dépendent évidemment des conditions
météorologiques générales. Ainsi la neige à gros flocons
ne tombe guère que par un temps calme et souvent par
une température de plusieurs degrés au-dessus de zéro.

(*) *Saussure*, Voyages, IV, p. 284, § 2075. — *Hugi*, Alpenreise,
p. 346. — *Charpentier*, Essai, p. 2. — *Bravais* et *Martins*, Rapport à
M. Villemain, ministre de l'instruction publique.

(**) C'est sans doute pour avoir trop généralisé une observation isolée, que M. de Charpentier a commis l'étrange erreur de croire que le
névé tombe à l'état grenu.

Mais il suffit qu'un vent froid s'élève pour qu'à l'instant elle change de forme; elle devient alors fine, poudreuse, plus ou moins grenue; et les grains en se combinant entre eux, occasionnent toutes sortes de figures très-élégantes. J'ai reconnu dans le nombre plusieurs des formes que Scoresby a observées dans les neiges polaires, ainsi que d'autres qui se trouvent figurées dans un ouvrage récent de M. Schumacher sur la cristallisation de l'eau (*). Pour pouvoir les étudier et les dessiner à notre aise, nous préparions des mélanges frigorifiques avec de la neige et du sel, sur lesquels on recevait les flocons à mesure qu'il en tombait de nouveaux. Le froid que ces mélanges développaient permettait de les transporter dans la cabane où ils se conservaient assez longtemps pour pouvoir être examinés à loisir (**). Les formes les plus intéressantes étaient des étoiles à six rayons, qui présentaient une multitude de variétés, suivant que les rayons étaient plus ou moins grêles. Il y en avait qui étaient si échancrées, que l'on eût dit que l'étoile était composée de trois fins cylindres posés en croix (Fig. 13 c); d'autres l'étaient un peu moins, à peu près jusqu'au quart du diamètre (Fig. 13 d, e), et d'autres encore l'étaient si peu que leur bord était à peine lobé (Fig. 13 f). Je crus remarquer que les étoiles à rayons très-grêles étaient d'autant plus nombreuses que la température était plus basse. Il en tomba

(*) Ueber die Kristallisation des Wassers. 1844.
(**) J'ai reproduit dans la fig. 13 de Pl. VI, les croquis que **M. Desor** a donnés de ces différentes formes.

un grand nombre le 14 août pendant la tourmente. Nous remarquâmes aussi de petits cônes, ainsi que des paillettes triangulaires en très-grand nombre (Fig. 13 *a, b*). Néanmoins, il me semble difficile, sinon impossible, de tracer une limite tranchée entre ces différentes espèces de neige grenue et la neige à gros flocons. Aussi voit-on souvent, dans les mêmes dépôts, la neige grenue alterner avec la neige floconneuse (*) »

La plupart de ces formes se retrouvent dans la plaine. J'ai même observé plusieurs fois à Neuchâtel, pendant l'hiver dernier, les figures dessinées par M. Desor. La seule différence, c'est que dans les Alpes les variations sont plus brusques et se répètent plus souvent. C'est une conséquence de l'instabilité du vent qui change d'un moment à l'autre dans ces régions (**). M. Desor aurait pu ajouter qu'au glacier de l'Aar certaines formes de la neige

(*) E. *Desor,* Nouvelles Excursions, p. 107.

(**) On jugera de cette mobilité du vent par les observations suivantes qui ont été faites à de très-courts intervalles, par M. Dollfus au Pavillon, le 2 août 1845.

HEURE DE L'OBSERVATION.	DIRECTION DU VENT.	TEMPÉRATURE A L'OMBRE.
8 h. 15 m.	S. E.	8°.
20	N. O. violent.	''
22	calme plat	''
24	N.	''
25	calme plat.	''
26	N. violent.	''

sont liées à des vents déterminés, et ne se retrouvent pas lorsque d'autres vents soufflent. Ainsi la neige qui tombe par la tourmente du nord n'est jamais floconneuse ; c'est toujours de la neige grenue (grésil), tandis que celle qui tombe par le vent d'ouest (*) est ordinairement à gros flocons, rarement poudreuse.

HEURE DE L'OBSERVATION.		DIRECTION DU VENT.	TEMPÉRATURE A L'OMBRE.
8 h. 5 m. 27		calme plat.	8°
29		S. marqué.	"
28	30 s.	calme plat.	"
31		S. O. fort.	"
33		N. faible.	"
33	30 s.	calme plat, soleil.	11°.
37		N. faible couvert.	10°.
37	30 s.	calme plat, couvert.	9°.
9 h. 33		O. marqué.	9° 50.
30		E. fort.	8° 50.
31		calme plat.	"
32		Nord.	"
32	30 s.	calme plat.	"
33		S. faible.	"
34		E. marqué.	8° 7.
36		S. O. faible.	"
37		E. tournant au Sud.	"
37	30 s.	O. faible.	"
39		calme plat.	"
39	30 s.	O. marqué puis S.	"
40		puis O.	"
41		E. très-marqué.	8° 5.
45		calme plat.	"
46		variation instantanée.	"
		d'O. à N. O. E.	"

(*) Par suite d'une combinaison toute particulière des chaînes de

Cette influence des vents sur la forme des cristaux est une conséquence de la température qui les accompagne. Il est rare que par le vent d'ouest, la température ne se maintienne pas au-dessus de 0°, même dans les hautes régions. J'ai observé fréquemment des chutes de neige au Pavillon par une température de + 2° et 3″, lorsque le vent de la plaine soufflait. Cette neige formée dans des couches d'air supérieures plus froides est sans doute sèche au moment où elle se cristallise; mais à mesure qu'elle entre dans les couches d'air inférieures qui sont douées d'une température plus élevée, elle condense plus de vapeur d'eau; elle devient ainsi humide, et cette humidité, en favorisant l'agglomération des cristaux, détermine la formation des grands flocons. La meilleure preuve qu'il en est ainsi, c'est qu'il suffit d'un coup de vent froid pour changer *instantanément* la forme des flocons.

Le vent du nord, au contraire, est toujours froid, et lorsqu'il neige dans les Alpes sous l'influence de ce vent c'est ordinairement par une température au-dessous de 0°. La neige alors reste parfaitement sèche jusqu'à sa chute, et ne pouvant, par cette raison, s'agglomérer, elle tombe à l'état poudreux ou grenu et devient facilement le jouet des vents. Or, comme la température va en diminuant de bas en haut, il est clair que plus on monte, plus on aura de chances de rencontrer de la neige sèche et grenue. C'est pourquoi cette neige domine dans

montagnes, le vent d'ouest nous arrive d'est au glacier, refoulé qu'il est par le col du Grimsel.

les hautes régions, tandis que la neige floconneuse domine dans la plaine (*).

Quantité de neige qui tombe dans les Alpes.

Quoiqu'on ne connaisse pas pour l'avoir observée directement, la quantité de neige qui tombe toutes les

---

(*) **M.** Célestin Nicolet a publié, sur les rapports de la neige avec le
vent dans les hautes vallées du Jura et particulièrement à la Chaux-de-
Fonds, des observations du plus grand intérêt. Je crois utile d'en ex-
traire les passages suivants : « Dans les hautes vallées du Jura Neu-
« châtelois, dit-il, la neige tombe ordinairement en septembre par une
« température de + 4° et + 3° C. ; elle prend pied en novembre, et per-
« siste quelquefois jusqu'en avril ; elle parait et disparait successive-
« ment pendant six mois. »

« Lorsque la neige tombe par une température de + 3°, + 2° ou 0°,
« elle affecte la forme de flocons. Ces flocons sont une agglomération
« de petites aiguilles de glace en fusion, par conséquent, cette neige
« est à zéro ; elle est pâteuse, elle adhère aux corps sur lesquels elle
« tombe. Si la température se maintient à zéro pendant plusieurs jours
« avec un vent du S. O., si le ciel reste couvert, la neige tombe sans
« interruption, et acquiert une puissance de 2, 3 ou 5 pieds. Cette
« neige couvre toujours le sol, même pendant les tourmentes ; elle
« fatigue quelquefois jusqu'à la mort les voyageurs imprudents qui
« cherchent à lutter à la fois contre l'action du vent et la ténacité de ces
« masses pâteuses, lorsqu'ils veulent franchir nos passages difficiles.
« Mais lorsque le thermomètre descend à — 5°, —8°, — 10°, — 15°, ou
« —20° C., la neige affecte une autre forme : les flocons sont remplacés
« par des aiguilles plumeuses, ou par la neige boréale, telle qu'elle a
« été vue dans les régions polaires par le capitaine Scoresby et
« décrite par lui, ou encore, mais assez rarement, par du grésil. Cette
« neige est assez constamment à la température de l'air, rarement elle
« est au-dessous, elle est pulvérulente et sèche, elle n'adhère pas aux
« corps sur lesquels elle tombe ; elle se forme toujours avec les vents
« du N., N. E., E. ou N. O. Avant d'obéir à la loi de la pesanteur et de
« se fixer, elle est longtemps le jouet des vents, elle s'élève, s'abaisse et
« tourbillonne continuellement. »

années sur les glaciers, on peut la conclure, d'une manière au moins approximative, des observations qui se
font dans quelques stations voisines. Il y a longtemps
que l'on observe à l'hospice du grand Saint-Bernard, la
quantité d'eau qui y tombe tous les mois. D'après les ré-
sumés publiés par la *Bibliothèque universelle de Genève*,
la moyenne aurait été pour les dix-huit années de 1818 à
1836, de 55 pouces 7 lignes, soit 1^{m}504 (*). Cette quantité
d'eau tombe au moins pour les trois quarts sous la forme
de neige; et ce n'est guère que pendant les mois de juillet,
d'août et de septembre, que quelques ondées viennent
alterner avec les chutes de neige. Grâce au zèle désinté-
ressé de M. Dollfus-Ausset, des observations semblables
se poursuivent aussi depuis l'année dernière à l'Hospice
du Grimsel. On n'y tient pas seulement compte de la

« Lorsque la neige humide d'octobre ou de novembre couvre abon-
« damment et uniformément le sol, celui-ci prend la température de la
« neige et s'y maintient pendant la durée de l'hiver ; lorsque la neige
« humide disparait, et qu'elle est remplacée par la neige cristallisée, le
« sol se congèle jusqu'à la profondeur d'un mètre, et reste gelé jus-
« qu'au printemps, si des variations atmosphériques n'apportent pas de
« changements. »

« Par une température de — 5°, — 10° C., et plus, soutenue pen-
« dant plusieurs jours, la neige humide se concrète par la congélation
« de l'eau qu'elle contient, la couche superficielle d'abord, puis la masse
« des aiguilles se soudent, et la masse entière devient solide, cassante,
« saccharoïde. Elle prend alors une grande dureté et peut supporter le
« poids d'un traineau pesamment chargé. » — Bibliothèque universelle de Genève, T. XXXIX, p. 176.

(*) Bibliothèque universelle 1835, T. LX, p. 460. — La moyenne des
dix dernières années est, d'après les calculs de M. Desor, de 2^m,20.

quantité de neige et de pluie qui tombe, on observe encore la forme des flocons, la durée de la chute et la hauteur de la couche de neige, immédiatement après la chute et avant qu'elle n'ait eu le temps de se tasser. M. Dollfus a bien voulu construire, à ma demande, le tableau suivant qu'il a extrait du grand-livre des observations météorologiques de l'Hospice. On y voit dans la seconde colonne le nombre des chutes de neige par mois; dans la troisième, l'épaisseur de toutes les chutes du mois; dans la quatrième, l'équivalent de ces mêmes couches en hauteur d'eau (*). Cette neige, étant de sa nature très-légère, ne conserve pas longtemps l'épaisseur qu'elle avait au moment de sa chute; elle se tasse à mesure qu'elle vieillit, et sa dureté augmente à proportion. D'un autre côté, l'évaporation la réduit aussi, et il peut ainsi arriver que, sans éprouver de fonte sensible, la couche de neige, qui serait très-épaisse si elle avait conservé sa forme primitive, se trouve réduite à un dépôt relativement très-faible. C'est afin de mieux faire sentir ces rapports que j'ai indiqué dans la cinquième colonne la hauteur effective de la neige tassée, à chaque observation et dans la sixième colonne, le poids de cette même neige, en kilogrammes le mètre cube.

(*) M. Dollfus s'est assuré par un grand nombre d'expériences faites tant au glacier de l'Aar, qu'en hiver dans la plaine, que le mètre cube de neige fraîche équivaut à $0^{m},085$ de hauteur d'eau, soit à 85 kilogr.

NEIGE TOMBÉE AU GRIMSEL PENDANT L'HIVER DE 1845-1846.

Noms des Mois.	NOMBRE des jours de neige.	HAUTEUR de la neige au moment de sa chute.	HAUTEUR de l'eau représentée par les chutes.	HAUTEUR effective de la neige.	POIDS de la neige taxée en kilogrammes le mètre cube.
Octobre...	»	0^{m}05	0^{m}004	» »	»
Novembre·	15	1,37	0,116	0^{m}40	290
Décembre.	21	5,00	0,425	1,53	353
Janvier...	14	3,23	0,374	2,50	326
Février...	5	9,67	0,056	2,05	424
Mars.....	15	3,95	0,335	2,55	472
Avril.....	15	2,40	0,204	2,30	613
Mai.......	»	0,88	0,074	» »	»
Total...		17^{m}55	1^{m}488		

Il résulte de ce tableau, que depuis le mois d'octobre
1845 jusqu'au mois de mai 1846, il est tombé 17^m,55
de neige, qui ont donné 1^m,488 de hauteur d'eau, chiffre
qui coïncide d'une manière frappante avec les résultats
des observations du grand Saint-Bernard (*). Et pourtant
la hauteur du Grimsel est de 600 mètres moindre que
celle du grand Saint-Bernard. Le cirque du glacier de

(*) Les quantités de neige tombées au grand Saint-Bernard, pendant
l'hiver de 1845 à 1846, sont en millimètres de hauteur d'eau :

Octobre,	89 ^{mm}		Février,	54,6 ^{mm}
Novembre,	90		Mars,	261,4
Décembre,	249		Avril,	244,4
Janvier,	206		Mai,	200,

1^m,944

l'Aar est en revanche à la même hauteur (*), d'où je conclus qu'il doit y tomber une quantité de neige au moins égale, sinon plus forte.

D'après le tableau ci-dessus, les 17^m, 55 de neige fraîche, tombés depuis le mois d'octobre, se trouvaient réduits à la fin d'avril 1846, à une couche de neige tassée de 2^m, 30 , ayant une densité de 613 kilogrammes le mètre cube, c'est-à-dire, à peu près la densité de la glace de névé (qui est de 628 kilogrammes le mètre cube, d'après les expériences rapportées ci-dessous, p. 158). C'est par conséquent une couche de glace d'au moins 2^m, 30 d'épaisseur, qui se trouve acquise cette année au glacier, par les neiges de l'hiver. Or, comme les années ne varient pas d'une manière bien sensible, on peut, sans être téméraire, envisager ce chiffre comme un minimum très-approximatif de l'accroissement des glaciers dans les régions supérieures.

De la neige rouge.

En sa qualité de corps organique, la neige rouge est étrangère au sujet qui nous occupe, c'est pourquoi nous ne nous y arrêterons pas. J'en ai d'ailleurs donné les principaux éléments dans mes Etudes, d'après le travail de M. Shuttleworth (**). Ces études microscopiques ont été complétées depuis par M. Vogt, qui leur a consacré

(*) L'altitude du grand Saint-Bernard est de 2491 mètres ; celle du cirque du Lauteraar, un peu en amont de l'Abschwung, de 2530 mètres.

(**) *Bibliothèque Universelle* 1840, T. XXV. — Etudes sur les glaciers, p. 62 et suiv.

un soin tout particulier, pendant mes campagnes de 1841
et 1842. Se trouvant placé dans les circonstances les plus
favorables à l'observation, il a pu suivre une partie des
transformations que ces petits êtres subissent, et éclaircir
ainsi plusieurs points restés douteux dans le travail de
M. Shuttleworth (*). Enfin, M. Basswitz a continué à son
tour ces études, pendant la campagne de 1845, et j'ai
pu me convaincre par le travail encore inédit qu'il a
bien voulu me communiquer, qu'à côté des formes animales observées par MM. Shuttleworth et Vogt, la neige
contient aussi un grand nombre de globules rouges,
qui sont évidemment des spores d'algues, puisqu'on les
trouve de temps en temps enfoncés dans leurs cellules.

Le résultat principal qui découle de ces observations,
c'est que la neige, non plus que la glace, n'est pas un élément désert, mais qu'elle est habitée par des myriades
de petits êtres, non moins parfaits dans leurs espèces que
les animaux terrestres et ceux qui vivent au sein des eaux.

2. DU NÉVÉ.

La neige conserve sa forme cristalline aussi longtemps
qu'elle n'est pas imbibée. Mais, du moment que l'eau
vient à y pénétrer, il s'opère une transformation complète, et la neige, de cristalline qu'elle était, devient tout
à coup grenue. Elle constitue alors ce que l'on est convenu d'appeler le *névé*.

Toute espèce de neige a la propriété de se transformer

(*) Les observations de M. Vogt, avec les figures qui les accompagnent, se trouvent dans les Excursions de M. *Desor*. p. 215 et suiv.

en névé, qu'elle soit floconneuse, poudreuse ou grenue. Cette transformation s'observe toutes les fois que le soleil agit assez longtemps à la surface de la neige pour fondre les cristaux superficiels ; l'eau qui résulte de cette fonte est alors absorbée par les cristaux sous-jacents. Ceux-ci, après s'en être saturés, la communiquent à leur tour à leurs voisins, de manière que si la fonte superficielle dure quelque temps, la couche entière finit par être saturée. Si alors on examine la neige avec quelque attention, ou trouve qu'elle ne ressemble plus à ce qu'elle était auparavant ; la cristallisation primitive a complétement disparu, et la masse entière est maintenant composée de petits grains plus ou moins ronds, mais tous d'égale grosseur et parfaitement transparents, si on les examine isolément.

Quand elle en est arrivée à ce point, la neige a acquis une densité et une cohésion suffisante pour résister à l'action des vents et conserver son assiette en dépit des ouragans. A vrai dire ce n'est plus de la neige, c'est un commencement de glace. Le temps qu'il faut pour transformer une couche de neige d'une épaisseur donnée en névé, dépend à la fois de la saison, de la température et de la puissance de la couche elle-même. Lorsque les conditions atmosphériques sont favorables, il suffit quelquefois de peu d'heures pour amener un résultat étonnant, même dans les hautes régions. On en jugera par l'observation suivante qui a été faite par MM. Desor et Daniel Dollfus fils. Un matin du mois d'août 1845, ces messieurs partirent de bonne heure du Pavillon pour visiter le glacier de la Strahleck. Ils trouvèrent au pied de l'Abschwung une couche de neige fraîche d'environ un pied d'épaisseur, qui était tombée pendant la nuit. Cette neige était en petits grains et tellement sèche et incohérente, qu'il suffisait du moindre vent pour la soulever et l'emporter à de grandes distances. Au froid de la nuit et du matin succéda pendant le jour un soleil ardent qui, à 3000 mètres de hauteur, fit monter le thermomètre à + 6° à l'ombre. Quand après avoir achevé leurs travaux, ces messieurs revinrent sur leurs pas, ils trouvèrent un changement complet dans cette neige ; la couche entière était transformée en névé ; les grains, à la vérité, étaient très-petits (d'un demi-millimètre et moins), mais ils n'en avaient pas moins tous les caractères des grains de névé, et surtout ils étaient parfaitement transparents. La couche s'était tassée de plus de moitié et n'avait plus guère que cinq centimètres de puissance. Il est vrai, ajoutent-ils, que le roséomètre indiqua pendant toute la journée un grand degré d'humidité, ce qui contribua sans doute à favoriser la formation du névé.

Cette transformation de la neige en névé a lieu, sans acception de localité, partout où le climat permet aux chutes de neige de persister quelque temps. On peut l'observer à tous les niveaux, dans la plaine, aussi bien que dans les montagnes, et quelquefois jusque sur les plus hautes cimes, lorsque la saison est favorable. C'est ainsi qu'à la fin du mois d'août 1842, il n'y avait aucune

cime des Alpes Bernoises où la neige ne fût complète-
ment changée en névé. J'ai tout lieu de croire qu'il suffit que le vent du sud (*Fœhn*) souffle pendant quelques
jours, pour produire un pareil résultat (*).

Que si au contraire, à la suite d'une chute de neige, la
température vient à tomber au-dessous de 0°, la neige
reste poudreuse aussi longtemps que le froid dure. C'est
ce qui a lieu pendant l'hiver dans les Alpes ; la neige ne
s'y transforme guère qu'à l'approche du printemps. Il
peut arriver, à la vérité, qu'à la suite de quelques beaux
jours, il se forme une couche plus ou moins solide à la
surface de la neige. Mais la grande masse n'en reste pas
moins incohérente, ce qui permet au froid de pénétrer
bien plus profondément que dans le cas où toute la
masse est transformée en névé (**).

Ces phénomènes ne sont rien moins qu'exclusivement
propres aux Alpes. On peut voir les mêmes transformations s'opérer en hiver, quoique sur une plus petite

(*) Par conséquent le nom de névé employé dans le sens topographique que nous lui avons accordé plus haut (Chap. III, p. 40) n'implique aucune structure particulière ; il ne tire sa signification que de
l'aspect que présente la neige grenue lorsqu'elle est accumulée en
masse considérable dans les grands cirques. C'est pourquoi la distinction que M. de Charpentier a faite entre les Hauts-névés et les Bas-
névés me paraît inadmissible.

(** Nous avons vu plus haut (p. 32) que le rayonnement est la principale cause du refroidissement de la neige. La couche superficielle se
refroidit la première, souvent à une température bien inférieure à celle
de l'air ; le froid se communique ainsi de proche en proche à toute la
couche.

échelle, dans nos rues et sur nos champs. C'est ce qui a surtout été démontré par les expériences que M. C. Nicolet a bien voulu faire à ma sollicitation sur les changements que subit la neige dans les hautes vallées du Jura. Il résulte du rapport présenté par ce savant à la Société des sciences naturelles de Neuchâtel (*), que chez nous aussi la neige peut rester longtemps farineuse et poudreuse avant de passer à l'état grenu. Ainsi M. Nicolet fait la remarque positive qu'à la Chaux-de-Fonds, pendant l'hiver de 1843 à 1844, la croûte superficielle ne prit pas de consistance et que le névé ne put se former qu'en très-petite quantité ; la neige resta pulvérulente ou farineuse, obéissant à toutes les vicissitudes de la température et passant avec assez de rapidité de $0°$ à $— 25°$ C.

Lorsque la température n'est pas assez élevée pour favoriser la formation du névé, on peut la provoquer et l'activer en arrosant la neige. M. Nicolet a fait à ce sujet plusieurs expériences fort intéressantes. Quand il arrosait la neige très-légèrement avec de l'eau à $0°$, il obtenait constamment un névé régulier ; mais lorsqu'il inondait la neige de cette même eau, celle-ci ne s'arrêtait pas dans les interstices des couches superficielles, mais s'accumulait à la base du dépôt, où elle détrempait la neige et se transformait en glace terne par la congélation nocturne. En arrosant la neige avec de l'eau d'une température plus élevée ($+8°$ C.) on n'obtient pas de névé, mais en revan-

____

(*) Bulletin de la Soc. des sc. nat. de Neuchâtel, 1843-44, p. 109.

che toutes sortes d'accidents divers, tantôt des tubes de glace disposés comme des tuyaux d'orgue, ou une masse irrégulièrement caverneuse.

Enfin il est constaté par les observations de la plaine, comme par celles qui ont été faites au glacier, que la transformation de la neige en névé détermine toujours un tassement notable de la masse entière. Je me bornerai à citer comme exemple l'expérience suivante qui a été faite, en 1844, au glacier de l'Aar, par MM. Desor et Dollfus. Il était tombé pendant les journées du 15 et 16 août une quantité considérable de neige. Le soir du 16 août, cette neige qui formait alors une couche de 60 centimètres d'épaisseur fut pesée, et il se trouva que le cube de deux décimètres de côté pesait 886 grammes. Le lendemain 17 au soir, la même couche n'avait plus que 40 centimètres de hauteur, et le 18 au soir elle était réduite à 20 centimètres. En revanche un cube de 2 décimètres de côté pesait maintenant 2450 grammes. Il y avait par conséquent compensation entre le poids et le volume, ou en d'autres termes, le poids avait augmenté dans la même proportion que le volume avait diminué, puisque l'épaisseur de la couche avait diminué dans la proportion de 60 à 20, et que le poids avait augmenté dans la proportion de 886 à 2450. En même temps, ajoute M. Desor, la structure de la neige avait changé; on ne reconnaissait plus les cristaux primitifs, mais la masse entière avait une apparence finement grenue : c'était un commencement de névé. Il paraît donc que l'eau résultant de la fonte

qui s'est opérée à la surface de la neige, pendant les deux
jours de beau temps qui ont succédé à sa chute, ne
s'est point écoulée, mais qu'elle a été absorbée par la
neige elle-même et qu'il n'y a eu de perdu que ce qui
s'est évaporé. Il résulte également des observations de
M. C. Nicolet, que l'eau ne s'échappe du névé que lorsque
celui-ci est complétement saturé.

Les causes de la formation du névé n'ont pas encore
été indiquées d'une manière satisfaisante. Je pense pour
ma part que les expériences ci-dessus autorisent à admettre que l'acte qui donne naissance au névé est à bien
des égards une nouvelle cristallisation. L'eau de la
surface, en pénétrant dans la neige, y trouve une
masse finement cristalline. Une partie de ces cristaux
sont fondus par elle, une autre partie devient le centre ou en quelque sorte le squelette des grains de névé. Il
n'est pas nécessaire pour cela qu'ils se dissolvent; l'eau
en s'insinuant entre les différentes paillettes, et en s'y
maintenant par l'effet de la capillarité, prend la place de
l'air. Si ensuite elle vient à se congeler, elle occasionne
des grains transparents. Une pareille transformation ne
peut s'opérer que lentement. Aussi, avons-nous vu plus
haut (p. 141) qu'il ne se forme pas de névé lorsqu'on inonde
la neige de manière à détruire les cristaux. Une fois
formés, les grains augmentent et grossissent aux dépens
les uns des autres. Je pense avec M. Kaemtz [*] qu'il
arrive ici ce qu'on voit se passer dans certaines cristal-

[*] Cours de météorologie, traduit et annoté par Ch. Martins. p. 226.

lisations artificielles, par exemple dans la cristallisation
du nitrate de potasse , les petits cristaux sont absorbés
dans les fontes subséquentes et il ne reste que les gros.
Quant à la forme arrondie des grains de névé qui semble si énigmatique au premier abord, elle a été expliquée d'une manière très-ingénieuse par **M.** Ladame
dans son mémoire sur le passage de la neige farineuse à
la neige grenue (*). Elle est l'effet d'une oblitération continue des cristaux, et la cause essentielle de cette oblitération réside, suivant **M.** Ladame, dans les *variations
fréquentes de la température.* « Si l'on place, dit-il, dans
un endroit, où la température soit invariable, une dissolution convenablement concentrée de sulfate sodique,
on obtient de grands et beaux cristaux, mais si on la
place dans un lieu, où il y ait de nombreuses variations
de température, les cristaux sont courts, ils présentent
beaucoup de facettes et prennent ainsi la forme arrondie. Nous concluons de cette expérience que les succes-
sions de fonte et de solidification déterminent dans les
cristaux une oblitération qui les arrondit. » Or, comme
ce sont là précisément les circonstances dans lesquelles
se trouve la neige des hautes régions, quoi de plus naturel que d'attribuer à une influence semblable la forme
arrondie des grains de névé.

3. DE LA GLACE.

Nous avons dit plus haut que le névé est le premier

(*) Bull. des Soc. Sc. nat. de Neuchâtel, 1844-1845, Appendice.

degré de la glace des glaciers. Non-seulement le passage de l'une de ces formes à l'autre est insensible, mais on voit aussi souvent la glace alterner avec le névé, suivant les variations de la température. Ceux qui ont visité les hautes régions savent que l'on y est souvent dans le cas de tailler à coups de hache la même glace qui la veille était du névé incohérent, se laissant éparpiller comme du sable. Il a suffi du froid de la nuit pour le transformer en une glace dure et compacte ; mais celle-ci redeviendra à son tour du névé pour peu que les conditions atmosphériques ne soient pas défavorables.

Toutefois ces variations ne se font pas sentir à une grande profondeur, du moins pas en été. Le névé, considéré dans sa forme grenue, n'est à tout prendre qu'un phénomène superficiel, dont l'épaisseur tend continuellement à diminuer sous la double influence de la fonte et de l'imbibition, de telle sorte que sa durée est en rapport avec son épaisseur. Un exemple emprunté à l'observation journalière servira à faire comprendre ma pensée. Lorsqu'au printemps, la neige accumulée pendant l'hiver, dans les dépressions de nos champs et de nos rues, se fond rapidement, l'eau qui en résulte s'accumule en plus grande quantité au bas du dépôt qui se trouve bientôt complétement imbibé. S'il survient une nuit froide, cette zone se transforme en une couche de glace terne et opaque que la chaleur du lendemain ne saurait dissoudre, parce que la chaleur qui fait fondre la surface ne pénètre pas, comme le froid, jusqu'au fond du dépôt. Pour peu que les conditions restent les mêmes, cette zone augmente d'épaisseur; en même temps la masse s'épuise à la surface, et il arrive un moment où tout le dépôt, à l'exception d'une mince couche superficielle, se trouve transformé en un massif de glace. La même chose a lieu dans les grands cirques des glaciers. Là aussi, la transformation en glace a lieu de bas en haut et non pas de haut en bas comme celle de la neige en névé. Quand, au commencement de l'été, on arrive au bord d'une crevasse de névé, on y trouve une couche de neige grenue plus ou moins incohérente qui repose sur des assises d'une glace terne et opaque. C'est le névé de l'année précédente, que la couche récente de la neige d'hiver protégera dorénavant contre les atteintes de la fonte, aussi longtemps qu'elle lui sera superposée. A mesure que la fonte agit à la surface, ce névé incohérent absorbe de l'eau, les parties inférieures du dépôt s'en imbibent les premières, puis les suivantes jusqu'à ce que, l'automne arrivant, la couche entière soit transformée en glace. La forme grenue et incohérente du névé n'existe alors plus qu'à la surface, aussi loin que les rayons solaires sont capables de ramollir la glace.

Glace de névé.

La glace qui résulte de l'agrégation pure et simple des grains par la congélation n'est pas encore la véritable glace du glacier; c'est une forme intermédiaire entre le névé et la glace que je désigne sous le nom de *glace de névé*: elle tient à la fois de l'une et de l'autre, en d'autres

termes, c'est du névé cimenté par de l'eau gelée. Cette glace
de névé se reconnaît aisément aux particularités suivantes : tout en étant assez compacte, elle est terne, coriace,
moins dense que la glace ordinaire, sans fissures capillaires et le plus souvent sans bulles d'air, ou bien s'il en
existe quelques-unes, elles sont irrégulières et jamais
aussi nettement circonscrites que dans la glace compacte.
Mais le trait le plus caractéristique, ce sont les contours
des grains de névé qui se retrouvent sur tous les fragments et qui ressemblent à des oolithes sur la coupe d'une
roche calcaire agrégée (Pl. VI, fig. 3, fig. 11 A, et fig. 12.*x*).
L'espace compris entre les grains est occupé par de la
glace, mais cette glace n'est pas transparente. Quand on
l'expose au soleil, ce sont les espaces inter-granuleux qui
se dissolvent les premiers, et les grains de névé reparaissent dans toute leur intégrité, preuve qu'ils conservent encore quelque temps leur individualité après
avoir été cimentés (*).

Les influences locales accélèrent ou retardent dans
beaucoup de cas la formation de la glace de névé. Si
deux couches de névé, d'égale épaisseur, ont une exposition différente, et que l'une soit exposée au soleil et
l'autre à l'ombre, la première se convertira plus vite en
glace que la seconde, parce qu'elle recevra beaucoup plus
d'eau. C'est pourquoi, dans tous les glaciers orientés d'est

(*) Ainsi que l'a fait remarquer M. Desor, les montagnards connais-
sent fort bien cette glace qu'ils distinguent soigneusement de la glace
ordinaire des glaciers. Ils l'appellent tout simplement *glace* (Eis), par
opposition à cette dernière qui est pour eux le *glacier* (Gletscher).

à ouest ou d'ouest à est, le névé incohérent persiste plus
longtemps sur le revers d'ombre que sur la rive qui reçoit en plein les rayons du soleil. Au glacier de l'Aar,
la base de l'Escherhorn et des cimes riveraines situées en amont, est tapissée de névé, tandis qu'il n'y en
a que de faibles traces à la base du Mieselen sur la rive
droite, en face (*Voy.* la Carte, Pl. II).

De loin, la glace de névé a à peu près la même apparence que le névé : elle se reconnaît à une teinte mate
et blanche qui lui est propre ; elle est moins étincelante
que la neige et moins bleue que la glace compacte. L'homogénéité en constitue le caractère dominant. Les mille
accidents qui sont propres à la glace des régions inférieures, sont ici inconnus. On n'y trouve, en général,
ni tables de glacier, ni cônes graveleux, ni cascades, ni
puits profonds. Les moraines y sont à l'état rudimentaire,
et les crevasses en général rares. La seule chose qui
frappe sur les parois de ces dernières, ce sont les plans
des couches qui vont affleurer sous des angles très-aigus
à la surface. On y rencontre aussi de temps en temps des
bandes d'une glace plus transparente, dans lesquelles les
contours des grains de névé sont moins accusés (Pl. VI,
fig. 3 *a*). De pareilles bandes se retrouvent jusque sur les
plus hauts sommets (*) ; elles n'ont d'ordinaire que quelques millimètres de largeur et ne pénètrent pas à une

(*) Ce sont probablement des bandes semblables que MM. Bravais et
Martins ont observées dans la neige, au Grand-Plateau à 3900ᵐ. Voyez
Martins, Nouvelles observations sur le glacier du Faulhorn. Bull.
Soc. géol. Fr. Deuxième série, T. II, p. 240.

grande profondeur. Elles sont, selon toute apparence,
dues à une infiltration plus active sur ces points.

On rencontre aussi quelquefois de la glace de névé
dans la région inférieure des glaciers. Lorsque de grandes crevasses latérales se remplissent de neige, il peut
arriver que cette neige se transforme en glace de névé,
et l'on voit alors comme de grands coins d'une glace
blanche et grenue au milieu de la glace bleue. La fig. 11
de Pl. VI, représente un exemple de ce genre, qui a été
observé par M. Desor au glacier de Rosenlaui. A A sont
des crevasses qui se sont remplies de neige. Cette neige
s'est transformée en glace de névé, et apparaît maintenant comme des coins de névé au milieu de la glace plus
compacte qui forme la masse ambiante. Lorsque par
suite du mouvement général du glacier, ces coins sont
entraînés loin de leur origine, ils participent à toutes les
influences que la masse subit dans son cours, et si une
crevasse vient à se former, elle les traverse également.
Un phénomène à peu près semblable est produit lorsqu'un couloir rempli de neige (une truelle) vient aboutir
à un grand glacier. Si c'est immédiatement avant le
confluent d'un glacier latéral, cette neige se trouve
transportée tout d'un coup au milieu du glacier. De là
vient que l'on rencontre quelquefois dans la région
moyenne des glaciers de grandes bandes de névé, qui ne
sont autre chose que des couloirs de neige transportés
au milieu de la glace compacte. Il en existe un exemple
frappant au glacier de l'Aar, en amont de l'Escherhorn.

Ces bandes, ainsi que les coins dont je viens de parler, se reconnaissent toujours à leur teinte plus mate et plus blanche que le reste de la masse.

Glace compacte.

La glace compacte ou glace de glacier proprement dite (*Gletschereis* des montagnards) est celle qui a plus particulièrement attiré l'attention des voyageurs (*). C'est aussi celle que la plupart des auteurs ont en vue lorsqu'ils nous parlent de la structure des glaciers en général. En réalité, elle n'est que le développement nécessaire de la glace de névé, et l'on rencontre sur tous les glaciers une région où le passage de l'une des formes à l'autre est insensible. Nous avons indiqué plus haut (Chap. II) ses limites supérieures dans l'ensemble des glaciers en général, et au glacier de l'Aar en particulier. Nous n'aurons donc à nous occuper que de sa structure.

À son origine, près du névé, la glace compacte contient, comme la glace de névé, une quantité notable d'air. Mais il y a entre les deux cette différence, c'est que dans la glace compacte, l'air, au lieu d'être réparti dans toute

---

(*) On a si souvent indiqué les caractères qui distinguent la glace des glaciers de la glace d'eau ou glace ordinaire, telle qu'elle se forme sur les lacs et les rivières, que je crois inutile de revenir sur ce sujet. Je rappellerai seulement ici que la glace des glaciers n'est pas glissante à la surface comme la glace d'eau, qu'elle se désagrège en fragments angulaires, qu'elle contient beaucoup d'air sous la forme de bulles, qu'elle est traversée d'un réseau de fissures capillaires et enfin qu'elle est stratifiée.

la masse, est réuni en petites bulles parfaitement circonscrites, tandis que les espaces inter-bulleux sont complétement diaphanes, en sorte que sans être transparente comme la glace d'eau, la glace compacte n'a cependant pas l'opacité de la glace de névé. Elle est en outre plus compacte, et ce qui est surtout caractéristique, elle ne présente plus aucune trace de structure grenue : un fragment exposé à l'action de la chaleur, ne se résout pas en grains de névé, mais se délite en fragments angulaires (*).

Cette différence de structure correspond à une plus grande imperméabilité. L'eau ne filtre plus avec la même facilité ni d'une manière aussi uniforme à travers la masse entière ; mais l'on remarque qu'elle suit de préférence certaines voies anguleuses qui sont les fissures capillaires.

(*) On a souvent cité comme un caractère de la glace compacte, sa prétendue pureté et la plupart des auteurs ont répété à ce sujet l'opinion des montagnards, qui prétendent que le glacier rejette toute espèce de saleté. Et en effet, lorsqu'on examine les parois d'une crevasse, on est frappé de la transparence et de la pureté de la glace. Voulant m'assurer de l'état réel des choses, je recueillis en 1842, une partie des esquilles de glace que le perçoir détachait au fond du trou de sonde, à une profondeur de six à sept mètres. J'eus soin de ne choisir que les fragments qui me paraissaient parfaitement purs et transparents. Ces fragments de glace furent ensuite exposés à la fonte dans un chaudron que j'avais fait nettoyer préalablement avec le plus grand soin. J'en obtins 27 litres d'eau ; mais au fond du chaudron, se trouvait un dépôt de sable siliceux, qui après avoir été séché pesa 64 grammes. Par conséquent, la glace en apparence la plus pure est loin de l'être, puisque chaque litre ne contient pas moins de 2 $\frac{1}{2}$ grammes de substances étrangères (environ 50 grains). Il est probable que la glace bleue con-

Ces propriétés de la glace sont diversement modifiées par la température et l'hygrométricité. A bien des égards, la glace à la température de 0°, est fort différente de la glace à une température plus froide. Aussi longtemps que la glace est imbibée d'eau, elle jouit d'une certaine plasticité qui permet d'y introduire une lame de couteau ou tout autre corps tranchant sans qu'elle saute en éclats, tandis qu'elle devient très-réfractaire du moment que sa température tombe au-dessous de 0°. MM. Desor et Dollfus qui visitèrent le glacier de l'Aar au mois de janvier 1846, trouvèrent la surface de la glace d'une dureté extrême, cassante comme du verre et complétement sèche au toucher, partout où elle perçait la couverture de neige.

D'un autre côté, M. Dollfus s'est assuré par des expériences directes que la glace à 0° est légèrement compressible sous la presse hydraulique, tandis que de la glace à une température plus basse, non-seulement ne se comprime pas, mais éclate en morceaux lorsqu'on essaye de la comprimer.

Le moyen que la nature emploie pour conserver à la glace des glaciers ce degré de plasticité et de compressibilité, c'est l'eau qui circule dans toute la masse, et qui, tout en la lubréfiant, contribue à y maintenir une tem-

tient en général plus de substances étrangères que la glace blanche, par la raison qu'elle est plus fréquemment en contact avec l'eau, qui en charrie toujours plus ou moins; c'est aussi le plus souvent dans les bandes de glace bleue que se trouvent les cailloux et les fragments plus volumineux qu'on a signalés quelquefois dans l'intérieur des glaciers.

pérature constante pendant la plus grande partie de l'année.

Fissures superficielles.

Avant de traiter du rôle des fissures capillaires, je dois prémunir mes lecteurs contre une erreur dans laquelle sont tombés la plupart des observateurs en confondant avec les véritables fissures capillaires, d'autres petites fissures qui sont également propres à la glace compacte. Lorsqu'on se promène par une belle journée d'été dans les régions supérieures de la glace compacte (au glacier de l'Aar aux environs de l'Abschwung), on entend autour de soi un petit bruit continuel de crépitation. Ce sont les bulles d'air qui, en arrivant près de la surface, s'échappent à travers la glace où elles ont été dilatées par l'effet de la diathermanéité et font éclater les parois de la glace, lorsqu'elles ne sont plus assez fortes pour résister à la dilatation de l'air. La quantité de fissures qui sont produites de cette manière, dépend de la quantité de bulles d'air contenues dans la glace. Lorsque la glace est très-bulleuse et les fissures nombreuses, la surface se décompose quelquefois en une quantité de petits fragments si considérables qu'on les prend facilement pour du névé (*).

Ces fissures n'ont aucun rapport avec les fissures capillaires ; c'est un phénomène purement superficiel qui n'influe que d'une manière très-indirecte sur l'infiltration.

____

(*) La pression atmosphérique qui est beaucoup plus faible que dans la plaine, facilite, sans aucun doute, la crépitation de ces bulles d'air.

Néanmoins, il ne laisse pas d'avoir son importance. A la faveur de ce brisement continuel de la surface, les corps étrangers, et en particulier le gravier qui est épars à la surface du glacier, pénètrent facilement dans la glace et s'y enfoncent plus ou moins profondément. Chaque bulle qui s'ouvre devient en quelque sorte un réceptacle pour un grain de sable ou un petit caillou. Ceux-ci se trouvent ainsi soustraits à la vue, tandis que là où la glace est très-compacte et peu bulleuse, tous les corps étrangers restent à la surface. Ceci nous explique pourquoi les trous d'orgue, les trous méridiens, et cette infinité de petites cavités dont nous avons parlé plus haut qui donnent à la glace son aspect poreux, sont propres aux régions supérieures de la glace compacte, et pourquoi dans ces mêmes régions les glaciers sont toujours plus blancs que dans les régions inférieures.

Fissures capillaires.

Les véritables fissures capillaires sont bien différentes des fissures superficielles que nous venons de décrire. Elles n'existent pas seulement à la surface ; on les trouve sur les parois des crevasses et dans l'intérieur des cavités, là où jamais les rayons solaires ne pénètrent. Elles sont plus grandes que les petites fissures dont il vient d'être question et bien moins nombreuses, particulièrement dans les régions où ces dernières prédominent. Leur répartition n'est pas uniforme dans l'intérieur de la glace compacte. Il y en a plus dans certaines régions que dans d'autres, et l'on rencontre même, sous le rapport de leur fréquence, des différences notables dans une seule et même région. Dans le voisinage du névé, où elles sont en général peu nombreuses, il y a certains endroits qui en sont plus abondamment fournis. Ces endroits sont d'ordinaire reconnaissables à une certaine transparence, qui est le résultat d'une infiltration plus abondante. Ils se dessinent sous la forme de bandes ou de zones verticales assez distinctement limitées, qui se rattachent tantôt à des fêlures, tantôt aux plans des couches, dont il sera question plus bas. Ces bandes, d'abord petites et peu nombreuses, augmentent de volume à mesure qu'on s'éloigne des régions voisines du névé; et quand elles ont acquis une certaine épaisseur, elles forment un contraste assez frappant avec la masse de la glace bulleuse, dans laquelle elles sont comme enchâssées. Leur reflet brillant sur les parois des crevasses les a fait remarquer longtemps avant qu'on ne connût leur signification, et leur teinte azurée, qui est la conséquence de leur transparence, est cause qu'on les a plus tard désignées sous le nom de bandes bleues ou de bandes d'infiltration (*), et qu'on a appelé *glace bleue* toute glace transparente, par opposition à la masse bulleuse de la glace compacte ordinaire, qui a pris le nom de *glace blanche*. Par conséquent, quand à l'avenir il sera question de glace blanche et de glace bleue, il est bien entendu que c'est de deux

(*) Nous traiterons plus bas en détail de ces bandes et de leur influence sur l'économie du glacier.

formes particulières de la glace compacte que nous voudrons parler (*).

La glace bleue domine dans les régions inférieures du glacier ; la glace blanche dans les régions supérieures. La glace bleue est plus rigide et plus cassante que la glace blanche. C'est ce dont on peut facilement s'apercevoir en la taillant. Mes ouvriers connaissaient si bien cette propriété de la glace bleue qu'ils ne manquaient jamais d'en tenir compte dans l'appréciation de leur travail. C'est qu'en effet, la glace bleue saute facilement en éclats sous la hache, tandis que la blanche est toujours plus ou moins coriace, surtout lorsqu'elle est très-bulleuse. Les fissures ne sont pas toujours bien visibles dans la glace bleue, surtout lorsque le glacier est saturé d'eau ; il faut alors avoir recours à des moyens artificiels, pour les rendre sensibles. L'infiltration de liquides colorés est le meilleur procédé qu'on puisse employer.

La glace blanche a bien moins de fissures capillaires que la glace bleue, surtout là où les bulles sont très-abondantes. Ce n'est pourtant pas à dire qu'elle en soit complétement dépourvue ; seulement elles se remarquent moins à cause de la teinte générale de la glace. En examinant avec quelque attention les parois d'une crevasse, on finit toujours par en découvrir quelques-unes qui se trahissent par une ligne transparente qu'on voit s'en-

(*) La fig. 12 de planche VI, représente un fragment qui renferme trois espèces de glace, la glace de névé avec sa structure grenue (x) ; la glace blanche (b) avec ses nombreuses bulles d'air, et la glace bleue formant des bandes (a a) d'une glace plus compacte et plus transparente.

foncer dans l'intérieur. Si elles sont opaques, il suffit d'imbiber d'eau le fragment qui les contient pour les rendre aussitôt diaphanes. La quantité de bulles dont la glace blanche est remplie est la cause pour laquelle les fissures s'y propagent plus lentement, l'air qui est de sa nature élastique ne favorisant aucunement le crevassement. Peu à peu, cependant, et à mesure que l'infiltration se perpétue, la rigidité augmente et les fissures se multiplient en proportion. Toute bulle qu'une fissure rencontre dans son trajet, perd son contenu d'air ; elle devient transparente, et l'opacité de la masse se trouve atténuée d'autant. La conséquence de cette multiplication des fissures est de diminuer toujours plus les bulles, et par ce moyen de rendre la glace toujours plus transparente et plus bleue.

Il est évident, pour quiconque a suivi les progrès de la physique moderne, que ce phénomène est dû uniquement à la diathermanéité de la glace. L'air d'abord, puis l'eau ensuite s'échauffent à travers la glace. Quelque minime que soit le degré de chaleur qui leur est ainsi transmis, il est suffisant pour fondre une partie de la glace qui les entoure et pour agrandir par là la cavité qui les retient prisonniers. Je ne pense cependant pas qu'on doive accorder à ce phénomène une trop grande importance, et le fait qu'il ne se produit que lorsque la glace est exposée directement aux rayons du soleil est à mes yeux un indice qu'il n'exerce pas une influence notable sur le mécanisme des glaciers.

Densité de la glace.

J'ai fait, de concert avec M. Célestin Nicolet, pendant mon séjour de 1842 à l'Hôtel des Neuchâtelois, une série d'expériences pour connaître d'une manière exacte la quantité d'air qui est contenue dans les différentes espèces de glaces et de neiges, et j'ai trouvé les proportions suivantes en centimètres cubes.

Centim. cubes d'air.

500 grammes	de glace bleue, contiennent......	0, 5
500 *id.*	de glace de la galerie............	0, 9
500 *id.*	de glace blanche................	7, 5
500 *id.*	de neige passant au névé........	32, 0

Par conséquent la glace blanche contient huit fois plus d'air que la glace voisine des bords et quinze fois plus que celle des bandes.

Ces résultats concordent d'une manière frappante avec les expériences faites par M. Dollfus en 1845 sur la densité des différentes espèces de glaces. On verra par le tableau suivant que le poids spécifique de la glace augmente dans une proportion constante à mesure qu'elle perd ses bulles et qu'elle devient plus transparente.

De la glace de névé formée de neige fraîche tombée au mois de juillet et transformée en névé puis en glace, a pesé le mètre cube...	628 Kgr.
De la glace blanche avec beaucoup de bulles rondes, taillée dans une galerie naturelle, en face du Pavillon.........	871, 23
De la glace de la même provenance avec quelques lames de glace bleue...	875, 20
De la glace de la même localité avec des bandes bleues un peu plus larges.......................................	879, 20
De la glace blanche avec beaucoup de bulles aplaties, pro-	

venant d'un puits près de l'Hôtel des Neuchâtelois, sans	Kgr.	
lames bleues..	897,	92
De la glace bleue sans bulles ni soufflures, taillée à 4^m de profondeur, dans une bande de la galerie naturelle ci-dessus mentionnée, en moyenne d'après un grand nombre d'expériences...	909,	30
La densité de la glace ordinaire d'eau est d'après le même observateur de...................................	908	

Toutes ces densités, à l'exception de celle de la glace de névé, ont été prises dans l'eau. Voici quel est le procédé qui a été suivi : On remplit d'eau un baquet en bois de 50 centimètres de diamètre et autant de hauteur ; on a soin d'y faire entrer des fragments de glace ou de névé, afin de maintenir la température de l'eau invariablement à 0". On taille ensuite un bloc de glace qu'on attache au moyen de petites ficelles sur un cercle de fer, qui plonge dans l'eau et qu'on a eu soin d'équilibrer préalablement. Comme la glace est plus légère que l'eau, le bras de la balance auquel est attaché le cercle en question s'élève naturellement. Pour obtenir l'équilibre, on est donc obligé d'ajouter des poids du côté des glaçons. Supposons que le montant de ces poids soit de 239 grammes, ce sera, par conséquent, 239 grammes que le bloc de glace pèsera de moins que le volume d'eau qu'il a déplacé. Cette première pesée faite, on retire le bloc de glace de l'eau pour le peser à l'air. Supposons que son poids soit de 2548 grammes, il faut en retrancher les 239 grammes ci-dessus ; il restera par conséquent 2309 grammes qui, divisés par 2548, donneront 906 kilog. 20, le mètre cube pour poids de la glace en question, l'eau à 0° degrés pesant 1000 kilog. le mètre cube. En réalité, le maximum de densité de l'eau n'est pas à 0°, mais à + 4; le poids réel de l'eau n'est donc pas de 1000 kilog., mais de 999 kilog., 8918 ; mais cette différence est trop faible pour qu'il soit nécessaire d'en tenir compte.

Ainsi qu'on pouvait le prévoir, c'est la glace de névé, c'est-à-dire celle qui contient le plus d'air, qui est aussi la plus légère. La glace compacte est d'autant plus pesante, que les bandes de glace bleue augmentent. Cependant, il ne faut pas toujours juger de la pesanteur spécifique seulement d'après la quantité des bulles, il faut encore avoir égard à leur forme. La glace très-bulleuse, mais à bulles plates, peut, dans certaines circonstances, peser plus qu'une glace en apparence plus dense et moins bulleuse, mais dont les bulles seraient rondes. Enfin, quand toute trace de bulles a disparu, quand la glace est parfaitement transparente, sa densité égale et dépasse même celle de la glace d'eau.

Quand la glace a acquis un certain degré de transparence et que le réseau de fissures capillaires y est bien établi, l'eau et l'air pénètrent dans les fissures avec une grande facilité. C'est ce dont on peut s'assurer de bien des manières, entre autres par l'expérience suivante que j'ai répétée plusieurs fois. Qu'on détache du fond d'une crevasse, dans la partie du glacier où la glace est le plus transparente, un cube de quelques décimètres de côté et qu'on le place sur un rocher pour l'observer. Il se mon-

trera d'abord quelques fissures à la surface, puis ces fissures se propageront peu à peu dans l'intérieur, et le
réseau, tout en se compliquant, arrivera insensiblement
jusqu'à la base. Si alors on retourne le bloc de glace et
qu'on y verse de l'eau, on verra toutes les fissures s'éva-
nouir de haut en bas dans le même ordre dans lequel
elles s'étaient formées. Le bloc restera parfaitement transparent aussi longtemps qu'il sera imbibé, mais on n'aura
pas plutôt cessé de l'arroser qu'on verra de nouveau des
fissures se montrer là où elles avaient apparu en dernier
lieu, lorsque le bloc était renversé.

Il résulte de là que les fissures capillaires n'empêchent
la transparence de la glace qu'autant qu'elles sont remplies d'air, en d'autres termes, qu'autant que la glace
n'est pas imbibée. Or, le glacier, comme nous le verrons
plus bas, n'est pas toujours également saturé d'eau ; c'est
ce qui nous explique pourquoi à certaines époques, par
exemple après des pluies abondantes, les glaciers sont
plus bleus que d'ordinaire.

Densité de la glace au-dessous de zéro.

Les expériences que je viens de rapporter sur la densité de la glace se rapportent toutes à la glace à 0°, telle
qu'on la trouve en été à la surface et dans l'intérieur des
glaciers. Une autre question est celle de savoir comment
la glace se comporte sous ce rapport lorsque sa température tombe au-dessous de 0°. Ce problème qui n'est
pas sans importance pour la théorie des glaciers a sus-

cité, dans ces dernières années, des recherches et des discussions nombreuses de la part des physiciens. Il s'agissait de savoir si l'eau congelée, comme tous les corps en général, diminue de volume à mesure que sa température s'abaisse, ou bien si, comme le prétendaient d'autres auteurs (*), elle présentait sous ce rapport une exception. Les expériences de M. Brunner fils (**), ainsi que celles, plus récentes, de M. Struve (***), ne laissent, je crois, plus aucun doute sur cette question. D'après M. Brunner, la contraction linéaire est de 0, 0000375 soit de $\frac{1}{26700}$ pour un degré centigrade ; c'est-à-dire qu'elle est supérieure à celle de tous les corps qui ont été jusqu'ici soumis à l'expérience. Ces variations de densité dans un corps aussi rigide que la glace, lorsqu'elle est à une température inférieure à zéro, doivent se faire sentir également sur la glace des glaciers, et nous verrons plus bas, que c'est à cette circonstance en particulier, qu'il faut attribuer les fissures qui déterminent les bandes bleues.

(*) M. Petzholdt avait prétendu en s'appuyant sur des expériences faites avec de petits cylindres de glace, que la glace augmentait de volume, lorsqu'on l'exposait à des températures plus basses, et il avait fondé sur ce fait une théorie pour démontrer que c'est surtout en hiver, que les glaciers doivent avancer. Ce résultat étant aujourd'hui condamné par des expériences plus complètes, il serait superflu de combattre la théorie qui en découle et qui est contraire à toutes les observations directes, faites sur le mouvement des glaciers à différentes époques de l'année.

(**) Comptes rendus de l'Académie de Berlin, 1845. — L'Institut du 2 juillet 1845.

(***) Comptes rendus de l'Académie de Saint-Pétersbourg, 1845. — L'Institut, 1845, p. 397.

Fragments angulaires.

Les fragments angulaires sont la conséquence et le produit des fissures capillaires. Lorsqu'un morceau de glace compacte est exposé pendant quelque temps à l'air, il se décompose en un certain nombre de fragments anguleux qui sont d'autant plus petits que les fissures sont plus nombreuses. Il en arriverait de même au glacier si son épaisseur était moindre et si la chaleur extérieure y avait accès de tous côtés. Néanmoins sa surface se décompose plus ou moins; les fissures se dilatent par l'effet de la circulation et les fragments se disloquent au point de devenir mobiles les uns sur les autres sans toutefois se dégager.

Les fragments de la région inférieure des glaciers sont ordinairement les plus développés parce que la glace y est plus compacte, et que n'ayant que peu de bulles elles ne donnent pas lieu à des fissures superficielles, ni au petit morcellement qui en résulte.

Lorsqu'on examine les fragments angulaires en détail, on trouve que la face extérieure de chaque fragment, celle qui est en contact immédiat avec l'air extérieur, est lisse et unie comme du verre; mais il n'en est pas de même des faces intérieures : celles-ci, lorsqu'on les dégage de leur adhérence avec les fragments voisins, présentent de fines rides très-serrées, qui, en se combinant entre elles, donnent lieu à des dessins très-variés. Dans l'intérieur des crevasses et des galeries, ces dessins existent aussi à la face externe et y sont quelquefois d'une grande netteté, ainsi que le montre le dessin de la fig. 9 de Pl. VI (*).

Dans ce morceau de glace, qui est représenté ici en grandeur naturelle, chaque fragment a un dessin particulier. Ces dessins sont extrêmement légers et s'enlèvent facilement avec le doigt. Si on les examine à la loupe, on trouve que chaque trait correspond à une petite arête et qu'entre ces arêtes se trouvent de petits sillons, qui sont probablement autant de rigoles dans lesquelles l'eau circule. Toutefois, cette structure ne s'étend qu'à quelques millimètres de la surface et les fissures qui en sont douées sont toujours plus spacieuses. Souvent même elles sont assez larges pour donner passage aux puces du glacier (*Desoria glacialis* Nic), qui s'y promènent à leur aise. Mais je doute qu'on les y ait jamais vues pénétrer à plus de 10 ou 12 centimètres. Je suis porté à croire, d'après cela, que les dessins dont il est ici question sont l'effet d'une circulation abondante telle qu'elle n'existe que près de la surface, et que par conséquent le phénomène en lui-même doit être envisagé comme un phénomène superficiel.

Les fragments angulaires et les fissures capillaires semblent disparaître du moment que la glace est à couvert. Ainsi, en déblayant une portion de moraine ou le flanc d'un cône graveleux, on trouve la glace qui est dessous

---

(*) Cette figure représente un fragment taillé sur la paroi de la crevasse conduisant à la galerie d'infiltration, dont nous parlerons plus bas.

parfaitement unie et en apparence sans aucune trace de
fracture. Mais il suffit de laisser ces mêmes surfaces quelques instants à découvert, pour qu'aussitôt les fissures
capillaires se montrent et à leur suite les fragments angulaires. A voir la constance avec laquelle elles apparaissent,
on serait tenté de croire qu'elles se forment spontanément, au moment même de leur apparition. Mais pour
peu qu'on les examine avec quelque attention, on demeure convaincu qu'elles sont de plus ancienne date.

Je ne prétends nullement nier, que l'action de la chaleur, agissant subitement au moment où l'on met la moraine à découvert, ne puisse engendrer quelques fêlures.
J'en ai vu moi-même se former par éclat ; mais j'estime
que ce sont les moins nombreuses. S'il en était autrement
et que les fissures se formassent au moment où elles apparaissent, il faudrait supposer qu'il n'en existe pas dans la
glace de la moraine avant qu'elle soit à découvert , ce
qui serait contraire à toutes les données que nous possédons sur les transformations de la glace. D'un autre côté,
si toutes ces fissures naissaient spontanément au moment
où la glace est mise à découvert, il en résulterait que les
portions du glacier qui ne sont pas abritées et qui par
conséquent subissent continuellement l'action du soleil,
devraient être beaucoup plus fracturées qu'elles ne le
sont réellement. Or je me suis assuré, par un examen
minutieux de la glace dans l'intérieur de la galerie d'infiltration, que le réseau de fissures capillaires qu'on observe sur les parois des crevasses et jusqu'à quelques

décimètres dans l'intérieur de la glace, est exactement semblable à celui de la surface au-dessus, de sorte qu'en l'exposant à l'action de la chaleur, il se décompose en fragments de la même grosseur. Qu'on fasse maintenant l'expérience opposée et que l'on recouvre de sable et de gravier une portion de la surface du glacier; quelque fissurée et désagrégée qu'elle soit, on verra les fissures et les fragments angulaires disparaître complétement au bout de quelque temps, si bien qu'en enlevant de nouveau le gravier, on trouvera une surface tout aussi compacte et transparente que si c'était telle portion de la moraine qui n'a jamais été découverte. Et pourtant, il n'est pas probable que les fissures se soient ressoudées dans l'intervalle. C'est au contraire le gravier qui, en interceptant l'air et en maintenant les fissures pleines d'eau, rend ces dernières invisibles et donne à toute la masse une fausse apparence de compacité qui cesse du moment que l'air a de nouveau accès dans les fissures. C'est pour la même raison que le phénomène des fragments angulaires est moins développé dans les endroits bas, qui sont souvent inondés, que sur les points saillants.

Les bulles d'air subissent des modifications non moins curieuses. Dans le voisinage du névé où elles sont le plus nombreuses, celles qu'on aperçoit à la surface sont toutes sphériques ou ovoïdes. Mais peu à peu, elles commencent à s'aplatir et près de l'issue des glaciers il y en a qui sont tellement plates qu'on les prendrait pour des fissures, lorsqu'on les examine de profil. Le dessin de Pl. VI, fig. 10, représente un morceau de glace détaché de la galerie d'infiltration. Toutes les bulles sont fortement aplaties. Mais ce qu'il y a de plus extraordinaire, c'est que loin d'être uniforme, l'aplatissement est différent dans chaque fragment, de telle sorte que les bulles, suivant la face qu'elles présentent, paraissent ou très-larges ou excessivement minces. Je ne connais pas de fait plus significatif que celui-là, puisqu'il démontre jusqu'à l'évidence que *chaque fragment de glace est susceptible de subir dans l'intérieur du glacier des déplacements propres qui sont indépendants du mouvement de la masse.* Aussi y reviendrons-nous, quand nous traiterons de l'origine des fissures capillaires et de l'ensemble du mouvement.

Le même aplatissement des bulles se retrouve à une plus grande profondeur. J'ai observé attentivement, pendant mes essais de forage, les esquilles de glace que le perçoir détachait au fond du trou de sonde et qui étaient ramenées à la surface par leur propre poids. J'y ai retrouvé des bulles presque plates, absolument semblables à celles du fragment figuré ci-dessus, à toutes les profondeurs, depuis 10 mètres jusqu'à 65 mètres. J'ai remarqué en outre que dans les fragments qui provenaient d'une grande profondeur, toutes les bulles, *sans exception*, étaient fortement aplaties, tandis qu'à des profondeurs moindres, il y en avait de moins comprimées et même de tout à fait rondes, comme à la surface.

Il est donc démontré par là, qu'une forte pression est exercée dans l'intérieur du glacier. Nous aurons à rechercher ailleurs quelle est la nature et l'origine de cette pression et quels sont ses effets.

Je dois encore mentionner une singulière propriété de ces bulles d'air, qui nous a vivement frappés dans l'origine, mais qui depuis lors a été expliquée d'une manière très-satisfaisante. Lorsqu'on expose un fragment contenant des bulles d'air à l'action du soleil, les bulles s'accroissent insensiblement. Bientôt, à mesure qu'elles grandissent, on voit une gouttelette transparente se montrer sur quelque point de la bulle. Cette gouttelette en grandissant contribue pour sa part à l'élargissement de la cavité, et pour peu qu'on suive ses progrès, elle finit par l'emporter sur la bulle d'air. Celle-ci nage alors au milieu d'une zone d'eau et tend sans cesse à gagner le point le plus élevé, à moins toutefois que l'aplatissement de la cavité ne l'en empêche (*).

(*) Les fig. 7 et 8 de Pl. VI, représentent différentes formes de cavités avec leurs vésicules d'air, les unes rondes, d'autres allongées ou irrégulièrement anguleuses. Dans les bulles très-plates comme celle de la fig. 8, l'eau ne ronge pas le pourtour de la bulle d'une manière régulière, en sorte qu'il en résulte un bord festonné, qu'on dirait causé par une dureté inégale de la glace. Le même effet a été produit sur les bulles du fragment de fig. 10. Là aussi, toutes les bulles se sont agrandies par diathermanéité, et il s'est formé au milieu de chacune d'elles une petite gouttelette. Mais comme les cavités sont très-petites, les goutelettes ne se meuvent pas encore librement dans leur cavité.

Ces vésicules nageant au milieu d'une goutte d'eau, rappellent un peu les cellules animales avec leur noyau. C'est sans doute un phénomène analogue que M. Goodsir a observé dans les glaces polaires, lorsqu'il dit qu'elles sont remplies de cellules de différentes espèces. *Annals and Magazine of Natural History.* J'estime cependant qu'on doit être sobre de ces comparaisons entre le règne inorganique et les corps organisés, dont le développement est soumis à des lois toutes différentes.

Durée des transformations de la glace.

Les transformations de la glace des glaciers que nous venons d'analyser, s'opèrent en général d'une manière très-graduelle, et c'est pourquoi il est impossible de les rattacher à des époques et à des stations fixes. Une foule de circonstances peuvent les activer ou les retarder, l'exposition vis-à-vis du soleil, l'épaisseur des masses ou l'état de la surface. Au glacier de l'Aar, les premières traces de glace compacte apparaissent, ainsi que nous l'avons montré plus haut, à quelques kilomètres en amont de l'Abschwung; mais celle-ci ne s'établit définitivement sur toute la largeur du glacier, qu'en face même de ce promontoire. C'est là aussi que se montrent les premières bandes bleues. La glace blanche elle-même y est à son maximum d'opacité, et c'est elle qui donne à cette partie du glacier son caractère propre. Peu à peu les bulles diminuent, et avant qu'on ait atteint la hauteur du Pavillon, la masse entière est déjà tellement transparente sur la rive gauche, qu'on a de la peine à y reconnaître la limite des bandes, tandis que sur la rive droite la différence est encore des plus tranchées. Plus bas encore, aux environs du point N° XI, la glace terne disparaît presque complétement sur la rive exposée au soleil, et la glace blanche perd également de son opacité sur la rive ombragée. Enfin, à l'extrémité du glacier, la masse entière est transformée en une masse compacte et transparente, ou s'il existe encore des traces de glace bulleuse, elles ne sont qu'exceptionnelles. C'est là aussi que la glace atteint son maximum de densité, ainsi que nous l'avons vu par le tableau ci-dessus. Il est évident que si la transformation est plus hâtive sur la rive gauche que sur la rive droite, c'est une conséquence de l'orientation du glacier. Tandis que l'une des rives est plus ou moins ombragée, l'autre reçoit en plein les rayons du soleil. Ceux-ci sont réfléchis par les parois de la vallée et occasionnent de cette manière une fonte abondante sur les parties riveraines du glacier. La glace s'y trouvant ainsi plus imbibée que sur les autres points, se transforme plus vite en glace transparente à la faveur des fissures capillaires. Il est probable que la longueur des glaciers dépend, à bien des égards, de l'état plus ou moins avancé de leur glace. Quand toute la masse est transformée en glace bleue, le glacier est près de son terme. Aussi voyons-nous la partie gauche du glacier de l'Aar, l'affluent du Lauteraar, s'épuiser déjà au pied du promontoire de Bærenritz, tandis que l'affluent du Finsteraar, dont la transformation se fait plus lentement, continue son cours vers le Grimsel.

Expériences d'infiltration.

Si la liaison que nous avons cherché à établir entre les fissures capillaires et les transformations que la glace des glaciers subit dans son cours sont fondées, en d'autres termes, si les fissures sont réellement l'agent que la nature emploie pour opérer ces transformations, il s'en suit qu'elles ne peuvent pas être un phénomène purement superficiel, comme on l'a prétendu, mais qu'elles sont répandues dans toute la masse du glacier. Il s'agit maintenant de montrer qu'elles sont réellement les canaux naturels par lesquels les liquides sont transmis à toutes les parties du glacier; c'est ce que je prouverai par les expériences suivantes.

Dès 1842, j'emportai avec moi au glacier de l'Aar des substances colorantes de différentes espèces, et en assez grande quantité pour pouvoir faire des expériences d'infiltration sur une grande échelle, entre autres du chromate de potasse et un baril de teinture de bois de campêche très-concentrée, préparée exprès pour cet usage, par les soins obligeants de M. Henri Dupasquier.

Les premiers essais furent faits sur l'affluent du Finsteraarhorn, près de l'Hôtel des Neuchâtelois, où j'avais fait forer plusieurs trous de 60 centimètres de profondeur et de 10 centimètres de diamètre. Je versai dans chaque trou un litre de teinture de campêche. Comme les trous étaient placés au bord d'un fossé creusé pour l'écoulement des eaux, je vis, au bout d'une demi-heure, quelques taches jaunes apparaître au-dessous de l'un d'eux ; bientôt la teinture suinta par toutes les fissures et après dix heures de temps le trou se trouva complétement vide. Il était évident que, tout en filtrant de haut en bas, une partie de la teinture s'était épanchée latéralement par les fissures capillaires et avait ainsi occasionné la tache au fond du fossé. Le lendemain, le second trou était également vide, et l'on apercevait des taches analogues sur les parois du fossé, à plus d'un mètre de la surface.

Cette première expérience aurait pu suffire au besoin pour démontrer qu'il y a dans le fait des fissures capillaires plus qu'un phénomène superficiel. Il s'agissait maintenant de la répéter en grand à travers une épaisseur de glace plus considérable. La difficulté était de trouver un emplacement d'où l'on pût observer le passage du liquide. Je finis par découvrir, dans la partie la plus crevassée de l'affluent du Lauteraar, au milieu de la bande transversale, un endroit qui me parut convenable. C'était une sorte d'isthme de 5 mètres de largeur, entre deux immenses crevasses; je jugeai, qu'en se plaçant dans une galerie qu'on creuserait d'une crevasse à l'autre, on pourrait non-seulement connaître rigoureusement le temps que la teinture mettrait à traverser une épaisseur de glace donnée, mais encore suivre de près la manière dont elle se propage d'une fissure à l'autre. Je commençai par faire tailler des escaliers sur les parois des crevasses, et après avoir reconnu l'état de la glace, je fis ouvrir, à 8 mètres au-dessous de la surface, la galerie à laquelle je donnai 1^m,30 de hauteur et 1 mètre de largeur. Quand on l'eut poussée jusqu'à 3 mètres, je fis forer, à la surface, un trou de 1^m,70 de profondeur sur 30 centimètres de diamètre, en sorte que la couche de glace, entre le fond du trou et le toit de la galerie, était de 5 mètres (Pl. VI, fig. 1) (*). Je versai

(*) Dans ce dessin, les dimensions de la galerie et du trou sont dans une proportion rigoureuse relativement à l'épaisseur de glace qui les sépare.

dans le trou (*a*) cinq litres de teinture de campêche. C'était
à midi, par une très-belle journée du mois de juillet.
Deux heures après le versement, apparurent à l'angle supérieur du toit de la galerie (*b*), les premières nuances de
coloration, sous la forme d'une large tache jaune, qui
gagna insensiblement de haut en bas et latéralement.
Bientôt la paroi entière du fond de la galerie en fut en-
vahie, et une eau jaune dégouttait de toutes les aspérités
du toit. Je mis la plus scrupuleuse attention à observer
la manière dont la tache se propageait et je vis que le
liquide coloré envahissait successivement toutes les fissures en s'y introduisant par saccades. Quelques endroits
étaient plus colorés que d'autres, mais il n'y en avait pas
qui restassent épargnés. J'enlevai avec la hache des
fragments de glace dans les endroits où la coloration
était le plus intense, et je vis distinctement que la couleur *n'occupait que les fissures capillaires*, tandis que
les fragments de glace eux-mêmes étaient entièrement
incolores. Au bout de deux heures, toute la couleur
avait passé outre et continuait de filtrer dans la profondeur. Il ne restait plus que quelques petites taches
orangées à l'angle de la galerie. Cette expérience fut répétée à plusieurs reprises et toujours avec le même succès;
le plus souvent, la teinture mettait moins de deux heures
pour atteindre le toit de la galerie.

Maintenant qu'il m'était démontré par une série
d'expériences que les liquides filtrent à travers la glace la
plus compacte, je fus curieux de savoir de quelle manière

la température de la nuit agit sur l'infiltration. Ceci m'engagea à répéter l'expérience de nuit, et le soir du 1er août, je me rendis à cette fin avec mon ami Escher de la Linth à la galerie. Après nous être assurés qu'il ne restait aucun vestige des expériences précédentes, je versai, vers 9 heures, deux litres de teinture de campêche dans le réceptacle supérieur (a). Le ciel était serein et le thermomètre marquait en ce moment — 0,6 à l'air. Comme cette température régnait déjà depuis le coucher du soleil et que la surface du glacier était complétement gelée, je craignais que l'infiltration ne fût arrêtée par le froid. Je fus d'autant plus surpris, lorsque je vis déjà au bout de cinq minutes, des taches jaunes se montrer au toit de la galerie. Je remarquai en même temps que les fissures étaient beaucoup plus nettes que de jour, sur les parois de la galerie. Il y en avait même qu'on distinguait jusqu'à la profondeur d'un mètre. Loin donc de gêner la circulation, le froid de la nuit semblait, au contraire, la favoriser. Quel pouvait être la cause de cette accélération inattendue? L'examen de la glace elle-même devait nous l'apprendre. On vient de voir que les fissures étaient plus distinctes que de jour, d'où il faut conclure, d'après les expériences rapportées ci-dessus (p. 166) qu'elles étaient en partie vides, du moins les plus grandes. Or, cela étant, il est évident que la circulation devait s'y faire avec une extrême facilité. De jour, les fissures sont moins distinctes , parce qu'elles sont remplies d'eau ; aussi la circulation est-elle beaucoup plus lente. La fonte superficielle entretient le glacier dans un état de saturation à peu près complet qui fait obstacle au prompt écoulement de la teinture, aussi longtemps que la fonte dure. Supprimez l'obstacle ou, en d'autres termes, attendez que la fonte ait cessé et que l'eau se soit en partie écoulée des parties superficielles du glacier, et vous aurez une circulation beaucoup plus prompte. C'est ce qui arrive dans les expériences d'infiltration nocturne.

Cependant toute espèce de glace ne conduit pas les liquides avec la même facilité. Nous avons vu plus haut, qu'à la hauteur du Pavillon où se trouvait la galerie d'infiltration, la glace a déjà acquis une grande homogénéité. C'est pour cette raison, que l'infiltration se faisait d'une manière très-uniforme sur les parois de la galerie. Il n'en est pas de même dans les régions plus élevées, où les différences entre la glace blanche et la glace bleue sont encore tranchées, ainsi qu'on le verra par l'expérience suivante. J'avais fait forer au bord d'une crevasse, non loin de l'Hôtel des Neuchâtelois, deux trous l'un à côté de l'autre ; j'y avais introduit une quantité égale de teinture de campêche. Quand après une heure je les visitai pour voir l'effet de l'infiltration, je trouvai l'un des trous entièrement vide, tandis que l'autre était encore à peu près plein. Frappé de cette différence, je m'appliquai à en rechercher la cause, et je vis que le trou qui s'était vidé si promptement était percé dans une bande bleue, tandis que l'autre l'était dans de la glace blanche.

Cette première expérience m'engagea à la répéter sur les plans de couches de l'affluent de la Strahleck, qui sont tous à peu près verticaux près de l'Hôtel des Neuchâtelois. Je choisis, à cette fin, un affleurement correspondant à une bande de glace bleue d'une épaisseur de 15 centimètres, laquelle était traversée par un large et profond ruisseau (Pl. VI, fig. 2). Je forai dans cette bande, à un mètre en amont des parois du ruisseau (a), un trou (b) de $0^m,70$ de profondeur, et j'y versai quelques litres de teinture de chromate de potasse. Au bout de peu d'instants, la teinture se montra au bord du lit du ruisseau, sous la forme d'une large tache d'un jaune verdâtre, qui allait en augmentant de densité à vue d'œil; bientôt, elle atteignit la surface du ruisseau, et quoique la teinture fût très-étendue, ce qui s'échappait par les fissures capillaires n'en colorait pas moins le ruisseau en entier. Quelques heures plus tard, la tache au bord du ruisseau avait complétement disparu. En revanche, je fus très-surpris de voir que la bande de glace bleue s'était colorée dans son prolongement *sous l'eau du ruisseau*, sur un espace de près de 4 mètres, si bien que la bande se présentait comme un grand ruban coloré d'orange (c), au milieu du fond azuré du ruisseau. Sa coloration était exactement limitée à la bande, et pas la plus petite parcelle de couleur ne s'était communiquée à la glace blanche à côté.

On peut répéter cette expérience en petit sur des cubes de glace taillés en des endroits où la structure rubanée est bien distincte (Pl. VI, fig. 4 et 5). Si l'on verse la

teinture sur une face perpendiculaire au plan des couches
et des bandes (Fig. 4), on voit le liquide traverser les bandes (*a a a*) avec la plus grande facilité; leur glace se colore d'une manière beaucoup plus intense que la glace
blanche. Si l'on retourne ensuite le cube de manière à
ce que les plans des couches soient à peu près horizontaux, comme dans la fig. 5, on voit le liquide coloré filtrer bien moins vite et s'étaler horizontalement entre les
couches, comme s'il avait de la peine à pénétrer dans
la glace blanche.

La cause de cette différence réside dans le nombre relatif des fissures; car, en suivant attentivement le trajet de
la teinture et la manière dont la coloration se propage,
on ne tarde pas à s'apercevoir que les fissures sont moins
nombreuses et moins entrelacées dans la glace blanche
que dans la glace bleue. C'est en même temps un moyen
de s'assurer d'une manière facile que les fissures capillaires sont les voies naturelles de circulation, et que les
liquides ne pénètrent jamais dans l'intérieur des fragments angulaires. Preuve en est, que lorsqu'on brise un
morceau de glace au moment où il est au maximum
d'infiltration, on ne trouve que des fragments parfaitement purs; la couleur est uniquement entre les joints,
c'est-à-dire dans les fissures. J'insiste d'une manière
toute particulière sur ce fait, parce qu'il nous servira
d'argument lorsque nous discuterons les causes du mouvement des glaciers (*).

(*) On a prétendu qu'en versant des liquides colorés dans la glace,

Dans la glace de névé, l'infiltration se fait d'une manière toute différente. Lorsqu'on verse de la teinture, celle-ci s'y propage rapidement et d'une manière très-uniforme. Mais ce n'est plus par l'intermédiaire des fissures capillaires ; les fissures n'existent pas dans le névé, ou du moins elles y sont très-rares ; le passage du liquide s'effectue autour des grains eux-mêmes, comme cela a lieu dans un amas de sable ou de gravier, et toute la masse se colore d'une manière uniforme, ainsi que le montre la figure 3 de Pl. VI. Mais, du moment que la masse devient compacte, et qu'elle acquiert une certaine transparence, le mode d'infiltration change. La teinture se répand d'une manière plus inégale, elle suit de préférence certaines voies dans lesquelles on reconnaît sans peine des fissures naissantes, et pour peu que l'air soit réuni en bulles, on peut déjà s'assurer que ces dernières ne sont pas plus accessibles au liquide que celles de la glace compacte. Ceci, au reste, n'a rien que de très-naturel : les bulles ne peuvent exister qu'à la condition d'être isolées; du moment

les bulles d'air se coloraient. Un pareil énoncé ne saurait être le résultat de l'expérience. Il peut bien arriver que quelques bulles se colorent par-ci par-là, lorsqu'une fissure vient y aboutir comme à un cul-de-sac (Pl. VI, fig. 4 et 5). Dans ces cas, les bulles restent colorées, tandis que la teinture s'échappe des fissures. Il en est de même des petites cavités de la surface qui sont occasionnées par les grains de sable et de gravier; celles-là restent également pleines et comme elles sont ordinairement plus larges en bas qu'en haut, elles prennent la forme de petites bouteilles, fig. 6. Mais ce n'est jamais qu'une exception ; cela ne saurait être la règle.

qu'elles entrent en communication avec une fissure, leur existence est compromise, puisque l'air qu'elles contiennent est obligé de faire place au liquide plus dense qui circule dans les fissures. Ceci est même, comme nous l'avons vu plus haut, la cause essentielle de la disparition des bulles dans la région inférieure du glacier.

Il est donc démontré par les expériences qui précèdent : 1° que la masse du glacier n'est point un corps compacte et homogène, mais qu'elle est traversée par un vaste réseau de fissures capillaires qui pénètrent aussi loin que les recherches ont pu atteindre jusqu'ici; 2° que dans les couches voisines de la surface, ce réseau est alternativement rempli d'eau et alternativement à sec, ainsi que cela résulte des expériences de nuit, comparées à celles de jour; 3° que la circulation se fait uniquement entre les jointures des fragments, ou, en d'autres termes, par le moyen des fissures capillaires, et qu'elle ne pénètre jamais dans l'intérieur des fragments eux-mêmes; 4° que la glace bleue conduit plus facilement l'eau que la glace blanche, par la raison que les fissures capillaires y sont plus nombreuses.

Origine des fissures capillaires.

Nous avons montré dans les pages précédentes que les fissures capillaires, dont le réseau s'étend vraisemblablement à toute l'épaisseur du glacier, sont la cause essentielle des modifications que le glacier subit dans son cours. Il nous reste maintenant à rechercher l'origine de ces mêmes fissures.

Deux causes contribuent à la formation des fissures capillaires, la pression et la tension occasionnée par les variations de la température (*). On a vu plus haut, (p. 167), qu'il existe des preuves certaines d'une pression. Ce sont les bulles aplaties qu'on rencontre dans l'intérieur du glacier. On sait que l'aplatissement de ces bulles est tel, que vues de profil, elles apparaissent souvent comme de simples lignes. Mais, malgré cette forte compression qui semblerait devoir supposer une action égale dans toute la masse, nous avons vu que l'aplatissement et le plan suivant lequel les bulles sont orientées, sont loin d'être uniformes. Il règne, au contraire, sous ce rapport, des contrastes frappants entre les fragments angulaires d'un même morceau de glace: sur telle face les bulles sont comprimées dans un sens, sur telle autre face dans un autre sens et celles qui suivent une même direction sont ordinairement séparées de leurs voisines par une fissure capillaire; en d'autres termes, chaque fragment angulaire a son système particulier de bulles (Pl. VI, fig. 10).

L'explication de cette singulière disposition des bulles ne laisse pas de présenter quelques difficultés. On peut supposer deux choses : ou bien la compression des bulles

(*) Avant d'avoir fait une étude détaillée de la structure de la glace, je croyais que les fissures capillaires étaient le résultat de la compression des bulles d'air. J'ai reconnu depuis que cette explication est insuffisante.

et la formation des fissures sont *simultanées*, ou bien les fissures sont *postérieures* à la compression des bulles. Si l'on se rappelle qu'à la hauteur de l'Hôtel des Neuchâtelois, où j'ai reconnu les premières bulles aplaties, la glace est très-peu compacte et fort bulleuse, il est naturel, qu'à raison de cette même abondance des bulles, elle soit plus compressible qu'ailleurs. Elle pourra, par conséquent, subir une pression plus ou moins forte sans se crevasser. Pour peu que cette pression soit en raison des masses, ce sera dans les régions supérieures, dans l'intérieur des cirques, qu'elle devra s'opérer, puisque c'est là que, selon toute apparence, la puissance du glacier arrive à son maximum. Si, au contraire, les bulles d'air sont déjà comprimées, la glace sera plus rigide, et ne trouvant plus un contre-poids dans les bulles, elle se brisera plus facilement sous l'action de la pression.

Il est permis de croire, d'après cela, que le fractionnement de la glace et la compression des bulles, ou, en d'autres termes, la formation des fissures qui limitent les différents systèmes de compression ne sont pas simultanés, et que les fissures sont *postérieures* à la compression des bulles. Nous en avons d'ailleurs la preuve dans la forme et la disposition des fragments eux-mêmes, les uns relativement aux autres.

En effet, dans le dessin de Pl. VI, fig. 10, on ne remarque aucune transition entre les bulles de deux fragments angulaires *juxtaposés;* il y a, au contraire, antagonisme complet, et les changements des plans s'effectuent d'une manière très-brusque, de telle sorte que les bulles d'un fragment sont souvent, et quant à leur aplatissement et quant à leur direction, à angle droit avec celles du fragment voisin ; ainsi, par exemple, le fragment a relativement au fragment b, le fragment b relativement au fragment c, le fragment c relativement au fragment e, etc.

Si la compression était survenue dans le fragment a après la formation des fissures, il faudrait qu'elle eût été transmise, soit par le fragment b, soit par le fragment x, et dans ce cas, l'un ou l'autre de ces fragments aurait dû s'en ressentir d'une manière quelconque ; leurs bulles ne pourraient pas être jusqu'à leur limite extrême dans un sens diamétralement contraire. Enfin, le fait que le degré d'aplatissement des bulles est à peu près le même dans tous les fragments, nous dit assez que cet aplatissement est dû à une cause générale. Il doit par conséquent remonter à une époque où la masse était continue et où la pression, grâce à la compressibilité de la glace, a pu s'exercer d'une manière uniforme. Du moment que cette compressibilité de la glace était à peu près épuisée par la diminution des bulles et leur aplatissement, la glace est devenue plus rigide ; elle s'est brisée sous l'action de la pression, et c'est alors que se sont formées les fissures qui l'ont divisée en fragments angulaires, en permettant à chaque fragment un mouvement propre.

De ce que dans l'intérieur des cirques, la glace augmente de compacité de haut en bas sur les parois des crevasses, j'en conclus que les fissures capillaires doivent exister en plus grand nombre dans la profondeur, et la glace en général y être à un état plus avancé qu'à la surface. Il est impossible de dire à quelle profondeur apparaissent les premières bulles aplaties et les premières fissures. Il faudrait, pour s'en assurer, descendre dans les entrailles mêmes du névé. Je suppose néanmoins que c'est là, dans les couches sous-jacentes au névé, qu'a lieu la compression qui donne aux bulles leur forme aplatie. Or, comme toutes les couches quelles qu'elles soient, ont occupé successivement le fond du névé, ainsi que nous le montrerons en traitant de la stratification, comme par conséquent, elles ont subi à peu près les mêmes influences, on doit s'attendre à trouver la structure de la glace constamment semblable sur les mêmes points.

Les variations de la température contribuent aussi pour leur part à la formation et à la propagation des fissures capillaires, notamment aux limites du névé, où des espaces remplis de bulles parfaitement rondes sont souvent sillonnés de fissures. Voici comment je suppose que les choses se passent dans ce cas. Aussi longtemps que la structure grenue se maintient, la glace est très-poreuse et les liquides filtrent d'une manière très-uniforme autour des grains, comme ils le feraient dans un amas de sable. Mais il arrive un moment où la masse perd cette structure grenue ; l'air se réunit alors en bulles isolées, et les espaces interbulleux deviennent toujours plus compactes. De ce moment, l'infiltration se trouve gênée, le froid, lorsqu'il survient rapidement, surprend une partie de l'eau dans les interstices de la surface et la congèle. L'augmentation de volume qui en résulte, occasionne une tension qui détermine une fissure. Si cette fissure vient ensuite à se remplir d'eau et à se congeler, elle occasionne de nouvelles fêlures, et c'est ainsi qu'une fissure peut devenir le foyer et le point de départ de tout un système de petites crevasses. Toutefois, dans la région où les premières fissures apparaissent, la glace est encore trop flexible pour qu'elles aient chance de se multiplier beaucoup; elles restent donc plus ou moins isolées, et c'est ce qui nous explique pourquoi les fissures sont bien moins nombreuses dans la glace blanche que dans la glace bleue. A mesure qu'on s'éloigne de ces régions, la glace devient plus rigide, et comme l'infiltration directe autour des grains primitifs diminue dans la même proportion, les fissures finissent par s'entrelacer de mille manières. Elles forment un réseau toujours plus complet qui, en se combinant avec les fêlures causées par la pression, devient la principale voie d'infiltration. Toutes les solutions de continuité qui surviennent ensuite dans la glace favorisent nécessairement le développement de ce réseau, en tant qu'elles exposent temporairement l'intérieur du glacier aux influences de la température extérieure. Ce sont autant de canaux naturels qui distribuent l'eau dans la masse, et il est naturel que leur influence se fasse sentir d'abord sur les parties les plus voisines.

C'est pourquoi les fissures longitudinales, les plans des couches et une partie de crevasses sont accompagnées d'un ruban de glace transparente (*).

Glace d'eau.

On a pu voir par l'analyse que nous avons faite de la glace des glaciers qu'elle est différente de la glace d'eau. Formée de névé, elle est d'abord grenue et opaque ; plus tard elle bleuit, et ce n'est que lorsque le glacier arrive près de son terme qu'elle devient transparente. Mais même dans cet état, elle diffère encore notablement de la glace d'eau, ainsi que nous allons le montrer. Il n'est pas d'endroit plus convenable pour faire des observations comparatives que le glacier lui-même. Il est rare en effet qu'il ne gèle pas à sa surface pendant la nuit, et souvent même le froid est assez intense pour recouvrir les réservoirs d'eau d'une couche de glace assez épaisse, quelquefois de deux ou trois centimètres. Cette glace ne diffère en rien de celle qui se forme en hiver sur nos fontaines et nos étangs, et quand on la brise, on trouve ordinairement sa face inférieure tapissée de lames saillantes qui se croisent dans tous les sens. Les glaçons qui se forment par égout-

(*) J'avais d'abord pensé que ces bandes étaient de la glace d'eau, et c'est aussi l'opinion à laquelle M. Desor s'est arrêté en rendant compte des travaux exécutés au glacier de l'Aar. C'est en effet l'eau qui leur a donné leur apparence particulière, en se substituant à l'air dans tous les interstices, mais leur glace n'en conserve pas moins la structure de la glace du glacier, dont le caractère essentiel consiste précisément dans les fissures capillaires et dans la structure fragmentaire qui en résulte.

tement ont une structure un peu différente. Quand on les expose au soleil, on les voit se fissurer dans tous les sens, de manière à présenter à leur surface un treillis irrégulier qui rappelle un peu les fragments angulaires de la glace des glaciers. Mais ces fragments ont cette particularité, c'est qu'ils sont tous disposés concentriquement autour du centre comme autour d'un axe (*). Cette même structure se voit aussi quelquefois sur les parois des crevasses et des baignoires (Pl. VI, fig. 14, 15 et 16). Il se dépose autour de ces parois des couches concentriques d'égale épaisseur sur tout le pourtour du bassin. Ces couches sont assez épaisses, car il y en a qui ont jusqu'à quatre et cinq centimètres, et si on les examine attentivement, on y découvre une structure analogue à celle des glaçons, en ce sens que chaque couche est composée de fragments qui sont tous disposés dans le même sens et qu'on peut sans peine détacher de leur juxtaposition. Ces couches se déposent toujours de la circonférence au centre, quelle que soit du reste la forme du réservoir. Si le trou est circulaire (Fig. 15), tous les fragments convergent comme des rayons vers le centre. Si au contraire le trou est allongé ou elliptique, les rayons ne suivent plus une direction convergente, mais se rattachent à un axe longitudinal qui est plus ou moins allongé, suivant la forme du réservoir (Fig. 14). Lors-

(*) C'est pour avoir méconnu cette particularité que quelques observateurs ont admis qu'il n'y a point de différence entre la glace d'eau et la glace de glacier.

qu'une baignoire est complétement remplie de cette
glace, comme celle de fig. 14, elle prend le nom d'*é-
toile de glacier* (Gletscherstern). Le même phénomène se produit aussi quelquefois dans les crevasses. J'ai
vu, au glacier de l'Aar, des crevasses d'un mètre
de largeur et de plus de dix mètres de longueur qui
étaient tapissées de plusieurs couches de cette glace ré-
générée. Ces cavités, même lorsqu'elles sont fermées
depuis longtemps, sont aisément reconnaissables à la
disposition concentrique de leurs couches qui sont toujours sensiblement parallèles.

Si l'on examine attentivement la structure de cette
glace, on trouve qu'elle diffère complétement de la glace
de glacier. Elle se désagrége en fragments rugueux qui,
au lieu de bulles, sont traversés par une quantité de petits
canaux allongés et tortueux, tous dirigés dans le même
sens, comme le montre la fig. 17, qui représente les deux
sortes de glace.

Quoique l'on ne connaisse pas encore d'une manière
précise la manière dont les couches successives concentriques de cette glace se déposent, on peut cependant
inférer de leur disposition régulière, que chaque couche
correspond à une période. Quelle est la durée de cette
période? c'est ce que j'ignore encore. Espérons que les
météorologistes qui se vouent à l'étude des glaciers
en feront quelque jour l'objet de leurs études.

Glaces supérieures aux névés.

En exposant dans les pages précédentes la structure des glaciers, je crois avoir montré que les différentes phases qu'ils parcourent, sont une conséquence naturelle et nécessaire de leur translation des régions froides et élevées dans des milieux toujours plus chauds. La glace compacte et à peu près transparente de l'extrémité des glaciers perd peu à peu sa transparence et sa compacité, à mesure qu'on remonte les glaciers; elle est remplacée par une glace terne et bulleuse, la glace blanche, qui elle-même fait place à la glace de névé et enfin au névé grenu et incohérent que l'on rencontre au fond des cirques.

Il me reste maintenant à rendre compte d'un phénomène en apparence tout à fait contraire à cette gradation des différents états de la glace, je veux parler des *glaces compactes* qui se trouvent *au-dessus* des névés.

Les opinions ont été longtemps partagées sur la question de savoir s'il peut exister de la glace sur les hauts sommets des Alpes. J'ai montré ailleurs (*) que ceux qui se sont prononcés pour la négative, ont eu tort de s'en rapporter à Saussure, puisque le célèbre historien des Alpes convient lui-même dans son quatrième volume (**) qu'il a pu se tromper, en affirmant que le Mont-Blanc est en entier de neige et non de glace.

(*) *Études*, p. 38.
(**) *Saussure*, Voyages dans les Alpes, § 1931.

J'ai également rappelé que Zumstein, lors de son ascension au Mont-Rose, passa la nuit dans une crevasse, à 13128 pieds de hauteur, et qu'il trouva les parois de la crevasse d'une glace très-compacte et d'un bel azur. Depuis lors, j'ai pu vérifier moi-même l'exactitude du fait dans mon ascension de la Jungfrau. Nous avions traversé toutes les différentes variétés de la glace, depuis la glace bleue et transparente, telle qu'elle se voit sur les escarpements du glacier d'Aletsch, au bord du lac Méril, jusqu'au névé grenu qui recouvre la vaste surface du cirque. Depuis l'endroit appelé le Repos, qui est à 3000 et quelques cents mètres de hauteur, jusqu'au col de Rotthal qui en a 4000, par conséquent sur un espace d'au moins 700 mètres, nous ne rencontrâmes que de la neige gelée, et cependant nous avions franchi deux rimayes et escaladé des pentes très-roides dont l'inclinaison allait jusqu'à 53°. Nous n'en fûmes que plus surpris en arrivant au col de Rotthal, de trouver la dernière paroi de la montagne *toute couverte de glace*. Ce n'était pas de la glace de névé, comme on aurait pu le croire, mais de véritable glace compacte, absolument comme celle du glacier de l'Aar à 2000 mètres plus bas ; elle ne contenait que peu de bulles et sautait facilement en éclats sous la hache. Cette glace formait un revêtement continu, qui se prolongeait jusqu'au sommet sans crevasse ni solution quelconque de continuité. L'année suivante (1842), MM. Desor et Escher rencontrèrent une paroi de glace semblable, également dépourvue de crevasses et de moraines, tout près du sommet du Schreckhorn. « La glace, dit M. Desor, était sur toute cette pente non-seulement beaucoup plus dure que la glace de névé, mais aussi plus transparente, et l'on remarquait dans son intérieur de petites bulles d'air sphériques ou allongées, comme dans la glace blanche du glacier proprement dit. Son épaisseur n'était pas considérable, et ce qui mérite surtout d'être remarqué, elle n'était traversée par aucune crevasse ; ce qui me confirma dans l'idée que la rareté des crevasses est réellement un caractère des glaces inclinées des hautes régions (*). »

A priori, il est naturel qu'on se soit élevé contre l'idée qu'il puisse exister de la glace sur les hauts sommets. En effet, pour former de la glace il faut de l'eau. Or on n'imaginait pas qu'il pût en exister à ces hauteurs, la plupart des observations faites sur les plus hautes montagnes indiquant en effet une température inférieure à 0°. Saussure avait trouvé au sommet du Mont-Blanc — 2°, 3 R. à l'ombre, et — 1°, 3 R. au soleil. Moi-même j'avais observé — 3° C. au sommet de la Jungfrau par un temps serein. L'idée s'était ainsi naturellement accréditée, qu'au sommet des pics alpins, la température reste constamment au-dessous de 0°. L'ascension du Schreckhorn exécutée par MM. Escher de la Linth, Desor et Girard , au mois d'août 1842 , devait nous fournir les premiers renseignements sur une température

(*) Excursions, p. 589.

plus chaude (*). Pendant une heure et demie (de 2 h. 1/2
à 4 h. du soir), le thermomètre oscilla entre + 2°,5 et
+ 3° C. à l'ombre. Le maximum fut au soleil de + 7°.
L'hygromètre de Saussure oscilla entre 41° et 43°.

Du moment qu'une pareille température peut exister
et se maintenir pendant plusieurs heures à une hauteur de plus de 4000 mètres, il n'en faut pas davantage
pour expliquer la présence de la glace à toutes les hauteurs. M. Desor mentionne expressément la quantité
d'eau dont il trouva la glace imprégnée en traversant la
paroi de glace qui revêt le flanc méridional de la montagne à 3500 mètres de hauteur. «C'était, dit-il, entre
dix heures et midi ; le soleil n'était pas encore très-chaud,
et cependant la quantité d'eau était telle que les degrés que l'on taillait pour monter, se remplissaient
presque instantanément ; l'eau jaillissait de tous les
pores et même de dessous la glace, lorsqu'il y avait
solution de continuité (**). » Cette humidité se maintint
pendant toute la journée, puisque à 4 h. 1/2, c'est-
à-dire, au moment de la descente, une pierre lan-
cée sur la même pente de glace, laissa derrière elle un
sillon dans la neige qui se transforma presque instantanément en un ruisseau abondant (***).

(*) Les frères Meyer indiquent à la vérité + 0°, 6 au sommet de la
Jungfrau, mais il n'est pas dit si c'est à l'ombre ou au soleil. D'ailleurs, il
règne des doutes sur cette ascension. — Voy. E. *Desor*, Excursions,
p. 354.

(**) E. *Desor*, Excursions, p. 539.

(***) Excursions, p. 553.

Mais quelque abondante qu'ait été l'eau ce jour-là, il n'en est pas moins vrai que la fonte est moins considérable sur les hauts sommets que dans les régions plus basses, où la température est beaucoup plus élevée. Et si la compacité de la glace va croissant à mesure que l'on descend du névé vers les régions terminales du glacier, comment se fait-il que la glace des hautes régions soit si compacte et si transparente ? Pour celui qui ne considérerait dans les glaciers que le fait climatologique, il est évident que ce serait là une grave difficulté à résoudre. Mais nous avons déjà eu plusieurs fois l'occasion de faire observer que les glaciers sont plus qu'un simple phénomène de climatologie. Aussi bien, s'il en était ainsi, ils auraient dans leur allure une régularité qui ne s'observe nulle part. Il est une considération à laquelle on n'a pas accordé assez d'importance dans l'étude des glaciers, c'est l'influence des masses. Nous allons voir que c'est là en particulier que gît le secret des glaces supérieures. En effet, d'après la manière dont nous avons représenté les transformations du névé en glace (p. 144), il est dans l'ordre naturel des choses, qu'à parité de conditions, une couche de peu d'épaisseur se transforme plus vite qu'une couche puissante, par la raison que la transformation suppose nécessairement une imbibition, et que celle-ci étant une conséquence de l'ablation, elle ne peut avoir lieu qu'en raison des surfaces.

Un exemple accompagné d'une figure (Pl. V, fig. 7 et 8) rendra la chose plus intelligible. Supposons deux couches de névé, placées dans des conditions tout à fait semblables, l'une *A*, (fig. 8) ayant 20 centimètres, et l'autre *B* (fig. 7) seulement 10 centimètres d'épaisseur. A mesure que la fonte se fera à la surface, l'eau qui en résultera, imbibera la masse entière, et quand la saturation sera complète, le névé commencera à se transformer en glace terne de bas en haut. Supposez que la fonte qui a lieu à la surface enlève journellement un centimètre de névé, et qu'en même temps, la glace terne du fond augmente d'un centimètre. Qu'arrivera-t-il ? C'est qu'au bout de cinq jours, les deux couches se trouveront dans des circonstances tout à fait différentes. La couche *B* de 10 centimètres aura diminué de moitié, et les 5 centimètres qui resteront seront de la glace. La couche *A*, au contraire, qui avait 20 centimètres d'épaisseur, aura encore 15 centimètres, et sur ces 15 centimètres, il y en aura 10 qui seront à l'état de névé, tandis que les 5 inférieurs seront seuls à l'état de glace.

Supposons maintenant que les conditions ne soient pas tout à fait semblables, par exemple que la couche *A* soit de 30 centimètres et qu'elle subisse une fonte double de celle de la couche *B*, de manière par conséquent à recevoir une fois plus d'eau, elle n'en mettra pas moins plus de temps à se convertir en glace que la couche *B*. Au bout de cinq jours, elle aura encore 20 centimètres d'épaisseur dont 10 de glace, recouverts par une couche de 10 centimètres de névé.

Les choses se passent à peu près de cette manière dans

les Alpes. La couche *B* représente les neiges des hautes régions. La couche *A*, ce sont les cirques où la neige, balayée par les vents, s'accumule en beaucoup plus grande quantité que sur les flancs escarpés des montagnes ou à leur sommet. En égard à cette différence, la fonte peut être beaucoup plus faible sur les hauts sommets que dans l'intérieur des cirques, qu'encore le résultat devra être en faveur des premiers, d'après la comparaison que nous avons établie ci-dessus, c'est-à-dire que la neige, à raison de sa moindre épaisseur sur les sommets et malgré le peu d'eau qu'elle reçoit, se transforme plus vite en glace que les amas de neige des cirques, qui cependant subissent une fonte plus considérable (*).

Ainsi s'explique d'une manière fort simple, la répartition en apparence si bizarre des glaces dans les hautes régions. Une fois qu'on s'est habitué à tenir compte de l'influence des masses, on n'est plus embarrassé, lorsque au-dessus d'un plateau de neige, on rencontre une paroi de glace compacte. Au lieu d'en chercher la cause dans des circonstances exceptionnelles de position ou de climat, on cherche à se rendre compte de l'épaisseur relative des neiges, et il est rare qu'on n'arrive pas par ce seul moyen à une solution satisfaisante.

(*) Nous avons évalué plus haut l'épaisseur du glacier de l'Aar à 400ᵐ. Le revêtement de glace de la Jungfrau, n'a certainement pas plus de 10ᵐ d'épaisseur. — D'après des rapports qui nous arrivent de Suisse au moment de mettre sous presse cette feuille, le sommet de la Jungfrau, ainsi que celui du Mont-Blanc, se seraient dégarnis sous

A certains égards les glaciers latéraux qui viennent aboutir au-dessus des grands cirques, doivent être jugés du même point de vue. Si leur glace est compacte malgré leur situation élevée, c'est parce qu'ils sont moins épais que les cirques auxquels ils viennent apporter le tribut de leurs glaces; tels sont les nombreux glaciers qui couronnent les cirques d'Aletsch, de Viesch, de Grindelwald, et au glacier de l'Aar, ceux qui descendent de l'Abschwung, du Berglistock, du Mittelgrat, etc. Ces glaciers n'ont pas ordinairement une pente aussi forte et aussi uniforme que les glaces que nous venons de décrire. Lorsqu'il y a dans leurs cours quelque gradin moins incliné ou quelque terrasse naturelle, celle-ci est presque toujours garnie de névé. C'est ce dont le second des affluents du glacier de la Strahleck, sur le revers occidental du Schreckhorn nous offre un exemple frappant. Après avoir monté sur des pentes de glace de 20 à 25^d d'inclinaison, on arrive à mi-glacier sur une terrasse toute couverte de nevé avec de larges et profondes crevasses et ayant tous les caractères des cirques, tandis que plus haut, les pentes roides sont de nouveau recouvertes de glace compacte. Les glaciers de Silberberg et de Thierberg, sur la rive droite du glacier de l'Aar, sont à peu près dans le même cas. Il y a au milieu de ces glaciers, aux endroits que j'ai marqués d'un *N* dans la Pl. III, des endroits assez peu inclinés, où l'on trouve tou-

l'influence des grandes chaleurs de l'été, de l'enveloppe neigeuse qui les recouvre habituellement.

jours à la surface, sinon du névé, du moins de la glace de névé. Ici aussi il est évident que la plus grande quantité de neige qui s'accumule sur ces espaces, est cause que la surface reste à l'état de névé, tandis que toutes les surfaces environnantes sont de glace compacte.

Pendant l'hiver, ces pentes glacées se couvrent de neige comme toute la contrée environnante ; cette neige y persiste plus longtemps que sur les parties rocheuses, quelquefois pendant toute l'année et cela a sans doute contribué à fortifier l'idée que, passé une certaine limite, il n'y a plus de glace mais seulement de la neige. Il est cependant des étés où toute la neige d'hiver se convertit en glace. Il ne reste alors du névé incohérent que dans les cirques et sur quelques-unes des terrasses que nous venons de signaler ; mais les sommités neigeuses, telles que le Berglistock, l'Ewigschneehorn (voy. Pl. C), ou bien le Studerhorn et les Scheuchzerhœrner (Pl. B) sont couvertes d'une calotte de glace. C'est ce qui est arrivé entre autres à la fin de l'été de 1842. M. Desor pouvait alors dire sans exagération qu'il n'y avait plus, au mois de septembre, aucune parcelle de neige sur les sommités les plus élevées des Alpes de l'Oberland. Si, au contraire, l'été est froid et neigeux, les neiges non-seulement ne fondent pas, mais il s'en ajoute encore de nouvelles aux anciennes. C'est cette circonstance en particulier qui, dans ces dernières années, a rendu facile l'accès de certaines cimes qui passaient pour inaccessibles, telles que le Wetterhorn et le Galenstock et qui le sont réellement pendant les étés chauds, parce qu'alors, toute la masse étant convertie en glace, on ne peut les escalader qu'en taillant des escaliers.

De ce que la glace des hauts sommets est compacte et transparente, comme celle des glaciers latéraux au-dessus des cirques, il ne faut cependant pas en conclure que les deux phénomènes soient identiques. Les glaciers latéraux parcourent toutes les phases des grands glaciers; ils ont à leur origine des névés qui les alimentent et ils sont doués d'un mouvement en rapport avec leur épaisseur. Nous verrons plus bas, en traitant de la progression que ce mouvement est encore assez rapide, puisque le glacier de Trift postérieur qui pourtant débouche à plus de 3000 mètres de hauteur, avance assez rapidement pendant la belle saison. Les glaces dont nous avons traité ne se rattachent pas à des névés; elles s'alimentent par elles-mêmes comme les glaciers sans névé; elles recherchent les pentes escarpées, et, comme elles sont très-peu épaisses, elles peuvent s'y maintenir sans se crevasser. On ne possède aucune donnée sur leur mouvement, et il est difficile de s'en assurer d'une manière précise. Le fait suivant semble cependant indiquer que si ces taches de glaces ne sont pas immobiles, leur mouvement est du moins très-insensible. Il y a sur le flanc du Schreckhorn des rochers surgissant du milieu de la glace comme des îles. Si la masse de glace qui les entoure se mouvait, il devrait se former en aval de ces rochers, des espaces vides; or, c'est ce qui n'a pas lieu, d'où je conclus que s'il existe un mouvement dans ces masses, il doit être très-insignifiant, et cela par le double motif que leur épaisseur est très-faible et que l'eau résultant de la fonte superficielle y est peu abondante. En tous cas, ces glaces ne fournissent aucun aliment aux glaciers. La seule influence qu'elles peuvent exercer se borne à favoriser la conservation des chutes de neiges, en refroidissant les couches d'air autour d'elles.

RÉSUMÉ.

Nous résumerons dans les propositions suivantes l'analyse que nous venons de faire de la structure des glaciers.

1. — La matière première des glaciers, c'est la neige qui tombe dans les hautes régions des Alpes. Cette neige n'a aucun caractère propre ; elle est polymorphe comme la neige de la plaine.

2. — Toute espèce de neige peut se transformer en névé.

3. — Le névé est une seconde cristallisation qui s'opère de haut en bas par l'effet de la fonte superficielle et qui est accompagnée d'un tassement de toute la masse. Il n'est pas plus que les formes de la neige, propre aux hautes régions.

4. — En se congelant, le névé donne lieu à une glace opaque et grenue, la glace de névé, qui n'existe qu'à la surface et se transforme en glace de plus en plus compacte.

5. — La glace compacte a pour caractère essentiel d'être traversée par un réseau de fissures capillaires. L'air n'y est plus disséminé entre les grains, mais réuni en bulles distinctes.

6. — Les bulles sont très-nombreuses dans le voisinage du névé; mais elles diminuent insensiblement à mesure que les fissures augmentent.

7. — Les fissures capillaires sont les canaux essentiels de l'infiltration; en se propageant dans certaines directions, elles donnent lieu à des bandes d'une glace bleue et transparente qui accompagne les grandes fêlures et les plans de couches.

8. — Il ne faut pas confondre les fissures capillaires avec les fêlures superficielles qui se forment avec crépitation dans les régions ou la glace est très-bulleuse.

9. — La densité de la glace est d'autant plus grande que les bulles d'air sont moins nombreuses, en d'autres termes que la glace est plus compacte. La densité de la glace de névé est à peu près d'un tiers moindre que celle de la glace bleue.

10. — La cause des fissures capillaires réside dans la pression et dans les variations de la température.

11. — Les expériences d'infiltration démontrent que les fissures capillaires forment un réseau qui s'étend probablement à la masse entière. Suivant que ce réseau est rempli d'eau ou vide, l'infiltration se fait plus ou moins rapidement.

12. — La glace d'eau, dont il existe des exemples

dans tous les glaciers, diffère de la glace des glaciers même la plus transparente, en ce que ses fragments angulaires suivent une certaine disposition régulière qu'on ne retrouve pas dans la glace du glacier. Les baignoires refermées sont de la glace d'eau.

13. — La présence des glaces jusque sur les plus hauts sommets n'est plus une difficulté depuis que l'on sait que la température s'y élève quelquefois au-dessus de 0^d, de manière à fournir suffisamment d'eau pour cimenter la neige et la transformer en glace. Le fait, que cette glace est compacte et transparente, est une conséquence de sa faible épaisseur qui lui permet de s'imbiber plus vite et plus promptement que ne le peuvent les masses plus épaisses des régions moins élevées et de se maintenir sur des pentes très-roides sans se crevasser. Leur mouvement de translation est, par les mêmes raisons, très-faible, si même il n'est pas complétement nul. C'est en quoi elles diffèrent des glaciers latéraux.

CHAPITRE VI.

DE LA STRATIFICATION.

Si l'on jugeait du phénomène de la stratification du
glacier, par la vivacité des discussions auxquelles il a
donné lieu dans ces derniers temps, on pourrait croire
qu'il s'agit d'une découverte toute récente, dont on
continue à se disputer le mérite. Et pourtant, c'est un phénomène fort anciennement connu, puisque Saussure déjà
le mentionne au Mont-Blanc (*). Zumstein (**) en parle
dans son voyage au Mont-Rose. M. Guyot l'a signalé d'une
manière très-précise au glacier du Gries. M. Martins avait
reconnu, dès 1839, la stratification dans les glaciers du
Spitzberg (***). J'en ai donné moi-même une description
accompagnée d'une figure représentant la stratification du
glacier de Ste-Théodule (****). M. Forbes (*****) l'a observé à

(*) Voyages dans les Alpes, § 2054.
(**) *Von Welden*, Der Monte Rosa. Vienne, 1824.
(***) Bibliothèque universelle de Genève, juillet 1840.
(****) Études, pag. 40. Pl. XIII, fig. 1.
(*****) *Forbes*, Travels through the Alps.

la surface de la mer de glace de Chamounix et de plusieurs autres petits glaciers. Enfin, M. Martins a décrit et figuré avec beaucoup de soin les strates du petit glacier du Faulhorn (*). On retrouve cette même disposition en couches à l'origine de tous les grands glaciers ; elle est surtout frappante sur les murs des crevasses et sur les tranches des escarpements, où les strates, d'ordinaire horizontaux ou peu inclinés, sont séparés par des rubans d'une glace plus compacte que la glace ambiante. Les couches se trahissent d'une manière non moins évidente à la surface, où leurs affleurements se reconnaissent de fort loin, soit à leur teinte particulière, soit aux ombres qu'ils projettent. La forme des affleurements est même des plus irrégulières; ils présentent toutes sortes · d'ondulations, de rentrées et de saillies qui attirent involontairement l'attention des voyageurs. Tels sont les affleurements de la mer de glace après la réunion de ses trois grands bras, et surtout ceux du Lauteraar que j'ai représentés dans la planche III de mon Atlas.

Il résulte des recherches de M. Martins, que dans la région supérieure des glaciers, là où les affleurements ne sont encore que faiblement inclinés, cette irrégularité des contours est l'effet de la fonte, qui agit d'une manière inégale sur les différents points du glacier, suivant les circonstances particulières dans les-

______

(*). Bulletin de la Société géologique, 2⁰ série, T. II, p. 241. 1845, et Bibliothèque universelle, 1845.

quelles ils se trouvent. En effet, dans la Pl. III que je
viens de citer, les affleurements des couches remontent
beaucoup plus haut sur la rive gauche du glacier, qui
reçoit en plein les rayons du soleil, que sur la rive droite
qui est ombragée par le massif du Schreckhorn.

Cette superposition des couches dans la région supérieure des glaciers, est trop distincte pour qu'on ait songé
à la contester, et je ne sache pas non plus qu'elle ait jamais été révoquée en doute. Mais il n'en est pas de même
des régions inférieures. Les sinuosités des affleurements
qui sont si marquées dans la région du névé, disparaissent à mesure que l'inclinaison des strates devient plus
forte; et leurs contours, tout en devenant plus réguliers,
perdent de leur netteté, au point qu'il n'est pas toujours
facile d'en poursuivre la succession. Ajoutez à cela que
la région qui succède aux terrasses supérieures est en
général peu accidentée, que les cavités y sont rares et
que l'observateur, ne trouvant plus l'occasion de poursuivre la superposition des strates sur les parois des crevasses, les perd insensiblement de vue; et c'est ainsi que
quelques auteurs, d'ailleurs forts compétents en matière
de glaciers, ont été conduits à penser que la stratification
si distincte du névé s'effaçait complétement dans les
régions inférieures. Telle est du moins l'opinion de
M. de Charpentier, à laquelle s'est associé M. Forbes.
Cependant, il existe une sorte de stratification bien évidente à l'extrémité de tous les glaciers; la glace y est divisée en un certain nombre de bancs plus ou moins ho-

rizontaux [*], séparés par des fêlures ou des solutions de continuité qui renferment souvent de petits lits de cailloux ou de gravier [**]. Il s'agit maintenant pour nous de re-

[*] Ces bancs ont été décrits sous le nom de *couches*, par M. **Guyot** dans son mémoire sur les glaciers (lu à la réunion de la Société géologique de France de Porrentruy, en 1838). Je les ai, moi-même, envisagés comme tels dans mes *Études*, p. 335, en représentant l'extrémité du glacier de Zermatt (Atlas Pl. VII).

[**] Quelquefois même on observe de véritables moraines interposées entre les couches de glace ; c'est ce que MM. **Dollfus** et **Martins** ont constaté en août 1846, sur les glaciers du Lauteraar et du Finsteraar. Un peu au-dessus de la limite du névé, deux larges crevasses leur ont offert la coupe suivante.

Août 1846.	névé récent.	0^m 25
	névé agrégé.	0^m 09
Hiver de	glace de névé.	0^m 60
1845-1846.	glace compacte, mate.	0^m 44
1845.	couche de blocs et de pierres. . . .	0^m 20
Hiver de 1844-1845.	glace translucide, bulleuse, avec veines bleues verticales,	puissance inconnue.

Cette succession de couches peut s'interpréter de la manière suivante ; le névé récent provenait de la transformation d'une couche de neige tombée quelques jours auparavant. La glace de névé s'opposant à l'infiltration de l'eau, celle-ci s'était accumulée dans la partie inférieure de la couche de névé qui s'était cimentée. L'assise sous-jacente plus compacte était le reste de 17 mètres de neige tombés, sur le Grimsel, dans l'hiver de 1845 à 1846. Ils avaient résisté aux chaleurs de l'été de 1846 et s'étaient seulement convertis en glace de névé. La partie inférieure de cette assise était de la glace d'un aspect mat, reposant immédiatement sur un lit de pierres et de blocs dont quelques-uns avaient 6^m 5 de longueur. Ces blocs, résultant d'un éboulement qui a eu lieu nécessairement dans le courant de 1845, formaient alors une moraine superficielle ensevelie plus tard sous la neige tombée pendant l'hiver de 1845 à 1846. Au-dessous se trouvait la partie du gla-

chercher si la stratification primitive ne persiste pas d'une manière quelconque, et si les couches de l'extrémité du glacier sont réellement la continuation de la stratification du névé.

Lorsque je visitai les glaciers de la vallée de Chamounix, en 1838, je vis à la surface de la mer de glace, en face du Montanvert (par conséquent fort loin des limites du névé) de longues traînées de sable qui me frappèrent par leur régularité ; elles étaient parallèles aux moraines médianes. Je remarquai en outre, qu'en certains endroits,

cier qui avait été à découvert pendant l'été de 1845. Elle présentait tous les caractères de la vieille glace des glaciers.

La vue de cette coupe suggéra à M. Martins cette remarque importante que c'est toujours au contact de deux assises que la glace est plus compacte , plus dure et plus colorée. Il était évident que l'eau qui s'infiltrait dans la petite couche de neige tombée en 1846 avait été en partie arrêtée par la couche plus imperméable de glace de névé. Elle s'était donc accumulée dans la partie inférieure de la neige, s'y était congelée et l'avait cimentée. De même l'eau qui, depuis le printemps de 1846, pénétrait la neige tombée pendant l'hiver avait été arrêtée par la glace de 1845. De là la conversion du quart inférieur de cette assise en glace plus compacte que les trois quarts supérieurs. L'origine des couches et bandes bleues dans les régions supérieures des glaciers est tellement évidente qu'elle ne saurait être révoquée en doute. Elle tient à l'infiltration plus complète de la partie inférieure des couches au contact de parties sous-jacentes moins perméables : ce sont, selon l'expression de M. Martins, des couches de plus *facile infiltration* dont la transformation en glace s'opère plus complétement (1).   **D.**

(1) Voyez à ce sujet *Ladame*. Observations sur le passage de la neige farineuse à la neige grenue et de celle-ci à la glace compacte Bulletin de la Société des Sciences Naturelles, de Neuchâtel, séance du 17 mai 1843, et *Martins* Nouvelles observations sur le glacier du Falhorn. Bull.. Soc. géologique, 2ᵉ série. T. II. p. 246, et Bibliothèque universelle de Genève. T. LVI. p. 546. 1845.

la glace qui correspondait à ces traînées avait sur le bord
des crevasses une apparence plus compacte, et formait
comme autant de zones d'une teinte un peu différente de
celle de la masse ambiante. Mais, comme ces zones étaient
verticales, je ne crus pas devoir les assimiler aux strates
des névés, et je me contentai d'y voir un effet de la dilatation, combinée avec le mouvement du glacier (*). Les
mêmes traînées superficielles avec leurs fissures attirèrent
plus tard mon attention au glacier de l'Aar, particulièrement pendant le séjour que j'y fis en 1841. En les
poursuivant avec plusieurs de mes compagnons d'étude,
dans les parties les plus crevassées du glacier, je fus
frappé de voir qu'à chacune de ces traînées correspondait
une bande azurée d'une glace parfaitement pure et transparente. Ces bandes étaient fort nombreuses et de largeur
variable. Elles étaient presque verticales et passaient d'un
bord de la crevasse à l'autre sans subir aucune altération.
Leur limite était parfaitement tranchée, sans qu'il y eut
apparence de solution de continuité à leur limite. On
eut dit une masse de verre composée de bandes mates et
bulleuses alternant avec des bandes parfaitement transpa-
rentes. Nous en fûmes tous émerveillés. Sans connaître
encore la signification du phénomène nous étions portés
à nous en exagérer la valeur. Aussi, le mentionnai-je
dans une lettre que j'écrivis à M. de Humboldt (**) comme

(*) Études, p. 121.
(**) Comptes Rendus de l'Académie des Sciences, T. XIII, p. 819.

le *fait le plus nouveau* que j'avais observé dans cette campagne.

Cependant M. Guyot avait constaté dès 1838 la même disposition au glacier de Gries, et sans formuler aucune théorie sur l'origine de ces bandes, il avait émis l'idée qu'elles pourraient bien se rattacher d'une manière quelconque à la stratification du névé. Comme la découverte de cette structure particulière de la glace des glaciers a donné lieu à des discussions de priorité, je crois utile, dans l'intérêt de la vérité, de reproduire ici le passage original du Mémoire, encore en partie inédit, de M. Guyot, dont je dois une copie à l'obligeance de l'auteur (*). Voici ce qu'on lit dans ce Mémoire : « Puisque « le mot couche m'est échappé, je ne puis m'empêcher « de signaler ici aux recherches des observateurs futurs, « un fait sur lequel je n'ose hasarder aucune explication, « vu que je ne l'ai rencontré qu'une fois. C'était au sommet « du Gries, à la hauteur d'environ 7500 pieds, un peu « au-dessous de la ligne du *Firn* ou haut névé, où la « glace passe à l'état de neige granuleuse. Le glacier pré- « sente à cette hauteur une vaste mer de glace descen- « dant de l'ouest, par une pente presque insensible, de

(*) Ce Mémoire, dont la lecture fut écoutée avec un vif intérêt d'abord à Porrentruy, en 1838, et quelques jours plus tard à la réunion des naturalistes suisses à Bâle, n'a pas été inséré dans les procès-verbaux, par la raison que M. Guyot désirait le compléter. A ma demande M. Guyot a bien voulu le déposer aux Archives de la Société des Sciences naturelles de Neuchâtel, où tout le monde peut le consulter.

« sommités peu saillantes en apparence ; il couvre le sol
« entier d'une nappe de glace uniforme et indivise, de
« plus d'une demi-heure de largeur que traverse le che-
« min à mulets qui mène du haut Valais par le Val
« d'Egine, dans le Val Formazza et au lac Majeur. A
« l'origine de ces deux dernières vallées, les glaces, en-
« core à demi-neigeuses, se déversent au nord pour for-
« mer le beau glacier du Gries proprement dit, et au
« sud, le glacier beaucoup moins considérable de Bet-
« telmatten. En remontant à l'origine de ce dernier pour
« examiner de près la nature, la formation et la déviation
« des grandes fentes transversales, je vis sous mes pas la
« surface du glacier entièrement couverte de sillons ré-
« guliers de 1 ou 2 pouces de largeur, creusés dans
« une masse à demi-neigeuse, séparés par des lames sail-
« lantes, d'une glace plus dure et plus transparente (*). Il
« était évident que la masse du glacier était ici composée
« de deux sortes de glaces, l'une, celle des sillons, encore
« neigeuse et plus fusible, l'autre, celle des lames, plus
« parfaite, cristalline, vitreuse et plus résistante, et que
« c'était à l'inégale résistance qu'elles présentaient à l'ac-
« tion de l'atmosphère qu'était dû le creux des sillons et
« la saillie des lames plus dures. Après les avoir suivies
« plusieurs centaines de mètres, j'arrivai au bord d'une
« grande fente de 20 à 30 pieds d'ouverture qui, coupant

(*) Ce que M. Guyot appelle ici de la glace à demi-neigeuse, c'est la
glace blanche décomposée à la surface par suite des fissures superficielles. Les lames saillantes, ce sont les bandes de glace bleue.

« perpendiculairement à leur direction les sillons et lames,
« et découvrant l'intérieur du glacier jusqu'à une profon-
« deur de 30 à 40 pieds, permettait d'en distinguer net-
« tement la structure sur une belle coupe transversale.
« Alors, aussi loin et aussi profondément que pouvaient
« atteindre mes regards, je vis la masse du glacier com-
« posée d'une multitude de petites couches de glace nei-
« geuse, séparées chacune par une de ces lames de glace
« dont j'ai parlé, et formant un ensemble régulièrement
« stratifié à la façon de certains calcaires schisteux. Elles
« passaient d'une fente à l'autre, absolument comme les
« couches des parois opposées d'une vallée transversale.
« On aurait dit, non pas des couches annuelles, mais une
« série de couches plutôt journalières de neige tombée
« successivement par petites quantités, fondue en partie
« par le soleil des journées et couverte chaque nuit d'un
« verglas, de cet épais verglas qui, au-dessus de la région
« des glaces, recouvre toutes les sommités neigeuses des
« hautes Alpes.

« La direction de ces couches coupait à angle droit la
« ligne de marche (de pente) du glacier ; leur inclina-
« tion déviait de 30° à 40° de la perpendiculaire vers la
« partie inférieure, comme si la pente superficielle ga-
« gnait de l'avance sur la partie inférieure, ainsi que je
« l'ai décrit plus haut.

« Ces couches avaient évidemment été formées beau-
« coup plus haut et dans une position toute différente.
« Comment se trouvaient-elles ici redressées sur une

14

« étendue aussi considérable? Elles étaient parfaitement
« incorporées à la masse du glacier; rien à l'extérieur n'an-
« nonçait dans cet endroit un bouleversement particulier.
« Était-ce un pan immense d'une muraille de neige glacée
« qui, précipité du haut de quelque sommet, s'est trouvé
« dans cette position englobé dans la masse du glacier ?
« L'étendue, la profondeur, la régularité de ces masses
« stratifiées rendent difficile l'admission de cette hy-
« pothèse. Ces couches, d'abord horizontales, ou du
« moins parallèles à la surface du glacier, accomplis-
« sent-elles, pendant la marche du glacier, des révolu-
« tions encore trop peu connues, analogues cependant
« à celles que j'ai signalées plus haut? C'est ce qui
« mérite l'examen et des observations suivies et minu-
« tieuses et aussi nombreuses et universelles que possi-
« ble. »

Ainsi que l'avait pressenti M. Guyot, des recherches
ultérieures et plus suivies devaient en effet m'apprendre
qu'une partie de ces bandes verticales, dont, par un
étrange abus, M. Forbes s'attribua d'abord la première,
et plus tard la seconde découverte, et qu'il continue
d'envisager comme un phénomène à part, ne sont
autre chose que les strates horizontales du névé modifiés
par la marche du glacier.

Notre tâche, dans ce chapitre, sera de poursuivre la
transition de l'une de ces formes à l'autre, et en établis-
sant leur liaison avec les traînées superficielles de gravier, dont nous venons de parler, de montrer que les

deux phénomènes ont une origine commune qui est la
stratification primitive des neiges.

Zones d'affleurement.

Quand on s'élève à quelque hauteur sur les rives d'un
glacier qui n'est pas très-crevassé, on découvre à sa surface une série de lignes ou de zones ombrées qui affectent
une certaine régularité et se présentent d'ordinaire sous
la forme d'arcs plus ou moins étirés. En général très-
vagues, ces lignes deviennent d'autant plus distinctes
qu'on monte plus près de l'origine du glacier. Celles de
la région terminale, au contraire, sont très-diffuses, et
ce n'est qu'autant que l'œil peut s'étayer de la régularité
qu'elles présentent dans la région supérieure, qu'on parvient à les suivre également vers l'issue du glacier, sans
se fourvoyer au milieu du dédale de moraines, de crevasses et de fissures de tout genre qui sont propres à cette
partie du glacier. Il importe, par conséquent, pour bien
saisir la forme et les contours de ces zones, de les observer à une certaine distance et de plus, de suivre leur
développement d'amont en aval (*).

Ces lignes ou zones, ce sont les traînées de sable que
nous venons de mentionner dans les pages qui précèdent.

(*) Les jours parfaitement sereins ne sont pas les plus favorables pour
l'observation, non plus que le milieu du jour, par la raison qu'alors, le
reflet étant trop vif, et les ombres trop courtes, on ne distingue pas
aussi bien les inégalités de la surface. Je pense que le moment le plus
convenable est le soir, peu de temps avant le coucher du soleil.

Elles se trouvent sur tous les glaciers sans exception,
et quand une fois on a observé leur forme du haut d'une
montagne, rien n'est plus facile que de les poursuivre
sur de plus grandes étendues. Si, après cette inspec-
tion à vol d'oiseau, on descend sur le glacier pour les
examiner de près, on s'aperçoit que le sable ou le gravier
qui les rend visibles à distance, se rattache à une fissure
continue, laquelle donne lieu, sur les tranches des crevasses, à une bande de glace compacte mêlée de ce même
gravier qui pénètre souvent à de grandes profondeurs (*).
Il est évident, par conséquent, que ce n'est pas le sable,
mais la fissure qui le verse, qui constitue le fait essentiel. Or, pour peu qu'on y fasse attention, on remarque
partout, tant à la surface du glacier, que sur les bords
des crevasses, des fissures pareilles, mais toutes ne contiennent pas la même quantité de corps étrangers; il n'y
a que les plus chargées qui versent autour d'elles assez de
sable et de gravier pour faire de loin l'effet de lignes ombrées. Ce sont ces dernières que M. Forbes a décrites
sous le nom de *bandes sales* (dirt bands). Ces bandes ne
sont pas, comme le pense le physicien anglais, le simple effet d'une désagrégation inégale de la glace sur
certains points du glacier; elles se rattachent au contraire
aux interstices des couches qui viennent gagner la sur-

(*) Ces traînées de gravier et de sable ne dépendent pas, comme je
le croyais autrefois, des moraines; elles peuvent exister sur toutes les
parties du glacier; seulement, elles sont plus distinctes près des moraines qu'ailleurs.

face dans l'ordre de leur succession et sous des angles
très-divers selon les stations, et c'est pourquoi elles sont
parallèles entre elles. Il est vrai que ces affleurements
sont quelquefois extrêmement frustes. Il peut arriver
que l'observateur le plus exercé s'y trompe, en confondant avec eux soit des crevasses, soit de simples bandes
d'infiltration. D'ordinaire cependant, ils ont un certain
facies qui sert à les distinguer. Lorsqu'ils ne contiennent
pas de gravier, ils occasionnent à la surface de longs sillons qui ressemblent à s'y méprendre à des ornières de
voitures et dans lesquels la glace se décompose ordinairement en petits grains semblables à des grains de névé.
Cela leur donne une certaine apparence farineuse que
n'ont pas les bandes bleues. Aussi, avant de connaître
leur signification, les avais-je désignés avec M. Ferd. Keller de Zurich, sous le nom de *bandes farineuses*, pour les
distinguer des simples bandes d'infiltration dont il sera
question plus loin. Enfin, leur espacement régulier peut,
à défaut d'autres caractères, en faciliter le relevé.

Lorsqu'un glacier est simple et qu'il descend dans une
vallée régulière, comme par exemple le glacier d'O-
beraar ou le glacier du Rhône, les affleurements se présentent sous la forme d'arcs dont la convexité est tournée en aval, et ces arcs sont d'autant plus allongés qu'on
s'approche davantage de l'extrémité du glacier. Leur sommet correspond d'ordinaire au milieu du glacier. En les
poursuivant du regard jusqu'à l'origine du glacier, on
voit ces mêmes courbes se surbaisser toujours davantage

jusqu'à ne présenter qu'une ligne transversale diversement ondulée et découpée. Telles sont les courbes des petits glaciers latéraux de Grünberg et de Zinckenstock. Leurs couches décrivent des arcs continus qui traversent le glacier d'une rive à l'autre et s'étirent toujours plus vers la partie terminale [*].

STRATIFICATION DES GLACIERS COMPOSÉS.

L'étude des couches et de leurs affleurements devient beaucoup plus compliquée du moment qu'il s'agit de les poursuivre sur un grand glacier composé de nombreux affluents, tel que le glacier de Gorner ou de Zermatt, le glacier des Bois, et surtout le glacier inférieur de l'Aar. Aussi, je n'ai pas cru trop faire en consacrant une carte spéciale a l'examen de ce phénomène. C'est cette carte en main [**] que je prie le lecteur de bien vouloir me suivre dans l'exposé que je vais essayer de faire du phénomène de la stratification.

Une première chose qui frappe dans cette carte, c'est la variété de contours et d'aspects que les affleurements affectent dans les différentes parties du glacier. Au pre-

[*] Les affluents du Thierberg et du Silberberg, n'appartiennent pas a cette catégorie ; ce sont des glaciers composés, qui ont chacun deux systèmes de couches séparés par une petite moraine médiane. Nous verrons plus bas que la forme des affleurements en ogives toujours plus allongées, est une conséquence directe et nécessaire du mouvement des glaciers.

[**] Voy. Pl. III. On n'a pas reproduit tous les détails de la topographie, afin de mieux faire ressortir la stratification.

mier abord, il paraît peu probable que des lignes aussi dissemblables expriment le même phénomène, et cependant j'espère démontrer qu'elles se laissent toutes ramener à une forme primitive et constante. Remarquons d'abord le contraste qui existe entre la partie du glacier qui est à gauche de la grande moraine (le bras du Lauteraar) et celle qui est à droite (le bras du Finsteraar). Sur la première, les affleurements nous présentent de longues lignes, d'abord transversales, puis dirigées obliquement vers la moraine, où elles donnent lieu à des dentelures bizarres que nous sommes convenus d'appeler des *chevrons*, à cause de leur forme anguleuse. Ces chevrons ne se montrent pas dans toute l'étendue du glacier ; ils s'oblitèrent insensiblement à partir du bloc n° 5 et disparaissent complétement en face du Pavillon. En même temps, les affleurements deviennent toujours plus obliques, jusqu'à ce qu'enfin ils paraissent tout à fait longitudinaux près du point XI. Sur le grand bras du Finsteraar, nous avons plusieurs systèmes d'arcs assez uniformes qui donnent à cette partie du glacier un aspect beaucoup plus régulier. Tous, il est vrai, ne sont pas d'égale largeur, mais il règne une homogénéité beaucoup plus grande dans leurs contours qui ne présentent point de ces dentelures bizarres, comme celles du Lauteraar, ou bien s'il existe quelques traces de chevrons, elles sont trop faibles pour que l'œil de l'observateur s'y arrête. C'est cette inégalité dans la forme des affleurements sur les deux bras principaux du glacier de l'Aar qui a été pour moi et

mes compagnons de voyage le plus grand obstacle à
l'étude de la stratification. Comment, en effet, ramener à un type unique des formes aussi contrastantes
que les lignes obliques et découpées en zig-zag du Lauteraar et les paraboles regulières du Finsteraar, sans
compter que chacun de ces deux bras offre dans ses propres détails des contrastes non moins embarrassants !
Ainsi, à côté des systèmes d'ogives du Finsteraar se
trouve, près de l'Abschwung, un grand affluent (l'affluent
de la Strahleck) dont les affleurements sont longitudinaux. Le Lauteraar, de son côté, m'offre, dans sa partie supérieure, à côté de ses grandes lignes transversales
ou obliques, plusieurs petits systèmes assez réguliers d'o-
gives concentriques placés les uns à côté des autres et
qui, pour être restreints à des limites étroites, n'en sont
pas moins embarrassants. La difficulté était d'autant plus
grande, qu'au lieu de débuter par un aperçu général du
phénomène, nous en avions commencé l'étude par l'observation détaillée de la surface. Or, en pareil cas, et lorsque la vue d'ensemble manque, il est bien difficile de se
soustraire à l'influence des détails, surtout dans ces vastes
régions où tout est si colossal, et où un fait plusieurs fois
répété se présente facilement à notre esprit comme
l'expression d'une loi générale. L'anecdote suivante en
fournira au besoin la preuve. C'était en 1842. Je venais
d'observer la stratification des petits glaciers qui dominent les terrasses de la rive gauche du glacier de l'Aar, et
j'avais hâte de confirmer sur le grand glacier les résul-

tats que j'avais obtenus. J'engageai par conséquent, deux
de mes amis, MM. Desor et Keller, à poursuivre de leur
côté les mêmes observations. Ils s'acheminèrent en effet dans ce but vers la Strahleck en longeant le glacier de
ce nom qui contourne le massif de l'Abschwung. Je me
dirigeai vers le Lauteraar en remontant sur le grand affluent de ce nom par delà les chevrons. Nous n'eûmes
pas de peine à découvrir, chacun de notre côté, la direction des affleurements, et je me réjouissais par devers
moi de la confirmation inattendue qu'allait recevoir ma
première observation. Mais, quelle ne fut pas notre sur-
prise, lorsqu'en rentrant le soir à la cabane, nous trou-
vâmes nos observations tout à fait contradictoires! Mes
amis affirmaient que le glacier qu'ils avaient parcouru
jusque sur le revers de l'Abschwung était stratifié dans le
sens de sa longueur, et moi je n'avais vu que des affleurements transversaux. De fait, nous avions raison chacun
de notre côté, puisque, ainsi que le montre notre carte,
les affleurements sont réellement longitudinaux sur l'affluent de la Strahleck, et concentriques sur ceux du Lauteraar (*). En pareille circonstance, toute théorie précipi-
tée eût été hors de saison. Nous avions la conviction que
les lignes, que nous prenions pour des affleurements de

(*) Des résultats non moins contradictoires auraient été obtenus si
deux observateurs remontant le bras du Lauteraar avaient suivi, l'un
la région des chevrons près de la grande moraine, l'autre l'affluent du
Schreckhorn ou bien encore, la partie riveraine du grand affluent du
Lauteraar lui-même.

couches, étaient réellement les indices positifs de la stratification, mais la liaison des différentes parties de ce vaste réseau nous échappait. Une étude suivie et détaillée du phénomène pouvait seule nous conduire à une théorie satisfaisante. Nous en étions là, lorsque le mauvais temps vint mettre fin à la campagne de cette année. J'avais cependant eu le temps de faire dessiner l'aspect général des couches des deux côtés de l'Abschwung (*), dans l'espoir de les suivre en détail l'année suivante. Mais les étés de 1843 et 1844 furent si neigeux, qu'il me fût impossible de reprendre mes études dans cette partie élevée du glacier. Les observations n'ont pu être continuées, qu'en 1845, et c'est après avoir consacré, de concert avec M. Desor, un soin tout particulier à cette partie de nos études, que je crois être arrivé à la solution du problème.

Mais avant d'exposer la théorie de la stratification, qu'il me soit permis d'entrer encore dans quelques détails sur la forme des couches, leur arrangement, leur fréquence, leur inclinaison, leur direction, et les modifications qu'elles subissent dans le cours du glacier.

---

* J'ai reproduit ces dessins dans les deux planches A et B de l'Atlas. On voit dans toutes deux, comment les allongements des couches qui sont très-onduleux et irréguliers à l'origine même des glaciers, deviennent toujours plus réguliers, à mesure qu'on approche de l'Abschwung et des régions inférieures, où la pente est plus forte. On voit en outre sur la Planche B, l'entrecroisement des crevasses, phénomène sur lequel nous reviendrons plus loin en traitant de l'origine des crevasses.

Affluents du glacier de l'Aar.

On sait que les différents affluents d'un grand glacier ne confondent pas leur glace comme les eaux des rivières, mais qu'ils conservent leur caractère individuel, longtemps après leur réunion. Cette persistance est due en grande partie à la stratification propre de chaque affluent.

Notre carte (Pl. III) n'indique pas moins de quatorze systèmes de couches à la jonction des deux grands bras du glacier au pied de l'Abschwung, six sur le Lauteraar et huit sur le bras du Finsteraar. Chacun de ces affluents descend de quelque couloir sur le pourtour du vaste bassin de l'Aar. Pour en simplifier l'étude, j'ai donné à chaque affluent le nom de la cime à laquelle il se rattache (*). Ainsi, nous trouvons, en allant de la rive gauche à la rive droite :

Sur le bras du Lauteraar :

1° Le *grand affluent du col du Lauteraar*. C'est le plus considérable de tous les affluents et en même temps le plus curieux à étudier sous le rapport des couches, ainsi que nous le verrons ci-dessous. Il occupe à lui seul plus d'espace que tous les autres affluents de ce côté réunis.

2° L'*affluent du Schreckhorn*. Sans être bien considérable, cet affluent se prolonge cependant fort loin, puis-

(*) On se fera une juste idée de la position respective de ces cimes en consultant la carte qui accompagne les Nouvelles Excursions de M. Desor.

qu'on le retrouve encore en face du Pavillon avec ses couches parfaitement indépendantes en ogives très-allongées. Il descend du revers oriental du Schreckhorn.

3° *Le premier affluent du Lauteraahorn.* Il descend des flancs du Lauteraarhorn et se perd bientôt sous la moraine.

4° *Le second affluent du Lauteraarhorn.* Quoique petit, cet affluent est remarquable en ce qu'à lui seul, il charrie plus de débris que tous les autres affluents du Lauteraar réunis. Cela provient de ce que le pic qui le borne à droite est composé d'une roche extraordinairement fissile, ce même schiste micacé noir dont se compose le bloc de l'Hôtel des Neuchâtelois.

5° *Le premier affluent de l'Abschwung.* Il descend d'un couloir entre les pics de Hugi et l'Abschwung. Quoique sa largeur soit assez considérable, il ne se maintient cependant pas longtemps comme affluent indépendant, mais se perd bientôt sous la moraine.

6° *Le second affluent de l'Abschwung.* Il descend du massif de l'Abschwung par un couloir assez étroit, mais il rencontre, au pied du promontoire, un grand espace dans lequel il se dilate considérablement, pour se rétrécir ensuite de nouveau.

Sur le bras du Finsteraar, nous avons :

1° *L'affluent de la Strahleck.* Il descend du col de ce nom, entre l'arête du Schreckhorn à gauche et celle du Mittelgrat à droite. Comme cet affluent se trouve placé à l'extrême gauche, c'est lui qui entraîne tous les débris qui sont fournis par la longue arête du Schreckhorn et du Lauteraarhorn.

2° *L'affluent du Mittelgrat*. C'est un très-petit glacier débouchant entre l'arête de ce nom et le pic d'Agassiz (*).

3° *L'affluent du Finsteraar*, le plus considérable de tous, dont le siége est au milieu même du grand cirque de ce nom, au pied oriental du Finsteraarhorn.

4° Le *premier affluent du Studerhorn*, le plus considérable des deux. Il descend du pic de Studer, sur le revers septentrional de cette cime.

5° Le *second affluent de Studerhorn*, descendant du revers oriental du même pic. Ces deux affluents se confondent bientôt en un seul, et en face de l'Hôtel des Neuchâtelois, leurs couches ne sont plus très-distinctes.

6° *L'affluent de l'Altmann*. Il découle du cirque compris entre les massifs de l'Oberaarhorn et de l'Altmann. Quoique formé à son origine de plusieurs bras séparés, dont chacun entraîne sa moraine à sa suite, cet affluent peut cependant être considéré comme une seule coulée, du moins, les couches semblent-elles décrire partout des arcs continus.

(*) Ce pic se trouve distingué pour la première fois, sous ce nom, dans *G. Studer* Topographische Mittheilungen aus dem Alpengebirge. Des vieillards de l'Oberassli m'ont assuré que l'affluent du Mittelgrat n'existait pas, il y a un demi-siècle, et que les chamois trouvaient une pâture abondante dans le couloir qui est maintenant occupé par ce glacier, le plus crevassé et le plus tumultueux de tous les affluents du Finsteraar.

7° *L'affluent du Grunerhorn*. Il descend des flancs de ce pic et se confond à son origine avec l'affluent des Scheuchzerhœrner.

8° *L'affluent des Scheuchzerhœrner* qui descend des cimes jumelles du Scheuchzerhorn entre ce pic et l'Escherhorn. A ce dernier affluent succèdent des pentes de neige assez considérables qui, tout en persistant sur les flancs de l'Escherhorn, ne se transforment cependant pas en véritable glacier.

La plupart de ces affluents sont séparés par des moraines. Mais celles-ci ne sont pas toujours très-visibles; souvent, les matériaux en sont peu abondants; quelquefois même, ils se réduisent à quelques blocs éparpillés qu'il faut chercher loin de l'emplacement que l'on étudie. C'est alors une difficulté de plus à surmonter. Cependant, quelque insignifiants que soient ces débris, il ne faut pas les négliger, et une fois qu'on s'est habitué à les observer, on en retrouve facilement les traces partout où deux systèmes de couches se touchent. Je citerai comme exemple, les débris granitiques qui sont répandus en amont de l'Abschwung, entre le petit affluent du Mittelgrat et celui de la Strahleck. Ces petites moraines sont d'un grand secours pour l'étude de la stratification dans tous les glaciers composés de nombreux affluents. En effet, une moraine indique toujours que deux coulées de glace sont séparées à leur origine par un massif de rochers capables de se déliter. Il s'ensuit par conséquent, que chaque système d'affleurement, qui est séparé du système voisin par une traînée de débris rocheux, représente un affluent, en d'autres termes, qu'il doit occuper un lit propre sur quelque point de son cours, absolument comme les glaciers latéraux de Grünberg et de Zinckenstock avant leur jonction avec le grand glacier. Il n'est pas même nécessaire que ces débris soient réunis en moraines. Quelques blocs épars suffisent pour mettre sur la voie, et l'on peut poser en thèse générale que, *partout où l'on rencontre un bloc au milieu d'une mer de glace, fut-il seul, on se trouve à la limite de deux affluents.* J'ai poursuivi de cette manière les petits affluents qui sont inscrits sur notre carte et j'ai fini par les trouver chacun dans sa vallée ou dans son couloir propre, souvent il est vrai, fort loin des lieux que l'on a l'habitude de visiter. C'est ainsi que les deux phénomènes, celui de la stratification et celui des moraines s'appuient et se confirment mutuellement.

De tous les affluents que nous venons d'énumérer, il n'en est cependant qu'un petit nombre qui se maintienne jusqu'à l'extrémité du glacier; ce sont en particulier l'affluent du Finsteraarhorn et celui de l'Altmann sur le Finsteraar: celui du col du Lauteraar et celui du Schreckhorn, sur le bras du Lauteraar. Les autres, moins considérables, tels que ceux du Lauteraarhorn, de l'Abschwung, des Scheuchzerhœrner, du Grunerhorn, du Studerhorn, du Mittelgrat et même celui de la Strahleck s'épuisent avant d'avoir atteint la hauteur du Pavillon. Il n'est pas toujours facile d'indiquer exactement le point où finit la dernière couche, mais on peut l'inférer d'une manière approximative de l'aspect général de la surface. Partout où un affluent vient à s'éteindre, la surface du glacier est ordinairement déprimée, les crevasses s'entre-croisent dans divers sens, enfin les moraines qui plus haut étaient séparées se confondent en une seule trainée. C'est ainsi que les moraines des affluents de l'Abschwung et du Schreckhorn se mêlent avec celle du Lauteraarhorn ; celles des affluents du Studerhorn avec la grande moraine schisteuse de l'Altmann, etc.

Quelquefois, lorsque les moraines sont abondantes, les couches se prolongent encore à quelque distance sous ce rempart, comme par exemple les couches longitudinales de l'affluent de la Strahleck, qui se laissent poursuivre sous la moraine jusqu'en aval du Pavillon ; il en est de même de celles du Thierberg qui s'avancent à une assez grande distance sous la moraine latérale. Dans ce cas, l'on est obligé de déblayer et de laver la moraine pour pouvoir observer la terminaison des affleurements.

De la forme et des contours des couches.

La plupart des affluents du glacier de l'Aar ont des couches qu'on peut appeler normales, en ce sens que leurs affleurements décrivent des courbes plus ou moins régulières, dont les sommets sont tournés vers l'issue du glacier. Ces courbes sont une conséquence né-cessaire de la marche des glaciers. En effet, nous verrons plus bas que tous les glaciers, sur quelque point de leur cours qu'on les observe, sont doués d'un mouvement plus rapide au centre que près des bords. Il s'ensuit par conséquent, qu'une ligne qu'on tracerait à travers le glacier, devrait, par suite de ce mouvement inégal des parties, décrire au bout d'un temps donné une courbe en rapport avec la différence de vitesse qui existe entre les différents points de la ligne, et comme le mouvement est continu, cette courbe deviendrait, par la même raison, toujours plus forte en raison directe de son ancienneté. Une courbe de trois ans serait par conséquent plus cintrée qu'une courbe de deux ans, et une courbe de deux ans, plus cintrée qu'une courbe d'un an. C'est en effet ce qui arrive, et c'est ce dont les lignes de pieux sur la Pl. IV nous fournissent la preuve directe, si nous comparons entre elles les courbes des trois années 1843, 1844 et 1845.

A l'origine des glaciers, les affleurements des couches représentent des lignes tout aussi transversales que ces lignes de pieux. Il est par conséquent naturel qu'ils soient assujettis aux mêmes vicissitudes. En effet, nous les voyons décrire des courbes de plus en plus prononcées, à mesure que le glacier chemine. On peut suivre ces modifications pas à pas dans les deux petits glaciers simples de la rive droite, les glaciers du Grünberg et du Zinckenstock. Le sommet des arcs indique le point le plus accéléré, et comme ce point correspond, en thèse générale, à la plus grande épaisseur de la masse, où ce qui revient au même, à la plus grande profondeur de la vallée, il suffit de tirer une ligne par le sommet des arcs, pour avoir l'expression, au moins approximative, du thalweg. Or, à moins qu'une vallée ne soit par trop accidentée, le thalweg se trouve ordinairement au milieu de la vallée. C'est pourquoi les courbes des affleurements sont en général symétriques, et leurs sommets situés au milieu du glacier.

Il n'en est plus de même lorsque deux ou plusieurs glaciers viennent se réunir dans un lit commun. Le centre de vitesse se trouvant alors déplacé, les arcs des affleurements cessent d'être l'expression de la vitesse relative des différentes parties du glacier. Les courbes qu'ils décrivaient et qui auraient continué de s'allonger d'une manière uniforme, si chaque glacier avait cheminé dans son lit propre, ne conservent plus leur régularité, et comme les sommets des arcs ne correspondent plus au maximum de vitesse, la forme des ogives s'altère toujours plus, à mesure que les parties latérales de chaque côté restent en arrière. C'est ce dont les deux glaciers de Thierberg et de Silberberg, qui se composent chacun de deux affluents, nous fournissent un exemple frappant.

Si le nombre des affluents qui se rencontrent dans un lit commun est de plus de deux, ceux qui se trouvent au centre conservent l'intégrité de leurs affleurements; tandis que ceux du bord s'allongent au point d'en devenir méconnaissables. Supposons que quatre glaciers A B C D, viennent à confluer en un seul point ou à peu

de distance les uns des autres, les affleurements de leurs
couches seront plus ou moins arqués à raison de l'espace
que chaque glacier aura parcouru; mais, à moins que des
circonstances particulières ne les altèrent, ces arcs seront
réguliers et leur sommet correspondra au milieu de l'affleurement (Pl. VII, fig. 1). Mais ils ne seront pas plutôt
réunis que les rapports entre leur marche et la courbe de
leurs affleurements se trouveront complétement changés
(Pl. VII, fig. 2), B et C auront conservé leurs contours;
mais A et D qui occupent les côtés du glacier auront
éprouvé un retard considérable près du bord; leurs
ogives auront perdu leur régularité, et de symétriques
qu'elles étaient, elles seront devenues complétement
asymétriques.

Influence de la pression.

Il est une foule d'autres circonstances qui peuvent altérer la régularité des ogives, et c'est ce qui nous explique
pourquoi dans un glacier composé d'affluents aussi nombreux que le glacier inférieur de l'Aar, il y a à peine deux
systèmes d'affleurement qui se ressemblent. La pression
occasionnée par le rétrécissement de la vallée et les refou-
lements qui résultent de la flexion du glacier dans différents sens, sont les causes qui contribuent le plus puissamment à altérer la forme primitive des couches.

Il est fort intéressant de suivre les modifications que
les couches des différents affluents du glacier de l'Aar
subissent sous cette double influence de la pression et de

la flexion latérale. L'effet de la pression est en général
d'autant plus sensible, que les affluents sont plus petits.
C'est à la pression en particulier qu'il faut attribuer la
forme aiguë des ogives qui est si frappante dans plusieurs
affluents, en particulier dans celui du Schreckhorn et
dans ceux du Studerhorn. Il arrive aussi fréquemment
que l'un des côtés de l'ogive persiste seul, tandis que
l'autre, celui qui se trouve du côté de la plus forte pression est complétement annulé, comme cela se voit très-
bien dans l'affluent du Schreckhorn aux environs de
l'Hôtel des Neuchâtelois. Ses courbes, à peu près équila-
térales en amont de l'Abschwung, se fléchissent du côté de
la moraine aussitôt après la jonction des deux grands bras,
et arrivé en face du bloc n° 5, on ne reconnaît plus que des
traces vagues de l'ogive; le bras gauche seul se maintient
sous la forme d'une ligne longitudinale plus ou moins
recourbée au sommet. Il faut sans doute expliquer de la
même manière les courbes que décrivent les couches du
petit affluent du Miltelgrat. Le côté gauche de l'ogive a
probablement été supprimé, lors de la rencontre du glacier de la Strahleck avec celui du Finsteraar.

Je pourrais encore citer d'autres témoins non moins
authentiques de la pression qui est exercée sur toutes les
parties du glacier, par la rencontre du Finsteraar et du
Lauteraar. Ce sont des amas ou coulées de neige situées
entre l'affluent de l'Altmann et celui du Studerhorn. Ces
amas de neige sont en couches horizontales, en face du
Grunerhorn; mais, à mesure qu'ils approchent de l'Es-

cherhorn, ils se dépriment toujours plus, à tel point,
que quand on les examine en face de cette dernière montagne, ce ne sont plus que des coins enchâssés dans la
masse du glacier.

Influence de la forme des vallées.

L'action que la configuration de la vallée exerce sur
les affleurements n'est pas moins efficace; elle se trahit
surtout par les déplacements qu'elle fait subir aux *sommets* des couches, toutes les fois que la vallée change de
cours, ou que l'inégalité du sol entraîne le glacier dans
une direction différente de celle qu'il a suivie jusque-là.
Ainsi nous voyons les courbes des affleurements du Finsteraarhorn et du Studerhorn pencher toutes à droite,
depuis l'Abschwung jusqu'en face du Grünberg, con-
formément à la pente générale de la vallée, puis,
soudain, au moment où la vallée se fléchit à gauche,
transporter leurs sommets du côté opposé, jusqu'au
Bærenlamm, où le glacier se fléchit une seconde fois à
droite. C'est peut-être la meilleure preuve qu'on puisse
citer en faveur de la plasticité de la glace.

Stratification de l'affluent de la Strahleck.

A côté de ces affluents à couches plus ou moins régulières, nous en trouvons d'autres qui contrastent singulièrement avec cette forme normale des affleurements,
tels sont, en particulier, l'affluent de la Strahleck sur le
bras du Finsteraar et le grand affluent du col de Lau-

teraar. J'ai raconté plus haut dans quelle perplexité nous avait jeté la forme longitudinale des affleurements de la Strahleck dès 1842. Je puis ajouter aujourd'hui que cette forme longitudinale repose, au fond, sur les mêmes lois de stratification que les couches en ogives, pourvu qu'on tienne compte de la position particulière des vallées, et de la combinaison des différents affluents qui viennent se réunir au pied de l'Abschwung (Pl. VII, fig. 3). En effet, le glacier de la Strahleck, sans être étroit, puisqu'il mesure 700 mètres de largeur à son confluent avec le cirque du Finsteraar, est, cependant, de peu d'importance relativement à l'énorme développement de ce dernier qui a près de 3000 mètres de large, depuis l'angle du Mittelgrat, jusqu'au névé d'Altmann. Il n'est donc pas étonnant qu'arrivé au débouché de la vallée de la Strahleck, où il vient buter à angle droit, contre toutes les masses réunies du grand cirque composées des affluents du Finsteraarhorn, des deux affluents du Studerhorn, et de l'affluent de l'Altmann, il se trouve arrêté dans sa marche vers le sud. Ses masses, qui occupaient un lit à part, sont maintenant refoulées dans un espace étroit, entre le massif de l'Abschwung et l'affluent du Finsteraarhorn. Dès ce moment ses couches, jusque-là concentriques, se transforment en couches longitudinales, tandis que celles de l'affluent du Finsteraarhorn continuent leur marche concentrique.

En même temps, par l'effet du resserrement, les pe-

tites moraines *a*, *b*, *c*, etc., qui étaient séparées avant
le confluent, se combinent en un seul rempart qui contourne l'Abschwung, pour aller former plus bas la
grande moraine médiane du glacier de l'Aar.

L'affluent de la Strahleck se trouve, relativement au cirque du Finsteraar, exactement dans la même position que
les glaciers de Thierberg, de Grünberg, et de Silberberg, vis-à-vis du grand glacier. Ici aussi les couches qui
étaient transversales relativement à l'axe de ces glaciers
deviennent longitudinales pour le lit commun. Cette direction une fois prise, il n'y a aucune raison pour qu'elles
redeviennent transversales ; elles continuent donc à cheminer dans le sens de leur axe, et c'est pourquoi on ne
voit que des couches longitudinales dans le prolongement de ces affluents.

L'état du sol ne permet pas, à la vérité, de suivre
tons ces détails au glacier de la Strahleck ; car il est rare
que le glacier soit complétement dégagé de neige dans
ces régions. Cependant, j'ai lieu de croire que la combinaison des couches est à peu près telle que je l'ai représentée dans la fig. 3, Pl. VII.

Chevrons du Lauteraar.

Les couches du grand affluent du Lauteraar présentent des particularités d'une toute autre nature. D'abord
transversales ou simplement ondulées à leur origine,
dans le cirque du Lauteraar, elles commencent par faire
des saillies profondes dans la direction de l'Abschwung,

à mesure qu'elles approchent de ce promontoire (voy. Pl. III). Ces saillies se divisent en dentelures plus ou moins nombreuses que nous avons désignées plus haut sous le nom de chevrons, et qui se répètent avec des variations diverses dans toutes les couches, depuis l'Abschwung jusqu'en face du Pavillon. Une première méprise contre laquelle il faut se mettre en garde, c'est de confondre ces chevrons avec les ogives des autres affluents. J'espère qu'en appelant d'entrée l'attention des observateurs sur ce point important, j'éviterai toute confusion pour l'avenir. Et d'abord, si les chevrons avaient la même origine que les ogives, ils devraient être séparés les uns des autres par des moraines; ils représenteraient, par conséquent, des affluents primitifs. Or, c'est ce qui n'a pas lieu. En second lieu, ils n'ont rien de la régularité ni de la fixité des courbes ogivales, telles qu'on les rencontre sur les petits glaciers adjacents. Ils présentent, au contraire, des différences notables d'une couche à l'autre. Leur nombre n'est pas plus stable que leur forme. Peu nombreux et peu accusés, aux environs de l'Abschwung, nous les voyons se multiplier sensiblement à partir de ce point, atteindre leur plus grand développement aux environs de l'Hôtel, puis, s'amoindrir de nouveau, pour disparaître en face du Pavillon. Une pareille mobilité ne saurait dépendre d'une cause primitive; elle est le résultat d'une série de complications survenues *pendant le cours du glacier* et que nous allons essayer de débrouiller.

Remarquons d'abord que les chevrons n'existent que dans une seule portion de l'affluent du col de Lauteraar, sur sa rive droite, près de la moraine médiane, et qu'il ne s'en trouve aucune trace, sur toute la portion qui s'étend à gauche. Encore ne se maintiennent-ils que sur une étendue, relativement très-faible, de la rive droite, depuis l'Abschwung jusqu'en face du Pavillon. Il est vrai que les affleurements en amont de l'Abschwung sont aussi diversement ondulés et entaillés. Mais, nous avons vu plus haut que dans cette région, les contours des couches n'ont plus la même signification, à cause de leur faible inclinaison. Il n'en est pas de même des chevrons plus persistants qui se dessinent plus bas, dans le voisinage de la moraine médiane. A mesure qu'on descend du côté de l'Hôtel des Neuchâtelois, l'inclinaison augmente rapidement, et, avant d'être arrivés à la hauteur de ce point, leurs parois ont de 60 à 70°. Dès lors, leur présence ne peut plus s'expliquer par une simple inégalité d'ablation. C'est un problème de mécanique qu'il s'agit de résoudre. Comme ce n'est qu'à la condition de connaître la forme exacte des chevrons que l'on peut entrevoir leur liaison avec les lois qui régissent le mouvement des glaciers en général, voyons si nous ne parviendrons pas à déduire de leurs contours rigoureux, tels qu'ils ont été mesurés par M. Desor (*), et des modifications qu'ils subissent, quelques notions sur leur origine.

(*) Pour compléter les données approximatives des premières an-

La première couche mesurée est la couche *A*, exactement en face de l'Abschwung. Ses contours sont très-variables jusqu'auprès de l'affluent du Schreckhorn. Il n'y a que le sinus de droite, celui qui touche aux courbes de l'affluent cité, qui mérite quelque attention à raison de sa stabilité, qui résulte de son inclinaison plus forte. Dans la couche *B*, les chevrons sont déjà beaucoup plus constants; leur inclinaison est aussi sensiblement plus forte, surtout sur le côté de la moraine, où elle approche de la verticale. On en compte quatre qui sont fort inégaux entre eux. Le premier, qui est le plus saillant, touche à l'affluent du Schreckhorn; le second, qui lui succède, est de moitié moins long, mais à base assez large; le troisième est de nouveau très-allongé et fort étroit, c'est un triangle de 66 mètres de hauteur, sur 16 mètres de base; le quatrième est beaucoup plus petit et à peu près équilatéral. Les chevrons de la couche *C* sont encore plus nombreux. Il y en a au moins six: mais les deux externes sont les plus grands; ils ont, l'un 52 mètres de hauteur, l'autre 34, et sont à peu près équilatéraux. Les couches *D* et *E* n'ont plus qu'un chevron principal et deux latéraux qui correspondent aux chevrons externes des couches précédentes, mais ils sont bien plus petits, puisqu'ils n'ont que 24 mètres de longueur dans

nées, M. Desor a mesuré à la chaîne, tout une série d'affleurements, depuis l'angle de l'Abschwung jusqu'en face du Pavillon. Tous les affleurements dont les contours ont été mesurés rigoureusement, sont indiqués par un trait plus fort (Pl. III).

la couche *D*, et 18 mètres dans la couche *E*. Dans la couche *F*, le nombre des chevrons n'est plus que de deux, mais ils sont beaucoup plus allongés. Dans la couche *G*, les chevrons commencent à s'oblitérer, et, si on les distingue encore de loin, c'est moins à cause de leur grandeur qu'à cause de leur forme très-aiguë. La couche *H* est encore plus avancée sous ce rapport; elle n'a plus qu'un seul chevron qui est très-petit. Enfin, dans la couche *J*, on ne rencontre plus que quelques légères ondulations qui rappellent à peine les sinus des couches précédentes. Les couches qui suivent ne présentent que des contours réguliers.

Quelque bizarre que paraisse au premier abord une pareille structure, elle s'explique cependant d'une manière très-satisfaisante, quand l'on tient compte de la forme de la vallée et du relief général du glacier. En effet, le bras du Lauteraar présente, à 5000 mètres environ en amont de l'Hôtel des Neuchâtelois, un renflement considérable qui, vu de la moraine médiane, a l'air d'une montagne. Ce renflement se termine par une pente qui se prolonge vers l'Abschwung, d'où il résulte que les masses de glace du Lauteraar tendent naturellement à se précipiter dans le sens de la pente mentionnée comme le prouve, du reste, la direction oblique des couches vers ce point. Il est probable dès lors que si le glacier ne rencontrait aucun obstacle, il continuerait à cheminer dans ce sens, c'est-à-dire, du N.-O. au S.-E., de manière à aller buter contre les flancs de l'Escherhorn. Mais il rencontre précisément au pied de l'Abschwung le glacier du Finsteraar qui vient lui barrer le passage de toute la puissance de ses masses. De là, une énorme pression et partant un ralentissement des parties qui se trouvent les plus rapprochées du contact.

Il eût été bien désirable qu'une ligne de pieux pût être tracée en ce point à travers les deux grands bras, afin de connaître au juste l'effet de cette rencontre sur tous les points du glacier. Jusqu'ici, des obstacles de toute nature se sont opposés à l'établissement d'une station pareille. Cependant le retard que nous admettons au pied de l'Abschwung n'est pas une pure supposition, comme on pourrait le croire, et nous verrons plus loin en traitant de la marche du glacier qu'il est la conséquence nécessaire de la forme de la vallée. Ce retard n'est pas limité à la région du contact immédiat ; il se fait sentir à une assez grande distance de l'Abschwung, d'où il résulte que les parties adjacentes, que la pente générale de la vallée porte sans cesse vers la moraine médiane , sont obligées, pour avancer, de se plisser successivement autour des chevrons précédents. Chaque couche devient ainsi, pour la suivante, un obstacle qui occasionne un nouveau plissement, et c'est pour cette raison que nous voyons le nombre des chevrons augmenter aussi longtemps que l'équilibre n'est pas établi entre les deux grands bras.

C'est ainsi que le fait de la rencontre de ces deux grands bras du glacier de l'Aar et la pression qui en

résulte à leur confluent, nous expliquent à la fois, et le
retard momentané des régions voisines de l'Abschwung,
et la formation de chevrons sur l'affluent du Lauteraar,
et enfin la forme de plus en plus oblique des affleurements sur ce même affluent.

Il n'y a rien d'extraordinaire à ce que les effets de cette
rencontre se fassent sentir d'une manière plus sensible
sur le Lauteraar que sur le Finsteraar, par la raison qu'il
est le plus faible et qu'il reçoit le choc presque en face,
tandis que l'autre le reçoit de flanc.

Stratification du glacier du Rhône.

Il nous reste encore à mentionner quelques autres anomalies qui sont étrangères au glacier de l'Aar, mais
dont on trouve des exemples assez fréquents ailleurs. On
sait que les glaciers n'ont pas tous la même régularité,
et qu'il en est surtout peu dont la pente soit aussi douce
et aussi uniforme que celle du glacier de l'Aar. Du moment qu'un glacier est obligé de descendre sur le revers
d'une montagne abrupte, de manière à franchir une
grande distance verticale sur une petite étendue, il est
rare qu'il ne rencontre pas dans sa marche quelque
escarpement ou quelque rocher saillant qui interrompt
la régularité de son cours et lui donne une apparence
plus ou moins cahotique. C'est ce qui arrive en particulier au glacier du Rhône (Pl. VII, fig. 5). Sa partie la
plus bouleversée (*K*), qu'on pourrait appeler sa chute et
qui fait l'admiration de tous les voyageurs, est occasionnée

par un escarpement (*a*) qui traverse le glacier de part
en part. Les masses de glace, à mesure qu'elles arrivent
au bord de l'escarpement, entrent dans un grand désordre, occasionnent des crevasses, des aiguilles et des inégalités de tout genre. Néanmoins, la pente n'est pas assez
forte ni assez haute pour provoquer une solution de continuité de la masse entière et, à proprement parler, la
régularité des couches n'en est pas altérée. Mais on remarque au bas de la chute une anomalie particulière
qui m'a embarrassé pendant longtemps, parce qu'elle
est contraire en apparence à l'explication que j'ai donnée
plus haut de la forme arquée et ogivale des affleurements
des couches. Quand on poursuit les contours des affleurements de ce glacier, d'aval en amont, on les trouve
d'abord fortement cintrées à l'issue du glacier, puis, à
mesure que l'on s'élève, leur courbe diminue, et au pied
de la chute ce ne sont plus guère que des lignes transverses (*. Mais si de là on escalade les régions qui

(*) Cette disposition des couches et leur entrecroisement avec les
crevasses en éventail a été remarqué pour la première fois par **M. Guyot.**
Voici ce qu'on lit à ce sujet dans le mémoire cité : « Plusieurs observa-
« teurs déjà ont signalé, sans l'expliquer, la disposition en forme d'é-
« ventail que présentent les grandes fentes longitudinales d'un grand
« nombre de glaciers. Je citerai entre autres le glacier du Rhône. Des-
« cendus des sommets resplendissants et blanchis du Galenstock, il ar-
« rive resserré dans un défilé au bord de son dernier étage, se brise
« dans ses rapides et s'épanouit bientôt jusqu'au fond qu'occupe son
« extrémité inférieure. Ses nombreuses fentes transversales se refer-
« ment peu à peu en partie, et il ne reste que des lignes peu marquées.
« Ces lignes d'abord droites, commencent à s'arquer un peu plus bas,

sont en amont de la chute, on y trouve de nouveau des courbes fortement cintrées. Et pourtant il n'y a pas solution de continuité, comme nous venons de le voir ; bien plus, on voit les couches dans leur succession se continuer au travers des parties les plus accidentées de la chute. La première idée qui se présente à l'esprit de l'observateur , c'est de supposer un retard à l'endroit de la chute. Mais comment concilier un retard avec une aussi forte pente, tandis que partout ailleurs ce sont de préférence les endroits escarpés qui occasionnent l'accélération?

La solution du problème est ici tout entière dans la disposition des couches supérieures (Pl. VII, fig. 5).

En effet, nous venons de voir qu'immédiatement au-dessus de la chute, les arcs des couches sont très-prononcés. Outre cela, les sommets des affleurements ont une forte tendance à se porter à droite (*). Ils empiétent

« leur courbure tournée vers la partie inférieure augmente graduelle-
« ment, en sorte que les dernières sont à peu près concentriques.

« A l'extrémité semi-circulaire du glacier, les fentes longitudinales,
« dont je ne chercherai point ici l'origine, restant perpendiculaires aux
« lignes transversales, prennent nécessairement alors une position in-
« clinée vers le centre par en haut, et divergente par le bas, ce qui
« constitue l'éventail. Que conclure de cette disposition particulière que
« j'ai retrouvée fort bien exprimée dans le glacier du Gries et ailleurs,
« sinon que, non-seulement la partie superficielle d'un glacier se
« meut plus rapidement, mais encore que sa partie centrale se meut
« plus vite que ses bords, absolument comme dans le courant d'un
« fleuve, le mouvement vers le milieu est toujours plus rapide que vers
« les bords. »

(*) La succession de leurs sommets est indiquée par la ligne $m-n$.

ainsi peu à peu sur le bras droit des ogives, qui se
trouvent à la fin resserrées dans un très-petit espace,
entre le sommet des arcs et le promontoire *a* qui domine la chute. Il en résulte qu'au moment où la masse
entière est obligée de se fléchir pour descendre l'escarpement, la branche droite des arcs se trouve arrêtée par
le promontoire (*a*). Il lui arrive ce qui arrive aux couches
du Lauteraar, près du promontoire de Bærenlamm,
le mouvement dont elle est animée n'est plus suffisant pour leur faire franchir l'obstacle ; elle reste en
arrière, et la partie du glacier qui correspond au bras
gauche des ogives descend seule l'escarpement. Par l'effet
de ce changement, le centre des affleurements se trouve
déplacé, ce qui était le sommet des arcs devient le bord
droit ; le côté gauche avance en raison de sa nouvelle
position, et c'est ainsi que l'arc se transforme momentanément en une ligne transversale à peu près droite.
Ceci nous explique également pourquoi, dans toute la
partie située en aval de la chute, les bras des ogives
remontent plus haut sur le flanc gauche du glacier que
sur son flanc droit. C'est ainsi que ce phénomène qui a
été présenté par M. Desor comme une difficulté de la
théorie de la stratification (*), en devient au contraire une
éclatante confirmation (**).

(*) Bibliothèque universelle, T. XLIV, p. 154.

(**) L'explication que M. Forbes donne de ce phénomène (*Travels*,
p. 394) est de plus vagues. Il suppose qu'il existe au pied de la chute un
centre de pression qui force les ogives à se dilater toujours davantage.

Stratification des glaciers remaniés.

Les *glaciers remaniés,* dont j'ai indiqué les caractères dans mes *Études* (*), offrent un phénomène analogue quoique différent, en ce sens, qu'il y a solution complète de continuité. Les masses supérieures, rencontrant sur leur chemin des parois verticales d'une grande hauteur et se trouvant ainsi tout à coup privées de leur assiette, se détachent et tombent à mesure que le mouvement les porte en avant. Arrivé au bas de l'escarpement, l'éboulis, que la chute a réduit en très-petits fragments, se cimente de nouveau par l'effet de la fonte, et il se forme de nouvelles couches dont l'épaisseur est en rapport avec la quantité de glace tombée dans une chute.

Le glacier de Schwarzwald sur la grande Scheideck, entre Meyringen et Grindelwald est, de tous les glaciers remaniés, le plus instructif (Pl. VII, fig. 4). Une portion du névé de Rosenlaui *A* se détache de la masse principale et descend par un couloir du côté de l'Ouest. Mais, après un trajet de quelques mille mètres, elle rencontre les parois abruptes du Wellhorn. Une arête de cette montagne l'oblige de se diviser en deux bras, dont l'un *B* moins rapide, reste collé contre la pente sur l'espace d'une

Cette opinion, à l'appui de laquelle l'auteur ne cite aucun fait, est née de l'observation imparfaite du phénomène. Pour celui qui connaît les localités, ce centre de pression est tout aussi illusoire que le croquis qui le représente est inexact.

(*) p. 144.

centaine de mètres, tandis que l'autre *C* cesse d'une manière abrupte et présente ses couches dans leur superposition naturelle. C'est ce dernier couloir qui alimente le petit glacier remanié de Schwarzwald *D*. M. Desor a examiné et a réitéré plusieurs fois l'examen des couches de ce glacier et les a trouvées en tout semblables à celles des autres glaciers. Ce qui les rend cependant distinctes, c'est qu'elles sont séparées l'une de l'autre par des petits lits de gravier, absolument comme les couches les mieux accusées du glacier de l'Aar. Leur épaisseur est en moyenne de $0^m,30$ à $0^m,50$.

Les adversaires de la stratification ont allégué ces glaciers remaniés, comme une preuve que les couches que nous avons reconnues dans les régions inférieures du glacier, sont un phénomène à part, qui n'a rien de commun avec la stratification des névés, puisque leur structure première se trouve complétement anéantie par la chute.

Il est évident, en effet, que dans ce cas particulier, il n'y a aucune liaison directe entre les couches primitives du névé et celles qui se reforment au bas de l'escarpement. Mais loin de prouver contre la généralité du phénomène de la stratification, l'exemple des glaciers remaniés ne fait que la corroborer; car si des coulées de glace en poudre se stratifient aussi facilement et donnent lieu à autant de couches qu'il y a eu de chutes, c'est une preuve que la stratification est une propriété inhérente aux glaciers.

Je ne vois d'ailleurs pas pourquoi la glace triturée

serait moins propre à se stratifier qu'un dépôt de névé. Elle est composée, comme le névé, de petits grumeaux de glace, entassés les uns à côté des autres. Quoi de plus naturel que l'eau de fonte, en pénétrant dans cette masse incohérente, la cimente à mesure qu'elle se dépose? Que si, au lieu d'être triturée, cette glace se composait de gros fragments, il est probable que les couches ne se recomposeraient pas, ou du moins, seraient bien moins distinctes, et le glacier inférieur ne formerait qu'une seule masse comparable à un cône d'éboulement.

En résumé, la seule différence qui existe entre les glaciers ordinaires et les glaciers remaniés, c'est que dans ces derniers, les couches, au lieu de représenter des dépôts annuels ou saisonnaires, correspondent au nombre de chutes qui ont lieu dans un temps donné.

J'ajouterai encore, en dernier lieu, qu'il est reconnu de tous les montagnards que les chutes de glaces qui alimentent le glacier remanié de Schwarzwald, et dont le bruit se fait entendre au loin, n'ont lieu qu'en été ou du moins sont fort rares en hiver, en sorte qu'il est probable que le mouvement du glacier, loin d'être à son maximum de vitesse en hiver, comme on l'a pensé, est au contraire sensiblement ralenti à cette saison.

Des couches contournées.

Les affleurements des couches présentent fréquemment à la surface du glacier des déjettements (Pl. VIII. fig. 7) et même des contournements bizarres (Pl. VIII.

fig. 6), qui rappellent les saillies et les plissements de
certaines roches des Alpes. Tout en reconnaissant avec
M. Escher de la Linth (*) que de pareilles flexions exigent
un certain degré de flexibilité, je n'ai pas su, pendant
longtemps, comment me rendre compte du phénomène
ni surtout comment m'expliquer son origine. Plus tard,
je remarquai que ces irrégularités se trouvaient de préférence dans le voisinage des crevasses. Je vis que, lorsqu'une crevasse s'ouvrait largement (fig. 7, x), les plans
des couches perdaient fréquemment leur direction et se
déplaçaient tantôt à droite tantôt à gauche. La couche a
se portait en a', la couche b en b', la couche c en c', etc.
Que si une nouvelle crevasse (y) survenait, les plans se
déplaçaient de nouveau, m se portait en m' ; c' en
c'', d' en d'' etc.

Les contournements sont plus difficiles à expliquer.
Voici cependant comment je conçois la formation de plusieurs d'entre eux. Je suppose qu'une large crevasse
(k fig. 8 de Pl. VIII) se forme, et qu'une partie des plans
des couches se trouvent jetées loin de leur alignement,
par exemple, les couches m, n, o, en m', n', o'. Que si,
par l'influence d'une nouvelle crevasse (k) ou d'un accident quelconque, ces couches venaient à se placer obliquement, il n'y aurait rien d'étonnant qu'une pression
ultérieure les pliât sur elles-mêmes, et nous aurions alors

(*) Bulletin de la Soc. géol. de France, IIe série, T. III, p. 231.
Pl. iv, fig. 5, 6, 7.

des couches contournées, à peu près comme je l'ai indiqué par des lignes pointées dans la fig. 8. Cette circonstance n'empêcherait pas qu'au delà de la crevasse *l*, les
plans des couches ne reprissent leur direction première,
en sorte que les couches *m*, *n*, *o*, pourraient fort bien se
retrouver en *m″*, *n″*, *o″*. Jusqu'ici, je ne connais de ces
plissements que dans les régions voisines du bord. Au
glacier de l'Aar, ils sont surtout fréquents sur la rive
gauche, en amont du Pavillon.

DE L'INCLINAISON DES COUCHES.

Les couches du glacier ne sont pas superposées d'une
manière uniforme. Dans certaines régions, elles sont à
peu près horizontales; par exemple, à l'origine des glaciers et dans l'intérieur des cirques; dans d'autres, elles
sont fortement inclinées et approchent même quelquefois de la verticale. Ces différences proviennent, d'une
part, de la configuration de la vallée et, d'autre part, de
la forme générale des couches elles-mêmes. Il n'existe
peut-être aucun glacier dans lequel l'inclinaison des
couches ne parcoure tous les degrés du quart de cercle
depuis 10 et 20 jusqu'à 90°, et cela, non-seulement, à
de grandes distances mais souvent aussi d'une couche à
l'autre. Bien plus, la même couche peut présenter des
variations considérables, suivant qu'on l'observe au sommet de son arc ou sur les côtés. C'est la conséquence à la
fois et de la marche générale du glacier et de la vitesse

de ses différentes parties les unes relativement aux autres.

Il importe avant tout de bien distinguer entre les plans longitudinaux et les plans transversaux. Les premiers en effet, ne sont guère affectés que par la pression latérale ; l'inclinaison des plans transversaux, au contraire, relève de l'inégalité de vitesse qui peut exister entre les différentes assises superposées dans une même coupe verticale, et c'est à ce titre qu'ils méritent surtout notre attention. Aussi, ai-je consacré, de concert avec M. Desor, un soin tout particulier à leur étude (*).

Il résulte de nos observations collectives qu'en thèse générale, et lorsqu'un glacier s'écoule librement sans rencontrer d'obstacles sur son chemin, les couches sont

---

Il faut avoir soin lorsqu'on veut arriver à de bons résultats, d'observer toujours des points identiques et de ne pas prendre par exemple dans une couche, le sommet de l'arc ou du chevron et dans l'autre le côté.

Il y a plusieurs manières d'observer l'inclinaison des couches. S'il s'agit d'un endroit crevassé, rien n'est plus facile que de suivre leur trajet sur les parois des crevasses. On en mesure alors l'inclinaison, soit directement sur la glace même, soit en alignant son bâton dans la direction du plan incliné. Il faut user d'un peu plus de précaution lorsqu'on n'a ni crevasses ni autres cavités à sa disposition. Le plus souvent, il y a entre les couches un petit banc de glace décomposée et incohérente, qui permet l'introduction d'un bâton qui sert d'alignement. Mais souvent aussi, cette couche est trop peu épaisse; dans ce cas, il est bon de se munir d'un morceau de bois mince et droit qu'on introduit facilement entre les assises et sur lequel on place son instrument. Afin de m'assurer si ce moyen n'était pas sujet à erreur, j'ai souvent répété l'expérience en des endroits crevassés où les parois des crevasses m'offraient un moyen de vérification sûr, et j'ai constamment trouvé les résultats concordants.

à leur maximum d'inclinaison dans la partie moyenne de son cours, et que, plus haut comme plus bas, elles vont en s'affaissant insensiblement, de manière à s'approcher toujours plus de l'horizontale. La gradation a lieu d'une manière très-insensible. Ainsi, au glacier du Rhône, les sommets des arcs ont 15 à 20 degrés à l'issue du glacier ; un peu plus haut, à 200 mètres de là, l'inclinaison est déjà plus forte, de 30ᵈ; à mi-distance entre le talus terminal et la grande chute du glacier, elle est de 50ᵈ, et au pied de la chute elle-même elle approche de la verticale. Il peut arriver que cet ordre soit interverti lorsqu'un obstacle vient gêner la marche du glacier, comme c'est, par exemple, le cas au glacier de Rosenlaui. Les couches vont aussi ici en s'affaissant, à partir de la chute que le glacier fait dans sa descente du plateau des Wetterhœrner. Mais cet affaissement n'est pas continu par la raison que le glacier rencontre, près de son issue, un promontoire qui s'oppose à son passage et l'oblige à se séparer en deux bras. De là vient qu'immédiatement avant la bifurcation, les couches du glacier, après s'être affaissées jusque-là, se relèvent de nouveau, et de 30° d'inclinaison qu'elles avaient plus haut, remontent à 40° et 45° pour tomber de nouveau à 25° et même à 15° à l'issue de la branche droite. Le redressement des couches à l'issue des glaciers latéraux de Silberberg, de Grünberg et de Thierberg est dû à la même cause, avec cette différence qu'ici, c'est le grand glacier qui occasionne le retard. La meilleure preuve que c'est bien ainsi que les choses se passent, c'est que les glaciers de second ordre qui n'atteignent pas le grand glacier, par exemple, les glaciers de **Trift**, sur la rive gauche, n'ont nulle part leurs couches relevées à leur extrémité.

Les grands glaciers à pente faible, et dont la surface est peu accidentée, sont ceux où il est le plus aisé d'étudier les détails de l'inclinaison des couches. Sous ce rapport encore, nous étions admirablement placés au glacier de l'Aar. A l'extrémité du glacier, sur toute la tranche du talus terminal, les couches paraissent à peu près horizontales; il n'y a que celles qui touchent le bord qui se relèvent le long du rivage. L'inclinaison au milieu du talus est en moyenne de 15°; il y a même des couches qui n'ont que 10". Sur le dos du glacier, les premiers affleurements que l'on parvient à distinguer sont déjà un peu plus inclinés, de 20°. A la hauteur du point fixe **XII**, ils ont **25°**; entre ce point et le point **X**, 30°; en face du point X, 35 à 40°; en face du torrent de **Trift**, 45°; en face du point **IX**, 45 à 50"; en face de Grünberg, 60°; en face de **Silberberg**, 75"; en face de Thierberg, les couches sont presque verticales, jusqu'aux environs de l'Hôtel des Neuchâtelois. Là, les sommets des arcs commencent de nouveau à s'incliner; ils ont environ 60° en amont de l'Abschwung, dans l'affluent de Finsteraarhorn; plus loin, l'inclinaison va diminuant dans une proportion semblable à celle que nous venons de signaler en aval de l'Hôtel des Neuchâtelois, et il est probable qu'en pour-

suivant ces relevés plus loin, jusqu'aux limites extrêmes du glacier, on finirait par y trouver des couches horizontales. Dans ces dernières années, la grande quantité
de neige d'été d'une part, et le petit nombre de crevasses
ouvertes d'autre part, ont rendu les observations dans ces
régions très-difficiles, et nous ont empêché de répéter
une partie des observations commencées en 1842. Nous
avons néanmoins pu nous assurer, en 1845, que dans
le cirque du Lauteraar, les couches approchent déjà de
l'horizontale, en face de l'Abschwung, au moins dans la
région centrale. C'est en particulier le cas de la couche A
(Pl. III) qui n'a, en certains endroits, que 5° et même 2°
d'inclinaison.

En exprimant ces données dans une coupe qui embrasse toute l'étendue du glacier de l'Aar, l'on obtient
à peu près une figure comme celle de la fig. 4, Pl. V, savoir, des couches dont l'inclinaison va croissant jusqu'au
point x, pour s'affaisser de nouveau à partir de ce point,
jusqu'à l'extrémité du glacier (*).

L'inclinaison latérale (c'est-à-dire celle qu'on trouve

(*) J'ai déjà signalé cette disposition des couches dans une lettre insérée dans le journal de Leonhard et Bronn, 1843, p.
Après les faits et les exemples que je viens de citer à l'appui, je
crois superflu de répondre aux observations plus que discourtoises
de M. Forbes, qui m'accuse (*Travels*, p. 380) d'avoir imaginé cette disposition qui n'existerait pas, selon lui, dans la nature. Les personnes
plus familiarisées avec les détails de la structure du glacier, jugeront
par cette dénégation le degré de confiance que méritent les assertions
du physicien d'Edimbourg.

lorsqu'on poursuit les couches transversalement d'une rive à l'autre, est bien moins importante pour le mécanisme des glaciers, par la raison qu'elle n'est qu'indirectement influencée par l'inégalité de vitesse des différentes assises. Elle est en revanche bien plus dépendante de la configuration locale de la vallée. On peut poser en principe, que dans les couches cintrées, les côtés de l'arc ou de l'ogive sont sensiblement plus inclinés que le sommet.

J'ai vu dans les chevrons du Lauteraar, à la hauteur de l'Hôtel des Neuchâtelois, dans la couche *D*, un exemple où le sommet du chevron avait 20° d'inclinaison, tandis que les côtés en avaient, à 5 mètres de là, 4°, et à 10 mètres 60°. La même différence s'observe, quoique à un moindre degré, dans les ogives de l'affleurement du Finsteraar; l'inclinaison est aussi ici de 10 et même de 15° plus forte sur les côtés qu'au sommet des arcs. Cette différence n'a rien de surprenant dans un glacier simple, comme par exemple celui de Grünberg ou du Zinckenstock. Les parties centrales marchant beaucoup plus vite que les bords, exercent par là même une forte pression contre les couches latérales, et celles-ci, sans cesse refoulées contre les rives du glacier, finissent par se redresser toujours plus. Le même raisonnement n'est plus applicable à un affluent, tel que celui du Finsteraarhorn, du moment qu'il est entré dans le grand courant de l'Aar. Il faut, pour trouver la cause de l'inégale inclinaison de ses couches, remonter jusqu'au point où il était à l'état de glacier simple, et où il y avait par conséquent, accélération de ses parties centrales sur ses parties latérales.

Ce n'est pas à dire que les couches une fois verticales et longitudinales, ne subissent plus aucun changement d'inclinaison. Elles sont au contraire soumises à toutes sortes de vicissitudes. Ainsi, lorsqu'après un resserrement, la vallée s'élargit subitement, on voit les couches qui, dans la partie étroite, étaient toutes verticales, s'incliner, du moment qu'elles passent dans la partie élargie. C'est ce dont on peut voir un exemple frappant aux environs du Pavillon. En amont du promontoire sur lequel est construite cette habitation, les couches sont verticales ou à peu près, mais elles ne l'ont pas plutôt franchi, qu'elles s'inclinent toutes vers la rive gauche qui présente un large évasement. J'ai mesuré les différents degrés d'inclinaison sur une coupe prise non loin de là, en face de l'embouchure du ruisseau du glacier de Trift, et j'ai trouvé les chiffres suivants : tout près du rivage, les couches ont $20°$ d'inclinaison; à 50^m de là, elles ont $30°$; encore un peu plus loin de 40 à $50°$, au milieu du Lauteraar, elles ont 70, et près de la moraine 70 à $80°$. Il existe même des traces de cette inclinaison jusque dans les couches du Finsteraar.

On pourrait faire une quantité d'autres coupes qui donneraient des résultats semblables. Il n'y a pas d'anse, si petite qu'elle soit, dans laquelle le glacier n'étale ses feuillets, dès qu'il en a l'occasion. Ceux-ci présentent alors une succession de petits gradins qui sont d'autant plus accusés, qu'ils sont plus chargés de sable (*).

Ces feuillets se redressent avec la même aisance à mesure qu'ils approchent du promontoire du Baerenritz. Je dois cependant faire remarquer que, selon toute apparence, l'inclinaison de la masse entière dans l'anse dont il est ici question, n'est pas seulement le fait de l'élargissement de la vallée. Il est probable qu'il y a là un grand enfoncement qui provoque une chute générale du glacier de ce côté (**).

En thèse générale, les couches plongent vers le milieu de la vallée, dans tous les glaciers simples, qu'on les prenne au milieu ou sur les bords; seulement, l'inclinaison est ordinairement moins forte sur les bords. Une coupe transversale dans un glacier simple, comme le glacier de Grünberg, présentera, par conséquent, à peu près la disposition que j'ai représentée dans la fig. 6 de Pl. VII. Les couches seront continues d'une rive à l'autre, et les arcs qu'elles décrivent auront leur sommet au milieu du glacier, ce qui est la conséquence du mouvement plus rapide du centre relativement aux bords. Ce mouvement accéléré, comme nous le verrons plus bas, est lui-même

(*) On remarque aussi des dislocations analogues entre les couches longitudinales du glacier de la Strahleck, en amont de l'Hôtel des Neuchâtelois. Les cours d'eau qui circulent sur ce point du glacier, suivent alors volontiers la base des surfaces en saillie dont l'exhaussement rappelle des failles.

(**) Ce qui me confirme dans cette idée, c'est que non loin de là, à la station de Brandlamm, le maximum de vitesse, comme nous le verrons plus tard, n'est pas au milieu du glacier, mais tend à se rapprocher de la rive gauche où se trouve l'évasement en question.

déterminé par la plus grande épaisseur des masses centrales. Il n'est pas nécessaire que l'épaisseur maximum corresponde toujours au milieu de la vallée ; elle peut varier avec le thalweg et se porter tantôt d'un côté, tantôt de l'autre, de même que l'inclinaison peut être différente sur les deux bords ; mais toujours les couches seront parallèles comme les assises d'un bassin géologique.

Que l'on suppose maintenant deux glaciers simples A et B, venant se réunir dans un lit commun (fig. 7). De ce moment, les rapports d'inclinaison des couches se trouveront changés. Les couches a' de A, rencontrant au milieu du nouveau lit les couches b de B, seront obligées, pour occuper le nouvel espace qui leur est ouvert, de se plier à angle droit, et leurs plans, d'obliques qu'ils étaient, deviendront verticaux. Il n'y aura que les couches a de A et b' de B qui conserveront leur inclinaison. Que si, un troisième affluent C venait à confluer avec les deux glaciers réunis A et B (fig. 8), il donnerait lieu à des redressements semblables. Les couches b' de B et les couches c de C se relèveraient à leur tour ; l'affluent B n'aurait plus que des couches verticales, et il ne resterait d'obliques que les couches $a\,a\,a$ et les couches $c'\,c'\,c'$.

J'ai essayé d'après ce principe, de reproduire dans une série de coupes, la disposition des couches dans l'intérieur du glacier de l'Aar, telle que j'ai cru pouvoir la conclure des affleurements de la surface. Chaque coupe représente l'épaisseur proportionnelle du glacier, d'après mes recherches sur la puissance du glacier de l'Aar.

Comme ces figures ne sont cependant pas le résultat d'observations directes, j'ai indiqué, par des lignes pointées, tout ce qui est hypothétique.

Fig. 9 de Pl. VII représente une coupe prise à la hauteur de l'Hôtel des Neuchâtelois. L'épaisseur du glacier en ce point doit être d'environ 400 m. On distingue à la surface les indices d'au moins sept affluents. La plupart ont des couches verticales. Il n'y a guère que les affleurements externes du Lauteraar qui plongent d'une manière sensible vers le centre de la vallée, ce qu'il faut attribuer à leur position marginale. Il est probable que dans l'intérieur du glacier, ces couches se relèvent sous un angle aigu pour aller affleurer, sous la forme de plans verticaux, dans le voisinage de l'affluent du Schreckhorn, ainsi que l'indiquent les lignes pointées de notre figure. Les couches des autres affluents du Schreckhorn, du Finsteraar, du Studerhorn, de l'Altmann, du Grunerhorn, etc., se replient probablement aussi dans l'intérieur du glacier, mais sous des angles plus aigus. Il n'y a que les couches de l'affluent de la Strahleck qui soient parfaitement parallèles ; c'est une conséquence de la combinaison particulière de cet affluent avec les masses glacées du Finsteraar dont nous avons traité plus haut (p. 230).

La fig. 10 de Pl. VII représente une coupe prise à 500 mètres en amont du Pavillon, en face du Silberberg. La disposition des couches est la même que dans la coupe de fig. 9, avec cette différence, qu'un nouvel affluent, celui de Thierberg, est venu s'ajouter dans l'intervalle, tandis que les autres se sont rétrécis à proportion. Les couches du Thierberg nesont pas ployées en V, mais rigoureusement verticales et parallèles, comme celles de l'affluent de la Strahleck, parce qu'elles entrent en effet dans le courant commun sous la forme de couches longitudinales. Les couches du Lauteraar sont les seules inclinées de cette station. L'épaisseur du glacier est encore ici, selon toute apparence, de plus de 300 mètres.

La fig. 11 de Pl. VII représente enfin une coupe prise à 1000 mètres en aval du Pavillon, à la hauteur du point fixe XIII. En cet endroit, le glacier est déjà sensiblement rétréci, et son épaisseur n'atteint pas 300 mètres. La moraine recouvre plus de la moitié de sa surface, ce qui rend très-difficile la détermination de l'inclinaison des couches. Il ne reste à découvert que l'affluent du Lauteraar et une partie du Finsteraar. Quant au premier, nous avons vu plus haut que ses affleurements sont fortement inclinés en cet endroit, si bien que les plus rapprochés du bord font avec l'horizon un angle qui ne dépasse pas 20°. Mais ce n'est plus là la forme primitive des couches. Cette moindre inclinaison est l'effet d'un déversement latéral occasionné par une anse du rivage, dans laquelle les couches du glacier s'étalent comme les feuillets d'un livre. De là vient que tous les affleurements du Lauteraar sans exception, même ceux du côté interne, sont inclinés à l'intérieur ou en dehors, au lieu d'être verticaux ou inclinés vers la moraine, comme dans les deux autres coupes. Les affleurements du milieu de la moraine se ressentent encore de ce déversement latéral, car ils sont tous légèrement inclinés en dedans.

Plus on approche de l'extrémité des glaciers, et plus cette disposition primitive des couches est difficile à reconnaître. Les influences de toute nature que le glacier subit dans son cours, tendent nécessairement à en altérer la régularité. Une partie des affluents finissent par disparaître complétement, tels que les affluents du Studerhorn, du Grunerhorn, etc., dont nous avons pu indiquer la place dans la fig. 9, mais qu'on retrouverait difficilement dans une coupe prise près de l'extrémité du glacier de l'Aar.

J'ai l'espoir que des recherches ultérieures, faites sur d'autres glaciers, compléteront les données que j'ai pu recueillir au glacier de l'Aar, qui, il faut l'avouer, n'est pas très-propice pour ce genre de recherches (*).

LES COUCHES SONT IDENTIQUES DANS TOUTES LES PARTIES
DU GLACIER.

Après avoir poursuivi les affleurements des couches, dans toutes les parties des glaciers, après avoir indiqué les modifications qu'ils subissent dans leurs contours, et

---

(*) Les indications de M. Forbes sur l'inclinaison des couches de la mer de glace (*Travels*, p. 166 ne sont pas aussi précises qu'elles pourraient l'être ; et cependant ce glacier semble, plus que tout autre, approprié à de pareilles recherches.

celles non moins frappantes qu'on remarque dans leur inclinaison, il me reste maintenant à montrer que les couches du névé et celles que nous avons signalées dans le glacier proprement dit sont réellement un seul et même phénomène.

Nous avons dit que tous les observateurs s'accordent à admettre une stratification dans les régions supérieures des glaciers. Là, en effet, les masses congelées se crevassent largement et à de grandes profondeurs, en sorte que l'on peut en compter les assises aussi loin que l'œil pénètre. Mais, à mesure qu'on approche de la région de la glace compacte, ces ouvertures deviennent toujours plus rares, et l'on n'a plus, pour se guider, que les affleurements de la surface, qui sont souvent très-frustes, sans compter que la neige les soustrait à l'observation toutes les fois que les étés sont neigeux. Cette circonstance a sans doute été cause que plusieurs observateurs ont admis trop précipitamment que les couches primitives disparaissaient avec le névé.

Plus bas, cependant, les affleurements reparaissent de nouveau, mais sous une forme un peu différente; leurs contours, plus arqués et moins irréguliers, se reconnaissent à une teinte sombre, qui provient d'une mince couche de sable ou de gravier qui les accompagne. Nous avons montré que cette couche de sable n'est pas super ficielle, comme l'affirme à tort M. Forbes, mais qu'elle se rattache à une fissure qui se prolonge dans l'intérieur de la masse, accompagnée d'ordinaire d'une bande de glace bleue. La région où les affleurements se présentent avec ces caractères est ordinairement à quelque distance de la limite du névé (au glacier de l'Aar, dans la région des chevrons; par conséquent près du point *n*, dans la fig. 3 de Pl. V). En même temps les couches sont déjà fortement inclinées et cette différence d'avec les couches presque horizontales du névé a sans doute contribué à affermir l'idée que les deux phénomènes n'avaient rien de commun.

On pourrait aussi tirer de l'inégale distance des affleurements une objection contre l'unité de la stratification, soit qu'on compare différents glaciers entre eux, ou les diverses régions d'un seul et même glacier. Mais, ici, il faut avant tout faire la part de l'inclinaison des couches, et c'est pourquoi j'ai insisté d'une manière toute particulière sur la nécessité de s'enquérir du degré d'inclinaison des affleurements, lorsqu'on parle de stratification. Si les couches avaient toutes la même inclinaison et la même épaisseur, rien ne serait plus facile que de tracer sur un plan la place de chaque affleurement. Mais l'on conçoit que des couches d'égale épaisseur formant, par exemple, avec l'horizon un angle de 20°, devront affleurer à des distances bien plus grandes que les couches de même épaisseur, mais dont l'angle sera de 80°. Une même couche, si elle est diversement inclinée dans son trajet, pourra être, sur tel point de son pourtour, très-rapprochée de sa voisine, sur tel autre, très-éloignée. De là vient que les sommets des arcs, et,

en particulier, les sommets des chevrons du Lauteraar
(Pl. III) sont plus espacés que leurs côtés. J'ai vu, dans
le névé du Lauteraar, des affleurements qui, près de
l'Abschwung, là où l'inclinaison augmente rapidement,
n'étaient distants que de 3 mètres, tandis qu'ils l'étaient
de 20 et 25 mètres au milieu du glacier.

Il ne faut pas non plus perdre de vue que les couches
sont d'épaisseur inégale, ce qui est une conséquence de
leur origine. Les couches, avons-nous dit, représentent
la somme des neiges tombées dans un temps donné. Or,
la quantité qu'il en tombe n'est pas la même toutes les
années. Il règne, au contraire, la plus grande inégalité entre les années et les saisons. Un hiver humide, par
exemple, donnera lieu à des couches plus épaisses qu'un
hiver froid et serein. Du moment où l'inégalité existe,
il n'y a pas de raison pour qu'elle ne se maintienne
à travers toutes les métamorphoses de la glace jusqu'à
l'extrémité des glaciers.

Cependant cette inégalité n'est pas illimitée. Lorsqu'on examine la succession des assises, dans quelque
grand caveau des névés, on est, au contraire, plutôt
frappé de leur régularité. Dans le cirque de l'Altmann,
le plus facilement accessible dans les environs du glacier
de l'Aar, les couches ont en moyenne 2^m à 2^m,50
d'épaisseur. Il n'y en a qu'un petit nombre qui atteignent 3 mètres, et très-peu également qui restent au-
dessous de deux mètres. Ce qui prouve, du reste, que
ces bancs représentent réellement des couches an-

nuelles, c'est que leur épaisseur correspond d'une manière frappante avec le résidu des neiges de l'hiver, tel que le donne le tableau des chutes de l'hiver de 1846 (*Voy.* p. 135). Il est probable que, dans leur trajet ultérieur, ces couches diminuent d'épaisseur par l'effet de la pression. Il ne saurait même en être autrement, quand on considère que la glace est compressible, et que sa densité va en augmentant d'une manière très-sensible d'amont en aval.

Afin de montrer que la liaison que l'on conteste entre les couches du névé et celles des régions ultérieures du glacier, existe réellement, j'ai choisi pour théâtre de mes investigations cette partie du glacier qui est en quelque sorte intermédiaire entre les deux régions. Les puits assez nombreux qui se trouvent sur la branche du Lauteraar, un peu en amont de l'Hôtel des Neuchâtelois, et dont plusieurs sont vides en été, m'ont fourni une excellente occasion d'y suivre la succession des couches. Pendant mon séjour de 1842, je me fis dévaler dans un puits de 16 mètres de profondeur, situé dans la région des chevrons, par conséquent, non loin de la limite du névé (Pl. V, fig. 15). J'y trouvai les couches *a a* aussi distinctement superposées que dans les grands caveaux des champs de neige; seulement, au lieu d'être horizontales, elles plongeaient vers l'origine du glacier, sous un angle de 30° environ, qui correspondait exactement à l'inclinaison des affleurements à la surface. Ce qui leur donnait surtout un caractère d'authenticité, c'est que

plusieurs d'entre elles étaient séparées par des bandes de
sable. Je trouvai même dans plusieurs de ces bandes
a' a'' a''' du gravier assez grossier, contenant des
cailloux de la grandeur d'une noisette. Or, nous avons
vu plus haut qu'il n'y a que les couches qui aient ce caractère. A côté de ces couches, je vis d'autres fissures
plus irrégulières *(b b)* que je reconnus pour être des crevasses refermées ; elles se dirigeaient dans différents sens,
mais la plupart approchaient de la verticale et se croisaient avec les couches sous des angles divers.

Une autre preuve de l'identité du phénomène se tire
de la concordance parfaite qui existe entre la direction
des plans de couches, dans l'intérieur des crevasses et
leur affleurement à la surface. Soit la fig. 5 de Pl. V,
un puits sur la paroi duquel se voient plusieurs lignes de
couches ; supposons que leur inclinaison soit de 25°;
elles devront, s'il y a correspondance entre elles et les
affleurements superficiels, apparaître à la surface à une
distance en rapport avec leur profondeur dans le puits.
Ainsi, si la couche *A* est à 10 mètres de la surface, elle
devra affleurer à 20 mètres de l'ouverture du puits ; la
couche *B*, qui est à 20 mètres, affleurera en *B'* c'est-à-
dire à 40 mètres du bord ; la couche *C*, qui a 25 mètres
de profondeur, en *C'*, c'est-à-dire à 50 mètres de distance, etc. (*).

(*) Dans les régions où aucune ouverture ne permet de voir l'intérieur,
il faut creuser des cavités artificielles. J'ai fait creuser dans ce but
plusieurs fossés sur la branche du Finsteraar, aux environs de l'Hôtel

Nulle part, ces expériences ne sont plus faciles à faire et plus concluantes que dans la région des chevrons, sur la branche du Lauteraar. Il est rare qu'on n'y rencontre pas, d'espace en espace, soit un puits, soit une crevasse, sur les parois desquels les assises soient distinctement superposées. Il suffit, quelquefois, d'enfoncer son bâton dans la direction de l'affleurement, par exemple de A' (fig. 5, Pl. V) pour le voir sortir sur la paroi du puits en A, c'est-à-dire exactement à l'endroit où se trouve la jointure de deux couches.

La même concordance s'observe jusqu'à l'extrémité du glacier ; c'est ce dont j'ai pu m'assurer par un trou de cascade situé en face du Nᵒ XIII, et dont la fig. 14 de Pl. V représente la coupe. Les couches, sans être aussi équidistantes que dans la région supérieure, sont cependant parfaitement parallèles, et toutes vont affleurer à la surface, exactement dans le prolongement de leur tracé sur la paroi du puits.

Que les couches soient moins distinctes dans la région terminale, il n'y a là rien qui doive étonner quand on songe à toutes les vicissitudes qu'elles subissent dans le cours du glacier. Il peut arriver que l'œil le plus exercé s'y trompe et qu'il confonde, soit des crevasses refermées, soit des bandes bleues, avec les affleurements. Mais de pareilles erreurs, si elles surviennent quelquefois, ne peuvent être que locales, et je me flatte qu'après les des-

des Neuchâtelois, lesquels m'ont donné absolument les mêmes résultats.

criptions que j'en ai données, le phénomène en lui-même
sera envisagé comme suffisamment démontré, et qu'il
prendra rang parmi les faits acquis à la science.

Les adversaires de la stratification ont objecté que si
celle-ci était un phénomène primitif, il ne devrait pas
s'effacer et se reformer alternativement. M. Forbes (*)
cite comme exemple le glacier de Talèfre : « La structure
de la glace du Talèfre, dit-il, est entièrement détruite
(*extirpated entirely*) par sa descente rapide jusqu'au niveau du glacier de Léchaud, où elle reparaît, ou plutôt
se reconstruit de ses fragments pulvérisés, d'après un
mode tout différent ; et il ajoute qu'il espère, par cette
observation, avoir battu en brèche toute idée tendant à
voir dans la structure rubanée (la stratification) un prolongement ou une déformation des strates du névé.
N'ayant pas vu les glaciers du Talèfre depuis que je fais
une étude suivie de la structure des glaciers, je ne puis
avoir d'opinion sur le cas particulier. Ce que je me rappelle, c'est qu'il n'est pas plus bouleversé que le glacier
du Rhône à sa chute, ni que l'affluent du Finsteraarhorn, qui descend dans le couloir escarpé qui est entre
le Mittelgrat et le pic Agassiz. Or, dans ces deux exemples, la stratification ne disparaît nullement, pas plus
qu'au milieu des aiguilles du glacier inférieur de Grindelwald. Il est vrai qu'elle est moins distincte qu'ailleurs, et que pour la reconnaître, l'on est souvent obligé de

(*) Edinburgh New philosophical Journal, p. 217.

pénétrer au milieu du labyrinthe. J'ignore si M. Forbes a réellement apporté à cette observation toute la précision nécessaire. Si cela est, et que toute trace des couches disparaisse réellement au glacier de Talèfre, ce serait une exception à la règle. Avant de l'admettre, je préfère attendre de plus amples informés.

Enfin, je crois qu'on démontrera un jour qu'il existe une corrélation constante entre l'épaisseur moyenne des couches et la longueur des glaciers. Qu'on compare par exemple les couches du glacier de Zinkenstock avec celles du cirque de l'Altmann, et l'on trouvera que ces dernières l'emportent de beaucoup en épaisseur, d'où je conclus que si les deux glaciers restaient isolés, leur longueur serait en raison de la différence qui existe entre leurs couches, sous le rapport de l'épaisseur. Si les petits glaciers ont des couches plus minces, ce n'est pas qu'il y neige moins, ni moins souvent que dans les grands cirques, mais parce qu'ils ne sont pas disposés de manière à permettre à la neige chassée par les vents de s'accumuler en masses aussi considérables.

Faut-il conclure de là que tous les glaciers simples ont le même nombre de couches? Il serait téméraire de le prétendre. Cependant je ne pense pas qu'il règne à cet égard une aussi grande diversité qu'on pourrait être tenté de le croire. Ce qui est certain, c'est que le nombre des couches ne saurait être illimité, pas même dans les plus grands glaciers. Il y a à cet égard une limite que la nature ne dépasse pas dans

les conditions météorologiques actuelles. Le caractère de
tout glacier est de tendre vers les régions basses, en che-
minant avec plus ou moins de rapidité, suivant la puissance de ses masses et la configuration du sol. Pendant ce trajet, il subit toutes sortes de modifications ;
la glace perd peu à peu ses propriétés primitives qui
facilitaient son déplacement ; elle devient à la fois plus
compacte et plus fusible, en d'autres termes elle atteint
une certaine maturité, après quoi elle se dissout. Les petits glaciers sont soumis à cette loi tout comme les grands;
seulement, comme leur marche est plus lente et leur
ablation moins considérable, leurs couches peuvent persister aussi longtemps que celles des grands, et comme
elles sont quelquefois très-nombreuses, il n'est pas in-
vraisemblable qu'ils remontent à une époque tout aussi
ancienne.

EXAMEN DES AUTRES THÉORIES SUR LA STRATIFICATION.

Il nous reste maintenant à examiner en peu de mots la
théorie qu'on m'oppose. M. Forbes, ainsi que je l'ai dit
plus haut, n'admet pas, non plus que M. de Charpentier,
que la stratification se continue en aval du névé. Selon
M. Forbes, les strates de la région inférieure, qu'il désigne sous le nom de plans de structure, seraient des
déchirures résultant de la marche accélérée du centre
relativement au bord. Cette explication se concevrait, à
certains égards, si les solutions de continuité étaient simplement longitudinales, mais elle n'est en aucune façon

applicable aux brisures transversales qui, quoi qu’en dise M. Forbes, sont aussi distinctes que les bandes longitudinales (*).

Enfin, il ne peut échapper à personne que des ruptures pareilles, qui supposeraient nécessairement une grande rigidité, ne sont guère compatibles avec la semi-fluidité que l’auteur suppose à la glace des glaciers. M. Forbes se fonde à cet égard sur des expériences qu’il a faites avec des matières visqueuses dans son cabinet. Il a introduit dans un baquet de forme irrégulière, devant simuler les inégalités des vallées alpines, un mélange de plâtre et de colle, coloré alternativement de blanc et de bleu. Cette pâte, après s’être moulée dans le baquet, en a été retirée, et il s’est trouvé que les différentes couches blanches et bleues formaient des arcs concentriques et inclinés en avant. Je conviens qu’on ne pouvait démontrer d’une manière plus palpable la viscosité de ce mélange de plâtre et de glu. Mais de ce que les sections du moule ont présenté quelque analogie avec la structure des glaciers, s’en suit-il que les glaciers se meuvent d’après les mêmes lois ? S’en suit-il surtout qu’ils soient des corps visqueux ? et c’est là pourtant l’une des preuves capitales sur lesquelles M. Forbes fonde sa théorie. En traitant de l’origine des bandes bleues et de leur rapport avec le mouvement, ce physicien conclut que, le milieu marchant

(*) Il ne saurait même en être autrement, puisqu’elles sont les affleurements des mêmes couches.

plus vite que les bords, il doit se former des solutions de
continuité correspondant à cette inégalité, et il pense que
c'est pour cette raison que les plans de structure (les couches) sont plus distincts sur les côtés, où la différence de
mouvement d'une couche à l'autre est plus grande qu'au
sommet des arcs. On devrait croire, d'après cela, que
M. Forbes a vu se former dans son baquet des solutions
de continuité tout à fait pareilles à celles des glaciers. Or,
c'est ce dont il n'est nulle part question dans son livre.
L'auteur nous dit bien qu'il a retrouvé ses zones bleues
et blanches inclinées comme elles le sont dans le glacier.
Mais le fait essentiel, celui de la solution de continuité,
ne se trouve nulle part mentionné.

Cependant, la prétendue formation des affleurements
par brisure a donné lieu à une discussion de mécanique très-
approfondie entre M. Forbes et M. Hopkins, dans laquelle
ce dernier démontre, d'une manière évidente selon nous (*),
que l'inégalité de vitesse de deux couches ne peut pas produire des fissures longitudinales. Il pense que ces fissures
doivent être la conséquence de la pression latérale qui est
exercée contre les parties voisines du bord. Quant à nous,
qui croyons avoir démontré que ces prétendues brisures
sont des séparations de couches, que par conséquent
elles sont antérieures à ces mouvements, nous ne sui-
vrons pas davantage les deux savants physiciens dans

<hr>

(*) *Hopkins*, On the motion of the glaciers. Philosophical Magazine, vol. XXVI, p. 321.

leur discussion sur la direction dans laquelle la glace
doit se fendre sous l'empire de la pression.

A côté de ces plans de structure, qu'il attribue à des
déchirures, M. Forbes admet une seconde espèce de
bandes, ses bandes sales (*dirt bands*), qu'il dit être causées par les plans de structure (*) et qu'il a reconnues
jusque dans les glaciers de Tacul et de Léchaud, au-
dessus de leur réunion au pied du mont Tacul (**). Or,
ces bandes sales, ainsi que nous l'avons montré plus
haut (p. 206), ne sont autre chose que les affleurements
des couches avec les caractères particuliers qu'ils affectent
dans les hautes régions. La meilleure preuve que c'est
un phénomène différent des bandes bleues ou d'infiltration se tire de leur présence même dans les régions supérieures où les bandes n'existent pas ou du moins sont
fort rares. Ajoutez à cela qu'elles sont à peu près transversales dans ces régions. Or, d'après la loi établie par
M. Forbes lui-même, les brisures occasionnées par le
mouvement accéléré du centre devraient être parallèles
au mouvement, d'où je conclus que l'explication propo-

(*) *Forbes*, Travels, p. 163.

(**) La définition que M. Forbes donne de ces bandes sales est trop
vague, pour que je m'arrête à la combattre. Il les compare aux anneaux
des cornes de certains animaux et pense qu'elles dépendent de l'époque
de leur première consolidation dans les régions supérieures et que leur
caractère particulier, en se maintenant dans leur cours ultérieur, détermine leur présence à des espaces annuels, en sorte qu'ils représentent
en quelque sorte les *anneaux annuels d'accroissement des glaciers*
(Travels, p. 177). Au reste, l'auteur convient lui-même qu'il y a là une
difficulté qu'il n'a pas encore pu résoudre.

sée par ce savant, à supposer un instant qu'elle pût s'appliquer aux régions inférieures des glaciers où les plans de structure sont en général longitudinaux, demeure tout à fait sans application pour les bandes sales (ou couches chargées de gravier) des régions supérieures.

Enfin, une dernière difficulté, peut-être la plus insurmontable de toutes, dans la théorie de M. Forbes, ce sont les chevrons de l'affluent du Lauteraar (Pl. III). Rien qu'à voir leur forme variable, on comprend que ce ne sont pas des déchirures violentes, mais de simples plissements. Tout le monde peut d'ailleurs se convaincre qu'ils se rattachent *directement aux affleurements horizontaux* du névé, derrière l'Abschwung, dont personne n'a jamais contesté l'authenticité.

Je conclus de tout ceci que l'explication que M. Forbes donne de ses plans de structure est insuffisante, puisqu'elle ne rend pas compte des faits essentiels, tels que les couches transversales et les chevrons. Elle est d'ailleurs en contradiction manifeste avec la théorie même de la semi-fluidité qui, de sa nature, est antipathique à toute dislocation violente. Lorsqu'on a reconnu que la stratification est persistante, toutes ces difficultés s'expliquent naturellement. Les séparations de couches sont données dans le principe, et la manière dont elles se courbent et se fléchissent n'est que la conséquence du mouvement inégal du glacier dans ses différentes parties.

DES CAUSES DE L'INCLINAISON DES COUCHES DU GLACIER.

Il n'y a qu'un seul moyen d'expliquer l'inclinaison variable des couches du glacier, c'est de supposer que les différentes assises superposées marchent avec des vitesses différentes. Malheureusement nous ne possédons encore aucune expérience directe sur ce point important, et nous sommes par conséquent obligés, en attendant que des renseignements positifs viennent confirmer nos prévisions, de nous contenter des indices, que la structure du glacier nous fournit. Ces indices, nous les empruntons à la disposition même des couches. S'il ne s'agissait que des couches de la région terminale des glaciers, rien ne serait plus facile que d'expliquer leur inclinaison. Nous avons ici des affleurements qui, après avoir été à peu près verticaux aux environs de l'Abschwung, s'inclinent insensiblement à mesure que le glacier approche de son terme. Une pareille disposition ne peut être que l'effet d'un *ralentissement des assises inférieures* relativement aux couches superficielles. Or, j'ai montré ailleurs (*) que plusieurs circonstances rendent ce ralentissement très-probable, du moins dans la région de la glace compacte (**). On conçoit, en effet, qu'un glacier

(*) Etudes, p. 166.

(**) Cette marche ralentie des couches inférieures est aujourd'hui démontrée de la manière la plus positive par les expériences que M. Martins vient de faire au glacier de Grünberg, l'un des affluents du

ne puisse se mouvoir sur un sol rocheux et plus ou moins inégal, sans subir un frottement considérable. Or, comme tout frottement est une cause de retard, il n'y a rien d'étonnant qu'il en résulte un ralentissement qui doit surtout être sensible dans les assises inférieures, parce qu'elles sont les plus exposées au frottement (*).

On ne saurait expliquer de la même manière la disposition des couches dans les régions supérieures. Leur inclinaison présente à la vérité une gradation tout aussi régulière que dans la région terminale. Mais il y a cette différence, c'est que, partant d'un dépôt horizontal, qui est au fond des cirques, les couches vont en se *redressant* d'amont en aval, tandis que celles de la région terminale s'inclinent, au contraire, à partir d'un point qui, d'ordinaire, est situé au milieu du glacier (**). Or ce ne sont pas, comme nous venons de le voir, les couches dont l'inclinaison va en diminuant, mais bien celles qui se redressent, qui présentent des difficultés; ce sont celles de la

glacier de l'Aar, et d'où il résulte que de deux points également éloignés de la surface, le plus rapproché du sol se meut moins vite que l'autre. — *Comptes rendus*, octobre 1846.　　　　　　　D.

(*) **La profondeur jusqu'où le ralentissement se fait sentir de bas en haut dans les grands glaciers n'est pas connue. Il est probable qu'elle n'est pas très-considérable, et dans ce cas il n'y aurait rien d'étonnant que les crevasses et les trous de cascade conservassent leur verticalité (Voy. *Forbes*, Edinburgh New philosophical Journal).**

(**) **Ce point correspond à peu près à la station *n* dans la fig. 3 de Pl. V, qui représente une coupe idéale du glacier de l'Aar, depuis son origine jusqu'à son issue.**

région supérieure et non celles de la région terminale. Entre ces deux régions, il y a par conséquent antagonisme, divergence profonde. Or, une pareille divergence ne saurait être l'effet de causes secondaires. Peut-être prouvera-t-on quelque jour qu'elle a sa source dans les métamorphoses mêmes de la glace des glaciers. En attendant voici l'explication qui me paraît la plus probable.

Nous avons vu plus haut que la glace à 0°, est un corps doué d'une certaine plasticité. Cette plasticité, qui est une condition essentielle du mouvement, est déterminée principalement par la présence de l'eau dans l'intérieur du glacier. La source qui fournit cette eau, c'est la fonte de la surface. Or, cette source n'est pas persistante, puisque la fonte cesse à l'approche de l'hiver, du moment que la température tombe au-dessous de 0°. Mais de ce que le glacier cesse à cette époque d'être imbibé journellement, il ne s'en suit pas qu'il s'égoutte et se sèche complétement. Il est probable, au contraire, qu'une certaine quantité d'eau demeure dans les pores du glacier, ne fût-ce qu'à cause de sa grande épaisseur. Les assises inférieures se trouvent par là maintenues dans un certain état de lubréfaction qui les rend susceptibles de progression, tandis que les assises supérieures, rendues rigides par l'absence de l'eau et retenues par conséquent par les obstacles du rivage, restent stationnaires ou du moins sont retardées dans leur marche. L'accélération des couches inférieures s'expliquerait ainsi d'une manière fort simple par le fait d'une inégale imbibition aux différentes époques, et cette apparente anomalie rentrerait ainsi dans les causes génératrices du mouvement en général.

Il est d'autres considérations qui viennent à l'appui de cette explication. Nous savons que ce sont les neiges des cirques qui alimentent surtout les glaciers et réparent chaque année les pertes que leur font subir la fonte et l'évaporation. Ce sont elles encore qui remplacent, dans les régions supérieures, les masses que le mouvement entraîne dans les régions inférieures. Si le glacier avançait d'une manière uniforme dans toute son épaisseur, il devrait se former, chaque année, à l'origine du cirque, un espace vide, semblable à celui qu'on a signalé dans les petits glaciers des Vosges (*), et dont la largeur correspondrait au déplacement que le glacier aurait subi dans un temps donné. Or, rien de semblable ne se voit dans les Alpes, à moins qu'on ne veuille prendre pour de pareils vides les rimayes, qui sont un phénomène tout à fait différent, dont nous traiterons au chapitre des crevasses. Qui ne voit d'ailleurs qu'un mouvement dont la vitesse serait égale dans toute l'épaisseur de la couche, exclurait nécessairement la stratification horizontale qui cependant est évidente pour tout le monde dans l'intérieur des cirques. En effet, la solution de continuité qui se formerait à l'origine des névés ne pourrait rester vide ; la neige de l'hiver la comblerait toutes les années, et il en résulterait comme des coins enchâssés entre le rocher

(*) Voy. plus bas, Chap. XII.

et l'origine du glacier. Il suffirait que ce remplissage se renouvelât pendant une série d'années, pour que la masse du glacier ne se composât plus que des tranches verticales juxta-posées. Au lieu de la stratification, telle qu'elle est représentée dans la partie supérieure de la Fig. 3 de Pl. V (en *m*), nous aurions alors une coupe semblable à celle de Fig. 4 de la même planche. Le coin *A* qui se formerait aujourd'hui à la base du rocher *x* se trouverait, en dix ans, en *A'*. En admettant que sa largeur fût de 10 mètres seulement, la masse entière du névé ne serait plus composée que de pareilles couches verticales au bout de quelques siècles, résultat qui serait tout à fait contraire aux données de l'expérience. Il faut convenir que ces difficultés disparaissent complétement dans l'hypothèse qui suppose que, pendant une partie de l'année, les couches voisines du sol marchent plus vite que celles de la surface.

Enfin, l'on peut encore citer à l'appui de cette hypothèse le fait suivant. On sait que c'est dans les cirques que tombe la plus grande quantité de neige. Cette neige n'est certainement pas moins considérable au pied même des grands pics, par exemple, au pied du col du Lauteraar (en *m,* de Fig. 3, Pl. V), qu'à quelques kilomètres plus bas, par exemple, dans les environs de l'Abschwung (en *n* de la même figure). En revanche, la fonte est fort différente à ces deux stations; elle est beaucoup plus faible en *m* qu'en *n*. Il semble dès lors que la hauteur des neiges devrait augmenter chaque année en *m* de toute la différence de la fonte aux deux stations. Or, au lieu de cela, on trouve la surface du névé sensiblement égale toutes les années, d'où il est permis de conclure que la neige qui ne fond pas ne fait que remplacer l'affaissement occasionné à l'origine du névé par l'avancement plus accéléré des couches inférieures.

Je ne me fais cependant pas illusion sur les difficultés de cette hypothèse. A ne considérer que les choses *à priori*, on serait plutôt tenté d'admettre que les couches inférieures marchent plus lentement que les supérieures, à cause des frottements qu'elles ont à vaincre. Pour que le contraire ait lieu, c'est-à-dire pour que les assises les plus profondes marchent le plus vite (comme semble l'indiquer la disposition réelle des strates), il faut, par conséquent, que la cause qui détermine l'accélération soit assez puissante, d'abord, pour vaincre la résistance du fond, et, en second lieu, pour imprimer, en dépit de cet obstacle, une vitesse plus grande aux strates voisines du sol. La cause que nous avons indiquée est-elle assez efficace pour amener un résultat pareil? C'est ce que les recherches futures nous apprendront peut-être quelque jour.

La difficulté est ici la même pour toutes les théories; l'on n'y échappe pas plus en contestant la liaison des couches horizontales du névé avec les couches verticales de la région moyenne, qu'en admettant l'unité du phénomène. Dans les deux cas, il faut expliquer pourquoi, dans l'intérieur même des cirques, les couches,

au lieu de rester horizontales, comme cela devrait être si
le mouvement était le même dans toute l'épaisseur du
dépôt, pourquoi, dis-je, ces couches se relèvent, à mesure qu'elles approchent de la région de la glace compacte. C'est là la difficulté fondamentale, sur laquelle
j'appelle franchement l'attention de tous les observateurs.

En résumé, je crois que de quelque manière qu'on
s'y prenne, il est impossible d'attribuer cette double inclinaison à une seule et même cause. L'inclinaison des
strates du névé, partant de l'horizontale pour se relever
jusqu'à la verticale, constitue *un fait de redressement;*
l'inclinaison des strates des régions inférieures, partant
de la verticale pour s'incliner sous des angles toujours
plus faibles, constitue *un fait d'affaissement.*

DU RÔLE DES COUCHES DANS LE MÉCANISME DU GLACIER.

Nous avons traité jusqu'ici des modifications diverses
que le phénomène de la stratification subit; nous avons
signalé sa liaison intime avec le mécanisme du mouvement, et fait ressortir son importance au point de vue
de la genèse des glaciers. Mais là ne se borne pas son
rôle ; il influe aussi d'une manière directe sur la marche
et l'économie du glacier en général, ainsi que nous allons
le démontrer.

On a vu que les couches traversent la masse de part
en part, et que les débris qui sont souvent interposés
entre leurs assises les empêchent de se souder aussi com-

plétement qu'elles le feraient sans cela. Par ce moyen,
elles offrent une circulation facile à l'eau de la surface,
et deviennent autant de canaux au moyen desquels l'eau
pénètre dans la masse. Leur importance à cet égard est
surtout très-grande dans les régions supérieures. Il y a
longtemps que l'on a remarqué que, dans les jours
chauds, les régions du névé sont inondées d'eau, au
point qu'il est fort difficile de les traverser; mais, ce
que l'on ignorait jusqu'à présent, c'est que cette abondance d'eau est fournie essentiellement par les affleurements. M. Desor a fait la remarque qu'on peut toujours
traverser à peu près à pied sec ces régions, lorsqu'on a
soin de se tenir entre deux couches. Il n'en est plus de
même lorsqu'on est obligé de franchir transversalement
les couches, c'est-à-dire, dans le sens de l'axe du glacier.
On rencontre alors aux abords de chaque affleurement
un sol profondément détrempé dans lequel on enfonce
jusqu'à mi-jambe. Ces alternances sont des plus régulières, à tel point, qu'un individu que l'on conduirait
dans ces régions les yeux bandés, n'en serait pas moins
à même de compter le nombre des couches d'après les
alternances de glace solide et de glace détrempée qu'il
rencontrerait sur son chemin. Il n'est pas non plus sans
intérêt de faire remarquer que les chamois distinguent
fort bien cette influence des couches, puisqu'ils ont soin
de se tenir sur le milieu entre deux affleurements, toutes
les fois qu'ils traversent ces régions en été.

Cette abondance d'eau est une conséquence du méca-

nisme des couches, tel que nous l'avons exposé dans les
pages précédentes. Les couches qui viennent affleurer
aux limites du névé, se prolongent toutes fort loin sous
les champs de neiges, où elles occupent une position
plus élevée que leurs affleurements. Or, pour peu qu'elles
ne soient pas excessivement perméables, une partie de
l'eau qu'elles reçoivent par infiltration, s'arrête entre
leurs joints pour venir se déverser au point le plus bas,
qui est l'affleurement. Ces couches sont, sous ce rapport, comparables à celles d'un bassin géologique, dont
chaque assise, à moins qu'elle ne soit composée de parties tout à fait meubles, contient une couche d'eau. Il
est probable, par conséquent, que si l'on creusait un
puits artésien au milieu du névé, on y trouverait, à certaine époque du jour, de l'eau jaillissante.

Ceci nous explique comment il se fait que la portion
la plus poreuse du glacier soit en même temps la plus
détrempée par les jours de fonte abondante. Cette région
s'étend, sur le Lauteraar, depuis l'origine des glaciers de
l'Abschwung jusqu'au confluent des deux grands bras,
précisément là où les couches commencent à s'incliner.
Sur le Finsteraar, ses limites extrêmes remontent un
peu plus haut. Si, passé cette limite, le glacier reste
plus ou moins sec, quoique la fonte y soit plus abondante
et l'imperméabilité de la glace plus grande, c'est parce
que les couches se sont redressées dans l'intervalle, et
qu'au lieu de déverser à la surface une partie de l'eau
qui circule entre leurs assises, elles l'éconduisent, au

contraire, dans la profondeur. Ce fait, qu'il est facile de vérifier, quoi qu'il n'ait pas encore été signalé, confirme ce que nous avons dit plus haut (p. 245) du changement graduel qui survient dans l'inclinaison des couches.

Il ne faut donc pas s'exagérer la portée de cette disposition des couches dans le névé, ni surtout en tirer des conclusions contre l'infiltration en général. Ainsi que nous l'avons dit en commençant, ce n'est que la plus faible partie de l'eau qui se déverse par la tranche des couches. La plus grande quantité passe d'une couche à l'autre par infiltration, preuve en est que *toutes* les couches dont l'inclinaison n'est pas trop forte versent plus ou moins d'eau à la surface, et, en second lieu, que le déversement cesse peu de temps après la fonte superficielle, ce qui n'aurait certainement pas lieu sans une forte infiltration à travers l'épaisseur de la masse entière.

Les couches continuent le même rôle, mais d'une manière un peu différente, dans les régions de la glace compacte. Là aussi elles sont les canaux essentiels de l'infiltration. Mais comme la masse entière est plus compacte et que l'eau la traverse moins facilement par infiltration capillaire, il s'ensuit que, n'ayant pas toujours le temps de s'écouler avant que le froid ne vienne, l'eau se congèle dans les interstices et donne lieu à un ruban de glace bleue qui ne se trouve que fort rarement dans les régions plus élevées, mais qui est un caractère propre aux couches dans la région moyenne du glacier. En se congelant ainsi dans les interstices des couches, l'eau augmente par là même de volume et occasionne ainsi de nouvelles fissures qui se remplissent d'eau et se congèlent à leur tour, et c'est ainsi que naît le phénomène des bandes bleues dont nous traiterons dans le chapitre suivant (*).

RÉSUMÉ.

Tout ce que nous avons dit dans ce chapitre se résume dans les propositions suivantes qui peuvent être envisagées comme démontrées.

1° La stratification du glacier est occasionnée par les dépôts de neige qui tombent dans les hautes régions. Chaque couche représente, à peu d'exceptions près, la somme des neiges d'une saison.

2° La stratification ne disparaît pas avec le névé ; mais elle existe dans toute l'étendue du glacier ; elle persiste même au milieu des endroits les plus crevassés et les plus bouleversés, témoins la chute du glacier du Rhône. Elle n'est interrompue que dans le cas d'une solution complète de continuité ; mais elle se reconstruit de nouveau dans les glaciers remaniés.

3° Les affleurements des couches se trahissent à la surface par des lignes sombres sans contours précis, provenant d'un dépôt de gravier et de fin sable qui se

(*) Nous traiterons au chapitre des crevasses de l'influence des couches sur les crevasses

trouve fréquemment dans leurs interstices, et qu'on rencontre à toutes les profondeurs.

4° Les contours des affleurements sont soumis à de nombreuses variations. D'abord transverses, à l'origine des glaciers, ils se cintrent peu à peu et finissent par décrire des arcs de plus en plus accusés, aussi longtemps que les glaciers restent simples. La forme des arcs est alors l'expression de la vitesse relative des différentes parties du glacier. Dans les glaciers composés, ces rapports entre la vitesse et la forme des affleurements cessent ; il n'y a plus que les couches des affluents latéraux dont les contours soient influencés par le mouvement.

5° Les angles sous lesquels les couches affleurent sont aussi variables que leurs contours. Peu inclinées à l'origine du glacier, elles se relèvent au milieu, pour s'incliner de nouveau dans la région terminale. L'inclinaison varie également sur le pourtour d'un même affleurement ; elle est plus forte sur les côtés qu'au sommet de l'arc.

6° Le passage des couches horizontales ou peu inclinées du névé aux couches presque verticales de la région moyenne des glaciers s'effectue, selon toute apparence, par suite du mouvement accéléré des assises inférieures. Une fois redressées, elles s'inclinent de nouveau en avant par suite du retard occasionné par le frottement du fond.

7° La théorie qui voit dans les affleurements des couches, des brisures occasionnées par le mouvement accéléré des centres, est insuffisante, parce qu'elle ne rend pas compte des faits essentiels de la stratification.

8° Les couches sont les conduits naturels par lesquels l'eau pénètre dans toutes les parties du glacier.

9° L'eau, en se congelant dans ces canaux, y détermine des rubans de glace bleue qui deviennent à leur tour le point de départ d'autres bandes bleues

CHAPITRE VII.

DES BANDES BLEUES. (Structure rubannée.)

J'ai dit plus haut, en traitant de la stratification
(Chap. VI), comment nous avions été frappés, mes compagnons d'étude et moi, de rencontrer sur les parois des
crevasses du glacier de l'Aar une quantité de bandes verticales, d'une glace plus compacte et plus transparente
que la glace ordinaire des glaciers. J'ai montré ensuite
qu'une partie de ces bandes représentaient les plans des
couches et correspondaient aux affleurements que nous
avons reconnus avec des caractères divers sur toute la
surface du glacier.

Cependant toutes les bandes de glace bleue n'indiquent
pas des séparations de couches. Nous avons vu que la
distance des couches, et partant leur épaisseur, sont assez
régulières et qu'elles ne dépassent pas un certain minimum. Or en une foule d'endroits, le nombre des bandes
bleues est beaucoup trop considérable pour qu'on puisse
songer à voir dans chaque bande l'indication d'une

couche. Il est telle partie du glacier, par exemple sous la
moraine, où l'on en compte cinq, six et davantage dans
un décimètre. Leurs dimensions sont également très-
variables; sur tel point, elles sont fort étroites, quelquefois d'un millimètre seulement; sur tel autre elles sont
fort larges, de dix à vingt centimètres et au delà. Elles
ne sont pas non plus d'égale intensité, et il peut même
arriver qu'on rencontre une bande étroite d'un bleu
très-foncé au milieu d'une large bande plus claire.

Le phénomène des bandes bleues n'est pas également
distinct dans toutes les parties du glacier. On peut avoir
visité l'extrémité de bien des glaciers sans en avoir aperçu
la moindre trace, parce que dans cette région, la masse
entière est à un état de maturité trop complet, ainsi que
nous le verrons plus bas. C'est dans la région moyenne
des glaciers que le phénomène se montre dans tout son
éclat. Au glacier de l'Aar, il faut en chercher les premiers exemples bien distincts sur les parois des crevasses qui sont en face du Pavillon. De là on les poursuit
jusque dans le voisinage de l'Abschwung, sur l'affluent
de la Strahleck. Mais même dans ce rayon toutes les parties du glacier n'en sont pas également fournies. Elles ne
sont nulle part mieux dessinées et plus nombreuses que
sous la moraine médiane et dans les deux affluents de la
Strahleck et l'Abschwung. Or, il est à remarquer que
ces affluents sont précisément ceux où les couches sont le
plus resserrées. Il semble aussi que les bandes y soient
plus minces qu'ailleurs. Entre les deux grands bras de la

moraine, immédiatement avant leur réunion définitive
près de l'Hôtel des Neuchâtelois, il y a des endroits où la
masse entière n'est composée que de petites veines ayant
à peine deux ou trois millimètres de largeur, séparées par
des bandes blanches qui ne sont pas plus larges (*). Les
bandes bleues sont bien moins fréquentes sur les grands
affluents du glacier où les couches sont beaucoup plus
espacées, par exemple sur celui du Lauteraar dans la région des chevrons et sur celui du Finsteraar. Quant à
leur netteté, la comparaison n'était certainement pas
exagérée, quand on a dit qu'elles ressemblaient à des veines de calcédoine au milieu de couches de marbre de
Carrare.

Ainsi que les plans de couches, les bandes d'infiltration correspondent à des fissures de la surface. Ces fissures, à la vérité, ne sont pas toujours très-distinctes et,
comme elles ne contiennent d'autres corps étrangers
que ceux qui sont amenés par la circulation de l'eau, il
s'ensuit qu'on ne les remarque pas d'aussi loin que les
affleurements des couches. Néanmoins, c'est au moyen
de ces fêlures qu'on juge de l'étendue des bandes bleues.
D'ordinaire les fêlures ne pénètrent pas bien profondément. Il y en a bien par-ci par-là quelques-unes qu'on
poursuit jusqu'à deux et trois mètres sur les parois des
crevasses. Le plus souvent cependant elles disparaissent

(*) *Martins*, Nouvelles Observations sur le glacier du Faulhorn. —
Bull. Soc. géol., Fr., 2ᵉ série, T. II. p. 243.

à quelques décimètres de la surface. Voulant m'assurer s'il existe réellement une corrélation directe entre ces fissures superficielles et les bandes bleues, j'ai raboté à plusieurs reprises le glacier jusqu'à la limite apparente des fêlures, de manière à avoir une surface de glace parfaitement compacte, sans solution de continuité. Mais cet état n'était que de peu de durée ; au bout de quelques heures je voyais les fêlures reparaître dans les bandes bleues. Si les bandes étaient nombreuses et très-minces leur glace se décomposait plus vite que la glace blanche et il en résultait de petites rigoles très-régulières. Si, au contraire, la bande était épaisse, elle résistait mieux à l'action du soleil, et apparaissait au bout d'un certain temps en relief au-dessus de la glace blanche.

L'expérience suivante est encore plus concluante. J'ai dit ailleurs que pour apprécier les fluctuations de l'eau à la surface du glacier, M. Dollfus avait fait creuser au pied du Pavillon, en un endroit où les fissures superficielles sont assez nombreuses, un puits de deux mètres de profondeur sur deux mètres de longueur et autant de largeur. Le creusage avait mis à découvert autant de bandes bleues qu'il y avait de fissures à la surface. Pendant plusieurs jours consécutifs, le trou resta rempli d'eau ; les bandes se voyaient distinctement au fond du trou, mais les fissures n'étaient visibles qu'*au-dessus du niveau de l'eau.* Quand ensuite on creusa un fossé pour écouler l'eau, le fond, de lisse et uni qu'il était, devint rugueux ; les bandes qui avaient été si distinctes, aussi longtemps qu'elles furent recouvertes d'eau, pâlirent en moins d'une demi-journée, et l'on vit des fissures se montrer dans leur intérieur. Pour compléter l'expérience, on ramena de nouveau l'eau dans le trou, en creusant encore quelques décimètres. Aussitôt les bandes reparurent aussi distinctes qu'auparavant. C'est exactement le même phénomène que celui qui se passe dans les moraines, lorsqu'on les découvre et les recouvre alternativement (p. 165). La cause de ces variations est facile à saisir, si l'on se rappelle ce que nous avons dit plus haut de la structure de la glace bleue. Les bandes bleues, comme toute glace très-compacte, contiennent peu de bulles d'air; en revanche, elles renferment de nombreuses fissures. Aussi longtemps qu'elles sont recouvertes d'eau ou soustraites d'une manière quelconque au contact de l'air, les fissures ne troublent pas leur transparence, mais elles se trahissent du moment que l'eau s'échappe et que l'air vient prendre sa place dans les fissures.

Mais, m'objectera-t-on : s'il suffit du contact de l'air pour faire pâlir les bandes, comment se fait-il qu'on les voie si distinctement sur les parois des crevasses? Il faut chercher la réponse à cette objection dans les conditions générales d'imbibition du glacier. Nous avons vu en effet que le glacier est plus ou moins saturé suivant les époques où on l'observe. Il arrive fréquemment qu'à la suite de pluies continues, ou lorsque la fonte a été considérable, l'eau est tellement abondante qu'elle suinte sur toutes les pentes. C'est alors que les bandes sont le plus distinctes. D'autres fois le glacier est moins saturé ; les bandes sont alors à peine distinctes près de la surface. Par la même raison les bandes sont moins visibles au matin qu'au soir, parce qu'alors le glacier est moins saturé. C'est donc l'eau qui conserve aux bandes leur transparence, en empêchant l'air d'envahir les fissures capillaires. En été (seule époque où l'on puisse observer ces variations), le glacier est toujours à peu près complétement saturé, ou du moins les fluctuations du niveau d'eau dans son intérieur n'ont lieu que dans des limites verticales très-faibles. C'est pourquoi les bandes sont toujours également visibles à quelques mètres de profondeur, sur les parois des crevasses et des ouvertures de tout genre. Leur intensité n'est variable que près de la surface.

Enfin ce qui prouve d'une manière irréfragable que c'est à l'eau que les bandes doivent leur teinte azurée, c'est que lorsque l'eau circule en plus grande quantité dans une bande que dans l'autre, sa teinte en devient sensiblement plus foncée. La Fig. 2 de Pl. VIII en est un exemple frappant. Une crevasse oblique (x) s'était formée au glacier de l'Aar sur le bord d'une paroi presque verticale de glace, à peu près perpendiculairement au plan des couches et des bandes. L'eau qui circulait le long de la crevasse x trouvant une issue dans la bande a s'y introduisit, et de ce moment celle-ci prit une couleur beaucoup plus bleue que celle des autres bandes

(b, c, d, e, etc.) qui la précédaient et lui succédaient. De pareils exemples ne sont pas rares et peuvent se voir sur tous les glaciers.

Je dois ajouter pour compléter ce qui précède que la glace, alors même qu'elle ne présente aucune solution de continuité à la limite des bandes, a cependant une certaine tendance à se décomposer dans le sens de ces dernières. Il m'est arrivé souvent de faire tailler pour différentes expériences des cubes de glace à plusieurs mètres de profondeur, tantôt sur les parois des crevasses, tantôt dans l'intérieur des galeries. Quand ensuite je les exposais à l'action du soleil, pour observer leur décomposition, je les voyais toujours se séparer en lames parallèles, suivant les plans des bandes, (par exemple dans les fig. 4 et 5 de Pl. VI suivant les bandes a, a). Lorsque au contraire il n'y avait pas de bandes dans un bloc, celui-ci se réduisait en un amas informe de fragments angulaires, correspondant aux fissures capillaires.

Direction des bandes.

Un autre caractère des bandes bleues, c'est d'être en général verticales ou à peu près. Ce n'est qu'exceptionnellement et lorsque le glacier vient à se déployer dans une anse latérale qu'elles s'inclinent ainsi que les couches. Mais du moment que la vallée se resserre, on les voit reprendre leur position normale. Or il ne faut pas perdre de vue que la région dans laquelle les bandes sont

le plus fréquentes est précisément celle où les couches
approchent de la verticale. Plus bas, là où les couches
commencent à s'incliner en avant, les bandes suivent la
même inclinaison, comme cela se voit surtout bien au
glacier du Rhône, où elles restent plus longtemps distinctes qu'au glacier de l'Aar et où on peut les poursuivre
sur tout le pourtour des affleurements.

Ce n'est pourtant pas à dire que les bandes soient nécessairement et partout parallèles aux couches. Je connais nombre de points au glacier de l'Aar, où elles se
croisent sous des angles divers. Ces angles peuvent
même être très-différents à de petites distances. Ainsi en
faisant une coupe à travers l'extrémité d'un chevron du
Lauteraar, j'ai observé la disposition représentée dans la
fig. 3 de Pl. VIII. Les plans de la couche superficielle A, A
forment un angle de 30° avec l'horizontale ; ceux de la
seconde couche B, B sont déjà beaucoup plus roides (60°);
ceux de la troisième couche C sont à peu près verticaux et
par conséquent parallèles aux bandes a, a dont on ne les
distingue plus qu'à leur largeur et à leur teinte plus ou
moins sale.

Dans ce cas, l'instabilité est uniquement le fait des
couches, dont l'inclinaison, comme nous l'avons vu plus
haut, est très-variable à l'extrémité des chevrons. Mais
il y a aussi des endroits où la différence est plus constante, témoin la coupe de Pl. VIII, fig. 5. Cette figure
représente un fossé de 12ᵐ de longueur et de 0ᵐ, 40 de
profondeur, creusé dans l'affluent de la Strahleck, per-

pendiculairement à son axe. Les couches a, a, a qui sont parallèles entre elles et toutes orientées dans le même sens, (*hora* 10 ou 150° de la boussole à peu près du S. S. E. au N. N. O.), sont inclinées de 60° au nord. Les bandes représentent au contraire deux systèmes différents dont l'un (r, r, r courant *hora* 7 soit 105° de la boussole à peu près de l'E. E. S. à l'O. O. N.) est incliné de 80° au nord, tandis que l'autre (x, x, x courant *hora* 8 ou 120° de la boussole) est incliné de 80° au sud. En thèse générale, la différence entre l'inclinaison des bandes et celle des couches est d'autant plus forte que l'on remonte plus haut. Il peut même arriver qu'elles soient presque à angle droit. Mais comme cela n'a lieu que dans le voisinage des névés, là où les couches s'approchent toujours plus de l'horizontale, ceci confirme l'opinion émise ci-dessus, savoir que l'absence de parallélisme est plutôt occasionnée par les couches que par les bandes, qui sont toujours à peu près verticales, du moins dans les régions voisines du névé. Je ferai remarquer également que là où la différence d'inclinaison est très-grande entre les couches et les bandes, ces dernières sont en général en petit nombre, tandis qu'elles sont souvent très-fréquentes, là où le parallélisme est parfait.

Il peut arriver que des bandes se laissent poursuivre sur une grande étendue en conservant la même régularité et le même parallélisme, soit entre elles, soit avec les plans des couches voisines. Cependant elles n'ont jamais la continuité de ces dernières. Les bandes qu'on rencontre dans le névé sont même quelquefois très-irrégulières comme le montre le dessin de Pl. VIII, fig. 1, qui représente quelques bandes sur une paroi de glace de névé près de l'Escherhorn. Non-seulement les bandes *a, a* ne sont pas continues sur une grande étendue ; mais elles sont en outre fort irrégulières dans leur cours et d'une largeur très-inégale.

Si les bandes frappent moins à l'extrémité du glacier, ce n'est pas qu'elles y soient moins nombreuses ni que la cause qui les produit cesse d'agir ; mais comme, par suite de l'infiltration capillaire qui est incessante, la masse entière devient toujours plus compacte, et partant plus bleue, il en résulte que les bandes sont de moins en moins distinctes, à mesure que le glacier approche de son issue. Dans certains cas, elles s'oblitèrent au point que toute trace de structure disparaît dans l'intérieur de la masse et qu'il ne reste d'autre indice de leur présence que les fissures de la surface, qui prennent alors une aprence feuilletée. Ces feuillets sont surtout frappants dans les endroits où le glacier s'étale après avoir été resserré. Ils s'étagent alors les uns sur les autres comme les feuillets d'un livre ouvert, et leurs bords forment autant de petits gradins, comme dans la fig. 11 de Pl. VIII qui représente une portion de la rive gauche du Lauteraar.

Le point où les bandes bleues commencent à s'oblitérer, ne saurait être déterminé par la hauteur du lieu ; il dépend d'une foule de circonstances locales et en particulier de la position du glacier vis-à-vis du soleil; c'est ainsi que dans un glacier orienté d'ouest en est ou d'est en ouest, elle surviendra plus tôt sur la rive tournée du côté du soleil que sur la rive d'ombre, parce que la fusion et l'infiltration y seront plus abondantes. Ainsi au glacier de l'Aar, les bandes sont déjà très-diffuses sur la rive du Lauteraar en face du point XI, tandis qu'elles sont encore très-nettes à la même hauteur sur le Finsteraar. Nous avons vu plus haut que c'est essentiellement pour cette raison que le bras du Lauteraar s'épuise et cesse plus tôt que son rival du Finsteraar.

La profondeur à laquelle les bandes d'infiltration pénètrent n'est pas connue d'une manière précise. On les poursuit des yeux, sur les parois des crevasses, aussi loin que la lumière permet de distinguer des marques pareilles, c'est-à-dire jusqu'à 10 et 12^m; mais on dirait qu'elles deviennent toujours plus vagues à mesure qu'elles s'éloignent de la surface. J'ai du moins cru remarquer qu'elles contrastaient moins avec les bandes de glace blanche à une certaine profondeur. J'ai même vu dans les régions supérieures, aux limites du névé, plus d'un exemple de bandes qui disparaissaient complétement à quelques mètres de profondeur (*). D'après cela, il semble probable que les bandes d'infiltration ne traversent

(*) Les bandes que je poursuivis en 1841, jusqu'au fond du trou lors de ma descente dans le grand puits de l'affluent de la Strableck, sont probablement des couches, que je confondais à cette époque avec les bandes d'infiltration, parce qu'elles sont verticales.

pas le glacier de part en part, en d'autres termes qu'elles
sont un phénomène plus ou moins superficiel.

Comment les bandes se distinguent des couches.

Les particularités que je viens de signaler ayant échappé
pour la plupart aux observateurs qui se sont occupés de
la structure des glaciers, il en est résulté qu'on a généralement confondu la stratification et les bandes d'infiltration. Je ne connais jusqu'ici qu'un seul auteur qui ait
su distinguer les deux phénomènes ; c'est **M. Martins**. Il
est impossible d'exposer d'une manière plus nette leurs
particularités propres. Voici ce qu'on lit à ce sujet dans
son second mémoire sur le glacier du Faulhorn (*).

« Entre les affleurements des grandes écailles, (cou-
« ches) il y avait, à la surface du glacier, de petites
« saillies séparées par des sillons étroits et peu pro-
« fonds. Ces saillies étaient sensiblement parallèles au
« bord des grandes écailles, c'est-à-dire longitudinales
« sur les bords du glacier, transversales au milieu.
« Quand on faisait des coupes verticales, perpendi-
« culaires à la direction de ces sillons, on trouvait
« aussi des bandes bleues ou plutôt des *veines* bleues;
« car elles étaient beaucoup plus nombreuses, plus
« étroites et plus irrégulières que les bandes. J'en ai
« compté vingt à trente dans une coupe de 60 cent.
« de long sur 11 de haut ; mais elles devenaient d'autant

____

(*) Nouvelles observations sur le glacier du Faulhorn — Bull. Soc.
Géol. Fr. Deuxième série, T. II, p. 244

« plus rares qu'on remontait davantage vers le sommet
« du glacier, où la surface était composée de neige gre-
« nue encore imparfaitement gelée. Quelques-unes avaient
« à peine deux ou trois millimètres de large, et celles qui
« atteignaient une largeur de plusieurs centimètres étaient
« évidemment composées de la réunion de plusieurs pe-
« tites veines isolées, car on y remarquait des lames de
« neige très-minces qui séparaient la bande de glace en
« plusieurs veines distinctes ; en outre elles se croisaient
« dans leur direction, de manière à former une espèce
« de treillis ou de réseau. Ainsi donc il y a, sur le petit
« glacier du Faulhorn, deux genres de bandes ; les
« grandes bandes parallèles qui constituent les écailles
« principales (couches), puis les petites veines bleues
« dont je viens de parler. Les veines se distinguent aussi
« des bandes par leur moindre densité et par leur cou-
« leur ; elles sont plutôt grisâtres que bleues, et ne con-
« trastent pas aussi fortement avec la neige qui les en-
« toure. Toutes ces circonstances leur assignent une
« origine différente de celle des bandes bleues qui cor-
« respondent aux grandes écailles du glacier. »

Il résulte de ces observations qu'à certains égards les
bandes sont de même nature que les plans des couches,
tandis qu'à d'autres égards elles en diffèrent profondément. Que si maintenant nous essayons de résumer d'une
part les traits qui sont communs aux deux phénomènes,
et d'autre part les particularités qui les distinguent, nous
trouverons que leurs caractères communs sont :

1° D'être composées les unes et les autres d'une glace différente de la glace ordinaire des glaciers, plus compacte et moins bulleuse; 2° de correspondre toutes deux à des fissures superficielles; 3° d'être des conduits par lesquels l'eau de la surface pénètre dans l'intérieur du glacier.

Les caractères *distinctifs* des deux phénomènes sont au contraire les suivants: 1° Les couches existent dans toutes les parties du glacier; les bandes au contraire sont limitées à certaines régions. 2° Les couches sont espacées d'une manière régulière sur chaque affluent; les bandes sont très-variables sous le rapport de la fréquence. En tel endroit elles sont très-nombreuses; en tel autre endroit il n'y en a qu'un petit nombre. 3° Les couches s'étendent sur de grands espaces et pénètrent la masse entière du glacier; les bandes, tout en suivant un parallélisme régulier entre elles et avec les couches, ne se laissent cependant pas poursuivre bien loin, et selon toute apparence ne sont qu'un phénomène superficiel. 4° Les couches sont ordinairement séparées par de petits lits de sable et de gravier, qui font que leurs affleurements sont visibles de fort loin; les bandes au contraire contiennent rarement des corps étrangers dans leur intérieur.

De l'origine des bandes bleues ou d'infiltration.

Si nous nous demandons maintenant quelle est l'origine des bandes bleues, nous serons forcé de convenir

qu'il n'est aucun phénomène dont l'explication offre plus
de difficultés. Peut-être se passera-t-il encore bien des
années avant que l'on parvienne à se rendre compte de
toutes les complications qu'il présente. Dans l'état actuel
de nos connaissances, il me paraît difficile de les ramener
toutes à une cause unique, ou bien si cette cause unique
existe, elle doit agir d'une manière très-différente, suivant les conditions dans lesquelles le glacier se trouve.
Le plus ou moins de compacité du glacier et la rigidité
de la glace qui est très-variable sur les différents points
exercent sans doute une influence prépondérante.

Il est évident d'après l'analyse que nous avons faite
des différentes sortes de glace qui composent le glacier (*)
que la glace des bandes doit sa compacité et sa transparence à son imbibition plus considérable. Ma première
idée avait été que l'eau, en s'insinuant en plus grande
quantité sur certains points, finissait par s'y creuser des
canaux dans lesquels elle se congelait (**). Il est probable,
en effet, que quelques bandes, surtout celles des névés,
que j'ai mentionnées plus haut (p. 292 Pl. VIII, fig. 1) sont
formées de cette manière. Mais il ne paraît pas vraisemblable que ce soit là l'origine du plus grand nombre, ni
surtout de celles qui suivent le parallélisme des couches.
Nous avons vu, en effet, qu'au glacier du Rhône, où
elles restent plus longtemps visibles qu'au glacier de
l'Aar, les bandes ne sont pas limitées aux régions laté-

(*) Voy. plus haut, p. 141.
(**) Comptes Rendus de l'Académie, 1841, T. XIII, p. 819.

rales, mais qu'elles se retrouvent aussi distinctes au sommet des arcs que sur les côtés, par conséquent dans une
direction perpendiculaire à l'axe du glacier et à sa pente.
Il est évident que si les bandes étaient autant de canaux
creusés par l'eau, ces canaux devraient être dans le sens
de la pente et ne pourraient par conséquent pas suivre
une direction transversale. Il faut donc admettre que
dans ce cas il a dû exister des fissures préalables ayant
cette direction et dans lesquelles l'eau s'est congelée.

Nous ne possédons malheureusement aucun rensei-
gnement précis sur l'origine de ces fissures. A certains
égards, on pourrait être tenté de se ranger à l'opinion de
ceux qui, voyant dans les bandes un effet de l'inégalité
de vitesse des différentes parties du glacier, les envisagent comme l'expression du retard que chaque couche
éprouve relativement à sa voisine. On expliquerait ainsi
d'une manière en apparence très-satisfaisante le fait que
les bandes sont le plus fréquentes sur les côtés et particulièrement au contact de deux affluents. Mais il faudrait pour cela que *toutes les bandes sans exception
fussent longitudinales*. Celles qui sont transversales res-
teraient inexpliquées, comme dans l'hypothèse du creu-
sement par l'eau. Ce serait en outre supposer que les
bandes traversent toute l'épaisseur du glacier. Or, nous
avons vu que toutes les probabilités sont contraires à
cette supposition.

En attendant que des recherches ultérieures, basées
sur l'expérience, nous fassent connaître au juste le mode

de formation des bandes, voici la théorie qui me paraît
la plus conforme aux faits. Nous avons vu que les bandes sont surtout fréquentes au contact de plusieurs affluents. Nous savons également qu'il est des endroits
où la glace est d'ordinaire plus compacte qu'ailleurs,
par exemple au glacier de l'Aar sous la moraine médiane et dans son voisinage, c'est-à-dire précisément là
où l'on doit supposer que la glace est soumise à la plus
forte pression par suite de la rencontre des deux grands
glaciers du Lauteraar et du Finsteraar. Cette corrélation entre la compacité de la glace et la fréquence des
bandes est encore confirmée par cet autre fait, que les
premières bandes n'apparaissent en général que là où la
glace a déjà une certaine compacité.

Voici comment je m'explique ces rapports : dans le
névé, où l'eau filtre facilement et d'une manière uniforme, la masse glacée (au moins celle de la surface) est
assez poreuse pour subir sans se crevasser les variations
de la température. Il n'en est pas de même là où la glace
est compacte. Celle-ci, ne pouvant se plier aussi complétement à toutes les tensions qui résultent des variations de la température, doit se fissurer en raison même
de sa compacité; c'est pourquoi la surface des glaciers
n'est nulle part plus feuilletée que près de leur extrémité. Comme l'a fait remarquer M. Élie de Beaumont (*),
les basses températures de l'hiver ne sont probablement

(*) Annales des Sciences géologiques, p. 558.

pas étrangères à la formation de ces fissures, et les expériences de M. Dollfus, nous apprennent en effet que lorsqu'on place sur un bloc de glace un vase métallique rempli d'un mélange frigorifique, la glace se fissure en donnant lieu à des détonations. Or, comme la température est très-basse en hiver, dans la région des glaciers, il est naturel qu'elle y produise des effets semblables, d'autant plus qu'il est démontré par les recherches récentes des physiciens que la glace diminue de volume à mesure que la température fléchit. La première fissure une fois formée, il n'est pas étonnant qu'elle se propage à la manière des crevasses. Que si ensuite elle se remplit d'eau à l'époque de la première fonte des neiges et que cette eau se congèle au contact de la température de l'hiver, il en résultera une nouvelle tension par suite de l'augmentation de volume. De nouvelles fêlures se formeront, en même temps que la rigidité de la masse augmentera.

La même chose a lieu dans les couches, qui, comme nous l'avons vu plus haut, se présentent aussi sous la forme de bandes bleues sur la tranche des crevasses. Je n'en veux d'autre preuve que leur structure farineuse qui, lorsqu'on l'examine avec quelque attention, se compose d'une quantité de petites fissures séparées par de minces cloisons, comme le montre la coupe de Pl. VIII, fig. 4, qui représente une section de couche en grandeur naturelle. Chaque cloison (a, a, a) est probablement une fissure primitive et les petites assises granuleuses qui les séparent ne sont, selon toute apparence, que de la glace blanche divisée en grumeaux qui imitent à s'y méprendre le névé. Ce n'est qu'en les examinant attentivement qu'on s'aperçoit qu'ils sont plus anguleux.

RÉSUMÉ.

1° Les bandes bleues ou d'infiltration sont des bandes de glace d'eau d'une épaisseur variable, ordinairement verticales et le plus souvent parallèles aux plans de stratification. Elles sont surtout fréquentes sur les bords des glaciers et au contact des deux affluents, et se trahissent à la surface par des fêlures plus ou moins distinctes.

2° Il ne faut pas confondre les bandes avec les couches, dont elles diffèrent par une répartition moins égale et moins étendue et par l'absence d'une couche de sable ou de gravier entre leurs joints.

3° On peut inférer du mode de distribution des bandes qu'elles sont un phénomène plus ou moins superficiel, mais elles n'en sont pas moins d'une grande importance pour les glaciers, puisqu'elles facilitent à un haut degré l'infiltration.

4° On peut assigner deux causes à la formation des bandes d'infiltration : les unes sont occasionnées par l'eau directement (celles du névé) ; les autres, et ce sont de beaucoup les plus fréquentes, supposent des fissures préalables qui se multiplient surtout dans les endroits où la pression est à son maximum.

CHAPITRE VIII.

DES CREVASSES.

On a fait la remarque que les crevasses, de tous les phénomènes des glaciers, celui dont l'imagination des voyageurs s'est le plus préoccupé, est justement celui sur l'origine duquel on possède les données les moins précises. J'entrevois la cause de ce vague dans la manière dont les auteurs ont traité les crevasses. Attirés, fascinés en quelque sorte par la grandeur du phénomène, ils se sont familiarisés avec ses traits les plus saillants et les trouvant constamment les mêmes ils ont attribué à une cause unique un phénomène très-complexe en lui-même. Saussure explique, à la vérité, d'une manière très-satisfaisante les crevasses qui se trouvent sur les fortes pentes, à l'issue de nos grands glaciers, tels que le glacier des Bossons, le glacier inférieur de Grindelwald, celui du Rhône, etc. (*). Mais il n'a expliqué que celles-là. Or il existe dans le domaine des glaciers

____

(*) *Saussure, Voyage, § 524.*

une foule d'autres crevasses qui, bien que moins frappantes, n'en sont pas moins significatives et dont l'on n'entrevoit l'importance que lorsqu'on a vécu longtemps au milieu de ces régions glacées. Telles sont les crevasses marginales, les crevasses médianes, les grands caveaux, les rimayes, etc., qui sont à peine mentionnés dans nos ouvrages les plus estimés sur les glaciers. Vouloir juger toutes ces crevasses d'après les mêmes règles, c'est s'exposer à de graves erreurs, tout comme on s'est étrangement trompé en tirant partout de la présence des crevasses, les mêmes conséquences. Ainsi, de ce que dans les grands glaciers, les endroits les plus crevassés se trouvent sur les plus fortes pentes, où le mouvement est accéléré, on en a conclu que la présence des crevasses sur un point quelconque indiquait une accélération du mouvement de translation en ce point. De même aussi l'on a prétendu que plus les pentes sont rapides et plus le glacier doit être crevassé (*). Pour se faire une juste idée des causes génératrices des crevasses, il importe avant tout de bien étudier les circonstances particulières au milieu desquelles elles se forment, et ce n'est qu'autant que l'on s'est habitué à faire ces distinctions, que l'on peut tirer de leur présence des conclusions sur la nature et les propriétés du glacier dans les endroits où elles se trouvent.

On peut distinguer au moins sept types de crevasses, dont cinq sont propres aux régions de la glace compacte

(*) *Charpentier*, Essai, p. 77.

et deux aux glaces et aux névés des hautes régions. Ce sont :

1° Les crevasses marginales, qui ne se trouvent guère que sur les côtés des grands glaciers ;

2° Les crevasses en zigzag également propres aux régions riveraines ;

3° Les crevasses médianes qui se forment spontanément avec détonation au milieu des glaciers ;

4° Les crevasses d'escarpement qui correspondent aux endroits les plus inclinés et donnent naissance aux aiguilles ;

5° Les crevasses longitudinales qui sont propres à l'extrémité des glaciers peu encaissés ;

6° Les grands caveaux des champs de neige qu'on rencontre dans les hautes régions, là où les pentes deviennent roides ;

7° Les rimayes (*Bergschrund*) qui sont à l'origine des pentes de neiges.

Nous allons traiter successivement de ces différentes espèces de crevasses, dans l'ordre dans lequel elles sont énumérées ici.

1° Des crevasses marginales.

Les crevasses marginales sont limitées aux régions riveraines, ou du moins ne s'étendent qu'à une petite distance des bords. Quand on examine leur distribution au glacier de l'Aar, on ne peut douter qu'elles ne soient intimement liées aux formes et aux accidents du rivage.

Elles sont surtout groupées en nombre considérable autour des promontoires qui font saillie dans la vallée, ainsi que le montre la carte de Pl. II. Un premier groupe de cette espèce se voit au pied du Mieselen près du point fixe N° III sur la rive gauche; un second sur la rive droite, au pied de l'Escherhorn. Mais le plus remarquable, sans contredit, est celui du Pavillon au pied du Rothhorn. Il se compose proprement de deux faisceaux qui correspondent chacun à un promontoire. Afin de donner une idée plus précise de la forme et de la disposition des crevasses dans ces groupes, j'ai compris l'un d'eux dans le plan de Pl. IV, dont l'échelle est de $\frac{1}{2000}$. Un trait propre à toutes ces crevasses, c'est d'être dirigées obliquement d'aval en amont, de manière que leur extrémité externe (celle qui touche le bord et que j'appelle pour cette raison leur *base*) est au point le plus bas tandis que leur sommet est en amont (*). Leur base est aussi ordinairement plus large que leur sommet, de manière qu'elles s'atténuent vers le milieu du glacier. Dans la localité que je viens de citer, il n'en est aucune qui dépasse l'affluent du Lauteraar; toutes s'arrêtent à la moraine du Schreckhorn, sans empiéter sur l'affluent voisin. On remarque en outre que les moins régulières et les plus boule-

(*) Cette particularité est si frappante qu'elle m'avait conduit à en conclure précédemment que les glaciers marchaient plus vite sur les bords qu'au milieu, opinion que j'ai été le premier à abandonner depuis que des mesures exactes m'ont appris que c'est au contraire le centre qui marche le plus vite.

versées se trouvent justement en face du promontoire qui s'avance comme un immense éperon dans le glacier. Si nous examinons maintenant la manière dont ces groupes sont limités, nous verrons que les crevasses apparaissent subitement, du moment qu'elles se trouvent en face des promontoires. Souvent même la partie qui les précède immédiatement est très-unie. Ainsi le glacier n'est nulle part plus praticable qu'en face du N° VII, c'est-à-dire en amont du faisceau supérieur du groupe du Rothhorn.

Une pareille distribution ne laisse aucun doute sur l'origine des crevasses marginales. Elles sont le fait des promontoires. La glace est d'abord arrêtée dans sa marche par l'obstacle que lui opposent ces promontoires. Mais comme le mouvement de la masse du glacier est incessant, elle est obligée de se frayer un passage. A mesure qu'un lambeau a passé et qu'il se trouve dégagé des entraves du promontoire, il tend à reprendre sa marche naturelle. Mais comme la masse qui est derrière ne peut pas suivre, il en résulte une tension qui finit par être vaincue, et ainsi se forment les crevasses marginales.

Ces crevasses sont d'abord étroites, mais elles s'élargissent rapidement et quelquefois deviennent des gouffres énormes, surtout lorsque la pente du glacier est considérable. Elles ont toujours leur plus grande largeur près de la surface et se rétrécissent vers le bas, contrairement à ce qui a lieu dans les crevasses du névé, qui s'élargissent au contraire dans la profondeur. Elles sont toujours rectilignes au moment de leur formation, et la plupart conservent cette forme tant qu'elles sont béantes, car, comme leur durée est très-éphémère, elles n'ont pas le temps de se fléchir sous l'influence de la progression inégale du glacier. De là vient qu'on rencontre rarement de larges crevasses arquées. Celles du glacier de l'Aar, en particulier, sont généralement rectilignes : il n'y a que les plus longues qui présentent quelquefois une courbe légère.

2° Des crevasses en zigzag.

Les crevasses en zigzag ne sont qu'une modification des crevasses marginales, provoquées, comme ces dernières, par les saillies du rivage. Les exemples les plus remarquables se voient sur la branche du Lauteraar, au pied du promontoire de Mieselen, à la hauteur du point fixe N° III. Les crevasses, au lieu d'être rectilignes, se présentent sous la forme de lignes brisées, dirigées obliquement vers le milieu du glacier. Quand on examine ces crevasses avec un peu d'attention, on s'aperçoit bientôt que les angles des zigzags correspondent en général aux plans des couches, ce qui prouve que la déchirure, au lieu de se faire tout d'un trait, a au contraire dévié de temps en temps, comme si les différentes couches lui avaient opposé une résistance propre. Cependant chaque couche n'a pas provoqué un écart. Une crevasse traverse souvent deux ou trois couches et même davantage avant de dévier, surtout lorsque les couches sont peu épaisses.

L'explication de cette forme particulière des crevasses ne présente aucune difficulté, du moment que l'on admet que les séparations de couches traversent la masse entière du glacier. Aussi bien, il n'y a pas de raison pour récuser l'idée que chaque couche subit une tension propre, en rapport avec sa position dans le glacier (*). Cela étant, si un obstacle du bord ou du fond détermine un ralentissement local et qu'une rupture s'en suive, on conçoit que cette rupture se propage en raison de la tension qui existe dans chaque couche. Si cette tension est très-inégale, la crevasse ne sera pas continue; elle se fera par soubresauts, en choisissant en quelque sorte dans chaque couche l'endroit qui lui offrira le moins de résistance.

On rencontre aussi quelquefois des zigzags pareils dans les crevasses médianes, mais ils n'ont jamais cette régularité qu'on leur connaît dans les crevasses marginales. J'ajouterai que les exemples qu'on voit au pied du Mieselen sont jusqu'ici de beaucoup les plus frappants que j'aie rencontrés. En tout cas, de pareilles déchirures supposent une certaine rigidité qui est fort peu compatible avec la théorie de la semi-fluidité. Nous reviendrons sur ce sujet en traitant de la théorie de la progression.

(*) Je partage sous ce rapport l'opinion de Hopkins, sans admettre cependant que cette séparation des couches soit la cause essentielle du mouvement.

3₀ Des crevasses médianes.

J'appelle crevasses médianes ces longues fissures étroites et profondes qu'on rencontre dans les régions moyennes et supérieures des grands glaciers à faible pente, et qui s'étendent ordinairement sur de grands espaces. Au glacier de l'Aar, les plus caractéristiques se trouvent aux environs de l'Hôtel des Neuchâtelois, des deux côtés de la moraine médiane, mais il n'en existe que de faibles traces dans les régions plus escarpées du glacier, par exemple près de son extrémité. Dans les glaciers composés, le glacier de l'Aar, par exemple, il est rare que ces crevasses, quelque longues et continues qu'elles paraissent, traversent le glacier de part en part. Le plus souvent elles sont limitées à un seul affluent, et ceci confirme ce que j'ai déjà essayé de démontrer ailleurs, à l'occasion du glacier de Zermatt, c'est qu'au milieu du lit commun, chaque affluent conserve encore des traces de son individualité (*). Malgré ces particularités, il n'est pas toujours possible de distinguer d'une manière rigoureuse les crevasses médianes des crevasses marginales. Si elles sont, par leur nature, indépendantes du rivage, il n'en est pas moins vrai qu'elles se prolongent souvent jusqu'au bord, et dans ce cas, elles sont d'ordinaire plus ou moins arquées. Toutefois, c'est moins dans la forme que dans le mode de formation qu'il faut chercher la diffé-

(*) Études, p. 29.

rence entre les crevasses médianes et les crevasses marginales. Ces dernières sont dues à des obstacles extérieurs; les autres portent en elles-mêmes la cause de leur
spécialité.

J'ai eu le bonheur d'assister plusieurs fois à la formation des crevasses médianes. Voici ce que j'écrivais
de l'Hôtel des Neuchâtelois à l'Académie des sciences de
Paris le 7 août 1842. « Avant-hier j'ai été témoin du
phénomène le plus curieux que j'aie observé depuis que
je visite les glaciers. A quatre heures et demie du soir,
mes ouvriers étaient au forage, lorsque le glacier commença à craquer sous leurs pieds et à dégager une grande
quantité de bulles d'air. J'étais à une assez grande distance de ce point ; cependant je fus surpris des mouvements étranges que j'apercevais dans la troupe: de temps
en temps je les voyais fuir précipitamment dans toutes les
directions. A six heures, l'un d'eux accourut à moi et me
pria d'aller voir ce qui se passait ; il m'annonçait quelque
chose d'extraordinaire et d'inexplicable. A sa figure dé-
faite et à la pâleur de ses camarades, je vis, en arrivant
sur les lieux, que la frayeur s'était emparée de tout le
monde. Je remarquai d'abord une grande quantité de
bulles d'air qui se faisaient jour à travers deux petites
fentes, larges à peine de 1 ligne. Deux autres fentes, de
3 à 4 lignes de large, s'étaient ouvertes en ligne droite
sur une longueur de quelques cents pieds à travers le
glacier, et engloutissaient tous les filets d'eau qui venaient de plus haut. Au bout de quelques minutes, j'en-

tendis moi-même à peu de distance un craquement
semblable à des détonations simultanées d'armes à
feu, comme dans les feux de peloton accompagnés de
coups isolés. Je courus sur le bruit, qui se répéta bientôt
sous mes pieds avec des commotions semblables à celles
d'un tremblement de terre : le sol semblait se déplacer
et s'écrouler sous mes pieds, avec un bruit différent des
détonations qui avaient précédé et semblable à celui
d'un éboulement de rochers, sans qu'on pût cependant
remarquer un affaissement sensible de la surface; le
glacier tremblait réellement: car un bloc de granit de
3 pieds de diamètre, perché sur un piédestal de 2 pieds
de haut, s'abattit brusquement. Au même instant je vis
la crevasse s'ouvrir entre mes jambes et se prolonger rapidement *à travers* le glacier, en ligne droite, faisant de temps en temps des écarts de 3 à 4 pouces lorsqu'elle rencontrait d'autres crevasses, et se prolongeant
ensuite de nouveau en ligne droite. De grandes bulles
d'air affleuraient à la surface sur tous les points où la
fente était sous l'eau. Je vis ainsi trois crevasses se former
en une heure et demie, et j'en entendis plusieurs autres
s'ouvrir à peu de distance de moi. Mes hommes n'o-
saient rester en place, tant les commotions étaient brusques; mais quatre de mes compagnons d'étude demeu-
rèrent sur les lieux pour observer ces faits avec moi. A
sept heures et demie le nombre des crevasses nouvelles
que je pus distinguer était de huit, sur un espace de 125
pas; l'une d'elles avait partagé le piédestal d'une table du

glacier sans le renverser, trois autres se prolongeaient sous la moraine médiane, une d'entre elles la traversait même entièrement. A sept heures, le trou de sonde, qui avait 130 pieds de profondeur sur 6 pouces de diamètre, et qui était plein d'eau, se vida complétement en quelques minutes, ce qui prouve que ces crevasses, quoique très-étroites, pénètrent à de grandes profondeurs. A huit heures et demie les secousses continuaient encore; pendant la nuit nous en ressentîmes même deux sous notre tente. Le lendemain je remarquai encore plusieurs autres crevasses nouvelles qui s'étaient formées plus bas, pendant la nuit; mais je n'en distinguais toujours que huit sur l'espace où je les avais vues se former. La journée du 5 avait été très-chaude (14° C.); jamais je n'avais remarqué tant d'eau à la surface du glacier que ce jour-là. Un fait curieux, c'est que les crevasses se succédèrent de haut en bas en suivant la pente du glacier. Aujourd'hui je compte douze crevasses sur l'étendue où je n'en avais compté que huit le 5, sans que nous ayons ressenti de nouvelles commotions; je suppose dès lors que les fentes que je n'ai pas aperçues d'abord ne sont devenues visibles que parce qu'elles se sont élargies. La plus grande de ces nouvelles crevasses a maintenant 1 ½ pouce de large; toutes les autres se sont également un peu agrandies, mais aucune d'elles ne s'est allongée. Je doute que l'on puisse attribuer la formation de ces crevasses du centre du glacier aux mêmes causes qui produisent les larges crevasses obliques des bords; je serais plutôt disposé à croire qu'elles sont dues à la tension inégale de la masse résultant de l'infiltration et de la congélation d'une plus grande quantité d'eau sur certains points du glacier » (*).

Aujourd'hui, après quatre années d'expériences de plus, je ne puis que confirmer l'opinion que j'émettais alors, savoir que ces crevasses sont provoquées par une tension intérieure. Quant aux causes de cette tension, je pense que la principale consiste dans l'inégalité de température et de lubréfaction des différentes assises, jointe peut-être à l'inégale progression de ces dernières.

Il est probable aussi que dans les exemples que je viens de citer les secousses du forage n'étaient pas étrangères à la formation des crevasses. Ce qui me confirme dans cette supposition, c'est l'observation suivante faite en 1845 par M. Desor. Se trouvant un jour du mois de septembre au milieu de la moraine, près de l'Hôtel des Neuchâtelois, pour y enfoncer une grande et forte poutre, destinée aux observations de l'hiver, et ayant dû employer à cette fin le plus grand des perçoirs qui m'avaient servi en 1842, il entendit tout à coup, pendant que les ouvriers foraient, une forte détonation à côté de lui; les pierres de la moraine s'ébranlèrent et glissèrent les unes sur les autres. En ayant cherché la cause, il découvrit à côté du perçoir, à l'endroit où les pierres avaient subi les déplacements les plus sensibles, une fissure de

(*) Comptes rendus, T. XV, 1843, p. 443-445.

quelques centimètres de largeur qui ne se bornait pas
seulement à la moraine, mais s'étendait également à travers une partie considérable du glacier du Finsteraar.
J'ai aussi souvent entendu des crevasses se former
spontanément, surtout pendant la nuit, et j'ai cru remarquer que c'était ordinairement à la suite de beaux jours.
D'abord très-étroites, elles s'écartent graduellement,
Mais en général elles sont plus larges à la surface qu'au
fond, de manière qu'elles représentent une cavité conique, dont l'ouverture est près de la surface. Cette
circonstance, comme l'a démontré M. Forbes (*), est
due en grande partie à l'action du soleil qui, en frappant les parois de glace, agrandit la cavité aussi loin que
ses rayons pénètrent. Aussi remarque-t-on que le côté
exposé au soleil est toujours le plus excavé.

Les crevasses du névé appartiennent évidemment à la
même catégorie. Ce sont pour la plupart des crevasses
médianes. Mais elles sont en général moins nombreuses,
et il est des cirques, tels que le cirque du Lauteraar et
celui du glacier d'Aletsch où l'on peut cheminer des heures entières sans rencontrer une seule crevasse ; ou bien
celles qui existent sont d'ordinaire fort étroites, rectilignes, très-régulières et s'étendent à de grandes distances ;
d'où je conclus qu'elles sont formées de la même manière
que celles du glacier proprement dit, c'est-à-dire par
suite de la marche accélérée des parties centrales. Cela ne

Travels, p. 17.

doit pas étonner, du moment que l'on sait que le fond du névé est formé de glace, et qu'il se meut par conséquent d'après les mêmes lois. Seulement, comme cette glace est plus bulleuse et par conséquent plus plastique que celle des régions inférieures du glacier, il en résulte qu'elle doit se fendre et se lézarder moins facilement. Comme la masse n'est nulle part plus épaisse que dans les cirques. c'est là qu'il faut s'attendre à trouver les crevasses les plus profondes, et c'est en effet dans ces régions qu'on a signalé les plus grandes profondeurs, sinon dans les crevasses elles-mêmes, du moins dans les puits ou moulins.

4° Des crevasses d'escarpement.

C'est sur ces crevasses que s'est, de tout temps, concentrée l'attention des voyageurs, sans doute parce qu'elles occasionnent les bouleversements les plus considérables, parmi lesquels il faut ranger en première ligne le phénomène si remarquable des aiguilles, qui n'en est qu'une modification. Ce sont elles aussi que les auteurs ont plus particulièrement en vue, lorsqu'ils nous parlent de crevasses en général. Leur nom de crevasses d'escarpement nous dit assez qu'elles n'existent que sur les fortes pentes, c'est-à-dire là où il y aurait des cascades et des rapides, si le glacier était liquide. Telles sont les grandes crevasses et les aiguilles du glacier inférieur de Grindelwald, celles du glacier des Bois au-dessous de la mer de glace; celles du glacier des Bossons, celles du glacier de Zermatt au-dessous des contours du Riffel (*), et enfin la partie bouleversée du glacier du Rhône que nous avons appelée la *Cascade*.

La formation de ces sortes de crevasses est des plus simples. Le glacier, à mesure qu'il arrive au bord de l'escarpement, prend un mouvement accéléré, qui détermine des déchirures transversales. Ces déchirures s'élargissent et se multiplient sur toute l'étendue de la pente, et lorsque le fond est très-inégal il en résulte un bouleversement général, dans lequel on ne reconnaît plus aucune direction prépondérante. Il n'est pas nécessaire pour cela qu'une crevasse se forme préalablement au pied de la pente, comme le veut M. de Charpentier (**). C'est au contraire au haut de l'escarpement qu'apparaissent les crevasses, et c'est au bas qu'elles se referment.

La distinction des crevasses en crevasses marginales et en crevasses médianes ne trouve aucune application en ces endroits. L'effet de l'accélération due à l'escarpement est trop prépondérant pour que d'autres influences, telles que les obstacles du bord ou la vitesse plus grande des parties centrales comparée à celle des parties riveraines, puissent se faire valoir.

La présence de pareilles crevasses sur un point quelconque d'un glacier est un indice que le mouvement y

(*) Voy. Études, Pl. IV et X.
(**) Charpentier, Essai. p. 77.

est momentanément accéléré. De là vient que M. Guyot, dans son Mémoire remarquable sur la formation et la distribution des crevasses (*), a pu poser en principe : "que les crevasses se forment partout où la vitesse de marche des glaces devient relativement trop grande et cesse d'être en proportion avec leur plasticité ". Mais il ne faudrait pas en conclure, comme on l'a fait à tort, que toute crevasse indique une accélération du glacier dans la région qu'elle occupe. Les crevasses marginales dont nous venons de traiter sont là pour nous prouver tout le contraire, puisqu'elles sont occasionnées par un retard local des masses tenues en arrêt par les obstacles du rivage, et que d'ailleurs elles se trouvent presque toujours en des lieux où le mouvement général est ralenti, témoin les groupes de crevasses marginales du glacier de l'Aar, que nous venons d'analyser.

Des aiguilles.

Les aiguilles ne sont qu'une modification des crevasses, et particulièrement des crevasses d'escarpement, ou plutôt elles en sont le dernier terme. Il est des endroits où le crevassement est tel, que les solutions de continuité occupent plus d'espace que les massifs de glace qui, d'après l'ingénieuse comparaison de M. de Charpentier (**), apparaissent alors comme des murs mi-

(*) Bulletin de la Soc. des Sc. nat., de Neuchâtel, 1844-1845, p. 254.
(**) *Charpentier*, Essai, p. 83.

toyens rompus et disloqués, et ensuite entamés, rongés et façonnés de la manière la plus bizarre par l'action du soleil, des pluies, de l'air et des vents chauds. J'ai rappelé dans mes *Études* (*) qu'il ne suffit pas, pour former des aiguilles, que la pente soit forte; il faut encore qu'elle soit inégale, autrement le glacier se crevasse, mais il ne se bouleverse pas. C'est ce dont la branche du glacier des Eaux froides, qui descend dans le cirque du Monte Leone, nous offre un exemple frappant (Pl. VIII, fig. 9). Ce glacier descend sur une pente uniforme, mais assez roide, de 20° environ. Malgré cela, il n'y a des aiguilles que sur un espace très-rétréci de sa rive droite, tandis que la rive gauche est unie. Quand on examine le glacier de profil (fig. 9b), on trouve que les aiguilles correspondent à un renflement notable du sol, qui s'étend probablement sous le glacier aussi loin que la surface est bouleversée. D'autres exemples de bouleversements partiels se voient au glacier de Viesch et à celui de Zermatt.

L'épaisseur de la glace est pour beaucoup dans la formation des aiguilles. Plus un glacier est épais, et plus les déchirures et les bouleversements de toute espèce, occasionnés par les inégalités du sol, sont considérables. C'est pour cela que les grands glaciers entrent dans un si grand désordre, toutes les fois qu'ils sont obligés de franchir de fortes pentes (**), tandis qu'au contraire

(*) *Études*, p. 91.
(**) Les plus beaux exemples d'aiguilles se trouvent au glacier des

les petits glaciers latéraux , quoique reposant en général
sur un sol bien plus accidenté , sont moins bouleversés.
Non-seulement je ne connais pas d'exemple d'aiguilles
bien caractérisées dans un glacier de second ordre ;
mais je pourrais encore citer un grand nombre de glaciers secondaires assez considérables, et reposant sur
de fortes pentes, qui n'ont pas même de grandes crevasses. C'est ce qui arrive entre autres toutes les fois
qu'ils rencontrent à leur issue un obstacle qui leur barre
le passage et les empêche de prendre une marche aussi
accélérée qu'ils le feraient sans cela. Ainsi, les glaciers
de Grünberg et de Silberberg, sur la rive droite du glacier de l'Aar, avec une épaisseur moyenne d'au moins
15^m et une pente de 30° en moyenne, ont très-peu de
crevasses; tandis que les deux glaciers de Trift, sur la
rive gauche, avec une épaisseur plutôt moindre que plus
forte , et une inclinaison qui ne dépasse pas 25° en
moyenne, sont l'un et l'autre très-crevassés à leur extrémité.

En résumé, pour que les crevasses donnent lieu à
des aiguilles, deux conditions sont requises : il faut que
les masses aient une certaine épaisseur, et, en second
lieu, que la glace soit parvenue à un certain degré de
rigidité. Les masses congelées du névé et des champs de
neige ont beau être très-épaisses, elles n'occasionnent
pas d'aiguilles , mais tout au plus des sérac s, parce

Bossons, au glacier inférieur de Grindelwald, au glacier de Zermatt,
à celui des Bois, etc.

qu'elles ne sont pas assez rigides ; et réciproquement les glaces des hauts sommets, malgré leur compacité quelquefois très-grande, ne provoquent ni des aiguilles, ni même de grandes crevasses, parce qu'elles ne sont pas assez épaisses.

Direction des crevasses.

Les quatre espèces de crevasses que nous venons d'analyser, les crevasses marginales, en zigzag, médianes et d'escarpement, à moins qu'elles ne soient trop bouleversées, sont toujours plus ou moins obliques, et c'est dans les crevasses marginales que cette direction apparaît de la manière la plus constante. J'ai longtemps cherché la cause de cette disposition en apparence anormale, et je crois l'avoir trouvée dans les considérations suivantes. La marche des glaciers, comme nous le verrons plus bas, est comparable à celle des rivières, en ce sens, que le centre se meut plus vite que les bords. Or, les parties riveraines, en s'avançant, ne cherchent pas seulement à gagner l'issue de la vallée; elles tendent aussi à se précipiter vers le milieu du glacier qui est le point le plus bas. De la combinaison de ces deux tendances résulte une ligne oblique, qui exprime la plus forte tension et qui coïncide en même temps avec les affleurements des couches. Qu'un obstacle survienne maintenant et contrarie la marche du glacier sur ses bords, de manière à déterminer des solutions de continuité entre la portion tenue en arrêt et celle qui tend à s'échapper, il est évident que ces solutions devront se faire perpendiculairement à la plus forte tension, par conséquent perpendiculairement aux affleurements des couches. Elles seront donc obliques , leur sommet sera en amont et leur base en aval, comme nous le voyons en effet, dans tous les tableaux fidèles des glaciers. Si la tension est sensiblement égale dans les différentes couches, la crevasse sera rectiligne; si au contraire elle est variable, il en résultera des écarts et des déviations, en d'autres termes, il se formera des crevasses en zigzag.

5° Des crevasses longitudinales.

Les crevasses longitudinales semblent au premier abord contraires à l'explication que nous avons donnée de la formation des crevasses en général, parce qu'on n'entrevoit pas de suite la cause qui peut provoquer des déchirures dans ce sens. Il est cependant un fait qui m'a toujours frappé, c'est que les glaciers où le phénomène des crevasses longitudinales est le plus développé occupent en général des vallées très-larges, dans lesquelles ils peuvent s'étaler librement : tels sont en particulier le glacier du Rhône et le glacier d'Oberaar. J'ai déjà fait la remarque plus haut que pour que des crevasses se forment, il n'est pas nécessaire qu'il y ait accélération de la masse entière. Tout ce qui détermine une tension peut par là même occasionner des crevasses, lorsque

21

cette tension vient à être vaincue. Nous avons montré plus haut que les crevasses marginales sont dues en grande partie aux retards causés par les obstacles du bord. Nous allons montrer que les crevasses longitudinales sont, selon toute apparence, la conséquence d'un déversement latéral.

Je suppose qu'un glacier, le glacier du Rhône, par exemple (Pl. VII, fig. 5), après avoir été encaissé dans un lit étroit, entre dans une vallée large à fond plat. Comme il aura beaucoup de marge, il commencera par s'étaler dans les élargissements qui lui sont ouverts, et les affleuments des couches jusqu'à une grande distance du bord s'inclineront de ce côté, comme les feuillets d'un livre entr'ouvert. Une tension sera nécessairement produite dans toute la masse par ce déversement latéral, et l'on peut prévoir que les crevasses auxquelles elle donnera lieu seront perpendiculaires à cette tension, c'est-à-dire *longitudinales*. C'est en effet ce qui aurait lieu si le glacier ne subissait d'autre déplacement que ce déversement latéral; mais il n'en continue pas moins sa marche d'amont en aval, d'après les mêmes lois qui régissent sa progression dans les régions supérieures, c'est-à-dire que le centre avance plus rapidement que les bords. Cela étant, il est évident que les régions du bord subiront la double influence du déversement et du ralentissement latéral; les crevasses, s'il vient à s'en former, seront par conséquent perpendiculaires à la résultante de ces deux tensions, c'est-à-dire à la direction des couches; et celles-ci

étant concentriques, les crevasses rayonneront, c'est-à-
dire qu'elles formeront un éventail, comme c'est effectivement le cas des crevasses du glacier du Rhône (Pl. VII,
fig. 5) (*). Le milieu du glacier, par cela même qu'il est
en dehors de la zône des retards, et que sa vitesse est sensiblement la même sur une grande partie de sa largeur,
ne subit qu'une seule tension, et c'est pourquoi toutes les
crevasses y sont longitudinales jusqu'au pied de la cascade.

Il paraît étrange au premier abord, qu'un mouvement
aussi faible que celui du déversement du glacier sur ses
côtés produise des crevasses aussi béantes, tandis que le
mouvement de translation d'amont en aval, ne donne
lieu à aucun crevassement. Mais il ne faut pas oublier
que si le glacier progresse d'une manière très-sensible,
il subit en même temps un ralentissement très-marqué à
partir de la cascade (**). Ce ralentissement suffit pour empêcher toutes les crevasses transversales qui pourraient se
former, de devenir béantes. Il n'en est pas de même des
crevasses longitudinales. Comme aucune pression n'est
exercée dans le sens de la largeur, ces crevasses, une fois
formées, ont toute chance de se maintenir et même de
s'agrandir. Les crevasses du glacier du Rhône en sont la
preuve. Les crevasses longitudinales ne sont pas, comme
le veut à tort M. de Charpentier (***), des crevasses trans-

(*) *Voy.* le Mémoire de M. Guyot, cité plus haut.
(**) *Voy.* plus bas, le chapitre X, du Mouvement.
(***) Essai, p. 80.

versales fléchies sous l'influence du mouvement inégal
du glacier ; ce sont des déchirures formées dans la direction même où nous les voyons, c'est-à-dire parallèlement
à l'axe du glacier. La crevasse de l'extrémité du glacier
de Rosenlaui, par laquelle on peut pénétrer à une certaine distance dans l'intérieur du glacier, est du même
genre.

La première condition pour la formation des crevasses
longitudinales, c'est donc que le glacier ait de la marge,
afin de pouvoir se déverser librement à droite et à gauche. Le glacier du Rhône n'est pas le seul qui soit dans
ce cas. Je pourrais en citer un grand nombre d'autres,
surtout parmi les glaciers de second ordre, en particulier
ceux de la rive gauche de l'Aar, le glacier de Renfen,
celui du Hangendhorn, plusieurs affluents latéraux du
cirque du Rhône, etc. Du moment qu'un glacier est encaissé entre des rives escarpées et qu'aucun déversement
latéral ne peut avoir lieu, toutes les causes de tension et
de crevassement longitudinal se trouvent par là même
écartées; ou s'il se forme par hasard quelques crevasses
longitudinales, elles n'ont aucune chance de devenir
béantes.

C'est pour cette raison que le glacier inférieur de l'Aar
et tous ceux qui se trouvent dans les mêmes conditions
n'ont pas de crevasses longitudinales.

6° Des caveaux.

J'appelle, avec M. Desor, du nom de caveaux de larges
et profondes crevasses qu'on rencontre à l'origine de tous
les grands glaciers, lorsqu'on s'élève au-dessus des cirques du névé, ordinairement entre 3000 et 3500ᵐ de
hauteur. Bien que peu connues des naturalistes, ces crevasses n'en sont pas moins remarquables, par leurs dimensions aussi bien que par leur position. Il est difficile
en effet, de se faire une juste idée de l'effrayante grandeur de ces gouffres, qui ont jusqu'à 300ᵐ de longueur, de 15 à 20ᵐ de largeur et de 50 à 80ᵐ de profondeur.

Leur forme est ordinairement elliptique, comme celle
des baignoires, et au lieu de se terminer en pointe effilée,
comme les crevasses ordinaires, elles sont souvent arrondies à leur extrémité. Leur intérieur n'a pas non plus
la forme conique des crevasses du glacier ; le gouffre est
au contraire plus étroit près de la surface que dans la
profondeur, de manière qu'une coupe transversale, au
lieu de représenter une pyramide renversée, ressemble
davantage à une ellipse ouverte par le haut. Quelquefois même elles sont complétement fermées à la surface.
C'est dans ces endroits que le voyageur téméraire court
les plus grands dangers, car il arrive quelquefois que
le toit n'a que quelques centimètres d'épaisseur. Ce qui
ajoute encore à l'intérêt de ces caveaux, c'est qu'on y dis-

tingue admirablement la succession des couches sur toute la hauteur de leurs parois, par conséquent sur une épaisseur très-considérable (¹). De pareils caveaux

1. Je ne puis mieux faire que de reproduire ici la description que M. Desor a donnée de ces caveaux, dans son récit de notre ascension de la Jungfrau. « Nous descendions les champs de neige qui s'étendent au sud, vers le Valais. La neige était parfaitement homogène, sans aucune trace de roches éboulées, ni de corps étrangers à sa surface. Les crevasses avaient à peu près complétement disparu, ou, si l'on en apercevait encore quelques-unes, c'était sur les flancs de la vallée. Aussi, marchions-nous avec une entière sécurité, lorsque nous remarquâmes, à quelque distance de nous, plusieurs petites ouvertures. Curieux d'en connaître la cause, nous nous dirigeâmes de ce côté. Quel ne fut pas notre étonnement, lorsqu'en regardant dans l'une de ces lucarnes, qui n'avait pas plus de trois pouces de large, sur un pied de long, nous vîmes qu'elle cachait un immense précipice ! Et dans ce précipice régnait une lumière azurée qui surpassait en beauté, en transparence et en douceur, tout ce que nous avions vu jusqu'alors dans les glaciers. Que n'ai-je reçu le talent de reproduire, dans un langage digne de la nature, tout ce qu'il y avait de poésie dans cette simple combinaison de la neige et de la lumière ! Jamais je n'avais vu un spectacle plus attrayant; nos yeux en furent tellement fascinés que nous ne nous aperçûmes pas d'abord que la croûte de neige qui recouvrait ce caveau enchanteur n'avait, en cet endroit, que quelques pouces d'épaisseur ; cependant je n'estime pas que nous y ayons couru de bien grands dangers, car la neige était fortement tassée, et le soleil ne l'avait pas encore ramollie. Après avoir contemplé l'effet entraînant de ce phénomène unique, nous voulûmes aussi en connaître la nature et la cause. C'était une immense crevasse de plus de 30 m. de large, et d'une profondeur que nous évaluâmes à 100 m. au moins. A l'endroit où nous l'examinions, elle n'avait d'autre ouverture que la petite lucarne dont je viens de parler; mais plus loin elle correspondait à une large crevasse ouverte du côté de la rive droite par laquelle entrait la lumière, et le toit intermédiaire, en tempérant le reflet des parois de neige, leur donnait une douceur et un charme indicibles. Les parois de ces caveaux, semblables à d'immenses murs de cristal, étaient composées de couches

se voient à l'origine de tous les grands glaciers. J'en ai rencontré dans les champs de neige du Lauteraar, dans ceux de Gauli, de Viesch, d'Aletsch et de Grindelwald. MM. Bravais et Martins les ont observés sur une très-grande échelle au glacier des Bossons. Les plus considérables au glacier de l'Aar sont ceux du cirque d'Altmann, à l'origine de l'affluent de ce nom, entre l'Oberaarhorn et l'Altmann.

Il n'est pas douteux que ces caveaux sont des crevasses d'escarpement, et le fait qu'ils se trouvent toujours sur les parties inclinées des champs de neige, nous dit assez qu'ils sont occasionnés par une accélération locale.

Séracs.

Les masses congelées de ces régions n'ont pas un degré de rigidité suffisant, pour donner lieu à de véritables aiguilles. Cependant, lorsque les caveaux sont très-multipliés sur un point, ils occasionnent un phénomène analogue qui ne se montre que dans les hautes régions. Les masses de névé se séparent en grands cubes ou fragments angulaires que Saussure a décrits sous le nom de *séracs* (*). Lorsque la pente est très-

horizontales et parallèles de deux à trois pieds d'épaisseur. Entre ces couches, il y avait une petite bande d'une glace bulleuse plus foncée que le reste des parois. Nos guides étaient tous d'accord pour affirmer que chacune de ces couches de neige représentait la neige tombée dans une année, et cette explication nous parut en effet la plus naturelle — *Excursions*, p. 66 et 67.

(*) *Saussure*, Voyages dans les Alpes, § 1975. *Voy.* aussi mes *Études*, p. 42.

forte, ces fragments ne laissent pas que de présenter un
aspect très-bouleversé, et il est tel glacier, l'affluent du
Finsteraarhorn par exemple, entre le Mittelgrat et le
pic Agassiz, qu'il est impossible d'escalader, tant la
la masse est déchirée. Ainsi que l'a remarqué de Saussure, la superposition des couches annuelles ne se voit
nulle part mieux que sur les tranches de ces séracs. Il
n'est pas rare que de grands fragments se détachent des
couloirs supérieurs et tombent sur les glaciers qui sont
à leur pied. Ils offrent alors à l'observateur attentif,
un moyen facile de comparer la structure des masses
supérieures avec celle des grands glaciers sur lesquels
ils sont gisants.

7° Des rimayes.

Les rimayes ne sont pas les moins intéressantes des
crevasses. Il n'est personne qui, en parcourant les glaciers, n'ait remarqué à l'origine des pentes de neige qui
tapissent les flancs des hautes montagnes, des lignes si-
nueuses qui s'étendent sur de grandes étendues et se dessinent au loin comme des rubans sombres au milieu des
surfaces étincelantes de la neige. Ce sont ces crevasses,
appelées par les montagnards *Bergschrund* (crevasse de
la montagne), que je désigne avec M. Desor sous le nom
de *rimayes* (*). Ceux qui n'ont pas visité les hautes régions
des Alpes pourront se faire une idée au moins approxi-

(*) E. Desor, Excurs., p. 33.

mative de la forme et de la disposition de ces singulières
crevasses, d'après le dessin de Pl. B, représentant les
montagnes de la rive droite du glacier de l'Aar. Ce qui
les distingue surtout, c'est une certaine forme flexueuse
qui semble indiquer une plus grande dépendance des
reliefs environnants. Ainsi, elles ne sont jamais aussi
droites que les crevasses du glacier ; la plupart sont plus
ou moins courbées, il y en a même de très-flexueuses.
Enfin leur direction est toujours plus ou moins subordonnée à la ligne de faîte ; elles se fléchissent et se relèvent avec elle. Leur profondeur n'est pas très-considérable, de 5 à 10^m (*). Leur largeur, sans égaler celle
des caveaux, est cependant assez considérable, et comme
elles ne peuvent pas être contournées, à cause de leur
longueur, elles deviennent par cette raison l'une des
principales difficultés des ascensions, puisque pour les
traverser il faut se munir d'échelles (**). Il n'est aucun
cirque ni aucun glacier qui n'ait à son origine une ou
plusieurs rimayes. La limite à laquelle on les trouve dans

(*) Les crevasses que M. Kholenati rencontra dans la partie supérieure du glacier de Tschchari, en faisant l'ascension du Kasbeck
(26 août 1846, le même jour que MM. Bravais et Martins escaladaient
le Mont-Blanc, et M. Desor le Rosenhorn), et qu'il décrit comme des
rimayes (Bergschründe), sont sans doute des caveaux, comme l'indiquent leur position et leur grande profondeur que le voyageur évalue à
210 pieds. Bull. de l'Acad. de St-Pétersbourg, IV, n°s 11, 12 et 13.

(**) L'inconvénient est moins grand à la descente ; car comme la lèvre
supérieure surplombe ordinairement l'inférieure, on peut glisser par-
dessus comme cela m'est arrivé plusieurs fois.

les Alpes est entre 3000 et 4000 ^m. Je n'en connais pas au-dessous de 2800 ^m (*).

Quand on considère la position des rimayes, on ne peut pas douter qu'elles ne soient formées par l'effet d'une accélération locale. On les trouve constamment dans la même position sur les pentes de neige, non pas précisément au point le plus escarpé, mais là où l'on peut supposer, d'après l'aspect général des reliefs, que la couche de neige ou de glace s'épaissit d'une manière sensible. Se fondant sur cette constance des rimayes, quelques personnes en ont inféré qu'elles pourraient bien indiquer le commencement du mouvement des masses glacées, et elles en ont conclu que les parties situées au-dessus de la crevasse devaient être immobiles. Il n'est pas facile d'arriver à une certitude à cet égard à cause des difficultés et des dangers dont les observations sont accompagnées dans ces régions. Une pareille immobilité se concevrait cependant si la masse était de la neige, comme dans le cas des petites rimayes men-

---

(*) Il se forme en hiver des rimayes sur toutes les pentes roides. M. Desor en vit, au mois de juin 1843, en une foule d'endroits qui, en été, sont dégarnis de neige. « Je fus frappé, dit-il, de voir la neige former des rimayes sur toutes les pentes roides, sur les escarpements de la vallée, et même sur les flancs des mamelons qui s'élèvent au-devant du glacier. Ces rimayes affectaient la même position que les grandes rimayes des hautes cimes ; elles étaient en général à l'endroit le plus escarpé et suivaient assez régulièrement les contours des sommets, d'où je conclus qu'elles sont l'effet d'une seule et même cause. » — Excursions, p. 575.

tionnées dans la note ci-dessus ; mais il est rare qu'il en soit ainsi et les couches inférieures sont presque toujours de glace. A la Strahleck, j'ai compté en 1842, trois couches successives de glace de névé au-dessus de la rimaye ayant ensemble plus de cinq mètres d'épaisseur. Or, il ne me paraît pas probable qu'une épaisseur de glace pareille puisse exister sur une pente très-inclinée, sans subir au moins quelque mouvement. Nous possédons d'ailleurs des indices que les rimayes ne sont pas aussi immuables qu'il semble au premier abord. Si elles ne se ferment jamais complétement, nous savons du moins qu'elles subissent toutes sortes de modifications. Ceux qui ont franchi plusieurs fois les mêmes rimayes les ont trouvées toujours différentes. Il est certaines ascensions qui offrent toujours moins de difficultés au commencement de la saison que plus tard, parce qu'alors la rimaye n'est pas encore trop large ; c'est entre autres le cas de la rimaye de la Strahleck.

Lorsque je fis, en 1841, l'ascension de la Jungfrau, je trouvai la rimaye du premier talus de cette montagne excessivement béante, ayant au moins 5 mètres d'ouverture ; celle de la seconde terrasse, près du col du Rotthal était au contraire assez étroite pour pouvoir être enjambée (*). Lorsque M. G. Studer effectua la même ascension l'année suivante, il trouva la première très-praticable ; la seconde en revanche était tellement large

(*) *Desor*, Excursions, p. 387.

qu'il eut de la peine à la franchir avec son échelle de vingt-trois pieds de longueur (*).

Ce qui prouve d'ailleurs qu'il existe un mouvement jusqu'à l'origine de ces masses, c'est que les neiges, au lieu d'être accolées contre le rocher, en sont souvent séparées par un interstice plus ou moins large, qui suivant M. de Charpentier est dû au tassement (**). Enfin l'on voit aussi souvent dans la lèvre supérieure des crevasses qui indiquent une tension vaincue, et ce n'est peut-être que par une inégalité de mouvement.

En aucun cas, les rimayes, comme telles, ne sauraient être envisagées comme une limite climatologique indiquant le point où le glacier ne dégèle pas, puisqu'il est nombre d'endroits où l'on trouve deux rimayes superposées. Or, une pareille superposition exclut toute idée d'immobilité des masses, du moins pour la rimaye inférieure. La lèvre supérieure de celle-ci ne saurait être immobile, si les masses de glace situées plus haut et constituant la lèvre inférieure de la rimaye supérieure, ne le sont pas.

Aussi bien, il n'est nullement nécessaire d'avoir recours à l'immobilité pour expliquer ces crevasses. Une simple accélération suffit pour en rendre compte. Loin donc d'être une exception, les rimayes rentrent dans la catégorie des crevasses d'accélération.

(*) *G. Studer*, Topographische Mittheilungen aus dem Alpengebirge.
(**) Essai, p. 81.

Profondeur des crevasses.

On ne possède encore que des données très-imparfaites sur la profondeur des crevasses. Ce qui paraît positif, c'est qu'aucune crevasse , à l'exception de quelques crevasses marginales ou longitudinales, ne traverse le glacier de part en part. Les plus profondes sont selon toute apparence les crevasses médianes, parce qu'elles se trouvent dans la portion où le glacier est le plus épais. S'il est permis de juger de leur profondeur d'après les trous de cascade (qui, ainsi que nous le montrerons dans les pages suivantes, sont intimement liés aux crevasses médianes), il y en a qui vont jusqu'à 260 mètres. Celles dont il est le plus facile de connaître la profondeur, sont les caveaux, qui, ainsi que nous l'avons vu plus haut, ont jusqu'à 100 mètres de profondeur, dans les champs de neige des grands glaciers. Les moins profondes, quoiqu'elles atteignent quelquefois le fond, sont les crevasses longitudinales. Je n'en connais pas qui pénètrent même à 50 mètres.

Comment les crevasses se referment.

La plupart des crevasses, à moins qu'elles ne naissent tout près du terme des glaciers, se referment après avoir été béantes quelque temps. C'est ce dont il est surtout facile de se convaincre en examinant les crevasses marginales. Si toutes les crevasses qui se forment en regard d'un promontoire, restaient ouvertes, les rives des glaciers seraient tellement déchirées et disloquées qu'on ne pourrait nulle part les aborder. Au lieu de cela, nous voyons souvent des espaces tout à fait unis succéder à des espaces très-crevassés, témoin la rive gauche du glacier de l'Aar, au-dessous du promontoire de Mieselen et surtout au pied du Rothhorn. Dans ce dernier endroit, les crevasses se referment même sur l'espace de moins de 100 mètres qui sépare les deux faisceaux au pied du Pavillon, d'où il faut conclure que celles qui correspondent au second promontoire ne proviennent pas du premier faisceau, mais sont de nouvelles déchirures. Ce qui le prouve, c'est que dans les deux faisceaux les crevasses sont orientées dans le même sens (obliquement d'aval en amont qui est la direction que les crevasses doivent avoir au moment de leur formation), tandis que si elles étaient d'ancienne date, elles ne pourraient plus avoir cette direction, et leur extrémité interne, au lieu d'être en amont, devrait être fléchie en aval, par suite du mouvement propre du glacier. La Pl. IV, qui comprend le faisceau supérieur des crevasses du Rothhorn, m'a permis de suivre en quelque sorte pas à pas les modifications qui s'opèrent. Chaque crevasse ayant été rigoureusement mesurée et représentée dans ses dimensions vraies relativement à l'échelle, je n'ai eu qu'à comparer ce relevé avec l'état de la surface pendant les années suivantes pour m'en rendre compte. On jugera des changements survenus en quatre ans, en comparant avec cette planche le croquis de Pl. VIII, fig. 10, qui repré-

sente la disposition des crevasses en 1846. La partie la
plus bouleversée se trouve encore ici en face du promontoire. Mais ce ne sont plus les mêmes crevasses qu'en
1842; elles ont d'autres formes et d'autres dimensions.
Ainsi, celles qui avoisinent le sommet de l'éperon sont
plus petites et plus nombreuses; celles qui font face au
lac sont aussi en plus grand nombre, et la grande crevasse comprise entre les pieux VI et VII a complétement
disparu. Ceci n'empêche pas que le déchirement ne soit
occasionné par un obstacle permanent, le rocher, qui
donne lieu à de nouvelles crevasses, à mesure que les
anciennes se ferment, et comme l'obstacle est invariable, il en résulte que les crevasses qu'il engendre se
trouvent toujours à la même place (*).

(*) On est en général enclin à s'exagérer la mobilité des glaciers,
sous le rapport des crevasses. Il peut sans doute arriver que telle région
qui, cette année, était très-praticable, soit l'année prochaine d'un accès
plus difficile, parce que les crevasses auront augmenté, ou parce
qu'elles se seront agrandies. Mais ces changements ne dépassent pas
certaines limites, et n'altèrent pas la physionomie générale d'un glacier. Ainsi les aiguilles ne sauraient disparaitre d'un point pour se
porter sur un autre, non plus que les groupes de crevasses, les sérucs,
les caveaux. Il faudrait pour cela que la cause qui les fait naître se dé-
plaçât; or nous avons vu qu'elle est invariable, puisqu'elle git dans les
reliefs du sol. Je ne puis dès lors me ranger à l'opinion de M. Kholenati,
lorsqu'il dit (l. c., p. 208) qu'il y a opposition et alternance, sous le
rapport des crevasses, entre les deux rives d'un glacier, si bien que si
la rive gauche est crevassée cette année, la rive droite doit nécessairement être intacte, sauf à se crevasser, l'année prochaine, lorsque les
crevasses de la rive gauche se fermeront. Un pareil énoncé est contraire
aux lois de la mécanique des glaciers, qui sont les mêmes dans le
Caucase que dans les Alpes.

Toutes les crevasses ne se ferment pas aussi promptement que les crevasses marginales que nous venons d'examiner. Les crevasses médianes en particulier persistent bien plus longtemps, témoin celles du Finster-aar, dans le voisinage de l'Abschwung. Avant qu'on ne connût d'une manière précise le mouvement du glacier et le rapport de vitesse de ses différentes parties, il était impossible de distinguer entre les crevasses anciennes et les crevasses récentes. Cependant, dès 1841, j'avais déjà reconnu d'une manière empirique, il est vrai, plusieurs systèmes de crevasses au pied de l'Abschwung en un endroit où elles sont plus constantes qu'au pied du Pavillon. Dès l'année suivante je les inscrivis sur la Pl. B, que je fis dessiner du haut de l'Abschwung. Je reconnus quatre systèmes ou directions prépondérantes de crevasses, dont deux au pied même de l'Abschwung ; ce sont celles qui se voient au bord du glacier sur notre planche. L'un de ces systèmes dont les crevasses sont dirigées vers l'Oberaarhorn et le Grunerhorn est orienté du N. O. au S. E. ; l'autre court du N. au S. ou plus exactement du N. N. E. au S. S. O. D'après les rapports que nous avons établis entre la direction des crevasses et le mouvement du glacier, il est évident que celles de la seconde catégorie sont les plus récentes, puisqu'elles sont perpendiculaires aux plans des couches, dont la courbe, ainsi que nous l'avons montré plus haut, est la résultante du plan de pente combiné avec la direction de la vallée. Le fait que les autres sont dans une direction diamétralement opposée, est une preuve qu'elles sont plus anciennes. Il est évident qu'elles ont été, elles aussi, à l'époque de leur formation, orientées dans le sens des précédentes, c'est-à-dire qu'elles avaient leur sommet plus haut que leur base. Par suite du mouvement ralenti des bords, cette direction a dû changer et comme le sommet marche sensiblement plus vite que la base, il en est résulté qu'il a dû gagner toujours plus de terrain et de retardé qu'il était, il a fini par prendre les devants. C'est ainsi que la direction des crevasses peut jusqu'à un certain point nous indiquer leur âge. Celles dont le sommet est le plus fléchi en aval sont toujours les plus anciennes. Le dessin de la Pl. V, fig. 6, donnera une idée de ces déplacements.

Soit A une crevasse occasionnée en 1845, par le promontoire x. Cette crevasse sera droite et perpendiculaire aux affleurements des couches, et comme ceux-ci représentent des arcs très-allongés, dont le sommet est dans la moraine, la crevasse pour leur être perpendiculaire devra être oblique et avoir son sommet en amont. Si le mouvement du glacier était uniforme d'une rive à l'autre, la crevasse ou son vestige conserveraient la même position oblique tout en se déplaçant. Mais le mouvement du centre est au moins dix fois plus accéléré que celui du bord, d'où il résulte que si la base de la crevasse se déplace de 5 mètres par an, le sommet avancera dans le même laps de temps de 50 mètres. La crevasse A, par suite de cette inégalité, se trouvera en

1846 en A^1; elle ne sera plus ascendante mais transversale et de plus, au lieu d'être rectiligne elle sera légèrement arquée; la courbure la plus sensible se trouvera
près du bord, parce que c'est là que la différence du
mouvement est à son maximum. En 1847, la crevasse
se trouvera en A^2; c'est-à-dire, qu'elle ne sera plus
même transversale, mais sensiblement inclinée en bas;
en 1848 elle sera en A^3, en 1849 en A^4; enfin en 1850 en
A^5. Il aura par conséquent suffi de cinq ans pour lui
faire changer complétement de direction. Sa forme aura
subi des changements non moins marqués; elle était
rectiligne, elle sera maintenant fortement arquée, au
point de devenir parallèle aux plans des couches, après
les avoir successivement coupés sous des angles de plus
en plus aigus.

Ainsi que l'avait prévu M. Hopkins (*), les crevasses
ne restent pas d'ordinaire assez longtemps béantes pour
parcourir toutes ces phases. Mais il est rare qu'on ne
reconnaisse pas leurs traces alors même qu'elles sont
complétement fermées. Le sable, que le vent a accumulé
dans leur intérieur pendant qu'elles étaient ouvertes,
est rejeté à la surface à mesure que la fonte a lieu, et il en
résulte des lignes foncées au moyen desquelles on peut
suivre les déplacements successifs qu'elles ont subis.

Ces lignes ou zones de sable ressemblent à s'y méprendre à des affleurements de couches. Aussi je ne suis nul-

(*) Philosophical Magazine, vol. 26, p. 331.

lement étonné de voir même des observateurs habiles (*)
les confondre avec la stratification de la partie inférieure
du glacier. Néanmoins il est un moyen de les distinguer,
c'est de faire attention à leur position les unes vis-à-vis
des autres. Et d'abord il n'y a guère que les crevasses
marginales qui puissent donner lieu à confusion, parce
qu'elles appartiennent à la région où la vitesse du mouvement varie considérablement d'un point à l'autre. Or
par cela même que ces crevasses se rattachent à un point
déterminé du rivage (le promontoire ou l'éperon qui
fait saillie dans le glacier), il s'en suit qu'elles doivent
converger vers ce même point, comme les rayons d'un
éventail, ainsi que nous le voyons en effet dans la figure
ci-dessus mentionnée (Pl. V., fig. 6). Les couches, au
contraire, étant à peu près longitudinales près des bords,
conservent toujours leur même position respective, et
ne font par conséquent jamais éventail. De plus, si la
stratification était le résultat des crevasses refermées, elle
n'existerait qu'autant qu'il y aurait des crevasses marginales en amont sur les deux côtés du glacier ; dans le cas où
il n'y en aurait que d'un côté, comme c'est le cas du
glacier de l'Aar, la stratification ne se rencontrerait que
de ce côté, et l'autre côté en serait dépourvu. Or, au lieu
de cela, la stratification est semblable des deux côtés, ainsi
que le montre la Pl. III.

Il résulte de ce qui précède, que les crevasses ne sont

(*) *Kholenati*, l. c. p. 209.

réellement perpendiculaires aux plans des couches qu'au moment de leur formation. A mesure qu'elles cheminent avec le glacier, cet antagonisme s'efface toujours davantage et les crevasses finiraient par devenir toutes longitudinales, si elles duraient assez longtemps. Si donc la plupart des crevasses et surtout les crevasses marginales sont effectivement transversales, nous en tirerons cette conséquence, c'est qu'elles n'ont pas cheminé assez de temps pour perdre cet antagonisme, en d'autres termes qu'elles sont d'origine récente (*).

Enfin la preuve la plus frappante du renouvellement constant des crevasses, nous est fournie par les crevasses d'escarpement. C'est un fait bien significatif, que le phénomène des aiguilles ne se trouve jamais à l'issue même des glaciers. On voit presque toujours une région plus ou moins unie succéder à la région des aiguilles, même dans les glaciers où le phénomène est développé sur la plus grande échelle, par exemple au glacier de Zermatt, au glacier inférieur de Grindelwald, au glacier du Rhône et au glacier des Bossons. Or, il faut pour cela non-seulement que toutes les crevasses se ressoudent, mais encore que les parties saillantes s'égalisent, et cela ne peut avoir lieu que par l'effet du ralentissement qui succède à la formation des aiguilles.

(*) Lorsque les crevasses sont limitées à quelque affluent du centre et qu'elles n'atteignent pas le bord, leurs déplacements frappent moins, parce qu'on n'a pas sous les yeux de point fixe pour servir de mesure; mais leur durée n'en est pas pour cela livrée au hasard.

Des observations qui précèdent découle cette conséquence, c'est que la durée des crevasses non moins que
leur forme est subordonnée au mouvement du glacier ;
elles ont chance de rester béantes, partout où le mouvement tend à s'accélérer ; elles se ferment au contraire très-vite, là où le déplacement va en se ralentissant.
Si les crevasses marginales du pied du Pavillon se ferment tôt après qu'elles ont franchi l'obstacle qui les a
fait naître, c'est qu'en effet le mouvement du glacier de
l'Aar se ralentit sensiblement dans toute cette partie.
L'on peut par conséquent inférer jusqu'à un certain point
de l'état des crevasses, si le mouvement d'un point
quelconque est ralenti ou accéléré. Ce n'est pourtant pas
à dire que les crevasses doivent se perpétuer et rester
béantes, là où le mouvement n'est pas ralenti ; car
s'il en était ainsi, certaines régions du glacier, en particulier celles qui sont voisines du névé devraient être
beaucoup plus crevassées qu'elles ne le sont. Il est certain que si toutes les crevasses de l'affluent de la Strahleck restaient ouvertes, le glacier de l'Aar serait tout à
fait impraticable au pied de l'Abschwung. J'ai tout lieu
de croire que le gonflement qui survient au printemps
lorsque l'eau des premières fontes pénètre dans le glacier, est plus que suffisant pour refermer au moins une
partie de ces crevasses. Il est vrai que nous ne possédons encore aucune expérience directe sur ce sujet,
mais il faut espérer que cette lacune sera bientôt comblée. Il ne faut pas oublier non plus qu'à côté de l'accélé-

ration générale, il y a des variations locales qui contribuent aussi pour leur part à modifier les crevasses.

Il n'y a en définitive que les crevasses longitudinales qui n'aient pas chance de se refermer, non pas qu'il soit dans leur nature de rester béantes, mais parce qu'elles naissent en général près de l'extrémité des glaciers. Pour qu'elles se refermassent, il faudrait que le glacier, après s'être étalé dans une large vallée où il a pu se déverser latéralement et se crevasser, traversât de nouveau une gorge étroite où il eût à subir une pression latérale. Si le glacier du Rhône, au lieu de se terminer à l'endroit où il aboutit maintenant, se prolongeait à quelques mille mètres plus loin, de manière à s'enfoncer dans les gorges qui succèdent à l'élargissement de Gletsch, il est à présumer que toutes les crevasses longitudinales que nous lui connaissons maintenant se refermeraient par suite de la pression qu'il éprouverait. Mais comme aucun des glaciers doués de crevasses longitudinales n'est dans ce cas, mais que tous meurent dans l'élargissement qui occasionne les crevasses longitudinales, il en résulte que celles-ci, n'éprouvant aucune compression ultérieure, restent béantes jusqu'à l'issue du glacier

RÉSUMÉ.

L'histoire des crevasses, telle que nous venons de l'exposer, peut se résumer en peu de mots.

1. Toutes les crevasses quelles que soient les particularités de forme, de position ou de fréquence qui les distinguent sont, en dernière analyse, l'effet d'une même cause, d'une tension vaincue.

2. Toute crevasse est formée perpendiculairement au plan de tension. De ce que la courbe des affleurements des couches coïncide ordinairement avec la ligne de plus forte tension, il en résulte que les crevasses, au moment de leur naissance sont perpendiculaires aux couches. Ainsi se trouve confirmée l'observation faite pour la première fois par M. Guyot, savoir, que les couches et les crevasses sont entre elles à angle droit.

3. Les circonstances qui déterminent la tension, cause première de toutes les crevasses, sont de différentes espèces ; pour les crevasses d'escarpement, les crevasses médianes, les caveaux et les rimayes, c'est l'accélération ou le ralentissement local ou momentané d'une portion du glacier ; pour les crevasses longitudinales, le déversement de la masse sur les côtés, lorsque le glacier se déploie dans un fond plat ; pour les crevasses marginales et en zigzag, les obstacles du rivage, qui tiennent une portion du glacier en arrêt.

4. Toutes les crevasses se referment, à l'exception des crevasses longitudinales, lorsqu'elles naissent près de l'issue des glaciers.

DES TROUS DE CASCADE.

Les trous de cascade, appelés aussi puits ou moulins,

sont intimement liés aux crevasses. Ce sont des trous
circulaires ou elliptiques, d'une grande profondeur et à
parois verticales, auxquelles viennent aboutir des ruisseaux. Voici quelle est leur origine. Si une crevasse
médiane vient à se former sur le chemin d'un ruisseau,
celui-ci s'y engouffre ; en même temps l'eau qui frappe
contre les parois de la crevasse, ronge la glace et il en
résulte un puits en rapport avec le volume du ruisseau.
Une fois formé, ce puits persiste, alors même que la crevasse se referme, et il continue à servir de réceptacle au
ruisseau, aussi longtemps qu'il ne survient pas de nouvelles crevasses en amont. Il peut arriver, lorsque le
ruisseau est très-volumineux, que la crevasse qui se forme
sur son passage ne soit pas assez large pour recevoir
d'abord toute la masse d'eau qu'il charrie ; dans ce cas,
le surplus passe outre et continue à couler dans l'ancien
lit, jusqu'à ce que l'eau ait eu le temps de se creuser un
trou en rapport avec son volume. Le lendemain du jour
où s'étaient formées, près de l'Hôtel des Neuchâtelois, les
crevasses médianes dont il a été parlé plus haut (p. 310),
je fus étonné en passant devant le plus grand de ces ruisseaux, de voir, que l'eau y était bien moins abondante que
la veille. Je remontai le ruisseau pour en rechercher la
cause, et je vis qu'une partie de l'eau se perdait dans une
crevasse fraîchement formée. Quelques jours plus tard, le
ruisseau s'était creusé un trou suffisant dans cette dernière crevasse, et le lit ultérieur était complétement à sec.
Il résulte de là que l'origine, et le point de départ de tous

les puits est dans les crevasses. On ne trouverait aucune trace de crevasse sur un glacier, qu'on serait néanmoins en droit d'en conclure qu'il en a existé partout où il y a des puits.

La profondeur des trous de cascade ou puits est en général très-considérable. Il y avait, en 1842, près de l'Hôtel des Neuchâtelois, un puits dans lequel la sonde est descendue jusqu'à 260 mètres et j'en ai sondé plusieurs qui indiquaient 100 mètres et au delà. Tous étaient parfaitement verticaux, jusqu'à leur débouché dans les canaux intérieurs, avec lesquels ils communiquaient.

La présence de ces canaux intérieurs faisant suite aux puits n'est pas une supposition gratuite. On peut les voir au fond des puits toutes les fois que ceux-ci sont vides. On les aperçoit, même quelquefois de la surface, lorsque les puits ne sont pas très-profonds. M'étant fait dévaler en 1842 dans un de ces trous, situé sur la branche du Lauteraar, non loin de l'Hôtel des Neuchâtelois, pour y reconnaître la disposition des couches, je rencontrai, à la profondeur de 16 mètres, un canal d'apparence tortueuse dont l'ouverture n'avait pas plus d'un pied de diamètre. Il pénétrait obliquement dans l'intérieur du glacier et sa forme ainsi que sa direction contrastaient d'une étrange façon avec les parois régulières et verticales du puits.

Les puits ne se rencontrent pas indifféremment sur toutes les parties du glacier. Au glacier de l'Aar, où ils sont nombreux, leur rayon, ne s'étend guère au delà du Pavillon. Ils sont surtout abondants aux environs de l'Hôtel des Neuchâtelois, sur le Lauteraar, aussi bien que sur le Finsteraar. Il est à peine nécessaire de dire, qu'il ne faut les chercher que dans les endroits unis et peu accidentés, parce que c'est là uniquement que les ruisseaux peuvent acquérir un certain volume. Les crevasses qui leur donnent naissance ne sauraient donc être que des crevasses médianes, les seules qui se forment dans ces régions.

Les puits sont un phénomène moins éphémère que les crevasses et les autres cavités du glacier. D'ordinaire ils persistent pendant plusieurs étés consécutifs ; c'est ainsi que le grand puits du glacier de l'Aar dans lequel je descendis en 1841 existe encore à côté de la moraine sur l'affluent de la Strahleck. Mais c'est à tort que M. Forbes prétend qu'ils restent constamment à la même place. La manière dont il s'exprime pourrait faire croire qu'il s'en est assuré par des mesures directes. « Quel « que soit, dit-il, l'état ou le mode de progression du « glacier, les cascades ou moulins se trouvent toujours « exactement dans la même position, c'est-à-dire opposés « aux mêmes points fixes du rivage » (*). Or, rien n'est plus inexact que cette assertion, à moins toutefois que le glacier des Bois n'obéisse à d'autres lois que celui de

(*) Whatever be the state or progress of the glacier, these cascades or " Moulins" are found in almost exactly the same position, that is opposite to the same fixed objects on the side of the glacier. *Travels* p. 85.

l'Aar. Voici les expériences sur lesquelles je me fonde.
En 1842, lorsque je fis faire la carte du glacier de l'Aar.
je voulus m'assurer si les puits dont j'avais remarqué un
grand nombre aux environs de l'Hôtel des Neuchâtelois,
persistaient ou s'ils se reformaient chaque année. En
conséquence j'en signalai deux à M. Wild en le priant de
les comprendre dans le réseau trigonométrique. L'un de
ces puits était situé sur le Finsteraar, à peu près à la
hauteur du N° V. (*) L'autre, se trouvait sur le bord
gauche de la moraine médiane, à 200 mètres en aval
de l'Hôtel des Neuchâtelois, près d'un escarpement du
glacier (**). Lorsqu'en 1843 le même ingénieur se rendit au glacier de l'Aar, pour mesurer le mouvement
annuel, il retrouva non-seulement les puits, mais il constata qu'ils avaient cheminé dans la même proportion que
les blocs de la moraine médiane relativement aux points
fixes du rivage. Aujourd'hui ces mêmes puits existent
toujours mais ils sont, après quatre ans, à une distance de
près de 300 mètres de leur emplacement en 1842.

En conclurons-nous que les puits se conservent indé-
finiment? Nullement. Ici encore il importe de bien distinguer entre les stations où ces accidents se rencontrent. Au
glacier de l'Aar, ceux que je viens de nommer spécialement sont tous situés dans la région moyenne du glacier,
non loin de la limite du névé. Or, nous verrons plus bas
que cette région est précisément celle où le mouvement

(*) Il est indiqué par la lettre *f*, sur la carte de Pl. II.
(**) Il est indiqué par la lettre *e*, sur la carte Pl. II.

est à son maximum et que le ralentissement ne commence qu'à partir du Nᵒ V. Or, si c'est le propre de tout mouvement ralenti, de resserrer la masse, et par conséquent de fermer les ouvertures, on ne saurait en dire autant des régions où le mouvement est accéléré, et les cavités de ces régions auront par conséquent bien moins de chance de se refermer. Les crevasses pourront même disparaître, que les puits n'en continueront pas moins d'exister, grâce à leur plus grande largeur. Mais je doute fort que ces mêmes puits persistassent, si on les transportait dans une région où le mouvement est ralenti. Ils s'y fermeraient infailliblement; c'est pourquoi on n'en rencontre pas aux environs du Pavillon.

Des cavités intérieures.

La présence de cavités dans l'intérieur des glaciers est aujourd'hui démontrée de la manière la plus indubitable, bien qu'on n'ait que des données vagues sur leur nombre et leur étendue. J'ai cité plus haut les canaux qui aboutissent au fond des puits. On peut poser en principe qu'il existe un canal pareil dans chaque puits, car ce n'est qu'à cette condition que les crevasses peuvent recevoir et écouler les eaux des ruisseaux. Par conséquent, lorsqu'un puits ou une crevasse n'absorbe pas l'eau du ruisseau qui le traverse et que celle-ci passe outre, c'est une preuve qu'il n'est en communication avec aucun de ces canaux, ou bien que ceux-ci se sont refermés. On ne peut admettre raisonnablement que ce soient les ruisseaux qui creusent ces canaux, car, dans ce cas, au lieu d'être obliques, ils seraient verticaux, c'est-à-dire dans le plan de la chute. Mais si les ruisseaux ne les creusent pas, il est probable qu'ils les entretiennent et les élargissent. Ce qui me le fait croire, c'est qu'il est rare qu'un ruisseau, rencontrant un puits ou une crevasse, passe outre. En revanche, les exemples de puits remplis d'eau et ne recevant pas de ruisseaux, sont très-fréquents, surtout au commencement de l'été; ce qui tendrait à faire croire que leurs canaux intérieurs se sont fermés au printemps, avant la fonte des neiges. En tout cas, il faut que les canaux intérieurs soient antérieurs aux puits et aux crevasses avec lesquels ils communiquent, autrement les puits eux-mêmes ne pourraient pas se former. Il existe d'autres indices non moins significatifs de la présence de cavités intérieures. J'ai vu sur la tranche terminale de plusieurs glaciers, en particulier au glacier de l'Aar, des crevasses assez spacieuses, qui avaient tout à fait l'air de crevasses verticales, quoiqu'elles ne se prolongeassent pas jusqu'à la surface. Mais le fait le plus significatif, est celui-ci : Un jour du mois d'août 1841, que mes ouvriers étaient occupés à forer un trou tout près de l'Hôtel des Neuchâtelois, le perçoir s'échappa subitement de leurs mains et s'enfonça de 60 cent. Ils étaient alors à la profondeur de 30 mètres. En même temps, on vit arriver à la surface une grande quantité de bulles d'air. L'eau, cependant, ne s'écoula pas du trou, d'où il faut conclure que la cavité que le perçoir venait de rencontrer était une cavité fermée. C'était peut-être une crevasse pareille à celles que nous venons de signaler sur la tranche terminale des glaciers.

Il est difficile de dire quelle est l'origine de ces cavités et quel rôle elles jouent dans l'économie des glaciers. Cependant, comme les causes qui déterminent les crevasses, en général, ne sont rien moins que limitées à la surface, il n'y aurait rien d'étonnant qu'il s'en formât aussi dans l'intérieur, surtout dans les régions où nous avons montré que le fond, à raison de la disposition des couches, doit marcher plus vite que la surface (p. 272). Or il est à remarquer que l'Hôtel des Neuchâtelois, où a été faite l'observation du perçoir ci-dessus mentionnée, est réellement situé dans cette région. Il résulte de ces observations, que l'opinion de certains auteurs anciens, qui soupçonnaient des cavités dans l'intérieur des glaciers, n'est pas aussi fantastique qu'on l'a prétendu.

CHAPITRE IX.

DU ROLE DE L'EAU DANS LES GLACIERS.

Après avoir indiqué les voies par lesquelles l'eau pénètre dans le glacier, il nous reste maintenant à examiner de quelle manière elle s'y comporte, et quels sont ses rapports avec les conditions météorologiques extérieures.

Preuves de la circulation de l'eau.

Il est probable que les grands ruisseaux qui s'engouffrent dans les crevasses et les puits ne se répandent pas dans la masse du glacier, mais ne font que circuler dans de grands canaux, comme les sources dans les montagnes. C'est surtout le cas de ceux que l'on rencontre dans la région terminale des glaciers, et au glacier de l'Aar par exemple, de tous ceux qui circulent depuis le N° IX jusqu'à l'issue du glacier. Mais il est d'autres réservoirs qui témoignent d'une infiltration lente, comme elle ne peut avoir lieu que par une circulation dans de très-petits canaux. En voici quelques exemples : Quand on se rend sur les glaciers immédiatement après la fonte des neiges, on trouve, dans les régions voisines du névé, une quantité de puits remplis d'eau jusqu'au bord ; mais cette exubérance n'est pas de longue durée. Peu à peu le niveau de l'eau baisse, et au bout d'un certain temps celle-ci a diminué d'un quart, de moitié ou même davantage, sans qu'il soit possible d'attribuer une diminution aussi considérable au seul effet de l'évaporation, quelque efficace qu'on la suppose,

Les baignoires et les trous méridiens m'ont offert des exemples encore plus frappants de cette infiltration lente. Lorsque le ciel est serein, la température tombe presque toutes les nuits au-dessous de zéro dans les environs de l'Hôtel des Neuchâtelois. Le soleil n'a pas plus tôt quitté l'horizon, que ces réservoirs se recouvrent d'aiguilles de glace, et souvent au bout d'une demi-heure ou d'une heure, elles sont complétement prises. Cette pellicule de glace récente protége par conséquent l'eau contre l'évaporation. Malgré cela, on trouve régulièrement tous les matins le niveau de l'eau à plusieurs centimètres *au-dessous* de la couche de glace, preuve qu'une partie de l'eau s'est perdue pendant la nuit, et ce ne peut être que par infiltration.

Expériences sur la filtration par suintement.

Les observations qui précèdent se trouvent confirmées de la manière la plus directe, par une série d'expériences que voici : En faisant, en 1841, des observations

sur la température intérieure du glacier, je m'aperçus
que, malgré les précautions que je prenais pour éloigner
l'eau superficielle, les trous se trouvaient néanmoins
tous les matins inondés. Cette eau ne pouvait provenir de
la surface, puisque j'avais soin de faire vider les trous
jusqu'au fond, avant d'y introduire les thermométrographes, ce qui avait lieu vers les sept heures du soir,
par conséquent à une heure où tous les ruisselets de la
surface, à l'exception des grands ruisseaux, étaient taris.
Les trous étaient d'ailleurs fermés hermétiquement au
moyen de grosses bourres. D'où provenait cette eau, si
ce n'est des parois mêmes de la glace? Dès ce moment je
m'appliquai à observer exactement les quantités d'eau
accumulées pendant la nuit. L'opération était fort simple. Je mesurais l'accumulation diurne au moyen d'une
sonde que je dirigeais de manière à ce que la corde se
frottât le moins possible contre les parois et la longueur
de la sonde que je retirais mouillée, me donnait la profondeur de l'eau accumulée dans un temps donné. Je
continuai les mêmes observations sur une plus grande
échelle en 1842. Les tableaux suivants donneront une
idée des variations extraordinaires qui s'observent d'un
jour à l'autre, ainsi que du rapport qui existe entre la
quantité d'eau et la capacité des trous.

Ier TABLEAU. — *Quantité d'eau accumulée par suintement.*

DATE. 1841.	A (*) PROFOND. 9^m 75.	B PROFOND. 45^m.	TEMPÉRATURE. MINIM.	MAXIM.	ÉTAT DU CIEL.
Nuit du 31 A au 1er S.	0^m 16	1^m 95	+ 0,3		Couvert.
Journée du 1er Sept.	3, 20	9, 42	. . . .	+ 8,7	Couvert.
Nuit du 1er au 2 . .	4, 50 (**)	3, 90	+ 0,7		Pluie.
Journée du 2. . . .	0, 80	3, 25	. . . .	+ 2,5	Couvert.
Nuit du 2 au 3. . .	0, 16	1, 14	+ 0,7		Pluvieux.
Journée du 3. . . .	0, 86	6, 50	. . . .	+ 3	Couvert.
Nuit du 3 au 4. . . .	0, 08	0, 97	+ 1		Pluvieux.
Journée du 4. . . .	1, 08	5, 85	. . . .	+ 3,6	Neige.
Nuit du 4 au 5. . .	0, 53	1, 30	—4		Neige.

Quoique ce tableau n'embrasse qu'une période très-limitée, on y remarque cependant une différence notable entre le produit des deux trous A et B. Non-seulement la quantité d'eau accumulée dans chacun d'eux n'est pas la même ; mais ce qui est plus important , la différence est jusqu'à un certain point proportionnelle à la capacité des trous (***).

(*) Le trou A, de 9^m 75 de profondeur (30 pieds), avait un diamètre uniforme de 10 centimètres dans toute sa longueur. Le trou B, au contraire, allait en diminuant de diamètre de haut en bas, ayant été foré jusqu'à 27 m. avec un perçoir de 18 centim., à partir de 27 m. jusqu'à 33 m., avec un perçoir de 15 centim., et au delà de 33 m. jusqu'à 45 m. avec un perçoir de 10 centim.

(**) Cette nuit-là le trou A était resté ouvert, et il s'était introduit de l'eau par le haut. Le trou B avait été fermé comme à l'ordinaire.

(***) La capacité du trou A est de 20,922 mètres carrés ; la surface du trou B de 2, 827 mètres carrés, par conséquent le rapport est comme 15 à 2. Le rapport du volume d'eau accumulée est en moyenne comme 4 1/2 est à 1.

IIe TABLEAU. — *Quantité d'eau accumulée par suintement.*

DATE. 1842.	C DIAM. 15ᶜ. PROF. 60ᵐ.	D (*) DIAM. 15ᶜ. PROF. 30ᵐ.	E DIAM. 15ᶜ. PROF. 15ᵐ.	ÉTAT DU CIEL.
17 — 18 Août.	1ᵐ 80	0ᵐ 30 [16]		Beau.
18 — 19	1, 80	0, 75 [20]		Beau.
19 — 20	1, 65	0, 75 [21]		Couv. toute la nuit.
20 — 21	0, 45	0, 75 [24]		Clair.
21 — 22	0, 60	0, 24 [24]		Beau.
22 — 23	1, 20	0, 60 [27]		Beau.
23 — 24	0, 90	0, 45		Pluie.
24	0, 60	0, 45		Couvert.
24 — 25	1, 05	0, 75		Pluie, tourmente.
25	0, 30	0, 30		Pluvieux.
25 — 26	1, 38	0 ,7 2		Pluie.
26	0, 315	0, 30		Partiell. couvert.
26 — 27	0, 27	0, 30		Pluie.
27 — 28	0, 15	0, 18	0ᵐ 30 [12]	Beau.
28 28 — 29	1, 05	0, 57		Beau.
29	0, 30	0, 15		Pluie.
29 — 30	0, 10	0, 10	0, 03 [13]	Pluie.
30	0, 30	0, 27	0, 27	Pluie.
30 — 31	0, 48	0, 06	0, 03	Pluie.
31	0, 39	0, 06	0, 21	Pluie.
31 — 1ᵉʳ Sept.	0, 24	0, 06	0, 00	Neige.
1	0, 18	0, 54	0, 15	Brouillard.
1 — 2	0, 27	0, 27	0, 03	Clair.
2	0, 33	0, 42	0, 36	Variable.
2 — 3	0, 57	0, 03	0, 00	Très-clair.
3	0, 78	0, 63	10, 80	Beau. Une fissure a fourni de l'eau.
3 — 4	0, 60	0, 03	0, 27	Clair.

(*) La profondeur des trous D et E n'est pas constante, par la raison que les observations se faisaient à mesure que l'on forait. Les petits chiffres en parenthèse, à côté des cotes, indiquent la profondeur au jour de l'observation. Pour le trou D, la profondeur n'a plus varié à partir du 30 août, et pour le trou E, à partir du 28.

Ce second tableau a pour but de montrer que la proportion entre la quantité d'eau accumulée et la capacité des trous, n'existe pas seulement dans les assises supérieures, mais qu'elle se retrouve aussi jusqu'à une grande profondeur dans l'intérieur du glacier, puisque le trou C, qui a une profondeur de 60 mètres, fournit une plus grande quantité d'eau que les trous D et E, dont la profondeur est bien moindre. Si la quantité n'est pas toujours exactement en rapport avec la capacité, nous voyons cependant qu'elle est en moyenne au moins double dans le trou C. Je ferai encore observer que, ni dans l'un ni dans l'autre des deux tableaux, le petit trou ne recueille une plus grande quantité d'eau que le plus grand, ni même une quantité égale, comme cela devrait avoir lieu, si l'eau provenait de la surface du glacier.

Il existe par conséquent une corrélation évidente entre la quantité d'eau accumulée et la capacité des trous, et pour qu'il puisse en être ainsi, il faut de toute nécessité que l'eau soit répartie dans la masse entière du glacier, et non pas seulement dans de grandes cavités; en d'autres termes, il faut que la glace soit partout imbibée, comme elle ne peut l'être qu'au moyen d'un réseau de fissures capillaires. Ces expériences sont assez concluantes, pour me dispenser d'entrer en discussion avec M. Hugi (*), qui prétend avoir

(*) *Die Gletscher und erratischen Blöcke*, 1843, p. 25. — **M. Vogt** à montré tout ce qu'il y a d'erroné dans le raisonnement de **M. Hugi** (*Voy. Leonhard et Bronn Jahrbuch*, 1844).

démontré que la glace des glaciers est au contraire très-sèche.

Lorsqu'on veut mesurer la quantité d'eau que la glace tient en suspension à une époque ou dans une région donnée, il faut avoir soin que les endroits où l'on opère se trouvent dans des conditions semblables. Ainsi les trous dont il est question dans les tableaux ci-dessus étaient tous creusés dans la glace blanche. Il n'en est plus de même si l'un des trous correspond à un plan de couche, ou s'il rencontre sur son chemin quelque bande bleue ou quelque crevasse. On a vu, par les expériences d'infiltration rapportées plus haut (p. 175), que la circulation est beaucoup plus abondante dans les bandes de glace bleue que dans la glace blanche. On en trouvera la confirmation dans le tableau ci-joint :

IIIe Tableau. — *Quantité d'eau accumulée par suintement.*

DATE. 1842.	F DIAM. $0^m 27$. PROFOND. $4^m 8$.	G DIAM. $0^m 18$. PROFOND. $7^m 5$.	ÉTAT DU CIEL.
23 — 24 Juill.	$0^m 51$	$1^m 21$	Serein et froid.
24 — 25	0, 30	2, 70	Couvert, froid.
25 — 26	0, 90	Rempli p. la pluie.	Pluie toute la nuit.
26 — 27	0, 60	0, 90	Pluvieux.
27 — 28	0, 30	1, 05	Serein et froid.
28 — 29	0, 36	1, 62	Couvert, pluie.
29 — 30	0, 39	2, 55	Neigeux.
30 — 31	0, 15	0, 21	Neige et vent.
31 — 1er Août	0, 09	2, 64	Neige toute la nuit.
1er — 2	0, 27	2, 85	Serein.
2 — 3	0, 36	3, 42	Serein.

Le trou F est creusé dans la glace blanche ; le trou G, au contraire, dans une large bande de glace bleue correspondant au plan d'une couche. Or, quoique les deux trous soient à la même profondeur, nous voyons que le trou F recueille beaucoup moins d'eau que le trou G. La hauteur de la colonne est en moyenne cinq fois moindre que dans ce dernier. Il est vrai que la capacité de ce dernier est d'environ un tiers plus petite (comme 1 à 1,44) ; mais, même en tenant compte de cette différence, il se trouve que pendant les onze nuits que comprend notre tableau, le trou F a recueilli au moins trois fois plus d'eau que le trou G.

Rapport de l'eau infiltrée avec l'état atmosphérique.

Une conséquence plus générale, qui découle des tableaux ci-dessus, et que je pourrais appuyer de bon nombre d'autres observations, *c'est le rapport constant qui existe entre les quantités d'eau accumulées et l'état de l'atmosphère*, rapport qui est complétement indépendant de la profondeur des trous. En effet, ce n'est pas par la pluie que s'accumule le plus d'eau ; c'est au contraire, lorsque le ciel est serein. Ainsi dans le Ier tableau, la journée la plus favorisée sous le rapport de l'eau a été le 1er septembre, c'est-à-dire celle où la température a été à son maximum. Dans le IIe tableau, ce sont les nuits du 17 au 18, du 18 au 19 et du 19 au 20 septembre qui ont fourni le plus d'eau, et nous voyons qu'elles succèdent toutes à des journées sereines. Enfin, dans le IIIe tableau, c'est la nuit du 2 au 3 août qui l'emporte, c'est-à-dire celle qui succède au seul beau jour de cette période.

Si l'on considère que les nuits sereines sont toujours les plus froides à cause du rayonnement nocturne, si l'on se rappelle en outre que les observations se faisaient à une heure où la surface était constamment gelée (à 7 h. du soir et à 7 h. du matin), on demeurera convaincu que les eaux superficielles du glacier sont complétement étrangères à ces résultats, et que la plus ou moins grande quantité d'eau accumulée au fond des trous dépend de l'état de saturation dans lequel se trouve le glacier. Or, à parité de circonstances, cette saturation, ainsi que nous le verrons plus bas, est en raison directe de l'ablation ; et comme l'ablation n'est jamais plus forte que par les journées sereines, il n'est pas surprenant que ce soit à la suite de ces journées-là que les cavités du glacier recueillent la plus grande quantité d'eau. Il est donc démontré par là, que le glacier est inégalement saturé d'eau à différentes époques. L'eau qu'il tient en suspension dans son intérieur subit des hausses et des baisses, et il arrive à son maximum à la suite des journées chaudes et sereines.

Expériences directes.

Ces résultats sont confirmés par des observations directes. On avait creusé dans un des bancs de gazon construits sur le glacier au pied du Pavillon et destinés à indi-

quer la somme de l'ablation, un trou de quelques mètres
de profondeur. Quand l'ablation avait été très-forte pendant le jour, le trou se remplissait d'eau, de manière à
regorger ; si au contraire le temps était froid et l'ablation
peu considérable, le trou, suivant les circonstances, était
ou complétement à sec, ou ne contenait que fort peu d'eau.
M. Desor rapporte en outre l'expérience suivante qui
fut faite au mois de juillet 1844 près du Pavillon. « Une
fosse de quatre mètres carrés et de deux mètres de profondeur, avait été taillée dans le glacier, à une dizaine
de mètres du bord, en un endroit où l'inclinaison était
assez forte. Au fond de cette fosse on avait creusé un trou
de 1 mètre de diamètre et de 30 centimètres de profondeur, qui avait son écoulement par un fossé. Pendant la
nuit, ce trou se recouvrait d'une couche de glace, comme
les autres cavités contenant de l'eau, et le petit ruisseau
qui en sortait, tarissait ordinairement quelques heures
après le coucher du soleil, et ne reprenait son cours que
le lendemain vers les 10 ou 11 heures du matin, c'est-
à-dire lorsque la fonte durait déjà depuis quelques heures. Mais pendant les deux jours qui succédèrent à la
chute de neige, le ruisseau resta à sec, quoique la température fût remontée à son degré habituel; et ce ne fut
que le 19 que l'eau commença à filtrer de nouveau sur les
parois de la fosse. Que doit-on conclure de ce fait, si ce
n'est que pendant les deux jours du 17 et du 18, l'eau de
fonte, trouvant les pores du glacier vides jusqu'à une certaine profondeur, n'a pas eu le temps de se déverser laté-

ralement, comme cela arrive lorsque le glacier est bien imbibé, mais a filtré directement vers le fond (*). »

Rôle des petits ruisseaux.

Cette inégalité de saturation du glacier est encore attestée par d'autres phénomènes. Quand on se promène à la fin d'une belle journée au bord d'un glacier, par exemple au bord du glacier de l'Aar au pied du Pavillon, on voit une foule de petits ruisseaux descendre le talus de glace et se perdre dans la moraine latérale. Si l'on recherche leur provenance, on trouve qu'une bonne partie de ces ruisselets se rattachent à quelque crevasse ou à quelque plan de couche qui les alimente, mais sans recevoir aucun tribut de plus haut. Ce qu'il y a de plus remarquable, c'est que ces ruisselets continuent encore à couler quelque temps après le coucher du soleil, lorsque toute fonte a cessé à la surface. Il faut, par conséquent, qu'*il y ait dans l'intérieur même de la glace une provision ou un magasin d'eau qui les alimente.* Et en effet, si l'on creuse à quelques décimètres au-dessous de la surface gelée, on y trouve ordinairement de l'eau liquide. Mais cette eau n'est pas stationnaire, son niveau s'abaisse insensiblement, et les petits ruisseaux dont il est ici question finissent aussi par tarir les uns après les autres, le plus souvent avant 9 heures du soir.

(*) Nouvelles Excursions, p. 104.

Persistance des grands ruisseaux.

Il n'en est pas de même des grands ruisseaux. Ceux-là ne tarissent jamais complétement pendant les nuits d'été, à quelque degré que le thermomètre tombe. Il y a près de l'Hôtel des Neuchâtelois, à côté de la moraine médiane, un ruisseau assez abondant dont nous entendions le murmure pendant toute la nuit, lorsque nous habitions cette cabane. Lorsque le froid était très-intense, de — 5, à — 7°, il se formait une pellicule de glace sur ses bords ; mais je ne me souviens pas de l'avoir vu complétement tari. Il est évident qu'ici aussi l'eau qui l'alimentait lui était fournie par les plans des couches et par les fissures de toute espèce qui affleuraient dans les parties plus élevées du glacier.

On peut en dire autant des torrents des glaciers latéraux qui viennent verser leur eau dans le glacier de l'Aar. Le torrent du glacier de Trift antérieur qui débouche en aval du Pavillon sur la rive gauche, celui de Trift postérieur qui se précipite en face de l'Hôtel sur la même rive, la cascade du glacier de Zinkenstock, dont le reflet brillant se voit si bien par le clair de lune depuis le Pavillon, et plusieurs autres ruisseaux ne cessent de fournir de l'eau durant toute la nuit ; et pourtant les glaciers qui les alimentent se trouvent à des niveaux bien plus élevés que le glacier de l'Aar, où la température doit par conséquent être plus basse et où il est probable qu'il gèle toutes les nuits. Or, à moins de supposer dans l'intérieur de ces glaciers de grands bassins d'eau qui ne sont pas compatibles avec les accidents du sol, il faut bien admettre que la cause qui les empêche de tarir est la même que celle que nous avons assignée à la persistance des ruisseaux ci-dessus, savoir un vaste magasin d'eau tenu en suspension dans les pores de la glace.

Écoulement des eaux.

Des expériences directes ont été tentées au glacier de l'Aar pour déterminer d'une manière précise le rapport qui existe entre l'état météorologique et l'écoulement des eaux. C'est ici le lieu de signaler les belles recherches de M. Dollfus dont M. Desor a rendu compte ([*]), et celles plus récentes qui ont été faites pendant la campagne de 1845.

Au sortir du glacier le torrent de l'Aar parcourt une vallée à fond uni dont l'inclinaison est très-faible (de 1",01'), en sorte que le courant, sans être calme, est cependant moins impétueux que celui de beaucoup d'autres torrents. En 1844, le torrent sortait du glacier par une seule issue située près du milieu de la tranche terminale ([**]). Son lit était rectiligne, et les deux rives

([*]) Nouvelles Excursions, p. 97.
([**]) On sait que les voûtes des glaciers par lesquelles sortent les torrents sont très-inconstantes dans beaucoup de glaciers, en particulier au glacier de l'Aar.

parallèles sur un espace d'environ 50^m. Ce fut cette partie de la rivière que M. Dollfus choisit pour ses expériences. Il commença par mesurer la profondeur du lit, de mètre en mètre, sur cinq sections espacées de dix mètres l'une de l'autre, ce qui lui donna 60 points mesurés, d'après lesquels il lui fut facile de construire la forme du fond de la rivière. Il mesurait ensuite à chaque observation la hauteur de l'eau et la vitesse du parcours, et ces diverses données multipliées l'une par l'autre, donnaient le volume de l'eau à chaque observation.

Il remarqua qu'en thèse générale et lorsque aucun changement n'était survenu dans l'état météorologique, le débit de la rivière était plus faible le matin que le soir. Le minimum avait lieu vers les 10 h. du matin ; le maximum, au contraire, dans la soirée, quelquefois minuit.

Quand le temps était constant, ces oscillations suivaient une marche régulière (*). Mais il n'en était plus de même lorsqu'il survenait des changements dans l'état atmosphérique. Les oscillations diurnes cessaient alors en partie, ou bien étaient interverties et donnaient lieu à des contrastes étranges. Ainsi il pouvait arriver qu'une jour-

(*) Les torrents des petits glaciers correspondent d'une manière plus directe à la marche de la température diurne. On en jugera par le tableau suivant, qui contient une série d'observations faites par M. Dollfus en 1846 sur le torrent du glacier de Trift, en aval du Pavillon. Le 0° est une moyenne arbitraire au bord du ruisseau. Les signes (—) indiquent, en centimètres, la quantité dont le niveau était au-dessous de

née froide fut accompagnée d'une hausse de la rivière, et *vice versa*, qu'une baisse survint par une belle journée. Afin de rendre ces rapports plus sensibles, j'ai

la marque; le + la quantité dont il était en dessus. On peut admettre que par + $0^m,07$ la quantité d'eau était doublée, et que par — 0, 14 elle était trois fois moindre.

Tableau des oscillations du torrent de Trift.

DATE. — AOUT.	HEURE.	HAUTEUR de L'EAU.	TEMPÉRATURE		ÉTAT DU CIEL.
			de l'eau.	de l'air	
8	3 s.	0	$4^d,8$	$8^d,5$	Brouillard.
9	6 m.	— 0, 07		6	Brouillard, N. O.
	9 m.	— 0, 01	6, 5	10	Serein, N. O.
	midi	+ 0, 075		11	Serein, N. O.
	3 s.	+ 0, 06	6, 5	12, 5	Serein, N. O.
	6 s.	0	5, 2	7	Serein, brouill. naissant.
	9 s.	— 0, 02	3, 5	5	Brouillard léger.
	minuit	— 0, 045	3	5	Brouillard.
10	3 m.	— 0, 06	2, 5	3, 5	id.
	6 m.	— 0, 07	2	4, 2	Ciel découvert.
	9 m.	— 0, 045	6	10	id.
	midi	+ 0, 045	7, 5	12	id.
	3 s.	+ 0, 070	7, 2	12, 5	Serein, S. faible.
	9 s	— 0, 030	3, 5	6, 5	Découvert, calme.

Les oscillations, comme on le voit, coïncident d'une manière frappante avec la marche de la température. Le maximum n'a plus lieu pendant la nuit, comme au torrent de l'Aar, ni le minimum pendant la matinée. A peine la température baisse-t-elle, que le volume de l'eau commence à décroître. C'est une conséquence naturelle de la petitesse de ce glacier; l'eau de fonte n'ayant qu'un trajet très-court à faire pour gagner l'extrémité du glacier, y arrive très-vite et peut ainsi être envisagée comme l'expression de l'ablation momentanée. Il en est de même des ruisseaux qui circulent à la surface du glacier.

construit le tableau suivant d'après les indications de MM. Desor et Dollfus, dans lequel j'ai placé en regard les fluctuations de l'Aar, les variations de la température et l'ablation.

Ier Tableau *indiquant le rapport des fluctuations de l'eau avec l'ablation et la température.*

DATE. 1844. AOUT.	ÉCOULEMENT.	TEMPÉRATURE (*)			ABLATION au pied du Pavillon (**).	ÉTAT DU CIEL.
		MAXIM.	MINIM.	MOYE.		
9	2 000 000	. . . .	. . . .	. . . .	. . . . .	Couvert le matin, soleil le soir.
10	2 000 000	. . . .	. . . .	. . . .	0,060	Variable, pluie le soir.
11	2 000 000	+ 15	0	+ 7,5	0,065	Serein tout le jour.
12	2 000 000	+ 12	— 0,2	+ 5,9	0,030	Variable.
13	1 600 000	+ 7	+ 0,2	+ 3,6	0,010	Neige la nuit, pluie le jour.
14	1 500 000	+ 4	0	+ 2	0,005	Neige la nuit, couvert le jour.
15	»	+ 4	— 0,5	+ 1,7	0 (0,15)	Neige continuelle.
16	680 000	+ 2	— 1	+ 0,5	0 (0,60)	Neige et tourmente.
17	680 000	+ 8	»	»	0 (0,40)	Beau le matin, brouillard le soir.
18	680 000	+ 12	»	»	0 (0,20)	Variable.
19	»	+ 10	»	»	0 (0,17)	Brouillard le matin, beau le soir.
20	680 000	+ 6	— 4,2	+ 0,9	0 (0,08)	Tourmente la n., var. au m., beau le s.
21	680 000	+ 15	+ 0,2	+ 7,6	0 (0,06)	Serein.
22	490 000	+ 8	+ 2,5	+ 5,2	0 (***)	Pluie la nuit, beau le soir.
23	»	+ 6	+ 2	+ 4	0,010	Brouillard et pluie.
24	380 000	+ 6	»	»	0,020	Tourmente la nuit, pluie le jour.
25	328 000	+ 6	+ 1	+ 3,5	0,010	Pluie tout le jour.
26	328 000	+ 10	— 3,2	+ 3,4	»	Variable, pluie et serein.
27	328 000	+ 15	— 1,2	+ 6,9	»	Serein.
	16 354 000					

(*) Les thermomètres étaient suspendus à une perche à 2 m. au-dessus de la surface du glacier, au pied du Pavillon.

(**) Les chiffres entre parenthèse indiquent la hauteur de la neige fraiche à chaque observation.

(***) Le glacier qui, à partir du 13 avait été couvert de neige, commence à se dégager.

Nous voyons par ce tableau que le débit de l'Aar a atteint son maximum (2 000 000^m cubes) durant les quatre premiers jours (du 9 au 12 août). Or, pendant ce laps de temps (le 10 et le 11 août) l'ablation a été à son maximum (0,^{m} 065 et 0,^{m} 060) ; aussi l'état du ciel était-il favorable et la température très-élevée, du moins pendant la journée du 11. Je dois ajouter en outre que le temps fut très-beau pendant les premiers jours du mois d'août, qui ont précédé le commencement des observations.

A partir du 12, le temps se détériore, la température baisse et avec elle l'ablation qui de 0^m,065 tombe à 0^m,030 ; mais le débit de l'Aar reste le même. Le 13 commence le mauvais temps ; c'est d'abord de la pluie, puis de la neige qui dure jusqu'au 16 au soir ; la température se refroidit ; l'ablation diminue à proportion ; elle n'est plus que de 0^m,010, le 13 ; de 0^m,005, le 14 ; enfin, le 15 elle cesse complétement, à mesure que la neige prend pied sur le glacier. De son côté, le volume des eaux a diminué, mais dans une proportion bien plus faible qu'on n'aurait dû l'attendre, puisqu'il est encore le 14 août de 1 500 000 ^{m} cubes. Ce n'est que le 16, c'est-à-dire après qu'il a neigé pendant trois jours, par une température moyenne de + 2° et + 3° que la rivière subit tout à coup une baisse considérable ; elle n'écoule plus que 680 000^m cubes d'eau. Le 17 le temps se remet, mais l'ablation est toujours nulle, parce que le glacier est couvert de neige. Cette neige, qui est d'abord de 60 centimètres se tasse et disparaît peu à peu sous l'influence de la température qui s'est insensiblement réchauffée dans l'intervalle. Malgré cela, la rivière ne hausse pas ; loin de là, elle continue à baisser, si bien que pendant les journées du 24 au 27, elle se trouve réduite à un volume de 328 000^m cubes, c'est-à-dire à moins du sixième de son volume au commencement des observations. D'après les renseignements de M. Desor, elle n'a rehaussé que plus tard, à la suite d'une série de beaux jours du commencement de septembre, mais sans atteindre le niveau qu'elle avait au commencement d'août.

Il y a par conséquent entre l'écoulement des eaux et la température, tels qu'ils ressortent du tableau ci-dessus, ce double contraste : c'est que dans la première période, le volume des eaux se maintient à un niveau très-élevé, alors même que la température baisse et que l'ablation diminue ; tandis que dans la seconde période, la baisse des eaux continue, alors même que la température s'est sensiblement relevée. En concluerons-nous qu'il n'y a aucun rapport entre ces deux ordres de faits? Loin de là. Je crois, au contraire, que c'est parce qu'il existe une liaison intime entre eux que les choses se passent de la sorte. Et ici nous retrouvons encore le rôle immense des fissures capillaires. Si, pendant les journées du 13 au 16 août, qui furent très-froides et pendant lesquelles l'ablation a été à peu près nulle, l'Aar n'en a pas moins écoulé une masse considérable d'eau (plus de 4 millions de

mètres cubes), c'est une preuve que *cette eau était en
réserve dans l'intérieur du glacier*. D'après l'évaluation
qui a été faite de la fonte dans une journée d'été, ce serait
le produit de quatre journées d'ablation qui aurait ainsi
été débité dans ces quatre jours. On conçoit qu'à la suite
d'un écoulement pareil le débit de la rivière a dû diminuer considérablement. Avant que la rivière ne regagnât
son maximum, il fallait que le déficit causé par les
journées froides ci-dessus mentionnées fût comblé ; la
hausse n'a par conséquent pu se faire que très-lentement,
et c'est ainsi que je m'explique pourquoi, malgré la
température chaude du 26 et 27 août et des journées suivantes, l'Aar a cependant été beaucoup plus faible, et pourquoi sa hausse s'est faite d'une manière aussi insensible.
Des fluctuations semblables ne pourraient certainement
pas avoir lieu si, au lieu de se répandre dans toute la
masse du glacier, l'eau de la fonte ne faisait que circuler
dans les grands caveaux et passer outre.

Expériences de 1845.

Les observations de 1845, quoique moins complètes,
puisqu'elles ont été interrompues par le déplacement du
torrent, ont cependant confirmé en tous points les résultats que je viens d'énoncer. On en jugera par le tableau
ci-joint, qui comprend un espace de quinze jours du
20 juillet au 4 août.

24

IIe Tableau *indiquant le rapport des fluctuations de l'Aar avec la température* (*).

DATE. 1845. JUILL.	ÉCOULEMENT.	TEMPÉRATURE.			PLUIE en litres par méd. carré.	ÉTAT DU CIEL.
		MAXIM.	MINIM.	MOY^e.		
20	780 000	+ 12	+ 0,4	— 6,2	20	Decouv. le mat., pluie et neige le s.
21	820 000	+ 11,5	— 1	— 5,2	. . . . . .	Decouvert, brouillard le soir.
22	»	+ 11,5	+ 0,4	— 5,9	. . . . . .	Passagèrement couvert.
23	1 000 000	+ 14	+ 0,6	— 7,3	10	Couvert, pluie le soir.
24	1 200 000	+ 15	. . . . .	. . . . .	. . . . . .	Decouvert, brouillard le soir.
25	»	+ 10	+ 2,5	— 6,2	. . . . . .	Decouv. le matin, brouillard le soir.
26	»	+ 10	+ 5,5	— 6,7	10	Couvert, brouillard, pluie la nuit.
27	2 100 000	+ 7,5	+ 0,5	— 5,9	0.75	Couvert, brouillard, pluie.
28	1 850 000	+ 6	— 1,5	— 2,2	0,15	Couvert, légère pluie.
29	1 715 000	+ 6	+ 2,2	— 4,1	12	Couvert, pluie, neige le soir.
30	1 188 600	+ 15	— 2	— 6,5	. . . . . .	Serein, brouillard le matin.
31	910 000	+ 15,5	0	— 7,5	. . . . . .	Serein tout le jour.
AOUT.						
1er	800 000	+ 10	+ 2,8	— 6,4	. . . . . .	Couvert.
2	860 000	+ 9,5	+ 1,5	— 5,5	. . . . . .	Couvert, vent très-froid.
3	1 600 000	+ 8,5	+ 1,4	— 4,9	22	Brouillard, pluie la nuit.
4	1 800 000	+ 10	+ 0,4	— 5,2	. . . . . .	Couvert, brouillard.
16 623 600 (Moyenne par jour : 1278738).						

Nous retrouvons encore ici, entre l'écoulement et les conditions atmosphériques, le même contraste que nous avons signalé dans le tableau précédent. A partir du 20 juillet, le volume de l'eau est allé en augmentant insensiblement et il a atteint son maximum le 27. Passé ce jour, nous le voyons baisser de nouveau d'une manière tout aussi graduelle jusqu'au 1er août. Ce qui est surtout

(*) Dans ce tableau, l'ablation est prise au Pavillon, comme l'année précédente. La température moyenne est déduite des minima et des maxima. On a en outre ajouté la quantité de pluie tombée, en litres ou décimètres cubes.

remarquable, c'est que le minimum coïncide avec les deux jours les plus chauds de la campagne *.

Le lendemain, 1er août, fut une journée très-venteuse; la température baissa de plusieurs degrés et l'ablation fut de plus de moitié au-dessous de ce qu'elle avait été la veille. On ne pouvait désirer des circonstances plus favorables pour l'observation, que ces deux jours de beau temps intercalés en quelque sorte au milieu d'une série de jours froids. Pour peu qu'il existât quelque corrélation entre l'ablation superficielle et le débit de l'Aar, une fonte aussi brusque que celle qui venait d'avoir lieu ne pouvait manquer de se trahir au jaugeage. En effet, le troisième jour (3 août) la rivière haussa subitement; le 4 août, elle écoulait de nouveau 1800000 mètres cubes d'eau, et le lendemain l'eau fut si abondante, qu'elle rompit ses digues et s'écoula en partie dans un nouveau lit qu'elle s'était creusé à gauche de l'ancien. De ce moment les observations durent être abandonnées, les eaux n'étant plus réunies dans un même lit. Mais à voir la quantité qui s'en échappait de dessous la voûte, dans la journée du 5, je ne doute pas que le débit du glacier ne fût ce jour-là supérieur à ce qu'il avait été auparavant.

(*) Étant parti, le 30 au matin du Pavillon, pour faire l'ascension du Wetterhorn, j'ai trouvé ce jour-là un soleil ardent jusque sur les hauts cols. Sur le glacier, la fonte fut très-abondante le 30 et le 31 ; les observations de ce jour mentionnent d'une manière toute spéciale la quantité d'eau qu'il y avait sur le glacier. Jamais on n'avait vu les ruisseaux autour de l'Hôtel des Neuchâtelois aussi abondants et aussi nombreux.

Le fait que le torrent rompit ses digues en est la meilleure preuve.

On peut donc admettre comme démontré qu'au glacier de l'Aar, et probablement dans tous les grands glaciers, *les variations atmosphériques n'influent qu'au bout d'un certain temps sur le volume de la rivière.* La durée de ce temps est en rapport avec la grandeur des glaciers. D'après les observations de 1845, consignées dans le second tableau, il paraîtrait que le cycle est d'au moins cinq jours au glacier de l'Aar, puisque la crue, que j'attribue à la grande chaleur du 31 juillet, ne s'est montrée à son maximum que le 5 août. Réciproquement il est probable que si, au mois d'août 1844, le mauvais temps avait duré encore quelques jours, l'Aar aurait été réduite à un très-petit ruisseau : c'est du moins ce qu'il est permis de conclure de la baisse qu'a subie le volume des eaux depuis le 11 août jusqu'au 24 (1844). Or, si malgré cette baisse de trois quarts, l'Aar fournissait encore le 22 août 490 000^{m} cubes d'eau en vingt-quatre heures (voy. le premier tableau), c'est une preuve que la masse d'eau tenue en réserve dans l'intérieur du glacier est réellement très-considérable (*).

(*) En supposant qu'à partir du 13 août 1844, époque où la neige a pris pied jusqu'au 23 du même mois, où le glacier a commencé à se dégarnir en face du Pavillon, le glacier n'ait reçu aucun aliment de la fonte superficielle, ce qui est très-probable, la masse d'eau écoulée pendant ces dix jours aux dépens du magasin intérieur, aurait été de 8 670 000 mètres cubes.

Les torrents en hiver.

Si, comme je l'ai montré par les tableaux du jaugeage de l'Aar, il existe un rapport direct entre l'état atmosphérique et le débit des torrents, il doit arriver un moment en automne où toutes les rivières subissent une baisse notable, à raison de la fonte moins considérable qui a lieu à cette saison. Par la même raison, elles doivent tarir complétement en hiver, du moment que toute fonte a cessé à la surface. Voulant m'en assurer par l'observation directe, je n'ai pas hésité à entreprendre dans ce but un voyage hivernal dans les glaciers. Au commencement du mois de mars 1841, par conséquent à une époque où l'hiver règne encore d'une manière absolue dans les Hautes-Alpes, je me rendis avec M. Desor au glacier de l'Aar que je remontai jusqu'à l'Hôtel des Neuchâtelois (le 12 mars). Après avoir séjourné deux jours au Grimsel (*) nous visitâmes ensemble le glacier de Rosenlauï (le 14 mars).

(*) M. *Desor* a rendu compte de cette course dans ses Excursions. Il a décrit en détail l'aspect de ces contrées au milieu de l'hiver et les difficultés sans nombre qu'offre un voyage dans cette saison. Je ne puis m'empêcher de reproduire ici le passage relatif au glacier de l'Aar. « Nous eûmes de la peine, dit-il, à reconnaître notre glacier de l'Aar, si varié et si animé en été, sous cette couche uniforme de neige. La grande moraine médiane elle-même s'était singulièrement effacée et ne formait plus qu'une faible arête, dont les flancs étaient bien moins inclinés qu'en été. Nous gagnâmes d'abord le flanc septentrional, et dès que nous eûmes atteint le tiers du glacier, à l'endroit où la moraine se

A Meyringen déjà je trouvai l'Aar beaucoup plus faible qu'en été; à mesure que je montai, je la vis diminuer toujours plus, si bien qu'à la Handeck elle était réduite à un très-petit filet d'eau, à peine comparable aux ruisseaux qui circulent sur le glacier en été. Plus haut, elle disparaissait complétement sous la neige, et je ne vis plus que quelques endroits de son lit, où la neige était imbibée. Je rencontrai les dernières traces d'eau près des chalets qui sont situés à l'extrémité du glacier (voy. la carte Pl. II.), et sa présence en cette localité me fit supposer qu'elle provenait selon toute apparence de quelque source voisine. En revanche, je ne découvris aucun ves-

gonfle sensiblement, nous passâmes sur son flanc méridional, où nous vîmes, à notre grande satisfaction, que la route s'améliorait de plus en plus. Dès lors plus de doute que nous n'arrivassions à l'Abschwung. Mais un autre inconvénient allait remplacer la difficulté de la marche : c'était l'intensité de la lumière. A mesure que le soleil s'élevait, ses rayons se réfléchissaient avec une telle force sur les millions de cristaux de cette vaste plage neigeuse, que les conserves bleues dont nous nous étions munis devenaient insuffisantes. Pour y suppléer et préserver la peau de notre visage, nous étions obligés de nous entourer la tête d'un double voile, sous lequel nous transpirions comme au cœur de l'été. Nous n'en fûmes pas moins surpris de rencontrer ici un petit papillon qui voltigeait sans gêne autour de nous et avait l'air fort à son aise. C'était l'espèce appelée la Petite Tortue *Vanessa Urticæ*, qui se complaisait de si bonne heure au milieu des glaciers.

« Il était onze heures lorsque nous arrivâmes à la hauteur de notre ancienne habitation ; mais notre étonnement fut grand de ne pas apercevoir l'Hôtel des Neuchâtelois. Cet immense bloc que l'on voit de si loin en été, et dont le sommet avait si souvent ranimé le courage de nos visiteurs, serait-il entièrement enterré dans la neige? Enfin, après avoir cherché de tous côtés sur la moraine, nous découvrîmes un renflement

tige du torrent de l'Aar, à l'endroit où il coulait l'été précédent ni sur aucun point du talus terminal. La cascade du lac de Trübten et le torrent de l'Oberaar, dont le bruit en été se fait entendre de loin, avaient aussi complétement disparu. On ne reconnaissait leur emplacement qu'à quelques gigantesques glaçons qui étaient suspendus aux rochers.

Les observations que je fis le surlendemain au glacier de Rosenlauï sont encore plus concluantes. Ce glacier est divisé à son extrémité en deux branches. Celle de gauche descend un peu plus bas que celle de droite, et le torrent de cette dernière coule dans une grande crevasse,

dans l'arête neigeuse : c'était là notre Hôtel. Il était entièrement recouvert par la neige; d'un côté seulement, on voyait l'une de ses parois à nu sur un espace de quelques pieds; et pour pénétrer dans l'intérieur il eût fallu déblayer une couche énorme de neige. Nous préférâmes nous reposer sur la neige. C'était un spectacle unique que celui que nous avions sous les yeux. Il nous semblait que jamais nous n'avions vu l'air si transparent. Les contours des montagnes se dessinaient avec une netteté, inconnue en été, sur le fond bleu du ciel. Tous les pics qui bordent le glacier étaient revêtus de neige depuis leur base jusqu'à leur sommet; le Finsteraarhorn seul était noir comme en été, car ses parois sont trop roides du côté du glacier pour que la neige puisse y rester adhérente. Quant au glacier lui-même, il n'existait pas pour nous dans ce moment; nous n'avions devant nous qu'une immense étendue de neige très-uniforme, à laquelle manquait ce charme magique que donnent les moraines, les crevasses au reflet brillant, les chutes de glace et ces mille filets d'eau, au babil harmonieux qui en font les délices en été. Nous montâmes ensuite à l'Abschwung et nous vîmes que la neige avait complétement comblé l'espace entre le rocher et le névé. Nous évaluâmes à trente pieds l'épaisseur de la couche de neige en cet endroit. — Excursions, etc., p. 269 et suiv. »

immédiatement au-devant de son extrémité. Nous visitâmes celle de gauche, qui est la plus accessible, et ce ne fut pas sans une secrète satisfaction que je vis que l'extrémité du glacier était parfaitement sèche. Pas une goutte d'eau ne s'échappait de la tranche terminale, qui pourtant était visible sur toute son épaisseur. Ayant coupé un angle du glacier sur sa rive droite, pour faire une entaille dans le rocher, après avoir enlevé la neige des abords, je trouvai les cailloux et le gravier de la couche de boue complétement gelés, si bien que le glacier était adhérent au sol, comme s'il y avait été soudé.

Le lit du torrent supérieur contenait en revanche un petit filet d'eau, mais ce n'était pas de l'eau laiteuse et opaque, comme l'est ordinairement l'eau du glacier ; elle était au contraire limpide comme de l'eau de source, et son volume n'était en aucune façon comparable à ce qu'il est en été.

Enfin, lorsque MM. Desor, Dollfus et Streckeisen visitèrent le glacier de l'Aar au mois de janvier 1846, ils trouvèrent également les ruisseaux de tous les glaciers latéraux taris. Ils ne trouvèrent de l'eau qu'en creusant un trou profond au devant du talus terminal du grand glacier. Cette eau était limpide comme de l'eau de source [*].

[*] Allgemeine Zeitung, Février 1846.

Origine des filets d'eau qui sortent des glaciers en hiver.

Les observateurs ne sont pas d'accord sur l'origine des
filets d'eau qui sortent en hiver de dessous quelques
glaciers. Saussure, qui a observé au mois de mars des ruisseaux sortant de dessous le glacier de Chamouni, les
attribue à l'effet de la chaleur centrale qui, selon lui,
continue d'agir, alors même que la fonte superficielle a
cessé (*). C'est aussi l'opinion à laquelle s'est arrêté M. Élie
de Beaumont, quoique le volume d'eau qu'il revendique
pour la fonte par la chaleur centrale soit très-minime (**).
D'autres auteurs, se fondant sur la limpidité de cette
eau, pensent que ce doit être de l'eau de source. C'était
en particulier l'opinion d'Altmann (***), l'un des vétérans
de la science des glaciers. Ce qui me porte à croire
que les sources ne sont pas étrangères à cette circulation
de l'eau en hiver, c'est le fait que tous les glaciers n'en
fournissent pas, comme cela devrait être, si ces ruisseaux
étaient dûs à l'action de la chaleur centrale, qu'on doit
supposer uniforme. L'exemple du glacier de Rosenlauï,
dont l'une des branches alimente un petit filet d'eau,
tandis que l'autre est complétement à sec, n'est pas le
seul de ce genre qu'on puisse citer. M. le pasteur Ziegler
de Grindelwald a aussi remarqué que le torrent du gla-

(*) *Saussure*, Voyages dans les Alpes, Tom. I, § 533.
(**) L'Institut, 19 août 1842, p. 291.
(***) *Altmann*, Beschreibung der helvetischen Eisberge, p. 49.

cier inférieur est souvent à sec, tandis que celui du glacier supérieur continue à couler.

Remarquons d'ailleurs que le volume d'eau que
M. Élie de Beaumont revendique pour la fonte opérée
par la chaleur propre de la terre à la face inférieure des
glaciers est si minime (un demi-millimètre par mois)
que, de l'aveu même de ce savant, il est insuffisant pour
rendre raison des filets d'eau qui sortent de dessous les
glaciers. A bien plus forte raison ne le peut-il pas du moment qu'il s'agit de *courants d'eau très-considérables*,
comme ceux que Saussure vit s'échapper de dessous les
glaciers de Chamouni. Dans ce cas, il faut que les
sources fournissent au moins la plus grande partie sinon
la totalité des eaux hivernales des glaciers.

Au demeurant, nous n'avons pas à rechercher ici
quel est le mode de distribution de la chaleur à la surface du globe. Ce qu'il nous importe, c'est de constater
que la chaleur centrale, alors même qu'elle continuerait
d'agir en hiver, à ces hauteurs, ne pourrait produire
qu'un volume très-minime d'eau.

Conséquence de l'absence de torrents en hiver.

Il nous reste maintenant un dernier problème à résoudre ; le voici : Le fait que les torrents d'un grand nombre de glaciers ne fournissent pas d'eau en hiver, auto-
rise-t-il à croire que l'intérieur des glaciers est à sec
pendant cette saison? Au premier abord, cette opinion,

à laquelle plusieurs auteurs se sont arrêtés et que j'ai partagée moi-même dans l'origine, semble fort naturelle, et il serait en effet difficile de la récuser, si l'eau des glaciers n'était contenue que dans de grandes cavités capables de se vider rapidement. Mais nous avons vu qu'outre ces cavités qui ne sont qu'accidentelles, les glaciers sont traversés par un réseau de très-petites fissures qu'on a appelées fissures capillaires, et qui, comme tous les canaux très-étroits, doivent avoir la propriété de retenir une partie de l'eau en suspension, alors même que celle-ci n'est plus renouvelée journellement. Le glacier est sous ce rapport comparable à une immense éponge imbibée. Il peut continuer à fournir de l'eau pendant un certain temps, alors même qu'il n'en reçoit plus de la surface. Mais il ne s'égoutte pas pour cela complétement. Une certaine portion de l'eau persiste dans l'intérieur de la masse, tandis que la surface se dessèche. Nous verrons plus bas, que c'est à la faveur de ce réservoir d'eau, qui maintient une certaine lubréfaction dans l'intérieur, que le glacier peut continuer à progresser en hiver.

RÉSUMÉ.

Les conséquences qui découlent des faits ci-dessus peuvent se résumer ainsi qu'il suit :

1° L'eau ne séjourne et ne circule pas seulement dans les grands canaux et les grandes cavités du glacier. Une quantité considérable d'eau est tenue en suspension dans l'intérieur du glacier et y forme un magasin dont les fluctuations dépendent des variations de la température;

2° Il existe un rapport constant entre ces fluctuations et les oscillations des rivières. Ce rapport est d'autant plus direct que les glaciers sont plus petits. Au glacier de l'Aar, les changements atmosphériques ne se font sentir qu'au bout de plusieurs jours ;

3° A la faveur de leur magasin d'eau, les glaciers peuvent alimenter quelque temps les rivières, sans recevoir aucun tribut de la surface ;

4° Les ruisseaux limpides qui s'échappent en hiver de dessous le glacier sont en grande partie, sinon en totalité, le produit des sources ;

5° Le glacier est comparable à une immense éponge. Il ne s'égoutte pas complétement, mais retient une partie de l'eau dans ses pores, alors même qu'il ne reçoit plus de tribut de la surface.

CHAPITRE X.

DE LA PROVENANCE DE L'EAU DES GLACIERS.

Plusieurs causes concourent à alimenter le magasin d'eau qui se trouve dans l'intérieur des glaciers. Ce sont l'ablation, les pluies et la condensation. La première de ces causes est à beaucoup près la plus efficace : c'est celle dont nous nous occuperons en premier lieu.

1° DE L'ABLATION.

Quand on visite en automne un glacier qu'on avait vu au printemps, on le trouve toujours considérablement abaissé. Une épaisse couche de glace a disparu par la fonte et l'évaporation. C'est cette disparition de la couche superficielle que j'ai désignée sous le nom d'*ablation* du glacier. Jusque dans ces dernières années on ne possédait que des données très-vagues sur l'ablation. On sa—

vait bien qu'une couche de glace était enlevée tous les étés de la surface des glaciers, mais on ignorait complétement quelle était son épaisseur. Les montagnards que j'ai consultés autrefois sur cette question pensaient bien qu'une portion notable des glaciers devait être absorbée (mangée) par la chaleur, mais ils ne comprenaient pas que malgré cela le glacier se trouvât toutes les années à la même hauteur. Les premières observations exactes remontent à l'année 1840. En quittant le glacier de l'Aar, après un séjour de huit jours à l'Hôtel des Neuchâtelois pendant le mois d'août, j'avais introduit des perches dans deux trous de sonde situés à côté de mon habitation, sur l'affluent de la Strahleck; l'une des perches avait 6^m 5, l'autre 3^m, et toutes deux étaient à fleur de glace. En visitant le glacier au commencement du mois d'août de l'année suivante (le 8 août 1841), je trouvai que mes perches avaient surgi l'une et l'autre de 2^m 42 (7 pieds). La plus courte des deux vacillait dans son trou, qu'elle avait agrandi; l'autre, au contraire, était très-fixe, et pendant notre séjour, qui dura jusqu'au commencement de septembre, elle grandit encore de 1 mètre. C'était par conséquent (en reportant les 42 centimètres sur le mois de septembre) une ablation de 3^m qui avait eu lieu pendant l'espace d'un an, et il se trouvait de plus que l'ablation d'un mois (du mois d'août) avait été égale à la moitié de l'ablation annuelle. Cette grande activité de l'ablation en été se trouva confirmée par une expérience que M. Arnold Escher de la Linth

tenta pendant la même année. Il s'était rendu, dans le
courant du mois de juin, au glacier d'Aletsch, empor-
tant avec lui une certaine quantité de pieux qu'il avait
fait tailler en Valais. Il les avait alignés au travers du
glacier, et mis en rapport avec les points fixes des rives,
de manière à en obtenir la somme du mouvement, après
un certain temps. Pour être bien sûr que ses pieux ne
seraient pas renversés, il les avait plantés à 4 pieds de
profondeur : cela n'empêcha pas que lorsqu'il les visita
de nouveau, à la mi-août, il les trouva presque tous
renversés ! Lorsque, quinze jours plus tard, je montai
ce même glacier d'Aletsch, en me rendant à la Jungfrau (le 28 août), je n'en rencontrai plus qu'un seul
debout. Il avait donc suffi de moins de deux mois pour
enlever de la surface du glacier une couche de glace de
quatre pieds d'épaisseur.

Avant de quitter le glacier de l'Aar, au commencement de septembre 1841, j'avais eu soin de faire des entailles à fleur de glace sur les pieux que j'avais alignés
à travers le glacier, près du bloc N° 5. Au commencement du mois de juillet de l'année suivante (11 juillet 1842), je trouvai l'ablation suivante :

Trois pieux plantés près du trou aux cylindres entre le bloc N° 5
et l'Hôtel des Neuchâtelois avaient surgi de . . . . . . 1^m, 22
Les pieux de la ligne transversale s'étaient élevés dans
les proportions que voici :
Le premier du Finsteraar, le plus rapproché de la moraine médiane, de. 2, 20
Le second au milieu du Finsteraar de. 1, 84

Le troisième, plus près de la moraine latérale, de. . . 1ᵐ 46
Le pieu du Lauteraar, près de la moraine médiane de   1, 70

Ces chiffres sont sans doute inférieurs à ceux de 1841, qui m'avaient donné 2ᵐ, 42; mais il ne faut pas oublier qu'au moment où ils furent relevés (le 10 juillet), l'année n'était pas révolue; et en effet, un mois plus tard, ils avaient tous surgi de plus d'un mètre; en sorte que la moyenne de l'ablation aux environs de l'Hôtel des Neuchâtelois se trouvait être, d'après les observations de ces deux années, de 3ᵐ à 3ᵐ 50 par an. Il m'était également démontré par ces observations que l'ablation des deux ou trois mois d'été est beaucoup plus efficace que celle de tout le reste de l'année (*), puisque celle du seul mois d'août fut de 1 mètre, soit de 0ᵐ 033 par jour.

(*) Pour que le trou de 42 mètres (110 pieds) que j'avais fait forer à grands frais pendant l'été de 1842 (trou *b* de la carte Pl. II) ne fût pas perdu, je l'employai à l'expérience suivante. Je pris treize cylindres en bois, de la longueur de 3 décimètres et d'un diamètre de 7 centimètres, que je numérotai soigneusement. Je remplis ensuite le trou de gravier et, d'espace en espace (tous les trois mètres), j'y introduisis l'un des cylindres, de manière que le XIIIᵉ se trouvât à 0ᵐ, 50, au-dessous de la surface, le 5 septembre 1841. Au mois de juillet de l'année suivante, l'emplacement de mes cylindres se reconnaissait à une petite colline de décombres, semblable à une taupinière gigantesque, du milieu de laquelle s'élevait le nᵒ XIII, indiquant une ablation d'environ 1ᵐ 50. Comme l'emplacement du trou est bien connu et facile à trouver, étant situé à une centaine de mètres de la moraine sur le bras du Finsteraar, on pourra, au moyen de ce trou, s'assurer après un certain nombre d'années si l'ablation annuelle continue à marcher de la même manière. En supposant qu'il en soit ainsi, le cylindre nᵒ I, devra arriver à la surface au bout de 14 ans (à raison de 3 mètres par an). J'ai retiré en 1845 le nᵒ X.

Pendant que je faisais ces observations au glacier de l'Aar, M. Martins me devançait, au petit glacier du Faulhorn, dans l'observation détaillée de l'ablation. Au moyen d'un appareil aussi simple qu'ingénieux, il détermina de la manière la plus rigoureuse la quantité de glace qui est enlevée au glacier par l'ablation dans un temps donné. Il démontra en outre que les pierres ne remontent pas par l'effet de la dilatation, comme j'avais été porté à le croire en me fondant sur le fait de l'imbibition plus considérable de la glace le long des rochers. Pendant une période de vingt-huit jours (du 8 août au 5 septembre 1841), l'ablation totale fut, au glacier du Faulhorn, de 99 centimètres, ce qui fait par conséquent 35 millimètres ($0^m,0354$) par jour. La moyenne diurne de toute la belle saison (du 26 juillet au 4 septembre) fut de 37 millimètres, avec une température moyenne de $4^d 61$ et une humidité de 76 pour cent. Ce chiffre, on le sait, ne diffère pas sensiblement de celui du glacier de l'Aar (*). Or il est à remarquer que les deux points sont à peu près à la même altitude. L'Hô-

(*) Voici comment M. Martins a rendu compte de ses expériences qu'il accompagne de la description de son appareil dont j'ai donné le dessin réduit dans la Pl. IX, fig. 6. « Le 21 juillet, à une heure, je creusai dans le glacier un puits de 15 centimètres de profondeur. Une pierre fut placée au fond, puis recouverte avec la glace concassée qui avait été retirée du trou. Le 25 juillet, à 5 heures du soir, ou 66 heures après, la pierre était à nu et à 3 centim. seulement au-dessous de la surface du glacier. Cette première expérience ne prouvait absolument rien.

tel des Neuchâtelois est à 2486^m, le glacier du Faulhorn
à 2800^m.

Dès l'année suivante, je m'appliquai à observer la
marche journalière de l'ablation. J'enfonçai, non loin
de l'Hôtel des Neuchâtelois, un pieu dans la glace, en
ayant soin de le fixer aussi solidement que possible. Une
marque taillée dans le pieu indiquait le point qui était à
fleur de glace au commencement de l'expérience. Tous
les soirs on mesurait la quantité dont cette marque s'était
élevée au-dessus de la surface. Les observations furent

sinon le fait de l'apparition assez prompte à la surface des glaciers d'un
corps logé dans leur épaisseur. »

« Pour m'assurer si en effet la pierre *remontait* contre son propre
poids, je choisis, le 26 juillet, sur les rochers voisins deux points A et
B fixes et bien visibles d'un côté du glacier à l'autre. Cela fait, je creusai, dans la direction de la droite A B qui joignait ces deux points, un
puits dans le glacier (*a*). Il avait 26 centimètres de profondeur. Une
pierre fut logée au fond du trou. La surface supérieure de cette pierre
était à 20 centimètres au-dessous de celle du glacier, puis une perche,
surmontée d'un voyant et glissant sur un jalon, fut placée sur la pierre.
Pendant que M. Bravais visait, j'abaissais et j'élevais successivement le
voyant jusqu'à ce que son bord supérieur coïncidât avec la ligne A B,
qui joignait les deux repères choisis sur les rives du glacier. Pendant
l'opération je m'assurais de la verticalité de la perche au moyen du
fil à plomb. Le bord supérieur du voyant était à 2^m,80 au-dessus de
la pierre. Le trou dans lequel il s'était amassé cinq centimètres d'eau
provenant de l'intérieur du glacier fut rempli avec de la glace concassée
qui en avait été extraite. »

« Le 1er août suivant, la surface supérieure de la pierre (*b*) était
à découvert et à 4 centimètres au-dessous de la surface du glacier.
Mais pour que le bord supérieur du voyant coïncidât avec la ligne A B,
qui joignait les deux repères, il fallut l'élever, au-dessus de la pierre,

ainsi continuées pendant neuf jours consécutifs. Le tableau suivant en contient les cotes en fractions métriques [*], avec l'indication de l'état du ciel en regard.

de 2 centimètres de plus que dans la première expérience. Ainsi donc, quoique la pierre se trouvât à 4 centimètres au lieu de 20, au-dessous de la surface du glacier, son niveau *absolu* avait *baissé* : puisque, loin de raccourcir la perche pour abaisser le voyant de 16 centimètres, comme il aurait fallu le faire si la pierre était réellement *remontée*, il fallut l'allonger de 2 centimètres. (Le niveau absolu de la pierre n'avait probablement baissé de 2 centimètres que par suite de son affaissement dans le trou. Ainsi donc, c'est le niveau du glacier qui avait baissé de 18 centimètres en cinq jours. »

« Le 7 août, la pierre était à la surface du glacier *c* , mais pour que le bord supérieur du voyant coïncidât de nouveau avec la ligne droite qui joignait les deux repères, il fallut l'élever de 0^m,255 plus que la première fois. Ainsi, depuis le 26 juillet, le niveau absolu avait baissé de 0^m,255, et la surface du glacier de 195 millimètres, abaissement qui suppose une fusion moyenne de 38,1 millim. de glace par jour. »

« L'expérience suivante est encore plus frappante, parce que sa durée embrasse un intervalle de temps plus considérable. Le 8 août 1841, je creusai dans la glace un puits de 70 centimètres de profondeur. Il s'était rempli d'eau aux deux tiers par infiltration. La face supérieure de la pierre *d* placée au fond du trou était à 66 centimètres au-dessous de la surface du glacier, et à 3^m,82 au-dessous du voyant dont le bord supérieur coïncidait avec la ligne A B qui joignait les deux repères. Ayant mesuré directement la hauteur du voyant au-dessus de la surface du glacier, je trouvai 3^m,14, mesure qui s'accordait, à un centimètre près, avec les précédentes. Le trou fut ensuite rempli de glace comme à l'ordinaire. Le 5 septembre au matin, savoir 28 jours après, la pierre était à la surface du glacier *e* ; et à 14^m,11 au-dessous du voyant ; son niveau absolu avait donc baissé de 99 centimètres ou en moyenne de 35,4 millimètres par jour. » Annales des Sciences géologiques, 1842.

[*] Les observations ont été faites en pouces et lignes suisses et réduites en mesures métriques

Tableau *de l'ablation journalière.*

DATE. 1842.	HEURES.	ABLATION.	ÉTAT DU CIEL.
JUILLET.			
12	Midi.	0ᵐ 00	Couvert.
13	6 s.	0, 105	Serein tout le jour.
14	6 s.	0, 0825	Parfaitement serein.
15	8 s.	0, 075	Parfaitement serein.
16	6 s.	0, 0675	Parfaitement serein.
17	7 s.	0, 055	Serein, couvert l'après-midi.
18	5 s.	0, 0525	Couvert.
19	7 s.	0, 0675	Partiellement couvert.
20	7 s.	0, 0675	Pluie partielle.
21	7 s.	0, 0675	Pluie.
22	7 s.	0, 075	Pluie abondante la nuit.
23	8 s.	0, 09	Serein tout le jour.
Total. . . .		0ᵐ 8050	
Moyenne diurne. 0 0700 en divisant cette somme par 11 ½ j.			

La moyenne de ces onze jours est exactement de 7 centimètres pour vingt-quatre heures, par conséquent le
double de ce qu'elle avait été pendant l'été dernier. Ce
résultat n'a rien d'étonnant, quand on considère l'état du
ciel pendant cette période. Les premiers jours ont joui
d'un ciel parfaitement serein, et quand plus tard est survenue la pluie, la température n'en est pas moins restée
à plusieurs degrés au-dessus de zéro ; si bien qu'il a plu et
non pas neigé pendant la nuit, ce qui, comme nous le verrons plus bas, constitue une différence considérable (*).

(*) M. Bravais (Nouvelles observations sur le glacier du Faulhorn, par

L'ablation aux différentes stations.

Mes recherches ne devaient pas se borner aux observations ci-dessus. Il m'importait de connaître aussi la somme de l'ablation sur plusieurs points du glacier à la

Martins.—Bull. Soc. géol. Fr. Deuxième série, tom. II, 1845, a trouvé au glacier du Faulhorn, pendant le mois d'août de la même année (du 11 au 17 août), une ablation moyenne de 0^m,0667, par conséquent à peu près identique avec celle que donne le tableau ci-dessus, et double également de ce qu'elle avait été en 1841. Mais aussi le chiffre de la température que l'auteur a soin de placer en regard est bien supérieur; il est de 7° en moyenne, tandis qu'il n'était que de − 4° 6 en 1841. En 1844, au mois de septembre, il y a eu au même glacier du Faulhorn une ablation moyenne de 0^m,034, chiffre qui coïncide encore de la manière la plus frappante avec la moyenne des observations faites au glacier de l'Aar pendant cette année. M. Forbes a prétendu que le procédé employé par M. Escher, et par moi devait nécessairement donner lieu à des résultats inexacts, par la raison que l'eau échauffée à la surface étant plus dense que l'eau à 0° descend au fond des trous et y fond la glace. En principe cela paraît assez rationnel, et je conviens que des pieux enfoncés seulement de deux ou trois pieds peuvent être sujets à des chances d'erreur. Mais mes pieux, étant tous forés à 3 mètres, n'avaient rien à craindre de ce côté, d'autant plus que la plupart étaient immobiles dans leur trou, sans doute par l'effet de la pression résultant du mouvement.

Quant à MM. Bravais et Martins, ils avaient eu soin, comme nous l'avons dit dans la note ci-dessus, de mesurer la distance verticale de leur pierre à une ligne visuelle invariable.

M. Forbes récuse aussi cette méthode sous le prétexte qu'elle donne un résultat complexe composé tout à la fois de l'ablation, de l'affaissement et de la différence d'inclinaison du sol. S'il s'agissait d'un glacier qui, tout en subissant l'ablation à sa surface, progresse avec une certaine vitesse sur un plan incliné, il est évident que pour être rigoureux il faudrait déduire des chiffres obtenus par cette méthode, la valeur de l'inclinaison du sol sur le trajet parcouru par le glacier dans l'intervalle d'une observation à l'autre. Mais M. Forbes oublie qu'il s'agit ici d'un glacier dont la progression est inappréciable, tant elle est lente, en

fois, afin de pouvoir apprécier l'influence des stations, et d'arriver, si possible, à une évaluation de la quantité d'eau qui est fournie au magasin intérieur par l'ablation. Des expériences détaillées ont été faites dans les dernières années, et en particulier pendant la campagne de 1845. En plantant les pieux destinés à l'observation du mouvement, j'avais eu soin de les munir de marques à fleur de glace, en particulier ceux des stations de l'Hôtel, de Brandlamm et de Baerenritz. Chacune de ces lignes fut relevée plusieurs fois pendant la durée de la campagne, et il en est même une, celle de l'Hôtel, où les expériences ont été répétées six fois sur une ligne de 22 pieux. Les tableaux suivants présentent d'une manière synoptique l'ensemble de toutes les observations.

sorte que la part de l'inclinaison se réduit à zéro. Il en est de même de l'affaissement. En effet, M. Martins, ayant mesuré la distance de la ligne *a b* à la pierre (Pl. IX, fig. 6), au moment où celle-ci apparaissait à la surface du glacier et avant qu'elle n'eût le temps de s'enfoncer par l'effet de son échauffement, trouva cette distance la même qu'au commencement de l'expérience, preuve qu'il n'était survenu aucun affaissement dans l'intervalle.

En conséquence, les chiffres obtenus par les expériences de **MM. Bravais et Martins** sont, dans le cas particulier, l'expression pure et simple de l'ablation, et comme ils concordent en tous points avec ceux que j'ai obtenus par l'observation directe, c'est à mes yeux une preuve que ni les uns ni les autres ne sont entachés des erreurs qu'on leur a reprochées. Il paraît au demeurant que **M. Forbes** n'envisage pas ses objections comme bien sérieuses, puisque pour mesurer l'affaissement du glacier, il a employé depuis, comme repère fixe, un pieu enfoncé dans la glace. — Bibl. univ. 1846, Tom. 3, p. 108.

1er Tableau. — *Ablation à la station de Baerenritz.*

DATE. — 1845.	LAUTERAAR.		FINSTERAAR.									
	II.		I.		II.		III.		IV.		V.	
	Ablat.	Moyenne.	Ablat.	Moyenne.	Ablat.	Moyenne.	Ablat.	Moyenne.	Ablat.	Moyenne.	Ablat.	Moyenne.
Du 28 juillet au 12 août (en 15 jours).	0,13	0,0086	0,26	0,0173	0,34	0,0226	0,33	0,0220	0,22	0,0146	0,07	0,0046
Du 12 août au 23 septemb. (en 42 jours).	0,69	0,0164	0,81	0,0193	1,62	0,0390	1,67	0,0397	0,64	0,0155	0,60	0,0143
Total de 57 jours	0,82	0,0144	1,07	0,0187	1,96	0,0352	2,00	0,0357	0,86	0,0152	0,67	0,0147

IIᵉ TABLEAU. — *Ablation à la station de Brandlamm.*
(Côté du Finsteraar.)

DATE.	I.		II.		III.		IV.		V.		VI.	
1845.	Ablat.	Moyenne.	Ablat.	Moyenne.	Ablat.	Moyenne.	Ablat.	Moyenne.	Ablat.	Moyenne.	Ablat.	Moyenne.
Du 26 juillet au 8 août (en 13 jours).	0,28	0,0215	0,45	0,0346	0,51	0,0392	0,45	0,0115	0,15	0,0115	0,12	0,0092
Du 8 août au 13 septemb. (en 36 jours).	»	»	1,33	0,0370	1,46	0,0405	»	»	»	»	»	»
Total de 49 jours	»	»	1,78	0,0363	1,97	0,0402	»	»	»	»	»	»

L'ablation n'a pas pu être observée aux pieux II, III, IV et V du Lauteraar, ni au pieu VII du Finsteraar, qui sont tous sous la moraine. *Voir le tableau ci-contre.*

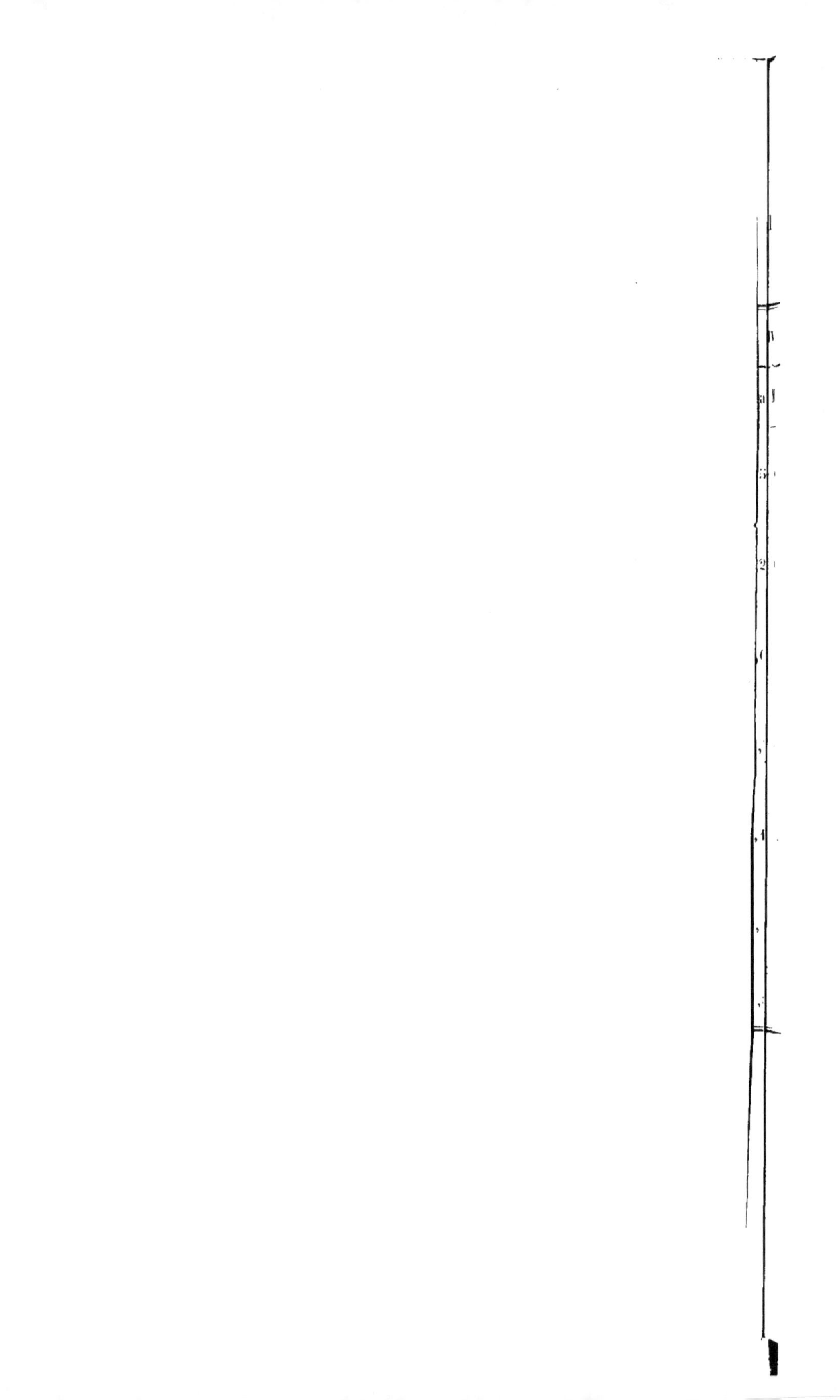

21 *Juillet.*

N.		Moyenne.	enne.	MOYENNE DE TOUTE LA LIGNE.		ÉTAT DU CIEL.
				dans la période.	dans les 24 heures.	
		0,050	020	0,448	0,0448	Alternativement serein et couvert jusqu'au 25. Du 26 au 29, brouillard et pluie. Les 30 et 31, très-beau et très-chaud
		0,021	0255	0,279	0,0253	Brouillard et pluie, rarement serein.
		»	016	0,063	0,0156	Pluie et brouillard. Neige les 14, 15 et 16.
		0,036	020	0,637	0,0502	Temps très-changeant. Ciel alternativement couvert et serein. Température douce, voire même chaude, du 18 au 27, avec fonte très-abondante. Du 28 au 31, très-froid et neigeux. Du 1er au 6 septembre, beau temps, température douce.
		0,025	020	0,148	0,0246	Beau temps à peu près continu.
		0,014	,021	0,361	0,0150	Du 14 au 16, neige et pluie. Du 16 au 24, température variable.
		0,029	,0214	1,936	0,0307	

III TABLEAU. — ABLATION A LA STATION DE L'HOTEL. [illegible]

Côté du Lauteraar, à partir du 21 Juillet. — *Côté du Finsteraar, à partir du 21 Juillet.*

DATE. 1845.	XIII. Ablat.	XIII. Moyenne.	XII. Ablat.	XII. Moyenne.	XI. Ablat.	XI. Moyenne.	X. Ablat.	X. Moyenne.	IX. Ablat.	IX. Moyenne.	VIII. Ablat.	VIII. Moyenne.	VII. Ablat.	VII. Moyenne.	VI. Ablat.	VI. Moyenne.	V. Ablat.	V. Moyenne.	IV. Ablat.	IV. Moyenne.
Du 21 juillet au 31 (en 10 jours).	0,15	0,015	0,17	0,017	0,17	0,019	0,17	0,016	0,15	0,015	0,23	0,023	0,11	0,011	0,31	0,063	0,15	0,015	0,30	0,030
Du 31 juillet au 11 août (en 11 jours).	0,40		0,34	0,031	0,31	0,028	0,29	0,026	0,44	0,040	0,27	0,0245	0,32	0,029	0,45	0,041	0,25	0,023	0,23	0,021
Du 11 août au 16 août (en 5 jours).	0,20	–	0,09	0,018	0,12	0,024	0,05	0,010	0,05	0,010	0,05	0,010	0,04	0,008	0,05	0,011	0,07	0,014	0,05	–
Du 16 août au 8 septembre (en 21 jours).	0,30		0,73	0,035	0,73	0,035	0,70	0,036	0,65	0,031	0,92	0,044	0,57	0,027	0,71	0,034	0,55	0,026	0,77	0,036
Du 8 septembre au 12 sept. (en 4 jours).	0,12	0,03	0,10	0,025	0,05	0,012	0,20	0,050	0,18	0,045	0,16	0,040	0,11	0,027	0,12	0,030	0,10	0,025	0,15	0,037
Du 12 septembre au 25 sept. (en 12 jours).	0,21	0,0175	0,18	0,015	0,10	0,008	0,20	0,017	0,17	0,014	0,15	0,0125	0,20	0,017	0,19	0,016	0,21	0,017	0,17	0,014
Totaux.	–		1,90	0,0141	1,95	0,0145	1,94	0,0144	1,90	0,0140	2,06	0,0150	1,58	0,0251	1,96	0,021	1,65	0,079	1,52	0,024

DATE. 1845.	III. Ablat.	III. Moyenne.	II. Ablat.	II. Moyenne.	I. Ablat.	I. Moyenne.	II. Ablat.	II. Moyenne.	III. Ablat.	III. Moyenne.	IV. Ablat.	IV. Moyenne.	V. Ablat.	V. Moyenne.	VI. Ablat.	VI. Moyenne.	VII. Ablat.	VII. Moyenne.	VIII. Ablat.	VIII. Moyenne.	MOYENNE PAR JOUR sur la plate.	MOYENNE PAR JOUR sur [illegible].	ÉTAT DU CIEL.
Du 21 juillet au 31 (en 10 jours).	0,19	0,019	0,30	0,030	0,16	–	0,52	0,052	0,12	0,012	0,51	0,051	0,16	0,016	0,17	0,017	0,33	0,033	0,20	0,020	0,148	0,0148	[illegible]
Du 31 juillet au 11 août (en 11 jours).	0,28	0,025	0,30	0,027	0,10	–	0,24	0,0225	0,20	0,018	0,35	0,032	0,31	0,028	0,26	0,024	0,41	0,036	0,28	0,0255	0,279	0,0253	[illegible]
Du 11 août au 16 août (en 5 jours).	0,01	0,002	0,06	0,012	0,02	–	0,10	0,020	0,07	0,015	0,09	0,018	0,10	0,020	0,05	0,011	0,08	0,016	0,08	0,016	0,065	0,0156	[illegible]
Du 16 août au 8 septembre (en 21 jours).	0,75	0,036	0,60	0,029	0,10		0,47	0,022	0,41	0,021	0,60	0,029	0,53	0,025	0,46	0,022	0,55	0,026	0,42	0,020	0,617	0,0302	[illegible]
Du 8 septembre au 12 sept. (en 4 jours).	0,21	0,052	0,17	0,042	0,01	–	0,14	0,035	0,12	0,030	0,17	0,042	0,15	0,037	0,13	0,032	0,10	0,025	0,12	0,030	0,138	0,0348	[illegible]
Du 12 septembre au 25 sept. (en 12 jours).	0,20	0,017	0,17	0,014	0,00	–	0,17	0,014	0,22	0,018	0,21	0,018	0,21	0,018	0,12	0,010	0,20	0,018	0,27	0,022	0,201	0,0160	[illegible]
Totaux.	1,97	0,0312	2,00	0,0117	0,12	0,0009	1,62	0,0265	1,47	0,0271	1,91	0,0304	1,82	0,0286	1,71	0,0170	1,88	0,0500	1,35	0,0211	1,936	0,1507	

[illegible]

Conséquences des observations ci-dessus.

Une première chose qui frappe dans ces tableaux, c'est l'inégalité de l'ablation entre les différents pieux d'une même ligne. Cette différence est surtout sensible dans les tableaux I et II, où elle va jusqu'au triple et au quadruple, par exemple, entre le pieu III et le pieu IV de la station de Brandlamm. C'est la conséquence naturelle de l'influence de la moraine. L'on sait que les blocs ont la propriété de protéger la glace qu'ils recouvrent, et que c'est pour cela que les moraines s'élèvent comme des remparts au-dessus de la surface non abritée, ainsi que le montrent les profils de Pl. IV. Si donc les pieux II et III des stations de Baerenritz et Brandlamm marquent une ablation supérieure à celles des autres pieux de ces mêmes stations, c'est parce qu'ils sont situés en pleine glace et que la moraine ne les protége pas. Cette différence correspond en tous points au relief du glacier, car les pieux en question sont justement situés dans la dépression médiane entre les deux moraines.

La même influence des moraines se fait sentir à la station de l'Hôtel des Neuchâtelois, où la somme totale de l'ablation sous la moraine médiane n'a été que de $0^m,40$ en cinquante-trois jours, soit en moyenne de 7 ½ millimètres en vingt-quatre heures, tandis que le pieu II du Lauteraar a indiqué une ablation de $1^m,63$ dans le même laps de temps, soit de 30 millimètres en moyenne, par conséquent quadruple.

Pour connaître la valeur réelle de l'ablation dans une région déterminée du glacier, il faut autant que possible l'observer en dehors des moraines, sur des pieux situés en pleine glace. Mais comme les stations de Brandlamm et de Baerenritz ne comptent chacune que deux pieux dans des conditions pareilles, il s'en suit qu'on ne peut établir de comparaison qu'entre les pieux II et III du Ier tableau, les pieux II et III du IIe tableau et les nombreux pieux du IIIe tableau, à l'exception du pieu I.

En procédant de la sorte, les variations sont bien moins frappantes, que lorsqu'on fait entrer dans la comparaison tous les pieux sans exception. La différence entre la station de l'Hôtel et celle de Brandlamm n'est plus que de un quart (comme 30 à 40), et cette différence de dix millimètres en faveur de la station de Brandlamm est l'effet de la température, qui est plus élevée en ce point qu'à l'Hôtel des Neuchâtelois. Par conséquent, si les conditions superficielles étaient les mêmes, la même surface produirait à la station de Brandlamm un quart d'eau de plus qu'à la station de l'Hôtel. Mais comme cette station, ainsi que celle de Baerenritz se trouve dans une région où une grande partie de la surface est recouverte par la moraine, il en résulte que l'excédant ci-dessus d'un quart se trouve compensé par l'ablation plus faible des parties recouvertes de débris rocheux. L'on peut par conséquent admettre qu'au total l'ablation est sensiblement égale sur toute la surface du glacier de l'Aar, compris dans notre carte, soit de 30 millimètres par jour, pendant l'été, d'après la moyenne du IIIe tableau.

Néanmoins la position vis-à-vis du soleil ne laisse pas que d'exercer son influence. A la station de l'Hôtel, les pieux du Finsteraar, à partir du pieu V, indiquent une ablation moindre, parce qu'ils sont du côté d'ombre. Les pieux voisins de la rive gauche subissent au contraire une ablation très-considérable, parce que cette partie du glacier est exposée au midi et qu'elle reçoit les rayons du soleil en plein.

En traduisant d'une manière graphique l'ablation des trois premières séries du IIIe Tableau, on obtient une ligne fortement ondulée, telle que je l'ai représentée dans la fig. 9 de Pl. IX (*). Ce qui mérite surtout d'être signalé dans cette ligne, c'est la concordance frappante des saillies et des rentrées avec les reliefs effectifs du glacier, tels qu'ils sont exprimés dans les profils de la planche IV, en particulier dans le profil C D. En comparant ce profil avec celui de fig. 9, Pl. IX, on verra que malgré la distance qui sépare les deux stations, la forme générale de la courbe est la même. Les deux lignes s'élèvent vers le rivage du côté du Finsteraar; elles s'abaissent au contraire du côté du Lauteraar ; enfin, la moraine médiane est indiquée dans les deux profils par une saillie considérable. J'insiste d'une manière toute particulière sur cette concordance, parce qu'elle prouve jusqu'à l'évidence que *la*

(*) Les côtes d'avancement des différents pieux sont exprimées en millimètres effectifs. Le dessin lui-même représente une coupe transversale du glacier à l'échelle de 1 : 3500.

forme et les inégalités de la surface des glaciers sont avant tout l'œuvre de l'ablation. Il résulte de là qu'on peut, jusqu'à un certain point, juger de l'ablation relative d'un point quelconque du glacier d'après le relief de sa surface, tout comme nous avons vu qu'on peut juger de la marche relative d'un point donné d'après la forme des moraines.

A côté de ces influences générales, l'ablation peut aussi être accélérée ou retardée par d'autres causes plus accessoires, comme par exemple la fonte plus ou moins rapide de la neige sur certains points, ou bien la prédominance de certains vents qui frappent tel point, tandis que tel autre endroit se trouve abrité. C'est en particulier parce qu'à la station de l'Hôtel la neige a persisté plus longtemps sur le Finsteraar que sur le Lauteraar, que l'ablation a été plus faible de ce côté pendant la période du 16 août au 6 septembre (*Voy.* le IIIe tableau).

Différences de l'ablation selon les époques.

La comparaison des moyennes d'un même pieu nous montre, d'un autre côté, des différences notables dans l'ablation *aux différentes époques.* Ainsi, dans le IIIe tableau, l'observation du 11 août indique sur toute la ligne une ablation de près de moitié moindre que celle du 31 juillet (44 à 25). Celle du 16 août est encore plus faible de 13 millimètres seulement; celle du 12 septembre est sensiblement plus forte (30 millimètres), et celle du

24 septembre de nouveau très-faible 15 millimètres.

Des oscillations comme celles-là, qui se trahissent de la même manière sur tous les points d'une ligne, ne proviennent pas de causes locales ; elles sont l'effet de la température : c'est ce dont il est facile de se convaincre en jetant un coup d'œil sur le tableau météorologique que j'ai ajouté au IIIe tableau. On verra par là que, du 21 au 31 juillet, la température, sans être très-favorable, a cependant été meilleure que pendant les onze premiers jours du mois d'août qu'embrasse la seconde période. Celle-ci a surtout été très-venteuse. Le même temps a continué jusqu'au 16 août. En revanche, les six jours du 6 au 12 septembre ont été favorisés d'un temps superbe, qui a duré jusqu'au 15, époque où est survenue une abondante chute de neige qui a persisté pendant assez longtemps, ce qui nous explique pourquoi, malgré les beaux jours de la période suivante, l'ablation a cependant été très-faible.

Ce qui est vrai des différentes périodes d'une campagne peut s'appliquer aux étés entiers, ou, ce qui revient au même, aux différentes années comparées entre elles. La somme totale de l'ablation estivale a été très-forte en 1842; mais aussi la température a été très-propice pendant tout le mois de juillet et d'août. Sur cinquante jours d'observation, il n'y en a eu que quinze de pluie et de neige, tandis que dans les années suivantes la proportion a été beaucoup plus forte. C'est en 1843 que l'ablation estivale a été le plus faible; mais l'on se rappelle aussi que l'été fut très-tardif, puisque au mois d'août le glacier n'était pas encore dégagé aux environs de l'Hôtel [*].

On peut par conséquent poser en fait qu'entre la température et l'ablation le rapport est immédiat. Quand la température baisse, l'ablation diminue; quand elle monte, l'ablation augmente. Il n'y a qu'un seul cas où cette réaction directe de la température sur l'ablation n'ait pas lieu, c'est lorsque le glacier est temporairement couvert de neige. Le lendemain d'une chute de neige peut alors être très-chaud et l'ablation nulle, parce que la neige protége la glace, et que la chaleur des rayons solaires est employée à transformer la neige en névé.

L'époque et la durée des expériences sont choses essentielles à prendre en considération lorsqu'on veut juger de l'ablation d'une station d'après des expériences partielles. J'en appelle à ce sujet au tableau ci-dessus de la station de l'Hôtel. L'ablation moyenne de tous les points de cette station, pendant 26 jours (du 21 juillet au 16 août) a été de $0^m,823$, soit en 24 heures de $0^m,0316$. Mais cette moyenne n'est pas identique à toutes les époques; elle est inférieure à celle de la première période (31 juillet), qui est de $0^m,0448$; elle est au contraire sensiblement supérieure à celle de la seconde période (11 août), qui est de $0^m,0259$. A moins donc d'avoir à faire à des obser-

[*] En 1846 l'ablation a été très-forte sur tous les glaciers. Suivant M. Forbes, la moyenne des mois de juillet et d'août a été à la mer de glace de Chamouny, de 3,62 pouces par jour. *Biblioth. univ.* 1846, Tom. III, p. 109.

vations embrassant de grandes périodes, les conséquences déduites de la comparaison d'observations estivales partielles ne peuvent être envisagées comme rigoureuses, qu'autant que les observations ont été faites simultanément et dans des conditions semblables. Il ne faut pas surtout que les accidents de la surface soient trop différents dans les points qu'on observe. Ainsi il ne faudrait pas observer une partie très-sale et une autre très-pure, ni choisir dans tel glacier son point d'observation près des rives et sur tel autre au milieu du glacier. Ce n'est qu'en tenant compte de toutes ces circonstances qu'on peut arriver à une appréciation juste de la quantité de glace qui est enlevée dans un temps donné par l'ablation.

Influence de la situation des glaciers sur l'ablation.

Ce qui est vrai des différentes régions d'un glacier, s'applique également aux glaciers comparés entre eux. Ceux qui descendent sur le revers septentrional d'une montagne, comme, par exemple, les affluents latéraux du glacier de l'Aar, subissent, toutes choses égales, une fonte moins considérable que ceux qui reçoivent le soleil en plein. Voici quelle a été l'ablation de trois pieux échelonnés à différentes hauteurs sur le glacier de Grünberg (Voy. la carte, Pl. III), pendant un espace de vingt-sept jours, du 13 août au 9 septembre.

	Ablation totale.	Moyenne en 24 h.
Au pieu A	0m, 58	0m, 0215
Au pieu B	0, 48	0, 0177
Au pieu C	0, 30	0, 0111

La moyenne des trois stations est de 0^m,0177, c'est-à-dire qu'elle est de près de moitié moindre qu'à l'Hôtel des Neuchâtelois, sur le grand glacier; et cependant l'élévation est moins considérable. Par conséquent, l'exposition est ici un obstacle plus grand que la hauteur du lieu; mais cela n'empêche pas que la hauteur n'exerce aussi son influence, quoique dans des limites subordonnées. Si l'ablation a été de moitié moindre au point C qu'au point A, c'est parce que ce point est de quelques cents mètres plus élevé.

Ablation dans les hautes régions.

Enfin, j'avais aussi pris, dès 1842, des mesures pour observer la somme annuelle de l'ablation *dans les hautes régions*. J'avais, à cette fin, planté des perches avec des marques précises à côté de plusieurs grands blocs du glacier du Finsteraar, destinés à l'observation du mouvement. Les étés de 1843 et 1844 ne permirent aucune vérification, à cause de la quantité de neige qui recouvrait cette partie du glacier; et ce n'est que l'année suivante (1845), c'est-à-dire après qu'ils eurent été ensevelis pendant trois ans sous la neige, que M. Desor est parvenu à vérifier l'un de ces points, le piquet situé à côté de l'un de ces blocs, entre l'Abschwung et le Grunerhorn. Depuis le 2 septembre 1842, où le piquet avait été planté, jusqu'au 12 août 1845, la somme totale de l'ablation a été de 1^m,36. Mais on aurait tort de s'appuyer sur ce chiffre pour en déduire la moyenne normale de l'ablation en ce point : car, ainsi que nous l'avons dit plus haut, il est probable qu'il n'y a eu aucune ablation pendant les années 1843 et 1844, et que ces 1^m, 36 ont été fondus en partie en 1842 et en partie en 1845. Ce qui prouve du reste que l'ablation de ce point n'est pas aussi faible qu'on pourrait le supposer, à cause de l'élévation du lieu, c'est que depuis le 12 août jusqu'au 14 septembre, c'est-à-dire en trente jours, époque pendant laquelle le Finsteraar fut presque continuellement dégagé, l'ablation a été de 0^m, 47, ce qui fait en moyenne 0^m, 0142 en vingt-quatre heures.

Influence des corps étrangers sur l'ablation.

Diverses expériences ont été faites dès 1844 au glacier de l'Aar, pour apprécier *la manière dont les différents corps entravent l'ablation*, en protégeant la glace. On avait construit au pied du Pavillon une petite moraine artificielle ; à côté de cette moraine on avait recouvert le glacier de gazon ; un peu plus loin, on avait entassé de la neige sur un espace de cinq mètres carrés. Venait ensuite un tas de foin, puis une planche, puis une couverture de laine et un parapluie ouvert à côté. Au bout de quelques jours on apercevait déjà une différence notable entre la hauteur de la glace ainsi abritée et celle qui ne l'était pas ; mais tous ces objets ne protégeaient pas également (*). Le tableau ci-joint indique la quantité dont

(*) Nouvelles Excursions, p. 93.

la glace dépassait la surface ambiante du glacier sous chacun des objets ci-dessus, au bout de seize jours (du 10 au 26 août).

Sous la couverture de laine	0^m, 20
Sous le parapluie	0, 22
Sous la planche	0, 28
Sous le gazon	0, 30
Sous la neige	0, 30

C'est par conséquent le gazon et la neige qui ont offert l'abri le plus efficace. Si la couverture de laine et le parapluie ont moins protégé, c'est sans doute à cause de leur faible épaisseur qui a laissé passer une partie du calorique ; car ayant placé une latte sur la couverture, nous la vîmes occasionner un relief très-sensible en quelques jours. Que la neige fournisse un abri très-efficace, cela est tout naturel, c'est une conséquence de sa température, que la chaleur extérieure ne saurait élever au-dessus de zéro.

Ces expériences ont été pleinement confirmées par celles de 1845. Dès le début de la campagne (21 juillet), M. Dollfus avait fait couvrir de gazon un espace de 9^m carrés au pied du Pavillon, et un autre de 6^m carrés au milieu du glacier. Les gazons furent soigneusement entretenus pendant toute la campagne ; et lorsque M. Desor quitta le glacier à la mi-septembre (le 13), le banc voisin du Pavillon s'élevait de 2 mètres en moyenne au-dessus de la surface du glacier (1^m, 60 du côté du midi, et 2^m, 40 du côté du nord). Le banc supérieur était un peu moins exhaussé ; il n'avait que $1^m,80$. Une moraine artificielle avait aussi été construite, mais elle protégeait bien moins la glace, et il fut à peu près impossible de la conserver quand elle eut atteint la hauteur d'un mètre. Ces observations, quoique moins rigoureuses que celles qui se faisaient sur les pieux, ne sont cependant pas sans importance, puisqu'elles fournissent la contre-épreuve des précédentes. Le chiffre de 2 mètres pour cinquante-trois jours nous donne une moyenne de $0^m,0377$, c'est-à-dire un chiffre qui correspond, à quelques millimètres près, à la moyenne observée directement.

Il est à peine nécessaire de rappeler que l'exhaussement de ces bancs de gazon et de ces moraines artificielles a lieu en vertu des mêmes lois qui donnent naissance aux tables de glacier. La glace abritée ne fond pas ; elle se conserve et forme colonne sous les corps qui l'abritent. Les parcelles de foin donnent lieu à un phénomène tout à fait analogue. Quand je revins en 1845 au glacier, je trouvai sur l'emplacement des expériences ci-dessus une quantité de petites colonnes de glace surmontées de houppes de gazon qui faisaient un effet très-extraordinaire. On peut croire d'après cela que si l'on recouvrait tout le glacier d'une couche de gazon, ou si l'on étendait au-dessus de sa surface une immense toile, on diminuerait considérablement l'ablation, et de cette manière on l'obligerait à descendre beaucoup plus bas dans la vallée.

De l'ablation aux différentes heures du jour.

Enfin, des observations détaillées ont aussi été faites pour connaître la marche de l'ablation aux différentes *heures du jour*, et ses rapports avec les conditions atmosphériques, au moyen d'un appareil fort simple établi au pied du Pavillon, à 10 mètres du bord, et que M. Desor décrit de la manière suivante (*Voy.* Pl. IX, fig. 2) :

« Deux pieux (A A) d'égale longueur, espacés de 4 mètres, furent enfoncés dans la glace à la profondeur de 50 centimètres, et entourés de gazon, afin de leur conserver une position fixe en empêchant l'ablation autour d'eux. La surface du glacier entre les deux pieux fut exactement nivelée, après avoir été débarrassée d'une légère couche de névé qui la recouvrait. Cela fait, une latte bien droite (B) fut posée de niveau sur les piquets ; et la hauteur de la latte au-dessus du glacier, mesurée au moyen d'une perche graduée (C), indiquait la quantité dont cette surface s'était abaissée. »

J'extrais du bulletin de M. Dollfus le tableau ci-joint, qui indique l'ablation de demi-heure en demi-heure et la manière dont elle est influencée par la température et l'état du ciel.

Ablation pendant la journée du 21 août 1844.

HEURES.	ABLATION en millim.	TEMPÉRATURE		ÉTAT DU CIEL.
		au soleil.	à l'ombre.	
9	0	10°	7°	Soleil avec vent.
9,30	3	12	10	Soleil sans vent.
10	8	15	11	Soleil sans vent.
10,30	13	15	11	Soleil, vent faible.
11	15	10	8	Soleil sans vent.
11,30	19	10	7	Soleil, vent faible.
12	27	18	15	Soleil sans vent.
12,30	33	»	7	Couvert, calme.
1	37	»	10	Couvert, vent faible.
1,30	39	10	8	Soleil, vent faible.
2	42	10	8	Soleil.
2,30	43	7	5	Soleil sans vent.
3	44	»	5	Couvert par intervalle.
4	45	»	4	Couvert.
5	45	»	4	Couvert.

On voit par ce tableau que l'ablation n'a commencé
qu'à neuf heures et demie du matin, malgré la température assez élevée de l'air (+ 10°) et l'état favorable
du ciel dès neuf heures. Elle a diminué d'une manière
sensible à deux heures et demie du soir, et à cinq heures
elle était complétement nulle, quoique en ce moment le
thermomètre marquât encore + 4°. Le chiffre de 45 millimètres n'est pas le maximum de cette station ; il n'en
approche même pas. On a observé à plusieurs reprises 60 et même 65 millimètres par jour (le 10 et le

11 août 1844) ; et il faut bien qu'il en soit ainsi pour compenser les jours froids et neigeux, et donner une moyenne estivale de 40 millimètres, qui est celle de cette station.

Influence de l'ablation sur la forme de la surface.

Quand on considère l'efficacité avec laquelle tous les corps, et en particulier les amas de pierres, protégent la glace, on a de la peine à concevoir que les moraines ne soient pas plus élevées. Nous avons vu par les tableaux ci-dessus que la différence entre l'ablation en pleine glace et celle qui a lieu sous la moraine est d'au moins un mètre par été. Or, en supposant qu'il en soit de même seulement pendant vingt ans, la moraine aurait gagné sur la glace en plein vent 20 mètres, c'est-à-dire qu'elle serait beaucoup plus élevée au-dessus de cette dernière qu'elle ne l'est effectivement. C'est là un problème qui, au premier abord, paraît tout à fait insoluble. Pour le résoudre, il faut avoir visité les glaciers à une époque qui n'est pas encore l'été des montagnes. On voit alors la moraine à découvert, tandis que toute la surface du glacier est encore ensevelie sous la neige. Lorsque MM. Desor et Wild se rendirent, au mois de juin 1843, au glacier de l'Aar pour y relever le réseau des blocs, ils trouvèrent la moraine seule dégagée. La glace était en voie de fusion sous toutes les pierres ; tandis que, à côté, la chaleur était employée uniquement à fondre la neige qui recouvrait la surface de la glace. Aussi la moraine leur semblat-elle bien moins haute qu'en été. Il est probable, d'après cela, que c'est en automne et au printemps que l'équilibre se rétablit, en sorte qu'en définitive l'ablation sous la moraine le cède peu à celle qui a lieu en pleine glace.

L'efficacité de la neige pour protéger le glacier contre l'ablation est démontrée par l'exemple suivant. En quittant le glacier, en 1842, j'avais introduit dans les trous de sonde deux thermométrographes dont il sera question plus bas. En 1843, il y avait une si grande quantité de neige sur le glacier que je ne pus songer à les retirer. En 1844, M. Desor fut obligé de déblayer une épaisse couche de névé pour retrouver l'un d'eux; et lorsqu'il arriva enfin au trou de sonde, il trouva que la corde à laquelle avait été suspendu l'instrument ne débordait l'embouchure du trou que de 15 centimètres. Lorsqu'en 1845 le second thermométrographe fut retiré, il fallut également déblayer une couche de névé, et l'on trouva que l'ablation avait été complétement nulle pendant les trois ans de 1842 à 1845. Il faut dire cependant que sur ce point (qui est indiqué par la lettre *a* sur la carte de Pl. II), la neige s'accumule en plus grande quantité, entassée qu'elle est contre la moraine par le vent du S.-O. qui souffle du fond du Finsteraar.

De pareils retards dans l'ablation sont tout entiers au profit de la masse du glacier, et leurs effets ne peuvent manquer de se faire sentir. Si un point quelconque qui, à raison de sa position, doit éprouver une ablation de plusieurs mètres par an, se trouve tout à coup réduit à 1^{m},80 en trois ans, comme cela a eu lieu, il est évident que le glacier se trouvera en ce point d'une certaine quantité de mètres plus épais qu'il ne l'aurait été sans cela. Pour peu que le même retard s'étende à une surface un peu notable, voilà une masse énorme de glace qui se trouvera acquise au glacier par le seul fait d'un été froid ou neigeux. Un pareil accroissement, on le conçoit, ne peut pas manquer d'exercer une certaine influence sur la marche des glaciers.

Les observations que je viens de rapporter peuvent conduire à une appréciation suffisamment exacte de la somme de l'ablation que le glacier de l'Aar subit dans un temps donné. Il résulte des calculs faits par M. Otz, d'après les tableaux ci-dessus, qu'en été la somme de l'ablation pour la partie du glacier comprise dans notre carte s'élève en moyenne à 244 270ᵐ cubes en vingt-quatre heures, ce qui fait 0ᵐ.247 cubes par mètre carré.

On ne peut évaluer que d'une manière approximative le produit de l'ablation dans les régions supérieures du glacier de l'Aar, du Finsteraar et du Lauteraar, et dans les petits glaciers situés sur les pentes des deux rives, par la raison que nous ne possédons pas un relevé exact de leur étendue, et que d'un autre côté la marche de l'ablation n'a pu y être observée jusqu'ici que d'une manière très-incomplète. Nous savons seulement que l'ablation y est moindre que sur le glacier de l'Aar proprement dit, témoins le pieu du Finsteraar, dont la moyenne est de 14 millimètres par jour, et les stations du Grünberg, qui

ont donné une ablation de 17^{mm}. Encore ces chiffres
sont-ils probablement au-dessus de la moyenne qu'on
peut raisonnablement assigner aux surfaces de glace
et de névé en amont de l'Abschwung. Je pense dès
lors qu'en évaluant à 1 centimètre par jour la moyenne
de l'ablation dans ces régions pendant l'été, on ne doit
pas être loin de la vérité. Par conséquent, si l'étendue
où cette ablation de 1 centimètre a lieu est sextuple de la
surface comprise dans notre carte, soit de 56 millions de
mètres carrés, le produit de leur ablation devrait être de
800 000^m cubes d'eau (*), qui, ajoutés aux 240 000^m
cubes que fournit le glacier, font un total de 1 040 000^m
cubes d'eau en vingt-quatre heures, qui sont fournis
pendant l'été par l'ablation seulement.

2° DES EAUX ATMOSPHÉRIQUES.

En mentionnant d'une manière spéciale les eaux
atmosphériques comme une source d'alimentation pour
le magasin d'eau intérieur, je dois m'expliquer sur la signification que j'attache à ce mot. A proprement parler,
la masse entière du glacier n'est autre chose que de l'eau
atmosphérique tombée sous forme de neige dans les régions supérieures, et transformée insensiblement en glace.
Mais il ne suit pas de là que toutes les eaux atmosphéri-

(*) Dans cette évaluation, je n'ai pas tenu compte de la différence de
densité de la glace aux différentes stations, qui est d'ailleurs trop minime pour un calcul aussi approximatif.

ques qui tombent sur les glaciers affectent nécessairement la forme cristalline de la neige, ni que toute la
neige se convertisse nécessairement en glace. Il faut en
excepter, d'une part, les pluies qui tombent pendant
une partie de la belle saison, et d'autre part, la neige
qui tombe en aval de la ligne des neiges et qui est destinée à fondre toutes les années.

Des pluies.

Les pluies sont en quelque sorte une exception dans les
hautes régions des Alpes.

Au grand Saint-Bernard il ne pleut guère que pendant les trois ou quatre mois les plus chauds de l'année (*),
et les pluies ne représentent que le cinquième, tout au
plus le quart de la somme totale des précipités de l'année (**). La concordance frappante que nous avons trouvée entre les quantités annuelles de neige qui tombent
au grand Saint-Bernard et au Grimsel nous permet de
supposer que le même rapport existe à l'égard des
pluies de l'été. Si nous appliquons par conséquent les
données du grand Saint-Bernard au glacier de l'Aar,
nous ne devons pas être bien loin de la vérité, en évaluant la quantité de pluie de cette station à 400 milli-

---

(*) On a cependant quelques exemples de pluie tombée en hiver,
mais ils sont fort rares. Le 20 décembre 1836, il est tombé 12 millim.
d'eau liquide au grand Saint-Bernard.

(**) Voyez plus haut la somme de ces précipités, p. 133.

mètres par an, qui, répartis sur les mois de juin, juillet, août et une partie de septembre, soit sur cent jours, nous donnent une moyenne de 4 millim. par jour.

Les observations directes que nous possédons sur ce sujet ne sont pas très-nombreuses. Cependant celles qui ont pu être recueillies dans ces dernières années concordent d'une manière frappante avec ces données. Il résulte du tableau que j'ai dressé ci-dessus de l'écoulement des eaux de l'Aar (page 370) que la quantité d'eau tombée au Pavillon depuis le 20 juillet jusqu'au 4 août 1845 est de 75 litres par mètre carré de surface. Cette quantité, répartie sur les quinze jours qu'a duré l'expérience, fait par conséquent 5 litres par jour, soit 5 millimètres de hauteur d'eau. La différence entre le chiffre conclu de l'ensemble des observations du grand Saint-Bernard et la quantité observée directement au glacier de l'Aar n'est par conséquent que de un cinquième. Or, il est à remarquer que l'été de 1845 fut très-pluvieux.

En somme, les pluies ne sont pas un profit pour le magasin d'eau du glacier, parce qu'elles sont d'ordinaire en raison inverse de l'ablation. En effet, elles tombent d'ordinaire par une température assez basse, c'est-à-dire lorsque l'ablation est faible. Par conséquent, si la neige et les pluies étaient moins fréquentes, les journées sereines et chaudes seraient plus nombreuses et partant l'ablation plus active. Aussi les journées pluvieuses ne sont-elles pas toujours celles qui fournissent la plus grande quantité d'eau. Les eaux pluviales ne font que compen-

ser plus ou moins le manque d'ablation. C'est parce que
les étés de 1843 et 1844 ont été très-pluvieux que l'a-
blation a été si faible. Les eaux atmosphériques ne sont
un bénéfice réel pour le magasin d'eau intérieur que dans
un seul cas, lorsqu'il survient des pluies d'orage accompagnées d'une température douce, à la suite de journées
chaudes.

De la fonte des neiges annuelles.

Nous avons montré plus haut que les neiges des régions supérieures sont les seules qui se convertissent en
glace, et que toutes celles qui tombent en aval de la ligne
des neiges (voy. p. 17) sont destinées à fondre toutes
les années. Ces neiges deviennent par conséquent à leur
tour une source d'alimentation pour le magasin d'eau du
glacier. Il est même une époque de l'année, au printemps, où elles fournissent à elles seules toute la masse
d'eau que débite le glacier ; et nous verrons plus bas,
en traitant de la progression, que c'est en partie à ces
fontes printanières de la neige superficielle, qu'il faut
attribuer l'accélération qu'on remarque à cette époque
dans la progression des glaciers. Mais cette époque n'est
pas de longue durée : du moment que la couche de neige
a disparu, la fonte de la glace ou l'ablation proprement
dite commence.

Mais si les neiges d'hiver n'apportent pas une augmentation effective aux glaciers, elles n'en contribuent
pas moins à leur conservation, puisqu'une partie de la

chaleur estivale est employée à les fondre, et que pendant
ce temps le glacier sous-jacent reste intact.

Les mêmes considérations s'appliquent aux neiges estivales. On sait qu'il neige quelquefois au cœur de l'été
sur les glaciers. Depuis que je fréquente le glacier de
l'Aar, il ne s'est pas passé une année où je n'aie été plusieurs fois dans le cas d'interrompre mes travaux à cause
des chutes de neige. Tout en étant passagères, ces chutes
ne laissent pas que d'exercer une certaine influence sur
l'allure des glaciers. On en jugera par l'exemple suivant : Je suppose qu'à une époque donnée il tombe une
quantité égale d'eau sur deux glaciers, A et B, situés à
la même hauteur, mais qu'à la faveur de certains vents
locaux cette eau affecte sur A la forme de pluie et
sur B la forme de neige; supposons que le lendemain
soit une journée très-chaude, capable de fondre trois
centimètres de glace, qu'arrivera-t-il? C'est que le glacier A, sur lequel il a plu la veille, subira cette ablation
en plein, de telle sorte que la masse de glace aura diminué pendant ces deux jours de trois centimètres, plus la
quantité qui aura fondu pendant la pluie du premier
jour. Il n'en sera pas de même du glacier B. Comme il
est couvert de neige, la chaleur du jour suivant sera employée à fondre cette neige, et le soir le glacier se trouvera avoir la même épaisseur que la veille. Par une conséquence naturelle de cette différence, le glacier A aura
fourni au magasin intérieur trois centimètres d'eau de
plus que le glacier B. Dans ce cas, on le voit, c'est moins

la quantité des eaux atmosphériques que la forme qu'elles affectent qui doit être prise en considération.

Enfin, les neiges annuelles ont encore un autre rôle, c'est d'aplanir toutes les années la surface des glaciers. Quand on visite l'un de nos glaciers à faible pente en automne, on le trouve ordinairement très-inégal et bosselé. Si on s'y rend de nouveau le printemps suivant, au moment où la neige vient de fondre, on le trouve parfaitement uni. La fig. 7 de Pl. IX contient l'explication toute naturelle de ce phénomène. Soit A le glacier, B la neige d'hiver qui recouvre d'une manière uniforme toute sa surface. Lorsque survient la fonte du printemps, les endroits en relief se dégarnissent les premiers, parce que la neige y est moins épaisse qu'ailleurs, mais il en reste dans les creux. Cependant la fonte continue et comme la neige grenue (névé) n'est pas plus fusible que la glace, l'ablation se fait d'une manière uniforme. Supposons que l'ablation soit de 1 décimètre par jour et la plus grande épaisseur de la neige au-dessus des creux de 8 décimètres, il en résultera qu'au bout de neuf jours, lorsque toute la neige sera fondue, la surface du glacier sera parfaitement unie. Il est bien entendu toutefois que ceci ne s'applique pas aux glaciers très-crevassés et bouleversés.

3° DE LA CONDENSATION.

Les auteurs qui se sont occupés de la physique des glaciers, ont pressenti le rôle de la condensation,

comme cause d'augmentation, mais sans pouvoir la déterminer d'une manière rigoureuse. M. Hugi (*) avait
reconnu au moyen de quelques expériences qu'il avait
faites avec des fragments de glace exposés à l'air, que ces
fragments augmentaient de poids dans certaines conditions et diminuaient dans d'autres, et il avait vu dans ce
fait une preuve en faveur de sa théorie de la respiration du
glacier. M. Rendu (**) attribue aussi une part très-considérable à la condensation dans l'alimentation des glaciers, surtout dans les régions supérieures ; il suppose
qu'au Mont-Blanc l'épaisseur de la couche pourrait bien
aller à quarante pieds par an, chiffre qui est évidemment exagéré.

D'après l'aperçu que j'ai donné plus haut (Chap. ii,
p. 27 et suiv.) de l'état hygrométrique de l'air dans les
hautes régions, on doit admettre qu'en été la condensation est plus fréquente que l'évaporation. M. Dollfus qui a
fait à ce sujet des observations suivies a trouvé que pendant la campagne de 1845, les conditions de condensation ont été sept fois plus fréquentes que les conditions
d'évaporation. De là vient que lorsqu'on place un
morceau de glace sur une balance et qu'on le laisse exposé à l'air, son poids augmente plutôt qu'il ne diminue, si toutefois l'on tient rigoureusement compte de
l'eau qui résulte des portions fondues.

Nous ne possédons point encore les éléments néces-

(*) Uber das Wesen des Gletscher.
(**) Théorie des glaciers de la Savoie, p. 17.

saires pour apprécier la quantité de matière qui est acquise en moyenne au glacier par la condensation. Aussi bien faudrait-il pour cela des observations continuées pendant toute l'année. Or, un pareil système d'observation ne pourra avoir lieu que lorsqu'on possèdera un observatoire au bord d'un de nos grands glaciers, où l'on pourra observer, jour par jour et s'il le faut heure par heure, l'état hygrométrique de l'air.

D'après les règles que nous avons posées plus haut sur la marche générale de l'hygromètre (p. 30), l'hiver doit être la saison de l'évaporation, tout comme l'été est la saison de la condensation, de sorte que selon toute apparence une partie de la neige disparaît sans profit pour le glacier. En effet, à cette saison, le point de rosée est souvent fort au-dessous de 0°, et l'on voit fréquemment, sous l'influence des vents du nord-est, les neiges disparaître avec une grande rapidité du sommet des montagnes, sans que l'eau qui en résulte, soit en aucune façon proportionnelle à la neige absorbée. Le tableau que j'ai donné plus haut (p. 135) de la quantité de neige tombée pendant l'hiver, donnera une idée au moins approximative de la portion qui est absorbée par l'évaporation. On sait que la neige fraîche, au moment de sa chute, pèse en moyenne 110 kilogrammes le mètre cube. Depuis le mois d'octobre jusqu'au mois d'avril il était tombé 17^m, 55 de neige, et cependant l'épaisseur de la couche qui recouvrait le sol n'était le 15 avril, que de 2^m, 30. En revanche, cette neige pesait maintenant 613 kilogrammes le

mètre cube, c'est-à-dire que sa densité était à peu près
sextuple de ce qu'elle était au moment de la chute. Or,
nonobstant leur pesanteur sextuple, ces 2^m, 30 n'équivalent pas aux 17^m, 55. Il faut donc que ce qui manque
ait disparu par l'évaporation.

D'un autre côté, la condensation joue aussi un rôle en
hiver. Lorsque MM. Desór et Dollfus visitèrent le glacier
de l'Aar au mois de janvier 1846, ils trouvèrent la surface de la neige recouverte d'une couche de givre ayant
près d'un décimètre d'épaisseur. Ce givre était le
produit de la condensation occasionnée par le rayonnement nocturne, qui par les nuits sereines et calmes
abaisse la température de la neige bien au-dessous de
celle de l'air et rétablit ainsi les conditions générales
de la condensation, malgré le froid.

Comme la condensation et l'évaporation sont deux
manifestations diverses d'une seule loi, il faudrait avant
tout, si l'on voulait ranger la première parmi les sources
de l'alimentation des glaciers, en déduire la somme de
l'évaporation. Or, c'est précisément dans cette combinaison que gît la difficulté. Nous avons cependant quelque
raison de croire que ces deux éléments se balancent. En tout
cas, s'il en résulte quelque profit pour le glacier, il ne peut
être que très-faible et ne saurait se comparer aux autres
sources d'alimentation.

RÉSUMÉ.

1° L'eau qui s'échappe des glaciers et qui circule dans

leur intérieur est fournie en majeure partie par la fonte
de la surface ou l'ablation.

2° Dans la région moyenne des glaciers l'ablation annuelle peut être évaluée de 3^m à $3^m, 5$ par an, terme
moyen. L'ablation diurne est en moyenne pour les
mois d'été de 3 centimètres par jour, au glacier de l'Aar.

3° Les glaciers sont d'autant plus saturés et leur débit
d'autant plus considérable que la chaleur est plus intense
et l'ablation plus forte.

4° Les eaux atmosphériques contribuent pour une
part bien plus faible à l'entretien du magasin d'eau intérieur. Elles ne constituent pas un bénéfice réel pour le
glacier, attendu qu'elles sont d'ordinaire accompagnées
d'une moindre ablation. De là vient que les torrents des
glaciers sont toujours plus gros pendant les étés secs et
chauds que pendant les étés pluvieux.

5° La forme que les eaux atmosphériques affectent au
moment de leur chute n'est pas indifférente. La neige en
persistant à la surface entrave l'ablation et réduit ainsi
les eaux du glacier. Par la même raison les neiges annuelles sont un préservateur du glacier.

6° Une certaine quantité d'eau est acquise au glacier
par la condensation, mais il est probable qu'elle est compensée par les pertes qu'occasionne l'évaporation.

CHAPITRE XI.

DE LA TEMPÉRATURE DE L'INTÉRIEUR DU GLACIER.

Il n'est aucun point de l'histoire des glaciers sur lequel il ait régné jusque dans ces derniers temps autant de vague et d'incertitude que sur la température propre de la glace des glaciers. Tel physicien admettait que l'intérieur des glaciers était à une température très-basse [*]; tel autre les supposait constamment à 0° et incapables de prendre une autre température [**]; celui-ci les croyait assujettis à des fluctuations annuelles semblables à celles

[*] *Petzholdt*, Versuch einer neuen Gletscher theorie. 1843.
[**] *Hopkins*, Philosophical magazine 1845, vol. 26. — Ladame Bull. Soc. des sc. nat. de Neuch. 1844 à 1845.— Bibl. univ. 1846.

qu'éprouve la température du sol (*); celui-là les croyait soumis à des variations journalières (**); tel autre n'admettait que des oscillations saisonnaires (***). Entre tant d'hypothèses contraires émises par des auteurs très-recommandables, l'expérience seule pouvait s'arroger le droit de décider. Le problème qu'il s'agissait de résoudre était si important que je ne reculai pas devant les difficultés de l'exécution, et dès l'année 1840 je fis transporter au glacier de l'Aar un appareil de forage pour pénétrer dans l'intérieur de la glace. Les premières expériences m'apprirent que la température se maintient aux environs de zéro, du moins jusqu'à la profondeur de 8 mètres, que j'atteignis cette année (****). Comme j'avais été plusieurs fois dans le cas d'avoir recours à l'eau bouillante pour dégager mes thermométrographes qui s'étaient gelés au fond des trous de sonde, j'avais vu dans ce fait une preuve en faveur de la théorie de la dilatation par congélation, et j'en avais conclu, trop précipitamment sans doute, que l'eau accumulée pendant le jour se congèle pendant la nuit dans l'intérieur du glacier. Cependant les expériences des années suivantes devaient modifier les conséquences de ces premières recherches. Au commencement de l'été 1841, je transportai au glacier de l'Aar un appareil de forage plus con-

(*) *Herschel*, Edinb. New Philosoph. Journ. 1843, Vol. 34.
(**) *Charpentier*, Essai sur les Glaciers, etc.
(***) *Elie de Beaumont*, Ann. des Sc. géol., 1842, Tom. I.
(****) Études, p. 29.

sidérable, composé de tiges en fer formant ensemble un perçoir de 50 mètres de longueur. J'espérais par ce moyen pouvoir atteindre le fond du glacier, car je partageais encore à cette époque l'opinion généralement accréditée depuis Saussure, que l'épaisseur des glaciers varie de 25 à 40 mètres. J'arrivai au bout de mes tiges, sans avoir atteint le fond.

L'année suivante (1842), j'eus recours à un autre procédé : je fis forer à la corde au moyen d'une poulie; et, pour ne pas être pris au dépourvu, j'emportai quelques cents mètres de câbles au glacier; six hommes d'abord, et plus tard sept et huit étaient occupés à forer; mais je m'aperçus bientôt qu'à mesure que j'avançais les difficultés augmentaient. Les premiers jours on avait foré 5 et 6 mètres; mais on était allé continuellement en diminuant, et, parvenu à la profondeur de 30 mètres, on n'avançait plus que de 2 ou 3 mètres par jour. Il était survenu, en outre, toutes sortes d'accidents qui avaient retardé le forage, si bien qu'après six semaines de travaux pénibles et fort coûteux, je n'étais arrivé qu'à la profondeur de 60 mètres ou 200 pieds de Suisse. Voyant alors que les obstacles se multipliaient sans cesse, je fis cesser le forage, et j'employai le trou de sonde ainsi que deux autres trous que je fis forer à côté du premier, à observer la température de l'intérieur et la quantité d'eau accumulée dans chaque trou. Les observations se faisaient simultanément dans plusieurs trous situés dans la même région du glacier, et avec des intruments semblables (*) les uns à 60 mètres, les autres à 30 mètres et les autres près de la surface. Le tableau suivant (**) contient les variations observées à la profondeur de 3 à 5 mètres, durant l'espace de quinze jours, avec l'indication du minimum de la température de l'air.

DATE.	TEMPÉRAT.	PROFONDEUR en mètres.	TEMPÉRAT. MINIM. A L'AIR.		ÉTAT DU CIEL.
			sur la mer.	sur la glace.	
20 — 21 Juill.	0»	5^m	— 3	— 1,8	Pluvieux.
21 — 22	—0,2	5	— 0,9	— 1,6	Tourm. et neige.
22 — 23			— 0,6	- 1,5	Tourmente.
23 — 24	—0,4	4,50	— 1,8	— 4,5	Parfait. serein.
24 — 25	0»	4,50	— 0,2	— 2,4	Couvert.
25 — 26	0	4,20	— 1,1	— 1,2	Pluie continue.
26 — 27	0	3,60	— 2,2	— 0,5	Pluvieux.
27 — 28	0	5	— 2,2	— 2,8	Serein.
28 — 29	0	5	— 3,2	— 1	Couvert et pluv.
29 — 30	0	5	— 0,6	0	Neigeux.
30 — 31	0	5	— 2,9	— 4	Neige et vent.
31 — 1er Août	0	5	— 2,4	— 3	Neige continue.
1er — 2	0	5	— 1,8	— 4,2	Serein.
2 — 3	—0,1	4,50	0	— 2,4	Serein.

Durant les quinze jours qu'embrasse le tableau ci-dessus, le thermométrographe n'a marqué que trois fois une

(*) Des thermométrographes ou thermomètres à minima, de Bunten à Paris.

(**) Dans ce tableau, la seconde colonne indique les cotes de la température ; le signe » indique que l'instrument avait été inondé pendant la nuit. La troisième colonne marque la profondeur à laquelle l'instrument était suspendu ; les quatrième et cinquième, le minimum de la température en pleine glace et sur la moraine.

température inférieure à 0, encore n'est-ce qu'une frac-
tion de degré. Or il est à remarquer que cet abaissement
de la température est survenu chaque fois à la suite de
nuits froides ou dans des conditions qui semblent de nature à favoriser l'introduction du froid dans l'intérieur
du glacier, comme par exemple à la suite de la tourmente
des 21 et 22 juillet (*); d'où il faut conclure que ce n'est
pas la masse du glacier, mais seulement la cavité qui
s'est refroidie, malgré le soin que l'on prenait de fermer
les trous en y introduisant l'instrument.

Ce qui me confirme dans cette opinion, c'est que les
observations qui se faisaient simultanément dans des trous
plus profonds, l'un de 60ᵐ et l'autre de 30ᵐ, n'ont accusé aucune variation. Les instruments, dans ces deux
trous, ont toujours marqué invariablement zéro, et cela
pendant quinze jours consécutifs, en sorte que l'on peut
admettre comme démontré que *l'intérieur du glacier,
à l'exception des couches voisines de la surface, jouit en
été d'une température invariable, qui est zéro.*

Ce résultat, qui avait été prévu par quelques physiciens (**), est une conséquence nécessaire des recherches
que nous avons faites sur la présence de l'eau dans les

(*) Nous retrouvons ici une différence constante entre les minima
de la moraine et ceux qui ont été recueillis en plein glacier. L'air est
constamment à une température sensiblement plus basse au-dessus de
la glace qu'au-dessus de la moraine, ce qu'il faut attribuer à l'effet du
rayonnement nocturne de la glace.

(**) M. Hopkins a établi en principe, que le froid extérieur ne doit pas
pénétrer au delà de 50 pieds.

glaciers. Nous avons vu en effet que, durant toute la belle saison, aussi longtemps que dure l'ablation, il y a de l'eau en suspension dans l'intérieur du glacier et qu'elle y forme une nappe dont le niveau est sujet à des hausses et à des baisses. On doit admettre *à priori* que, dans l'intérieur de cette nappe, la température est invariable, puisque l'eau s'y maintient liquide. Les variations de la température doivent par conséquent être limitées à la zone superficielle. Or, l'amplitude de cette zone n'est pas très-considérable en été, et nous croyons savoir que l'écoulement de l'Aar pendant une nuit ne produit pas un abaissement de plus de quelques mètres dans le niveau de la nappe d'eau intérieure. Si par conséquent les thermométrographes situés à 30^m et 60^m ont accusé une température invariable, c'est parce qu'ils étaient dans une région où l'eau se maintient liquide. Il n'y a que ceux qui étaient près de la surface qui ont pu se ressentir des oscillations de la température extérieure. C'est pourquoi, en 1840, les thermométrographes étaient quelquefois gelés au fond des trous de 8 mètres, tandis que je ne les ai jamais trouvés gelés au fond du grand trou de 60 mètres, en 1842.

Mais si la constance de la température de l'intérieur du glacier pendant l'été est une conséquence de l'abondance de l'eau à cette saison, on conçoit que la zone superficielle qui est influencée par la température extérieure augmente à l'approche de la saison froide, à mesure que l'ablation diminue, et que le glacier cesse d'être journellement inondé

par les eaux de la fonte superficielle. Le froid doit alors
pénétrer à une grande profondeur, ou, comme s'exprime
M. Élie de Beaumont, il se forme un magasin de froid dans
l'intérieur du glacier qui dure aussi longtemps que les eaux
du printemps ne viennent pas ramener la glace à zéro, en
lui communiquant le calorique latent qu'elle dégage en
se congelant partiellement.

On pouvait, à la vérité, opposer à ce raisonnement la
quantité de neige qui recouvre le glacier en hiver, et que
l'on a toujours envisagée comme un abri très-efficace
pour les corps qu'elle recouvre. Le plus sûr moyen de
connaître la vérité était encore ici de recourir à l'expérience, en interrogeant le glacier lui-même. Déjà à la
fin de l'été de 1841, j'enfonçai à cette fin un thermométrographe dans l'un des trous de forage. Je le retirai en
1842, mais, par malheur, l'eau chaude que j'employai
pour le dégager dilata les parois du verre, et fit tomber
le flotteur à $+ 2^o$. Je ne me laissai cependant pas décou-
rager par cet échec, et, la même année, j'introduisis deux
autres thermométrographes dans l'un des trous de son-
dage, l'un à 2^m, 10, l'autre à 4^m, 50. La grande quantité de neige dont le glacier était recouvert en 1843 ne
me permit pas de les retirer cette année, et ce ne fut
qu'en 1844, deux ans plus tard, que M. Desor parvint, avec
beaucoup de peine, à dégager le premier, celui qui était
à 2^m, 10. L'ayant retiré soigneusement de sa gaîne, en
faisant fondre la glace avec de l'eau chaude, mon ami
trouva que la base du flotteur marquait — 2°, 2. Il eut

soin de vérifier immédiatement le zéro et le trouva trop haut d'un dixième de degré, ce qui réduit par conséquent le chiffre ci-dessus à — 2, 1 (*). Il est donc démontré par là que la glace du glacier n'est pas continuellement à la température de zéro, mais qu'elle peut tomber sensiblement plus bas (**). Or, c'est là un point capital, puisque, comme nous l'avons dit plus haut, la glace au-dessous de zéro se comporte tout autrement sous la pression que la glace à zéro.

Quant à la question de savoir si c'est là le plus grand froid que le glacier peut subir, il serait téméraire de l'affirmer d'après cette expérience. Je ne pense pas que le chiffre ci-dessus indique nécessairement le minimum de l'année, car, comme on a dû employer de l'eau chaude pour dégager l'instrument, il serait possible que le flotteur fût tombé de quelques degrés dans cette opération. Ce qui est évident, c'est qu'il a au moins fait cette température dans l'intérieur du glacier.

Il résulte de là que si la neige qui recouvre le glacier en hiver protége la glace contre le froid extérieur, elle ne l'abrite cependant pas complétement. Aussi bien se refroidit-elle d'une manière très-sensible. Lorsque je visitai le Grimsel et le glacier de l'Aar au mois de mars 1841,

(*) Nouvelles Excursions, p. 161.

(**) Le second thermométrographe, celui qui était à $4^m,50$, ne put être retiré qu'en 1845, c'est-à-dire après avoir séjourné trois ans dans le glacier. Mais il eut le même sort que le premier. L'eau chaude avait sans doute dilaté le tube, car lorsqu'on le retira de l'étui, il marquait exactement 0°.

je trouvai à 2^m, 60 de profondeur la température de la neige de — 3° à côté de l'Hospice, et de — 4° à la même profondeur, à côté de l'Hôtel des Neuchâtelois. Nous savons d'ailleurs, par les observations de M. Cél. Nicolet dans les vallées du Jura, et, par celles de MM. Desor et Dollfus au glacier de l'Aar, que la neige, et surtout la neige incohérente, est susceptible de prendre des températures très-basses en hiver.

Nous n'aurions pas ces expériences directes, qu'encore serions-nous obligés d'admettre qu'il gèle dans l'intérieur du glacier. Les preuves sous ce rapport ne nous manquent pas. En voici quelques-unes. Tous les thermométrographes qui ont passé l'hiver dans le glacier ont été trouvés gelés dans leur gaîne. Lorsque je retirai ceux de 1841, que j'avais eu soin d'entourer d'un étui en fer-blanc de 8 mètres de longueur, je trouvai l'étui rempli d'un cylindre de glace et ses soudures disjointes en nombre d'endroits. Le trou de sonde dans lequel furent suspendus en 1842 les instruments destinés à passer plusieurs hivers dans le glacier, étaient remplis de glace transparente aussi loin qu'on a pénétré. De même, la fosse de 4 mètres carrés et de 2^m, 10 de profondeur qui fut creusée en 1844 pour retirer le premier des instruments (*) se trouva complétement remplie de glace bleue en 1845, lorsqu'on retira le second thermométrographe.

(*) L'emplacement de cette face est indiqué par la lettre *a* sur la carte de Pl. II.

Enfin, la présence de bandes bleues le long des fissures et des plans de couches, est à mes yeux une preuve non moins concluante qu'il gèle dans l'intérieur du glacier.

Le glacier est-il adhérent?

La question de la température de l'intérieur des glaciers en implique une autre, celle de savoir si le glacier est dégagé à toutes les époques de l'année ou s'il y a des moments où il est adhérent au sol. Les opinions, on le sait, ont été très-partagées sur ce point et la lutte a été d'autant plus vive que, des deux côtés, on s'appuyait sur des preuves qui semblaient concluantes. Si l'on n'est pas arrivé jusqu'ici à des résultats positifs, c'est parce que l'on a, en général, accordé une valeur trop absolue à certains faits, et envisagé comme permanents des phénomènes qui ne sont que passagers.

Je commencerai par rappeler en peu de mots les éléments de la discussion. Les partisans de l'adhérence (et j'ai été de ce nombre) se sont appuyés en premier lieu sur ce fait, c'est que bon nombre de petits lacs, situés entre la glace et le rivage, par exemple le petit lac du Pavillon au glacier de l'Aar, d'autres moins considérables sur la rive droite de ce glacier, le lac du Tacul sur la rive droite du glacier du Géant, le lac périodique qui se forme sur la rive droite du glacier inférieur de Grindelwald, au pied du Mettenberg, le lac de Méril, au bord du glacier d'Aletsch (*), le lac de Gorner, au pied du Gornerhorn, dans la vallée de Zermatt, et plusieurs autres s'écoulent tous à l'approche de l'été.

Saussure avait déjà été frappé de cette circonstance et il cite spécialement la Goille à Vassu, sur le glacier de la Valsorey (**), qui se vide toutes les années au commencement de juillet. Un fait encore plus significatif a été observé par M. Desor, lorsqu'il visita le glacier de l'Aar au mois de juin 1843. Voici comment l'auteur des Excursions en rend compte. « En longeant la rive gauche du glacier, qui était la plus dégagée de neige, j'eus l'occasion d'observer un phénomène des plus intéressants, c'était l'ancien lit d'un ruisseau qui avait coulé *entre le rocher et le glacier*, tantôt sur la neige, tantôt sur la glace, tantôt sur le gazon, et tantôt sur la limite entre le rocher et le glacier. En plusieurs endroits, là où quelques saillies du rocher ou quelque renflement du glacier lui venait faire obstacle, ce ruisseau avait formé des lacs dont le niveau était reconnaissable aux détritus d'herbes, de branches et de matières terreuses qui formaient une ligne parfaitement horizontale. D'espace en espace on rencontrait aussi une ouverture dans laquelle le torrent temporaire s'était engouffré. Plusieurs de ces lacs existaient encore, et, à leur surface, flottaient des masses de neige rongées et façonnées de la manière la

(*) *E. Desor*, Excursions, p. 122.
(**) *Saussure*, Voyage dans les Alpes, § 1013.

plus bizarre. Curieux de savoir jusqu'où s'étendait le lit de ce ruisseau, je remontai le long de la rive et retrouvai effectivement le ruisseau en pleine activité à la hauteur du bloc N° 11. Il s'engouffrait dans une crevasse qui avait dû se former tout récemment, peut-être la veille, car, au delà, son lit était encore très-frais. Comme la rive était en cet endroit très-accidentée, le ruisseau coulait tantôt sous la neige, lorsqu'il était parvenu à la ronger, et tantôt par-dessus ou à côté. Son cours n'était pas bien étendu, car il sortait, à une cinquantaine de pas de là, d'une paroi verticale de neige, au pied de laquelle il s'était lui-même creusé ses ouvertures. Il charriait une quantité de sable et de détritus de toute espèce, au point que la petite mare en était presque comblée, et dans l'é-largissement qui succédait à cette impétueuse sortie, le sable était accumulé par places en lit de plusieurs pieds (*) ».

De pareils phénomènes se concevraient difficilement si le glacier était simplement appuyé contre le rocher. Pour que des lacs et des torrents puissent exister entre la glace et le rivage sans que leur eau s'échappe, il faut qu'ils soient complétement fermés, en d'autres termes, qu'ils soient adhérents au rocher. Suivant Saussure cette adhérence serait la conséquence du froid de l'hiver qui retiendrait les eaux des lacs prisonnières jusqu'au moment de la rupture des digues.

(*) Excursions, etc., p. 181 et suiv.

Voici ce qu'on lit à ce sujet dans ses Voyages (*).
« En été il ne se ramasse point d'eau dans ce bassin,
« quoiqu'il y en tombe beaucoup, et du Mont-Noir et
« du Mont-Vélan dont celui-ci n'est qu'un appendice ;
« ces eaux s'écoulent continuellement par-dessous les gla-
« ciers, elles vont se rejoindre à celles du glacier de la
« Valsorey, et toutes ces eaux rassemblées forment le
« torrent qui porte le nom de Drance de la Valsorey.
« Mais dès le commencement de l'automne, les nuits,
« déjà froides à cette hauteur, gèlent l'eau à mesure
« qu'elle entre dans les issues qu'elle trouve sous la
« glace au fond du bassin, de manière que ces issues se
« ferment et que l'eau s'accumule et vient enfin remplir
« toute la cavité. Ce bassin, ainsi comblé, se gèle pen-
« dant l'hiver à sa surface ; mais le milieu demeure li-
« quide, sans doute parce que le corps du Mont-Noir,
« contre lequel il s'appuie et qui forme la plus grande
« de ses parois, lui communique une partie de la cha-
« leur moyenne de la terre. Il reste dans cet état jusqu'au
« commencement de juillet ; alors, les eaux réchauffées
« par l'air extérieur, fondent une partie des glaces qui
« s'opposent à leur passage ; ou peut-être le mouve-
« ment général que la chaleur de l'été excite dans toute
« la masse des glaciers, occasionne-t-il des ruptures par
« lesquelles ces eaux commencent à s'infiltrer. Leur
« frottement, rendu plus actif par la pression d'une co-

(*) *Saussure*, Voyages dans les Alpes, § 1013.

« lonne de 110 à 120 pieds de hauteur, augmente bien-
« tôt ces ouvertures; et quelquefois toute cette masse
« d'eau s'écoule dans un petit nombre d'heures avec une
« impétuosité terrible, fait déborder la Drance, en-
« traîne des rochers et cause des inondations et des ra-
« vages affreux, depuis le glacier d'où sort ce torrent,
« jusqu'au Rhône, dans lequel il se jette.»

Ce qui est vrai de la *Goille à Vassu* s'applique également à tous les autres exemples que nous avons cités (*).
Avant qu'on ne possédât des observations directes sur
l'état de la température dans l'intérieur des glaciers, on
était naturellement enclin à admettre que le froid devait
pénétrer la masse entière du glacier, et l'idée d'adhérence devait se présenter d'elle-même à l'esprit des
observateurs, d'autant plus que nous avons montré plus
haut par l'exemple du glacier de Rosenlaui (p. 376), que
les glaciers sont, en effet, temporairement gelés au sol
par leur base. L'ingénieuse idée de M. de Charpentier,
qui compare le mouvement du glacier à l'avancement
que subirait une barre de fer alternativement chauffée et
refroidie, semblait d'ailleurs concilier toutes les difficultés, tout en tenant compte de la progression (**). Mais
cette explication n'est plus admissible depuis qu'on a dé-

(*) Au reste il est fort douteux que la *Goille* reste pleine d'eau pendant l'hiver, comme le pense Saussure. Ce qu'il nous importe ici de
savoir, c'est qu'elle contient de l'eau au printemps. C'est le fait de l'adhérence et non pas sa durée qu'il s'agit de constater.
(**) Essai, p. 37.

montré qu'il ne gèle pas dans le glacier pendant les nuits d'été.

S'il existe une adhérence, elle ne peut être que superficielle et passagère. Sa durée varie selon toute apparence, d'après la hauteur du lieu. Il est probable qu'elle survient plus tôt et finit plus tard dans les hautes régions du glacier que dans les régions terminales. Il doit même se trouver un point où elle persiste toute l'année. J'ignore où ce point se trouve dans les Alpes (*). Quelques auteurs placent l'origine du mouvement des glaciers aux rimayes et envisagent comme immobiles les parties qui se trouvent au-dessus de ces grandes crevasses. S'il est vrai que l'immobilité suppose nécessairement l'adhérence, ce serait, par conséquent, *au-dessus* des rimayes que se trouverait la zone de la congélation permanente. Mais nous avons montré plus haut que là même, la masse est quelquefois trop épaisse pour comporter une constante immobilité, conséquence nécessaire de l'adhérence. En tous cas, cette zone ne saurait être placée au-dessous des rimayes, et, sous ce rapport, les rimayes peuvent être envisagées comme une limite extrême autour de laquelle l'adhérence oscille.

RÉSUMÉ.

1° La température du glacier est à peu près invariable pendant la belle saison. Les oscillations de la tem-

(*) Dans les régions polaires, ce point est sans doute très-peu élevé et peut-être existe-t-il des contrées où les glaciers ne sont dégagés qu'exceptionnellement.

pérature extérieure ne se font sentir que dans les couches les plus superficielles, elles coïncident avec la fluctuation du magasin d'eau intérieur.

2° A mesure que le glacier s'égoutte en hiver, le froid pénètre plus profondément. La température des couches superficielles descend alors à plusieurs degrés au-dessous du point de congélation, mais pour remonter à 0°, lorsque la fonte du printemps vient de nouveau les imbiber.

3° L'adhérence des glaciers avec le sol est un fait exceptionnel et passager dans nos climats. Il est probable que le fond des glaciers est dégagé toute l'année.

CHAPITRE XII.

DE LA PROGRESSION DES GLACIERS.

Il y a longtemps que tout le monde est convaincu que les glaciers sont soumis à un mouvement de translation qui les porte vers les régions inférieures. Mille raisons sont là pour nous dire qu'il ne saurait en être autrement. Il serait, par conséquent, superflu de démontrer ce que tout le monde admet, et d'insister sur les conséquences de ce mouvement, pour l'économie entière des glaciers. J'ai discuté ce sujet à fond dans mes *Études* où j'ai réuni tout ce que l'on savait à cette époque sur cette importante question (*). Ce qu'il s'agit maintenant d'établir, ce n'est plus le fait du mouvement, mais la somme rigoureuse du déplacement dans un temps donné sur le

---

(*) Études sur les glaciers, Chap. XII, p. 147.

différents points d'un glacier, et, comparativement, sur plusieurs glaciers à la fois. On possédait bien quelques données approximatives sur les empiétements de certains glaciers : mais des chiffres exacts n'ont pu être recueillis que dans ces dernières années, depuis que les glaciers sont devenus l'objet d'une étude géodésique.

Ce fut pendant mon séjour de 1841, au glacier de l'Aar, que j'essayai pour la première fois de déterminer, de concert avec M. Escher de la Linth, au moyen d'un instrument d'équerre d'Amici, la position de cinq grands blocs échelonnés sur la moraine médiane (*). Quoique le procédé ne fût pas très-rigoureux, je n'eus pas cependant de peine à m'assurer, dès l'année sui-

---

(*) L'emplacement de trois de ces blocs est indiqué sur la carte par les lettres h, i, k. Les deux autres étaient l'un, le bloc N° 2 ou de l'Hôtel des Neuchâtelois, l'autre le bloc N° 5, dit bloc Hugi.

Le relevé de 1842 fut fait au théodolite, par M. Wild. Il trouva que l'avancement de l'année avait été :

$$\begin{array}{lr}
\text{A l'Hôtel des Neuchâtelois.} & 82^\mathrm{m},\,2 \\
\text{Au bloc n° 2} & 87\ ,\,3 \\
\text{Au bloc } h. & 65\ ,\,7 \\
\text{Au bloc } i. & 50\ ,\,4 \\
\text{Au bloc } k. & 79\ ,\,5 \\
\end{array}$$

L'avancement du bloc k est sans doute exagéré, car il avait roulé au bas de la moraine et s'était ainsi déplacé d'une quantité inconnue. Sans rappeler d'autres mesures faites à la même époque, je tiens à constater ici ces premiers résultats, qui ont été publiés dans les Comptes rendus de l'Institut, parce qu'ils prouvent sans réplique que les prétentions de M. Forbes, à avoir eu le premier l'idée de faire des mesures exactes sur la marche des glaciers, sont sans fondement.

vante, que les blocs avaient cheminé d'une manière inégale et que, contrairement à l'opinion généralement
reçue, le mouvement avait été plus accéléré dans les régions supérieures du glacier, que près de son extrémité.
Ce fut alors que je chargeai M. Wild de déterminer
trigonométriquement la position d'une série de blocs répartis sur tous les points de la surface du glacier. Ces
blocs, au nombre de dix-huit, ont été inscrits dès 1842
sur le plan du glacier et reliés au réseau trigonométrique
de Pl. I, au moyen d'une triangulation spéciale. Depuis
lors, je n'ai pas négligé de les faire relever toutes
les années. En 1843, ce fut M. Wild lui-même qui voulut bien se charger de ce travail. En 1844, j'en chargeai
M. Stengel, élève de M. d'Ostervald ; enfin, en 1845 et
1846, ce fut à M. Otz, ingénieur de Neuchâtel, que cette
tâche fut dévolue.

Les blocs dont il s'agit sont ainsi devenus des témoins irrécusables de la vitesse du mouvement du glacier sur les points qu'ils occupent. Je réunis dans le
tableau suivant les cotes des quatre années. Chaque colonne comprend une année. J'ai ajouté, en outre, dans
deux autres colonnes, l'avancement total des quatre années réunies, et le chiffre collectif des deux années, 1842
à 1844. La moyenne diurne de ces chiffres est indiquée en fractions métriques à côté de la rubrique de
chaque année. La dernière colonne indique le rapport de
vitesse des différents blocs entre eux, le plus accéléré
(N° 5) étant pris pour unité.

TABLEAU *de la progression annuelle des blocs compris dans le réseau trigonométrique du glacier de l'Aar.*

NUMÉRO DU BLOC	1843. AVANCEMENT dep. le 4 sept. 1842 au 15 août 1843 (345 jours)	Moyenne par JOUR.	1844. AVANCEMENT du 15 août 1843 au 31 août 1844 (382 jours)	Moyenne par JOUR.	1845. AVANCEMENT du 31 août 1844 au 22 juillet 1845 (327 jours)	Moyenne par JOUR.	1846. AVANCEMENT du 22 juillet 1845 au 22 août 1846 (396 jours)	Moyenne par JOUR.	1842-1844. AVANCEMENT dep. le 4 sept. 1842 au 31 août 1844 (727 jours)	Moyenne par JOUR.	1842-1846. AVANCEMENT TOTAL dep. le 4 sept. 1842 au 22 août 1846 (1450 jours)	Moyenne par JOUR.	Moyenne PAR AN de 365 jours	L'AVANCEMENT TOTAL du bloc 5 étant 1, ceux des autres blocs seront :
1	26m,51	0m,07715	.....	.....	76m,49	0,01086	48m,82	0m,12528	89m,46	0m,1252	151m,62	0m,10456	58m,166	0m,4959
2	65, 16	0, 18887	86m,54	0m,22654	71, 42	0, 18785	72, 28	0, 18154	151, 7	0, 2105	295, 41	0, 19685	74, 562	0, 96515
3	46, 82	0, 15420	59, 64	0, 15615	55, 74	0, 17046	50, 58	0, 12773	106, 46	0, 1466	212, 78	0, 14674	55, 562	0, 69557
4	58 78	0, 11255	50, 22	0, 15147	25, 5	0, 07187	65, 62	0, 16066	89,	0, 1226	176, 12	0, 12146	44, 554	0, 57569
5	69, 68	0, 20197	85, 14	0, 22288	58, 9	0, 18012	92, 25	0, 25290	154, 8	0, 2432	505, 95	0, 21105	77, 010	1, 00000
6	4, 58	0, 01266	.....	.....	.....	.....	.....	.....	.....	.....	.....	.....	.....	0,
7	1, 65	0, 00475	.....	.....	.....	.....	.....	.....	.....	.....	8, 55	0, 00574	2, 097	0, 02723
8	60, 92	0, 17658	67, 68	0, 17717	60, 4	0, 18471	79, 28	0, 20028	128, 6	0, 1771	268, 28	0, 18502	67, 553	0, 97694
9	46, 14	0, 13574	59, 36	0, 15559	54, 4	0, 16656	62, 44	0, 157676	105, 5	0, 1455	222, 34	0, 13554	55, 968	0, 72676
10	60, 87	0, 17644	77, 55	0, 20296	61, 5	0, 18746	81, 55	0, 20593	138, 4	0, 19063	280, 85	0, 19569	70, 697	0, 91802
11	50, 42	0, 14615	65, 75	0, 17207	47, 55	0, 14544	60, 55	0, 15290	116, 25	0, 16012	224, 55	0, 15472	56, 474	0, 755555
12	27, 05	0, 07841	55, 75	0, 09559	51, 5	0, 15749	.....	.....	62, 8	.....	.....	.....	.....	.....
13	57, 215	0, 10787	27, 00	0, 07068	.....	.....	.....	.....	.....	.....	465, 65	0, 11424	41, 698	0, 541462
14	56, 56	0, 10559	43, 44	0, 11372	38, 0	0, 11621	42, 95	0, 10846	79, 8	0, 10992	160, 75	0, 11086	40, 465	0, 52545
15	53, 274	0, 09645	42, 65	0, 11159	35, 4	0, 10826	42, 29	0, 10679	75, 9	0, 104545	153, 59	0, 10592	58, 662	0, 50204
16	22, 624	0, 06558	22, 65	0, 06923	24, 8	0, 07575	43, 63	0, 11017	45, 25	0, 06255	113, 63	0, 07856	27, 914	0, 36247
17	26, 854	0, 07778	50, 84	0, 08064	24, 56	0, 07511	35, 06	0, 08853	57, 64	0, 0794	117, 26	0, 08087	29, 517	0, 58542
18	23, 51	0, 06757	.....	.....	.....	.....	.....	.....	.....	.....	.....	.....	.....	.....

Une première chose qui frappe quand on parcourt ce
tableau et spécialement l'avant-dernière colonne, qui
contient la moyenne générale du mouvement annuel,
c'est l'inégalité de vitesse des différents blocs. Il y en a
de très-accélérés et d'autres dont le mouvement est comparativement très-lent. La différence est souvent de moitié, par exemple, entre les blocs N°s 4, 13, 14 et 15, et le
bloc 5 ; quelquefois même du triple, par exemple, entre
les N°s 7, 16 et 17 d'une part, et les N°s 2 et 5 d'autre part.
Ces différences sont indépendantes des régions, en ce sens
que dans toutes les régions il y a des points qui marchent
rapidement et d'autres qui avancent très-lentement.
Ainsi le N° 7 dans la région supérieure marche beaucoup
plus lentement que la plupart des blocs de la région terminale. Le N° 1 est de moitié plus lent que le N° 2, etc.
Pour obtenir une gradation, il est nécessaire de grouper
les blocs dans un certain ordre ; ainsi, en prenant tous
les points de la moraine médiane (Pl. II et III), on trouve
la gradation suivante dans l'avancement annuel, d'a-
près une moyenne de quatre ans :

N° 1	38^m, 16
— 2	74 , 36
— 5	77 , 01
— 8	67 , 53
— 10	70 , 69
— 11	56 , 47
— 15	38 , 66
— 17	29 , 51

Dans ce tableau qui se compose de stations placées

dans des conditions semblables, nous voyons d'une part l'avancement s'accélérer jusqu'au N° 5 ; puis, de nouveau se ralentir d'une manière graduelle et insensible, à partir de ce même point jusqu'à l'extrémité du glacier (*).

Cette gradation ne saurait être l'effet du hasard, et nous aurons, par conséquent, à rechercher pour quelle raison le centre du glacier, après avoir suivi une marche accélérée dans une partie de son cours, se ralentit dans l'autre partie. Si maintenant l'on compare entre elles les cotes des différentes années, en prenant pour base la moyenne journalière qui est inscrite à côté de chaque chiffre de l'avancement, l'on trouvera des variations, à la vérité moins considérables que celles des différents blocs, mais cependant assez sensibles. Ainsi, au bloc N° 5, la moyenne a été :

<pre>
         De 1842 à 1843............... 0ᵐ, 2019
         De 1843 à 1844............... 0 , 2228
         De 1844 à 1845............... 0 , 1801
         De 1845 à 1846............... 0 , 2329
</pre>

Des variations encore plus fortes se montrent aux N°ˢ 3, 4, 11, 16, etc. Je n'ignore pas qu'ici, comme dans toutes les mesures de cette nature, il faut faire la part des erreurs d'observation ; et je puis me rendre le témoignage

---

(*) Il n'y a que le bloc N° 10 qui fasse exception à la règle, en ce qu'il est doué d'un mouvement un peu plus accéléré que son précédent le N° 8. Mais nous verrons plus bas, en traitant des causes du mouvement, que cette accélération locale est sans doute due au confluent des glaciers latéraux de Thierberg, Silberberg et Zinkenstock qui viennen' s'ajouter ici au grand glacier.

d'avoir accueilli ces données avec toute la réserve qu'on peut désirer, bien que les relevés eussent été faits avec le plus grand soin par des hommes de l'art et avec d'excellents instruments. Je n'ai enregistré ces oscillations comme des faits certains, qu'après avoir vu des variations semblables se répéter dans les observations de l'avancement saisonnaire, dont il sera question plus bas. Il résulte, par conséquent, de ces mesures, que *le mouvement des glaciers est inégal et variable tout à la fois, suivant les stations et suivant les années.*

Déviations latérales.

Le déplacement des blocs n'a pas toujours lieu exactement dans le sens de l'axe du glacier. Suivant leur position, les uns s'en éloignent, les autres s'en rapprochent. Ces déviations latérales sont même assez considérables, quelquefois de 20^m par an et davantage, par exemple aux blocs N°s 3, 8, 10, etc. J'ai eu soin de les consigner sur la carte de Pl. III, où les signes ′ ″ ‴ ‴′ représentent la position exacte des blocs aux différentes années, depuis 1842 (*). Ces signes décrivent le plus souvent une ligne en rapport avec les grandes inflexions de la vallée. Ainsi, les blocs N°s 3 et 4 se portent l'un et l'autre vers la rive droite, tandis que le bloc N° 10 a au contraire une tendance à dévier vers la gauche. Le bloc N° 8 se trouve justement à l'endroit où le glacier, après s'être dirigé à

(*) ′ signifie 1843; ″ 1844; ‴ 1845; ‴′ 1846.

droite, change subitement de direction pour se reporter à gauche; et c'est pour cela que nous voyons les signes des années répéter en quelque sorte cette flexion, puisque, après avoir dévié à droite pendant les années 1843 et 1844, il dévie maintenant à gauche.

Progression des régions supérieures.

N'ayant pu comprendre dans ma carte les régions supérieures du glacier de l'Aar, j'ai fait relever, en 1842, la position de six blocs échelonnés de distance en distance sur le bras du Finsteraar et sur son affluent de la Strahleck. A défaut de réseau trigonométrique, ces blocs, après avoir été soigneusement numérotés, furent rapportés à des points déterminés des cimes environnantes ; et, comme celles-ci sont extrêmement déchirées et accidentées, rien n'est plus facile que de retrouver, au moyen de ces points de repère, l'alignement primitif.

Les étés froids et neigeux de 1843 et 1844 ne permirent aucune reconnaissance dans ces régions supérieures. Les blocs en question restèrent ensevelis pendant trois ans sous les neiges. L'un d'eux, situé entre l'Abschwung et le Grunerhorn et portant le N° VI dans mes registres, reparut cependant à la surface, en 1845. M. Desor, l'ayant mesuré le 12 août, trouva qu'il s'était déplacé depuis le 2 septembre 1842, par conséquent, en 1076 jours, de 216^m, ce qui fait par année 73^m, c'est-à-dire, à peu près la même quantité que le bloc N° 5 de la moraine médiane.

Cette progression a de quoi frapper, surtout si on la compare à la marche du N° 1 de la carte, au pied de l'Abschwung, qui, bien que situé moins haut, avance cependant bien plus lentement. Mais il ne faut pas perdre de vue que la position de ce dernier bloc est tout à fait exceptionnelle. Avant de faire partie de la moraine médiane, il appartenait à la moraine latérale droite du Lauteraar. En cette qualité, il participait au mouvement ralenti des bords ; il marchait par conséquent très-lentement, lorsque la rencontre du Lauteraar avec le Finsteraar le transporta de la région riveraine au centre du glacier, c'est-à-dire, dans une région qu'on doit supposer animée d'un mouvement beaucoup plus accéléré.

Cependant cette accélération du N° 1 ne survient que graduellement, et c'est parce que ce bloc se trouve encore sous l'influence de cette marche ralentie, qu'il avance moins rapidement que le N° VI, mentionné plus haut, bien qu'il soit situé plus bas. Mais il tend constamment à se mettre à l'unisson des régions voisines du Finsteraar et du Lauteraar, et, en effet, nous voyons par le tableau ci-dessus que sa marche s'est déjà considérablement accélérée depuis 1842. La première année il n'avait avancé que de 26^m, ou en moyenne de 0^m,077 en 24 heures ; pendant les deux années suivantes (1843 et 1844) il a avancé de 76 mètres, soit de 0^m,100, et de 1845 à 1846 de 0^m,120. Il est, d'ailleurs, à présumer qu'en ce point la moraine médiane ne corres-

pond pas au maximum de vitesse; de façon que, si l'on
traçait aujourd'hui une ligne de pieux à travers le glacier, en la faisant passer par le N° 1, cette ligne ne décrirait pas une courbe comme celle de Pl. IV, mais pré-
senterait un sinus du côté de l'Abschwung, dont le sommet correspondrait au bloc N° 1. Il est probable que ce
sinus irait en diminuant toutes les années, jusqu'à ce
que le sommet de la courbe corresponde au milieu du
glacier.

La seconde station du Finsteraar, située au milieu du
glacier de la Strahleck, et non loin de son confluent avec
le grand glacier, portant le N° V, fut mesurée le 14 septembre 1845. Sa progression a été depuis le 2 septembre 1842, par conséquent en 1108 jours, de 146 mètres,
soit en moyenne de 24 h. $= 0^m,13$.

La troisième station également sur le glacier de la
Strahleck, à moitié chemin de l'Abschwung et de la
Strahleck, se compose de deux blocs, les N°s III et IV.
Elle fut relevée le même jour que la précédente, et il se
trouva que l'avancement avait été depuis le 2 septembre
1842, c'est-à-dire en 1108 jours :

Au bloc III de......	103^m	Moyenne $0^m,0946$
Au bloc IV de......	87^m	— $0,0785$

Les deux blocs de la station supérieure de la Strahleck,
les N°s I et II, situés sur une même ligne transversale,
l'un au milieu du glacier, l'autre près de la rive gauche,
n'ont pas pu être relevés jusqu'ici, n'ayant pas reparu à
la surface du glacier depuis 1842.

Il résulte de ces observations que la station inférieure des blocs non compris dans notre carte (N° VI) est douée d'un mouvement très-accéléré, puisque la moyenne annuelle ne le cède que de 4 mètres à la moyenne annuelle du N° 5 de la moraine, qui est jusqu'ici le point le plus accéléré du glacier. La seconde station, derrière l'Abschwung, marche déjà avec une vitesse bien moindre, puisque sa moyenne annuelle n'est que de 40 mètres. Cette vitesse va encore en diminuant vers le haut, si bien que la troisième station n'avance que de 34 mètres par an au bloc N° III (*), et il est probable que la dernière sera encore plus ralentie.

Ces stations, on le voit, présentent dans leur succession d'aval en amont, à partir du N° 5, une gradation semblable à celle que nous avons remarquée d'amont en aval, le long de la moraine médiane, dans la partie inférieure du glacier. En rattachant ces deux séries l'une à l'autre, on arrive à ce résultat général, c'est que *la progression du glacier de l'Aar est à son maximum dans la région moyenne.* Sur un espace considérable, depuis la station VI sur le bras du Finsteraar, jusqu'au bloc N° 5 de la moraine médiane, la différence annuelle est très-faible (de 5 mètres en moyenne); tandis que, passé ces limites, la vitesse de progression diminue d'une manière beaucoup plus rapide du côté d'amont comme du côté d'aval.

(*) Quant au bloc N° IV, qui se trouve sur la même ligne près de la rive gauche, sa marche ralentie est une conséquence de sa position marginale.

Cette marche est contraire à toutes les prévisions.
Avant qu'on ne possédât des observations précises sur
le mouvement des glaciers, on s'imaginait généralement
que les parties terminales devaient marcher le plus vite,
sans doute parce qu'elles reposent d'ordinaire sur des
pentes plus roides. J'avoue que, si les mesures que je
viens de rapporter avaient été faites par un géomètre
moins habile que M. Wild, elles auraient pu, de prime
abord, m'inspirer quelques doutes; mais, aujourd'hui
que le réseau de blocs de Pl. I a été mesuré quatre fois,
et qu'à chaque opération les résultats se sont trouvés
concordants, le doute n'est plus admissible, du moins en
ce qui concerne l'exactitude des procédés. Ces résultats
sont d'ailleurs confirmés par les mesures directes de
l'avancement saisonnaire et journalier, dont nous traiterons plus bas.

J'ai essayé, en prenant pour base la moyenne de quatre
ans, telle que la donne le tableau de p. 438, de soumettre
au calcul le temps qu'il faudra pour opérer le transport
des différents blocs situés sur la moraine médiane, à
supposer qu'ils se maintiennent sur la moraine et ne
dévient pas latéralement. J'ai trouvé que, pour arriver
à l'emplacement que le N° 17 occupait en 1842,

Le N° 1 mettra.......... 132 ½ ans.
Le N° 2 .... 121 ¾ (*)

(*) Avant de connaître la marche du glacier sur tous les points, j'a-
vais pris pour base de mon calcul le chiffre de 77ᵐ que j'avais observé
à l'Hôtel des Neuchâtelois, et j'étais arrivé à ce résultat que le bloc N° 2

$$
\begin{aligned}
&\text{Le N}^o \;\; 5 \; \dots\dots\dots\dots \quad 112\,{}^1\!/_4 \text{ ans.}\\
&\text{Le N}^o \;\; 8 \; \dots\dots\dots\dots \quad 94\,{}^2\!/_3\\
&\text{Le N}^o \; 10 \; \dots\dots\dots\dots \quad 76\,{}^2\!/_3\\
&\text{Le N}^o \; 11 \; \dots\dots\dots\dots \quad 58\\
&\text{Le N}^o \; 15 \; \dots\dots\dots\dots \quad 23\,{}^1\!/_3
\end{aligned}
$$

Il est à présumer qu'une partie de ces blocs résistera à l'action destructive des agents atmosphériques; en sorte que les générations à venir pourront vérifier sans peine l'exactitude de ces données.

VITESSE RELATIVE DU CENTRE ET DES BORDS.

Quand on compare les cotes des différents blocs du réseau trigonométrique, telles que les donne le tableau ci-dessus (p. 438), on s'aperçoit que les blocs rapprochés du bord ont, en général, un mouvement plus faible que ceux qui occupent le milieu du glacier. Tels sont, en particulier, les blocs N°s 3, 9, 14 et 16; mais surtout le N° 7. La différence est souvent très-considérable, alors même qu'il s'agit d'une même région. Ainsi, tandis que les N°s 2 et 5 progressent en moyenne, l'un de 74^m et l'autre de 77^m par an, le N° 4 qui occupe une position intermédiaire entre les deux, n'avance que de 44^m. Il en est de même du N° 7 relativement aux N°s 5 et 8; du N° 9 relativement aux N°s 8 et 10. Il faut dès lors qu'à

irait rouler dans l'Aar dans 105 ans (Lettre à M. Arago, Comptes rendus, Tom. XVI, p. 679). Maintenant qu'il est démontré que le glacier va en se ralentissant, d'amont en aval, ce chiffre de 105 n'est plus suffisant, ainsi que le montre le tableau ci-dessus.

côté du ralentissement d'amont en aval, que nous venons de constater d'après les blocs de la moraine médiane, il existe un second ralentissemnet non moins sensible du centre vers les bords. Il s'agit maintenant de s'assurer si ce second ralentissement est proportionnel à la distance du centre, en d'autres termes, si la vitesse diminue d'une manière régulière et constante, à mesure qu'on approche des bords. Ces données ne pouvaient être obtenues que par des observations directes.

Mes premières expériences sur la vitesse relative du centre et des bords remontent à l'année 1841. Avant de quitter le glacier au commencement du mois de septembre de cette année, j'avais tracé, de concert avec M. Escher, une ligne de pieux à travers le glacier, à la hauteur du N° 5. La ligne se composait de six pieux dont trois sur le Lauteraar et trois sur le Finsteraar. Ces pieux étaient placés ainsi qu'il suit, en allant de la rive gauche à la rive droite : le 1ᵉʳ près du bord gauche, le 2ᵉ au milieu du Lauteraar, le 3ᵉ près de la moraine médiane, sur l'affluent du Schreckhorn, le 4ᵉ de l'autre côté de la moraine, sur l'affluent de la Strahleck, le 5ᵉ au milieu du Finsteraar, et le 6ᵉ près de la rive droite. Ces pieux furent relevés le 20 juillet 1842, et je trouvai qu'ils avaient avancé dans les proportions suivantes :

Le nᵒ 1, de.........	37ᵐ, 50	Le nᵒ 4, de.........	80ᵐ, 50
Le nᵒ 2, de.........	62ᵐ, 85	Le nᵒ 5, de.........	67ᵐ, 50
Le nᵒ 3, de.........	73ᵐ, 65	Le nᵒ 6, de.........	48ᵐ, 00

Ces premières mesures, sans être aussi rigoureuses

que les expériences des années suivantes, ne laissent cependant aucun doute sur la vitesse inégale des différents points d'une même ligne; et le fait que des deux côtés de la moraine, les pieux voisins du bord sont restés fort en arrière de ceux du centre, prouve suffisamment que le retard des parties riveraines n'est pas un simple accident comme on aurait pu le supposer.

Ces résultats devaient être confirmés de la manière la plus positive par les expériences faites en 1842 sur l'avancement de la ligne A B de Pl. IV. Le tableau suivant contient les chiffres de la progression de la plupart des pieux de cette ligne, pendant quarante-six jours, du 15 juillet au 30 août 1842.

<table>
<tr><td colspan="3" align="center">Côté du Lauteraar.</td><td colspan="3" align="center">Côté du Finsteraar.</td></tr>
<tr><td>N^{os} des PIEUX.</td><td>AVANCEMENT.</td><td>MOYENNE de 24 heures.</td><td>N^{os} des PIEUX.</td><td>AVANCEMENT.</td><td>MOYENNE de 24 heures.</td></tr>
<tr><td>I.</td><td>8^m 34</td><td>0^m 1774</td><td>II.</td><td>8^m 49</td><td>0^m 1806</td></tr>
<tr><td>II.</td><td>7, 38</td><td>0, 1604</td><td>III.</td><td>8, 91</td><td>0, 1895</td></tr>
<tr><td>III.</td><td>7, 50</td><td>0, 1630</td><td>IV.</td><td>8, 94</td><td>0, 1905</td></tr>
<tr><td>IV.</td><td>7, 44</td><td>0, 1617</td><td>V.</td><td>9, 15</td><td>0, 1906</td></tr>
<tr><td>V.</td><td>6, 75</td><td>0, 1467</td><td>VI.</td><td>. . . . .</td><td>. . . . . .</td></tr>
<tr><td>VI.</td><td>4, 65</td><td>0, 1010</td><td>VII.</td><td>7, 26</td><td>0, 1512</td></tr>
<tr><td></td><td></td><td></td><td>VIII.</td><td>6, 45</td><td>0, 1342</td></tr>
<tr><td></td><td></td><td></td><td>IX.</td><td>5, 82</td><td>0, 1208</td></tr>
<tr><td></td><td></td><td></td><td>X.</td><td>3, 87</td><td>0, 0681</td></tr>
<tr><td></td><td></td><td></td><td>XI.</td><td>2, 49</td><td>0, 0518</td></tr>
<tr><td></td><td></td><td></td><td>XII.</td><td>0, 90</td><td>0, 0187</td></tr>
</table>

Quoique le tableau ci-dessus n'embrasse qu'une période restreinte, il suffit cependant pour constater la différence de vitesse qui existe entre les divers pieux de la ligne, différence qui va jusqu'au décuple, par exemple, entre le N° V (*) et le N° XII du côté de Finsteraar. Les points les plus accélérés sont les pieux du milieu, et l'on remarque que leur vitesse va en diminuant d'une manière graduelle vers les bords, en sorte que la progression de tous les points de la ligne représente une courbe régulière dont le sommet se trouve au N° V du Finsteraar, sur la droite de la moraine médiane.

L'année suivante 1843, les mêmes mesures furent reprises au mois de septembre, c'est-à-dire quatorze mois après que les pieux avaient été plantés. On commença par retracer les lignes A B et C D dans leur position première, d'après les points de repère qui se trouvent sur le rivage; cela fait, on mesura la distance de chaque pieu à son emplacement primitif, et cette distance donna la somme de l'avancement depuis l'époque de leur plantation.

Ces mesures furent réitérées de la même manière pendant les années 1844 et 1845. Le tableau ci-joint contient les cotes des trois années.

* Les nᵒˢ V et suivants ayant été plantés les premiers et relevés les derniers, ont deux jours de plus que ceux du Lauteraar. Pour obtenir la moyenne, j'ai par conséquent dû diviser la somme de l'avancement par 18 jours.

TABLEAU *de la progression des lignes A—B, et C—D, de Pl. IV.*

LIGNE A—B.

NUMÉROS des PIEUX.	1843. DIST. des pieux.	1844. DIST. des pieux.	1844. AVANC. de l'année.	1845. DIST. des pieux.	1845. AVANC. de l'année.	MOYENNE de l'avancement en un an.
Lauteraar. X						
IX	2m 0					
VIII	5, 7	9m 0	5m 5			
VII	11, 8					
VI	37, 3					
V	56, 6	117, 0	60, 4	167m 4	50m 4	55m 8
IV	61, 6	116, 3	54, 7	192, 8	76, 5	64, 2
III	65, 2	152, 5	67, 3	201, 5	69, 0	66, 3
II		156, 5		204, 8	68, 3	68, 2
Moraine. I	70, 3	144, 0	75, 7	207, 5	63, 5	69, 2
II		144, 0		210, 0	66, 0	70, 0
III	74, 5	148, 7	74, 2	211, 5	62, 8	70, 5
IV		150, 0		210, 0	60, 0	70, 0
V		143, 5		197, 4	53, 9	69, 1
Finsteraar. VI	66, 1	134, 1	68, 0	177, 5	43, 4	59, 2
VII		111, 0		149, 5	38, 5	49, 8
VIII	48, 1	98, 5	50, 4	124, 1	25, 6	41, 3
IX		73, 4				
X						
XI						

LIGNE C—D.

NUMÉROS des PIEUX.	1843. DIST. des pieux.	1844. DIST. des pieux.	1844. AVANC. de l'année.	1845. DIST. des pieux.	1845. AVANC. de l'année.	MOYENNE de l'avancement en un an.
Lauteraar. XI						
X						
IX	4m 5	7m 0	2m 7	27m 0	20m 0	9m 0
VIII	6, 1	11, 2	5, 1			5, 6
VII	20, 8	45, 2	24, 4	62, 2	17, 0	20, 7
VI	59, 4	82, 0	42, 6	146, 25	64, 25	48, 7
V	54, 1	119, 6	65, 5	166, 0	47, 4	55, 5
IV	60, 7	124, 2	63, 5	177, 1	52, 9	59, 0
III	64, 6	135, 0	68, 4	188, 5	55, 5	62, 8
II		137, 1		195, 2	50, 1	64, 4
Moraine. I	69, 4	145, 9	74, 5	202, 4	58, 5	67, 4
II		149, 0		209, 6	60, 6	69, 8
III	74, 5	150, 2	75, 7	210, 2	60, 0	70, 0
IV		152, 0		213, 15	61, 15	71, 0
V		146, 0		204, 65	58, 65	68, 2
Finsteraar. VI	68, 5	137, 0	68, 5	192, 3	55, 3	64, 1
VII		116, 7		163, 0	46, 3	54, 5
VIII	50, 8	102, 0	51, 2	142, 8	40, 8	47, 6
IX	43, 5	85, 0	41, 5	119, 6	34, 6	39, 8
X		46, 0		63, 55	17, 35	21, 1
XI	12, 0	23, 5	11, 5	35, 7	12, 2	11, 9
XII	2, 1	2, 6	0, 5	4, 9	2, 3	1, 6

Ici encore la vitesse du mouvement se ralentit à mesure qu'on s'éloigne du centre pour se rapprocher des bords. Afin de donner une idée plus précise de ces rapports, j'ai représenté, dans la Pl. IV, l'avancement des pieux de la ligne C D par des courbes correspondant à la marche des différentes années (1843, 1844, 1845). Ces courbes sont d'un parallélisme remarquable, ce qui prouve que les mouvements du glacier ne sont pas abandonnés au hasard, mais qu'ils suivent des lois précises et invariables. Le centre de la courbe est tellement surbaissé qu'il représente une ligne à peu près droite sur le quart de la largeur du glacier, spécialement sur l'affluent du Finsteraar. Ce n'est qu'à partir du pieu IV que la ligne commence à se fléchir vers le bord. La décroissance la plus rapide a lieu entre les pieux VIII et X. Sur le Lauteraar le mouvement décroît d'une manière assez uniforme jusqu'au pieu V, où survient un ralentissement assez sensible qui occasionne un léger coude. Plus loin la vitesse diminue d'une manière toujours plus sensible jusqu'au pieu VIII, où la ligne se fléchit brusquement sous l'influence du promontoire qui s'avance dans le glacier et retient en quelque sorte prisonnières toutes les parties riveraines au delà du pieu VIII. Aussi la différence de vitesse entre le pieu IX, qui est retardé par cet obstacle, et le pieu VIII, qui se trouve en dehors de son action, est-elle considérable, comme 1 à 4. Sans ce promontoire il est vraisemblable que le mouvement décrirait une courbe régulière comme sur le Finsteraar (*).

Constatons encore que le sommet de la courbe ou le maximum de vitesse ne correspond pas au milieu de la moraine médiane, mais qu'il se trouve reporté un peu sur la droite, au pieu II du Finsteraar. La même déviation existe dans d'autres stations, où le sommet se porte tantôt à droite, tantôt à gauche. C'est une conséquence de la forme et de la direction de la vallée ; le sommet de l'arc ou le maximum de vitesse tend constamment à se porter du côté vers lequel la vallée penche momentanément. Or, ici la chute de la vallée est incontestablement du côté de la rive droite. Plus bas nous verrons le sommet des courbes se porter à gauche, dans les stations de Brandlamm et de Bærenritz (*voy.* Pl. III), parce que là, la vallée change de direction.

(*) Si dans la Pl. IV les courbes des différentes années ne sont pas à égale distance, c'est parce que la courbe de 1845 a été mesurée à une époque bien moins retardée que les deux précédentes. Si au lieu de faire le relevé au mois de juillet, on l'avait fait à la fin d'août ou au commencement de septembre, on aurait obtenu une distance égale aux précédentes. Il ne faudrait cependant pas conclure de là qu'il n'y a aucune différence d'une année à l'autre. Nous avons montré, au contraire, que ces différences existent, mais dans des limites moins prononcées

Quand j'eus acquis la certitude que les différentes parties d'une même section se mouvaient avec des vitesses variables, je songeai à multiplier les expériences afin de m'assurer, d'une part, si le maximum de vitesse correspond invariablement au milieu du glacier, et d'autre part, si les différences que j'avais observées entre la marche du milieu et celle des bords sont constantes sur toute l'étendue du glacier. Ces observations répétées de temps en temps, devaient aussi me fournir des données importantes sur la vitesse du glacier aux différentes saisons. J'établis à cette fin plusieurs stations que j'échelonnai de distance en distance sur le glacier de l'Aar. Les stations se composaient tantôt d'un seul pieu, placé sur la moraine médiane, tantôt d'un certain nombre de pieux, régulièrement espacés et rapportés à des points fixes du rivage, comme je l'avais fait pour les deux lignes A B et C D de Pl. IV. Ces stations étaient au nombre de cinq (*), sans compter celles de la bande transversale de Pl. IV, savoir de haut en bas :

> La station de l'Hôtel.
> La station du Pavillon.
> La station de Trift.
> La station de Brandlamm.
> La station de Bærenritz.

(*) J'en avais établi une sixième au fond du cirque de Lauteraar, en 1845; mais les pieux enterrés sous la neige n'ont pas encore reparu.

R E[illegible]
[illegible]
[illegible]pla[illegible]
m[illegible]
[illegible],89[illegible]
[illegible],87[illegible]
2,19[illegible]
5,72[illegible]
9,0[illegible]

R E L

V.

iac Moyen

18 0^m20

89 0,19

87 0,31·

19 0,18?

22 0,19·

83 0,202

TABLEAU DE LA PROGRESSION ESTIVALE DU GLACIER DE L'AAR A LA STATION DE L'HOTEL DES NEUCHATELOIS.

Côté du Lauterar.

DATE 1845.	XIII.		XII.		XI.		X.		IX.		VIII.		VII.		VI.		V.		IV.		III.		II.		I.	
	Déplac.	Moyenne.	Déplac.	Moyenne.	Déplac.	Moyenne.	Déplac.	Moyenne.	Déplac.	Moyenne.	Déplac.	Moyenne.	Déplac.	Moyenne.	Déplac.	Moyenne.	Déplac.	Moyenne.	Déplac.	Moyenne.	Déplac.	Moyenne.	Déplac.	Moyenne.	Déplac.	Moyenne.
Du 21 juillet au 16 août (en 26 jours).	»	»	1ᵐ65	0ᵐ063	2ᵐ70	0ᵐ103	3ᵐ31	0ᵐ127	3ᵐ78	0ᵐ147	4ᵐ36	0ᵐ167	4ᵐ65	0ᵐ178	5ᵐ19	0ᵐ199	5ᵐ11	0ᵐ197	5ᵐ08	0ᵐ196	5ᵐ43	0ᵐ208	5ᵐ72	0ᵐ221	5ᵐ70	0ᵐ2225
Du 16 août au 6 septembre (en 20 jours).	»	»	2,10	0,105	2,32	0,116	2,70	0,1135	3,12	0,156	3,34	0,167	3,70	0,185	3,61	0,180	3,80	0,190	3,81	0,194	4,27	0,213	»	»	1,16	0,2080
Du 6 septembre au 12 sept. (en 9 jours).	2,43	0,046	0,77	0,081	0,68	0,113	0,81	0,150	1,12	0,186	1,15	0,211	1,40	0,233	1,53	0,255	1,19	0,218	1,87	0,311	1,55	0,258	3,76	0,4133	1,60	0,4086
Du 12 septemb. au 24 sept. (en 12 jours).	»	»	0,91	0,070	1,20	0,100	1,35	0,112	1,18	0,123	1,80	0,150	2,15	0,170	2,22	0,185	2,16	0,180	2,19	0,182	2,58	0,212	2,53	0,211	2,51	0,2116
Du 24 septemb. au 23 octobre (en 29 jours).	2,07	0,0580	1,80	0,063	2,80	0,096	3,17	0,119	1,04	0,110	4,05	0,169	5,08	0,175	5,11	0,176	5,23	0,190	5,72	0,197	5,48	0,188	5,59	0,192	5,52	0,1938
Période totale, du 21 juillet au 23 octobre (en 94 jours).	1,50	0,0180	6,85	0,0729	8,70	0,1032	11,07	0,1231	13,58	0,1436	15,60	0,1659	16,98	0,1806	17,60	0,1874	18,31	0,1918	19,05	0,2026	18,36	0,2054	19,61	0,2009	19,71	0,2080

Annotations (brackets between rows): Total de 52 j. (colonne XIII, entre les lignes 2 et 3) ; Total de 41 j. (colonne XIII, entre les lignes 4 et 5) ; Total de 27 j. (colonnes III–II) ; Total de 27 j. (colonne I).

Côté du Finsterar.

DATE 1845.	II.		III.		IV.		V.		VI.		VII.		VIII.	
	Déplac.	Moyenne.	Déplac.	Moyenne.	Déplac.	Moyenne.	Déplac.	Moyenne.	Déplac.	Moyenne.	Déplac.	Moyenne.	Déplac.	Moyenne.
Du 21 juillet au 16 août (en 26 jours).	5ᵐ87	0ᵐ223	5ᵐ28	0ᵐ201	5ᵐ02	0ᵐ193	5ᵐ36	0ᵐ206	4ᵐ38	0ᵐ168	3ᵐ25	0ᵐ123	2ᵐ21	0ᵐ083
Du 16 août au 6 septembre (en 20 jours).	»	»	5,13	0,207	3,08	0,105	3,24	0,162	3,08	0,154	»	»	»	»
Du 6 septembre au 12 sept. (en 9 jours).	3,21	0,192	1,40	0,233	»	»	1,40	0,233	1,11	0,210	1,05	0,150	2,69	0,099
Du 12 septemb. au 24 sept. (en 12 jours).	2,77	0,230	2,63	0,219	1,40	0,211	»	»	1,90	0,158	2,10	0,173	1,50	0,125
Du 24 septemb. au 23 octobre (en 29 jours).	5,32	0,183	5,15	0,178	5,10	0,151	7,14	0,174	1,15	0,113	3,26	0,112	»	»
Période totale, du 21 juillet au 23 octobre (en 94 jours).	18,17	0,2069	18,62	0,1986	17,80	0,1903	17,11	0,1823	13,95	0,1380	12,66	0,1217	»	0,0901

Annotations (brackets between rows): Total de 18 j. (colonne IV, entre les lignes 3 et 4) ; Total de 11 j. (colonne IV–V, entre les lignes 4 et 5) ; Total de 27 jours. (colonnes VII–VIII, entre les lignes 2 et 3).

Toutes ces stations sont comprises dans notre carte de Pl. III. Elles ont été conservées en partie par les soins de M. Dollfus, et pourront être utilisées par les observateurs futurs, qui auront ainsi la faculté de vérifier d'année en année le mouvement du glacier.

Je commencerai par la station de l'Hôtel des Neuchâtelois, comme étant la plus importante de toutes.

1° *Station de l'Hôtel des Neuchâtelois.*

Cette station est ainsi appelée parce qu'elle est située à la hauteur actuelle de l'Hôtel des Neuchâtelois. Elle se compose de vingt et un pieux, dont treize sur le Lauteraar qui sont espacés de 100^m, et huit sur le Finsteraar qui sont séparés par des intervalles de 200^m. Deux grandes croix blanches, peintes à l'huile, servent de points de repère, l'une sur une paroi verticale du Mieselen, l'autre à l'angle de l'Escherhorn. Tracée le 21 juillet 1845, cette ligne de pieux a été mesurée cinq fois dans l'espace de trois mois. J'avais en outre pris toutes les précautions pour la conserver jusqu'à l'année suivante, époque où elle a été relevée de nouveau par M. Otz. Le tableau suivant indique l'avancement estival aux différentes époques, qu'on pourra comparer à l'avancement annuel en se servant pour cela des moyennes diurnes, qui figurent dans une colonne à part à côté des chiffres indiquant l'avancement effectif de chaque pieu.

Voir le tableau ci-contre.

Comme on devait s'y attendre d'après les expériences que nous avons rapportées plus haut sur la progression annuelle, le tableau ci-dessus nous révèle des différences assez notables dans la marche des différents pieux. La vitesse est à son maximum au centre, près de la moraine médiane, et elle diminue graduellement vers les deux bords. Cependant la courbe est plus régulière sur le bras du Lauteraar que sur celui du Finsteraar, où les pieux II, III et IV ont à peu près la même vitesse que le pieu I, tandis que les suivants se ralentissent d'une manière beaucoup plus sensible.

Le déplacement des pieux est encore soumis à des variations, suivant les époques. Ainsi, en prenant pour exemple le pieu de la moraine médiane (N° I), qui est au maximum de vitesse, nous trouvons que pendant la première période de notre tableau, du 21 juillet au 16 août, la progression a été très-forte, de $0^m,222$ en vingt-quatre heures. La seconde période, du 16 août au 6 septembre, a été sensiblement plus lente $(0^m,1980)$. La troisième, du 6 au 12 septembre, est la plus accélérée de toutes $(0^m,2666)$. La quatrième, du 12 septembre au 24 septembre, est intermédiaire entre la première et la seconde $(0^m,2116)$. Enfin, la cinquième période, du 24 septembre au 23 octobre, est de nouveau très-ralentie $(0^m,1938)$, quoique supérieure encore à la moyenne de l'année 1844 à 1845 ; elle correspond d'une manière frappante à la moyenne journalière des quatre années, qui, comme nous l'avons vu plus haut, est de $0^m,196$ en ce point.

Nous verrons plus bas que ces moyennes sont sensiblement plus fortes que celles des stations inférieures, en sorte que le ralentissement d'amont en aval qu'indiquent les mesures annuelles d'après les relevés trigonométriques, se trouve confirmé en tous points par le mouvement estival.

2° Station de Brandlamm.

La sation de Brandlamm est située à 2 kilom. en aval du Pavillon, près du point fixe N° X, par conséquent dans une région où la moraine est très-élargie, de manière à recouvrir entièrement la branche du Lauteraar. Cette station compte onze pieux qui sont espacés de 100^m les uns des autres. Six sont situés sur la branche du Finsteraar; les cinq autres sur la moraine et la branche du Lauteraar. Le relevé en a été fait à trois reprises pendant l'été de 1845. Le tableau suivant indique l'avancement de chaque pieu aux différentes époques, avec l'indication de la progression moyenne durant chaque période. J'y ai ajouté en outre le mouvement annuel, tel qu'il a été observé au pieu I, le seul qui ait été trouvé debout en 1846.

TABLEAU de la progression estivale de la station de Brandlamm Pl. III.

AVANCEMENT.	VII.		VI.		V.		IV.		III.		II.		I.		II.		III.		IV.		V.	
	Déplacement.	Moyenne.	Déplacement.	Moyenne.	Déplacement.	Moyenne.	Déplacement.	Moyenne.	Déplacement.	Moyenne.	Déplacement.	Moyenne.	Déplacement.	Moyenne.	Déplacement.	Moyenne.	Déplacement.	Moyenne.	Déplacement.	Moyenne.	Déplacement.	Moyenne.
Du 8 août au 21 (en 13 jours).	»	»	»	»	1,94	0,1492	1,97	0,1515	2,16	0,1661	2,15	0,1653	»	»	2,03	0,1561	2,26	0,1758	2,18	0,1678	1,55	0,1025
Du 8 août au 19 (en 11 jours).	1,49	0,0620	2,19	0,0902	1,55	0,1227	1,47	0,1356	1,74	0,1581	1,98	0,1800	4,00	0,1666	2,07	0,1887	»	»	»	»	1,07	0,0972
Du 19 août au 15 sept. (en 25 jours).	»	»	»	»	»	»	»	»	3,71	0,1484	3,90	0,1560	4,13	0,1652	4,21	0,1644	6,14	0,1705	4,85	0,1347		
Total des 24 jours.	1,49	0,0680	2,19	0,0902	3,29	0,1370	3,44	0,1416	»	»	»	»	»	»	»	»	»	»	»	»	2,40	0,1000
Total des 49 jours									7,61	0,1553	8,03	0,1638	8,13	0,1659	8,21	0,1675	8,40	0,1714	7,03	0,1454		
Avancement annuel (324 jours)									»	»	»	»	56,70	0,1750	»	»	»	»	»	»		

Total de 24 jours. — Total de 24 j. — Moyenne de 56 jours.

Ce tableau, ainsi que le précédent, confirme pleinement le ralentissement d'amont en aval qui découle du relevé trigonométrique des blocs. La vitesse moyenne des pieux est sensiblement inférieure à celle que nous avons observée à la station de l'Hôtel, puisque le maximum de l'avancement estival n'a été que de $0^m,1714$ en vingt-quatre heures, au point le plus accéléré, tandis que nous avons trouvé à l'Hôtel des Neuchâtelois $0^m,22$ pendant la même période. Ce chiffre de 171^{mm} correspond d'une manière frappante à l'avancement annuel moyen du pieu I, le seul dont la marche annuelle ait été observée et qui est d'après le tableau ci-dessus de $0^m,175$ (*).

Les bords marchent aussi ici avec une vitesse bien moindre que le centre, et si l'échelle de la carte permettait d'y inscrire des chiffres aussi faibles que ceux du mouvement estival, d'après le tableau ci-contre, nous aurions un arc semblable à celui des stations de l'Hôtel et de Bærenritz, avec cette seule différence que le sommet de la courbe ne correspondrait plus au milieu du glacier, mais se trouverait reporté sur la rive gauche, au pieu III. A partir de ce point, la courbe se fléchirait d'une manière assez prononcée vers la rive gauche, tandis qu'elle serait très-

(*) Il ne faudrait cependant pas conclure de cette coïncidence de l'avancement estival avec l'avancement annuel, que la marche du glacier est uniforme à toutes les saisons. Nous verrons, au contraire, en traitant de la progression saisonnaire, qu'il y a eu des moments au printemps de cette même année, où la moyenne journalière a été beaucoup plus considérable, par exemple, pendant les mois de mai et de juin.

surbaissée sur la branche du Finsteraar. Nous verrons plus bas à quelle circonstance il faut attribuer ce déplacement du maximum de vitesse, qui n'est pas sans importance pour le mécanisme des glaciers.

3° *Station de Bœrenritz.*

Cette station est la première qu'on rencontre en remontant le glacier de l'Aar. Elle est tout près du point fixe N° XIII, c'est-à-dire à une distance de 800ᵐ de l'extrémité du glacier et à 1 kilom. de la station de Brandlamm. Quoique les pieux soient espacés de 100ᵐ, comme à la station précédente, cependant le glacier est tellement rétréci qu'il n'y a place que pour sept pieux. La surface entière du glacier est recouverte de blocs, à l'exception d'une bande étroite au milieu.

Le tableau suivant indique la progression estivale, telle qu'elle a été observée à deux époques différentes pendant l'été de 1845.

TABLEAU de la progression estivale de la station de Bærenritz (Pl. III).

CÔTÉ DU FINSTERAAR.   CÔTÉ DU LAUTERAAR.

1845.	V.		IV.		III.		II.		I.		II.	
	Déplacement.	Moyenne.	Déplacement.	Moyenne.	Déplacement.	Moyenne.	Déplacement.	Moyenne.	Déplacement.	Moyenne.	Déplacement.	Moyenne.
Du 28 juillet au 9 septembre (43 jours).	2ᵐ 50	0ᵐ 058	3ᵐ 10	0ᵐ 70	3ᵐ 43	0ᵐ 079	3ᵐ 26	0ᵐ 075	4ᵐ 09	0ᵐ 095	3ᵐ 11	0ᵐ 072
Du 9 septembre au 23 septembre (14 jours).	0, 39	0, 027	0, 73	0, 052	0, 71	0, 050	0, 99	0, 070	0, 97	0, 067	1, 25	0, 089
Avancement total du 28 juillet au 23 septembre (57 jours).	2, 89	0, 050	3, 83	0, 067	4, 14	0, 072	4, 25	0, 074	5, 06	0, 088	4, 36	0, 076
Avancement annuel du 28 juillet au 29 juin 1846 (336 jours).	24, 60	0, 073	27, 75	0, 082	30, 40	0, 090	»	»	33, 25	0, 098	31, 25	0, 093

Ce tableau nous montre la progression se ralentissant toujours plus, à mesure qu'on approche de l'extrémité du glacier, puisque le maximum de l'été, qui, à la station précédente était de 17 centimètres par jour, n'est plus que de 88 millimètres, c'est-à-dire de moitié moindre. Le maximum lui-même n'est pas au milieu du glacier, mais du côté de la rive gauche, au pieu 1. J'ai représenté dans la Pl. III la ligne de l'avancement annuel ; on voit qu'elle décrit une courbe très-surbaissée, mais cependant plus forte sur la rive gauche que sur la rive droite.

Conséquences des expériences ci-dessus.

En résumé, les observations contenues dans les tableaux qui précèdent, confirment les données du réseau trigonométrique des blocs dont nous avons traité plus haut, sous ce double rapport :

1° *Que les régions supérieures marchent plus vite que les inférieures ;*

2° *Que sur une même section les parties latérales sont douées d'une vitesse moins grande que les parties centrales, et que le ralentissement va croissant à mesure que l'on s'approche du bord.*

Il résulte de là qu'une pierre tombée à une époque donnée sur l'un des bords du glacier, au pied du Mieselen par exemple, mettra beaucoup plus de temps à gagner l'extrémité du glacier qu'une autre pierre tombée à la même époque sur la moraine médiane, au pied de l'Abschwung. Et cependant le trajet qu'elles auront à faire pour arriver à l'issue du glacier est le même; mais comme le bord du glacier marche dix fois moins vite que le milieu, il s'en suit que la pierre du Mieselen arrivera beaucoup plus tard que celle de l'Abschwung.

Ce dernier résultat est, je le confesse, diamétralement opposé à mes prévisions. Aussi me suis-je fait un devoir de reconnaître publiquement et de mon propre chef l'erreur de ma première opinion, sans attendre que d'autres vinssent la redresser (*). J'admettais alors que les bords marchaient plus vite que le centre. Cette opinion qui est aussi celle qu'a émise M. de Charpentier, m'avait été suggérée par la direction ascendante des crevasses, à une époque où l'on n'avait encore fait aucune observation exacte sur le déplacement des glaciers.

Migration du centre.

Un résultat spécial qui découle de la comparaison des différentes stations entre elles, c'est le fait que le maximum de vitesse n'est pas toujours exactement au milieu du glacier. Il subit au contraire des déplacements très-notables, ainsi qu'on peut le voir en comparant entre elles les trois stations de l'Hôtel, de Brandlamm, de Bærenritz, et la bande transversale de Pl. IV. Ainsi, à la station de l'Hôtel et à celle du Pavillon le maximum se trouve sur la droite de la moraine médiane; il est au contraire à gauche aux deux stations de

(*) Deutsche Vierteljahrschrift, 1841. *Desor,* Excurs. aux Alpes, p. 6.

Brandlamm et de Bærenritz. La manière dont la vitesse des bords décroît n'est pas non plus très-régulière, soit qu'on compare plusieurs stations entre elles, ou les deux côtés d'une même station. Il est par conséquent de toute nécessité, lorsqu'on veut déterminer la vitesse relative des différentes régions d'un glacier, de prendre constamment le maximum. Sans cette précaution, on court le risque de commettre de graves erreurs.

C'est probablement pour n'avoir pas assez tenu compte de ces différences, que M. Forbes est arrivé à des résultats si différents des miens sur la marche des différentes régions du glacier. Au lieu de prendre constamment pour point de comparaison le maximum de vitesse d'une section, il s'est contenté de comparer la marche d'un certain nombre de pieux situés dans chaque station, à peu près à la même distance du rivage (environ 80^m), et c'est de leur vitesse respective qu'il a conclu la marche générale du glacier. Un pareil procédé se concevrait au besoin, si l'allure des glaciers était uniforme dans tout leur cours, et si le maximum de vitesse correspondait toujours exactement au milieu du glacier. Or, nous savons qu'une foule de causes peuvent retarder ou accélérer momentanément la marche des bords ; et nous venons de voir que le centre de vitesse est sujet à se déplacer continuellement d'une station à l'autre (*).

(*) On jugera des erreurs auxquelles on peut être entraîné par la méthode qu'a suivie M. Forbes en essayant de l'appliquer au glacier de l'Aar. Je suppose que nous prenions pour terme de comparaison dans

Progression du glacier du Rhône.

J'ai voulu m'assurer sur d'autres glaciers de premier ordre, que le mode général de progression, que j'avais observé au glacier de l'Aar, n'était point une exception, comme quelques personnes étaient tentées de le croire. Dans ce but, je fis établir en 1845, deux stations sur le glacier du Rhône, l'une supérieure au pied de la cascade, et l'autre près de l'extrémité du glacier. Ces deux sta-

les stations que nous venons d'analyser deux points à égale distance du rivage, l'un sur la rive droite, l'autre sur la rive gauche. En supposant que ces points soient à 200^m du bord, voici les cotes de progression que nous trouverons aux différentes stations pour la marche diurne :

	Rive droite.	Rive gauche.
A la station de l'Hôtel,	11^{mm}.	16^{mm}, 5.
A la station de Barenritz.	7	9

En prenant un point situé de chaque côté à 300^m du bord, je trouve

	Rive droite.	Rive gauche.
A la station de l'Hôtel,	16 $\frac{1}{2}$.	18^{mm}, 5.
A la station de Brandlamm.	17	13^{mm}, 5.

Supposons maintenant que quatre observateurs voulussent chacun de leur côté connaître le mouvement du glacier de l'Aar sur les différents points de son cours et que, procédant à la manière de M. Forbes, ils prissent leur terme de comparaison :

Le premier à 200^m du rivage sur la rive droite,

Le second à 200^m du rivage sur la rive gauche,

Le troisième à 300^m du rivage sur la rive droite,

Le quatrième à 300^m du rivage sur la rive gauche,

Voici quels seraient leurs résultats : le premier obtiendrait un ralentissement à peu près uniforme de haut en bas, savoir :

A la station de l'Hôtel,   17^{mm}, 5

A la station de Brandlamm,   11

A la station de Barenritz,   7

Le second, au contraire, trouverait une accélération entre la station

tions éloignées d'environ un kilomètre l'une de l'autre ont été relevées le 8 septembre par M. Desor, qui a constaté la progression suivante depuis le 8 août, soit en 31 jours :

A la station supérieure... 8^m, 21   Moyenne journalière..... 0^m,2648
A la station inférieure... 6 , 18   Moyenne...... 0 ,1995

Ici aussi la progression se ralentit d'une manière sensible, puisque sur un espace de moins de 2 kilom. la différence est de plus de 1/5. Or, il est à remarquer que toute cette partie du glacier n'est en aucune façon gênée par les obstacles du bord, puisque le glacier s'étale libre-

de l'Hôtel et la station de Brandlamm, et puis de nouveau un ralentissement très-notable de Brandlamm à Bærenritz, savoir :

A la station de l'Hôtel, 15^{mm}.
A la station de Brandlamm,   16,   5
A la station de Bærenritz,   9

Le troisième trouverait une légère accélération de l'Hôtel à Brandlamm, savoir :

A la station de l'Hôtel, 16^{mm}, 5
A la station de Brandlamm,   17

Le quatrième enfin obtiendrait de nouveau un fort ralentissement, savoir :

A la station de l'Hôtel, 18^{mm}, 5
A la station de Brandlamm,   13,   5

Ces exemples, que je pourrais encore multiplier, prouvent suffisamment qu'une pareille méthode ne saurait conduire à aucun résultat sûr. L'on n'en est que plus surpris qu'un physicien aussi habile que M. Forbes ait pu se croire autorisé à baser toute une théorie sur des observations de cette nature. Aussi attendrai-je pour discuter les conclusions de l'auteur anglais sur la marche du glacier des Bois, qu'elles aient été confirmées par des expériences plus rigoureuses.

ment dans une large vallée, dont il n'occupe pas même toute l'étendue. Si malgré cela son mouvement se ralentit, c'est une preuve que le ralentissement que nous avons constaté au glacier de l'Aar n'est pas un fait exceptionnel. La coïncidence qui existe à cet égard entre deux glaciers aussi différents à d'autres égards que le glacier du Rhône et celui de l'Aar, autorise au contraire à croire que c'est un fait général qui a sa cause dans les conditions générales des glaciers.

En me fondant sur les expériences ci-dessus, je pense qu'on peut poser en thèse que *tous les grands glaciers marchent avec une vitesse ralentie à partir d'une région qui correspond, selon toute apparence, au maximum d'épaisseur.*

Ce résultat, qui a déjà été signalé par M. Desor dans une lettre à M. Elie de Beaumont (*), a provoqué un Mémoire de la part de M. Forbes dans lequel ce physicien cherche à expliquer le phénomène de la manière suivante : Il se représente le glacier divisé en un certain nombre de sections perpendiculaires à son axe, ainsi que le montre la fig. 5 de pl. IX, que je reproduis d'après l'original (**). Dans la région supérieure qui correspond au maximum de vitesse, les compartiments sont d'égale largeur, mais peu à peu ils se rétrécissent, si bien qu'arrivés près de l'extrémité de la figure, la largeur du pa-

(*) Comptes rendus de l'Académie des Sciences, tom. XIX, p. 1301.
(**) Edinburgh New Philosophical Journal. 1845.

rallèlipipède $a\,b\,c\,d$ se trouve réduit de près de moitié. La conséquence de ce resserrement doit être, selon M. Forbes, de renfler le glacier à partir du point où le resserrement commence, et c'est ce renflement que la ligne n' est censée représenter. Mais comme il n'existe aucune trace d'un renflement pareil dans la nature, l'auteur suppose qu'il est compensé par l'ablation et la fonte du fond. *A priori* cette explication paraît très-vraisemblable. Mais pour peu qu'on soit familier avec les allures du glacier, on ne tarde pas à s'apercevoir qu'elle est insuffisante. En effet, pour que l'ablation put compenser un gonflement aussi considérable que celui que suppose M. Forbes, il faudrait qu'elle fut bien plus considérable qu'elle n'est en réalité. Au glacier de l'Aar en particulier, il devrait exister sous ce rapport une différence notable entre les régions voisines de l'extrémité, la station de Bærenritz par exemple, qui se trouverait au plus fort du renflement parce que, le ralentissement y est très-sensible, et la station de l'Hôtel qui se trouve au maximum de vitesse, et où, par conséquent, le gonflement serait nul. Or, au lieu de cela, la différence d'ablation est à peine sensible entre ces deux points ainsi que cela résulte des tableaux que nous avons donnés ci-dessus (p. 391).

Il y a, ce me semble, une manière bien plus simple d'expliquer ce phénomène, c'est de tenir compte de la compressibilité de la glace. La glace, ainsi que nous l'avons fait voir en traitant de la structure du glacier, est susceptible de subir une forte compression. Les

bulles d'air aplaties peuvent nous en donner la mesure, puisque des bulles qui sont rondes dans l'origine,
deviennent tellement plates que vues de profil elles ressemblent à de petites lignes opaques au milieu de la
glace transparente. Nous savons aussi par les expériences de M. Dollfus, que sous la presse hydraulique
la glace est susceptible de se comprimer toutes les fois
qu'elle est à la température de 0°. Cette compressibilité
est suffisante à mon sens pour expliquer le ralentissement du mouvement, sans qu'on ait besoin d'avoir
recours à un gonflement extraordinaire.

PROGRESSION SAISONNAIRE ET HIVERNALE.

Les observations que nous venons d'exposer se rapportent soit à la progression annuelle soit au mouvement
estival. Il nous reste maintenant à examiner comment la
somme de la progression annuelle se répartit entre les
autres saisons et en particulier, quelle est la part qui
revient au mouvement de l'hiver.

Expériences de M. Ziegler.

Les premières expériences sur la progression hivernale du glacier ont été faites, à ma sollicitation, par
M. Ziegler pasteur à Grindelwald, pendant l'hiver de
1842 à 1843. Au moyen d'un appareil très-simple,
composé d'un pieu aligné avec des points fixes du rivage, M. Ziegler s'était créé une sorte de petit observa-

toire à l'extrémité du glacier (pl. IX, fig. 1), qu'il consultait de temps en temps (*). La marche du pieu, planté le 21 novembre, fut relevée quatre fois pendant le cours de l'hiver, une première fois le 27 décembre, une seconde fois le 29 janvier, une troisième fois le 10 mars et une quatrième fois le 1er mai (**). M. Ziegler ayant eu l'obligeance de me communiquer le détail de ses observations, avec l'autorisation de les publier, j'ai cru devoir les réunir dans un tableau, auquel j'ai ajouté (dans une cinquième colonne) un résumé des observations météorologiques de cette époque, que je dois également à l'obligeance de M. Ziegler.

(*) Voici quel est le procédé employé par M. Ziegler (Pl. IX, fig. 1). Un pieu (c) fut enfoncé dans la glace, à 65ᵐ de l'extrémité du glacier inférieur de Grindelwald, et aligné avec l'angle d'une cabane (b) située sur la rive droite du glacier. L'observateur se plaçait au point (a), à gauche de la sortie de la rivière. La ligne formée par ces trois points coupait obliquement l'extrémité du glacier. Comme les deux points a et b étaient fixes, tandis que le point c se déplaçait avec le glacier, il en résultait qu'au bout d'un certain temps le pieu c ne se trouvait plus dans l'alignement des deux autres. Pour connaître la somme de la progression, l'observateur enfonçait à chaque expérience, un nouveau pieu au point c et l'intervalle entre ce pieu et les pieux précédents c' c" et c''' lui indiquait la quantité dont le glacier avait marché dans un temps donné.

(**) A cette époque les mesures furent interrompues par suite de l'exhaussement du glacier en ce point qui empêcha l'observateur de voir le point b depuis la station a. M. Ziegler n'indique pas le chiffre exact de cet exhaussement, mais il l'évalue à 20 pieds au moins.

TABLEAU *de la progression hivernale du glacier de Grindelwald de 1842 à 1843.*

ÉPOQUE DE L'OBSERVATION.	NOMBRE de jours.	AVANCEMENT total.	MOYENNE diurne.	TEMPÉRATURE ET ÉTAT DU CIEL.
Du 21 novembre au 27 déc.	36	2^{m}27	0^{m}0631	Le 21, pluie et fœhn. Du 22 au 27, neige. Temp. moyenne : — 1, 1. Du 27 au 30, dégel et fœhn. Temp. moyenne. + 2. Du 1er décembre au 18. Temp. moyenne : + 0, 5. Du 18 au 27. Temp. moyenne : — 1, 4.
Du 27 décemb. au 29 janv.	33	1, 75	0, 0533	Du 28 au 31. Temp. moyenne : + 0, 1. Du 1er janvier au 26, neige et vent ; grand froid ; fréquentes chutes de neige. Temp. moy. : — 4, 6. Du 26 au 29, fœhn et pluie. Temp. moy. : + 1, 3.
Du 29 janvier au 10 mars.	40	4, 39	0, 1099	Du 1er fév. au 17, chute de neige. Temp. moy. : — 2, 2. Du 18 au 21, pluie et fœhn. Temp. moyenne : + 4, 6. Du 21 au 10 mars, grands froids. Temp. moy. : — 5.
Du 10 mars au 1er mai .	52	10, 76	0, 2069	Du 10 mars au 24, temp. moyenne : + 0, 4. Du 24 au 26, fœhn et pluie. Temp. moyenne : + 6. Du 26 au 5 avril, variable. Temp. moy. : + 3, 2. Le 5 et 6, chutes de neige. Du 6 au 9, temp. moyenne : + 6, 3. Du 9 au 15, temp. moyenne : — 0, 8. Du 15 au 30, temp. moyenne : + 3, 2.

Les observations thermométriques sont faites à la cure de Grindelwald, à 1 kilom. environ de l'extrémité du glacier. Comme la lecture du thermomètre avait lieu entre 7 heures et demie et 8 heures du matin, je n'ai pu indiquer que la moyenne de cette heure, qu'il ne faut par conséquent pas confondre avec la moyenne diurne, quoiqu'elle n'en diffère que très-peu, d'après les renseignements que j'ai pu recueillir à ce sujet. Son but est uniquement d'indiquer l'état relatif de la température aux différentes époques et dans ses rapports avec la vitesse du mouvement.

Sans être très-rigoureuses, ces observations sont du plus haut intérêt, par les conséquences qui en découlent. Et d'abord elles confirment pleinement l'opinion que j'avais émise précédemment, savoir que la progression des glaciers n'est pas uniforme à toutes les époques, mais qu'elle subit au contraire des variations très-considérables. Ainsi, nous voyons que l'avancement des mois de mars et d'avril est double de celui des mois de janvier et février et quadruple de celui du mois de décembre. D'un autre côté, elles établissent un fait inattendu, mais que les expériences ultérieures ont pleinement confirmé, savoir que, *la progression tout en se ralentissant ne cesse pas entièrement*, puisqu'à l'époque du minimum (du 28 décembre au 29 janvier), le point c a encore avancé de $1^m,75$ en 33 jours, soit de $0^m,0533$ en vingt-quatre heures (*).

Mes expériences au glacier de l'Aar.

Ces résultats étaient trop importants pour que je ne songeasse pas à les vérifier sur une plus grande échelle et avec des moyens d'observation plus précis. Et d'abord, il fallait s'assurer si les mêmes variations ont lieu

---

(*) Comme le point c ne se trouve pas au milieu du glacier, mais qu'il se rapproche sensiblement de la rive droite, on doit présumer qu'il n'indique pas le maximum de vitesse du glacier en ce point. C'est en effet ce que démontre le fait suivant. Il y avait à côté du point fixe a, par conséquent à peu près au milieu de la longueur du glacier

à toutes les hauteurs et dans toute l'étendue des glaciers.
Pour cela il importait que les observations fussent faites
dans plusieurs stations échelonnées à différentes hauteurs
sur un même glacier, et en outre qu'elles fussent continuées pendant toute une année, afin, de savoir au juste
comment la somme du mouvement annuel se répartit
entre les saisons et quelle est la part qui revient à chaque mois et à chaque trimestre. En conséquence des
dispositions furent prises pendant la campagne de 1845,
pour qu'une partie des stations qui avaient servi aux
expériences de l'été pussent être observées pendant l'hiver. Avant de quitter le glacier, au mois de septembre,
M. Desor fit planter sur les flancs de l'Escherhorn, à côté
du point fixe de la station de l'Hôtel des Neuchàtelois,
une perche d'une hauteur suffisante pour pouvoir servir de repère même au milieu des plus hautes neiges de
l'hiver. Il remplaça par une perche semblable l'un des
pieux du glacier (le pieu N° 1 de la moraine), après en
avoir rigoureusement vérifié la position relativement
aux points fixes des deux rives. Une seconde station tout
à fait semblable, la station de Trift (Pl. III), fut établie
simultanément par M. Desor non loin du Pavillon. Un

un endroit où la glace s'avançait en pointe dans la vallée, formant ce
que les montagnards appellent un *nez*. M. Ziegler ayant mesuré la
distance de cette saillie à un arbre situé dans son prolongement, trouva
que durant la première période (du 21 novembre au 29 décembre),
l'extrémité du nez avait avancé de 10 pieds, par conséquent de deux
pieds de plus que le point *c*.

homme familier avec ces sortes d'observations et dont nous avons nous-mêmes fait l'éducation (J. Jaun de Meyringen) fut chargé de vérifier l'avancement de ces deux stations aussi souvent qu'il le pourrait, sans s'exposer à de trop grands dangers. Il fit en effet, le relevé de l'avancement pendant les mois d'octobre, novembre et décembre. Au mois de janvier MM. Desor et Dollfus, sans redouter les périls d'un voyage hivernal dans les Alpes, se rendirent au glacier pour y vérifier les observations de Jaun. M. Desor fit lui-même le relevé du 13 janvier et, en comparant ses résultats avec les relevés précédents, il put s'assurer que ceux-ci avaient été faits avec toutes les précautions requises. Enfin le pieu 1 de la station de Brandlamm a aussi été relevé plusieurs fois, quoique à des époques moins régulières.

TABLEAU *de la progression de la station de Brandlamm, mesurée au pieu* 1.

ÉPOQUE DES OBSERVATIONS. 1845 à 1846.	NOMBRE de jours.	DISTANCE de l'emplacement primitif.	AVANCEMENT d'une observation à l'autre.	MOYENNE diurne.
Du 26 juillet au 13 sept.	49	8^m 13	8^m 13	0^m 1659
Du 13 sept. au 1er mai.	230	40, 80	32, 67	0, 1420
Du 1er mai au 6 juin .	35	50, 05	9, 25	0, 2648
Du 6 juin au 29 juin. .	23	56, 70	6, 65	0, 2891

Dans le tableau qui précède, les périodes sont trop inégales pour qu'on puisse en tirer une conséquence rigoureuse sur la vitesse de la marche à toutes les saisons.

Je n'en tiens pas moins à constater qu'entre la progression de l'été et celle de l'hiver, la différence est à peu près du double. Il est permis de croire que le ralentissement de l'hiver serait plus sensible, si l'observation avait été faite à des époques plus rapprochées, comme cela a lieu aux stations de Trift et de l'Hôtel, dont la marche est consignée dans les deux tableaux suivants.

TABLEAU *de la progression de la station de Trift.*

ÉPOQUES DE L'OBSERVATION. 1845 à 1846.	NOMBRE de JOURS.	AVANCEMENT d'une observation à l'autre.	MOYENNE. diurne.
Du 19 août au 5 septembre. . . .	17	3, 40	0, 2000
Du 5 septembre au 11 septembre.	6	1, 75	0, 2916
Du 11 septembre au 23 septemb.	12	2, 14	0, 1783
Du 23 septembre au 24 octobre. .	31	5, 45	0, 1758
Du 24 octobre au 20 novembre. .	27	4, 26	0, 1577
Du 20 novembre au 19 décembre.	29	5, 15	0, 1775
Du 19 décembre au 30 décembre.	11	2, 05	0, 1863
Du 30 décembre au 11 janvier. .	12	2, 26	0, 1883
Du 11 janvier au 17 février. . . .	37	6, 64	0, 1794
Du 17 février au 3 mars.	14	2, 46	0, 1757
Du 3 mars au 17 mars.	14	2, 44	0, 1704
Du 17 mars au 31 mars.	14	2, 50	0, 1780
Du 31 mars au 1er mai.	31	5, 95	0, 1919
Du 1er mai au 8 mai.	7	1, 55	0, 2214
Du 8 mai au 25 mai.	17	5, 05	0, 2911
Du 25 mai au 6 juin.	12	4, 55	0, 3791
Du 6 juin au 29 juin	23	6, 35	0, 2760
Du 29 juin au 8 juillet.	9	2, 05	0, 2278
Du 8 juillet au 5 août.	28	6, 15	0, 2197

Tableau de la progression de la station de l'Hôtel des Neuchâtelois.

ÉPOQUES DE L'OBSERVATION. 1845 à 1846.	NOMBRE de JOURS.	AVANCEMENT d'une observation à l'autre.	MOYENNE diürne.
Du 21 juillet au 16 août.	26	5, 79	0, 2226
Du 16 août au 6 septembre. . . .	21	4, 16	0, 1980
Du 6 septembre au 12 septembre.	6	1, 60	0, 2666
Du 12 septembre au 24 septemb.	12	2, 54	0, 2116
Du 24 septembre au 23 octobre. .	29	5, 62	0, 1938
Du 23 octobre au 19 décembre (*).	57	8, 74	0, 1533
Du 19 décembre au 11 janvier. .	23	3, 05	0, 1326
Du 11 janvier au 19 janvier. . .	8	2, 05	0, 2562
Du 19 janvier au 17 février. . . .	29	8, 10	0, 2793
Du 17 février au 3 mars.	14	3, 23	0, 2307
Du 3 mars au 17 mars.	14	2, 86	0, 2040
Du 17 mars au 17 avril.	31	5, 66	0, 1827
Du 17 avril au 30 mai.	43	16, 10	0, 3744
Du 30 mai au 13 juin.	14	5, 80	0, 3428
Du 13 juin au 22 juin.	9	2, 97	0, 3300
Du 22 juin au 6 juillet.	14	3, 11	0, 2221
Du 6 juillet au 18 juillet.	12	1, 95	0, 1625
		83, 33	

Les deux tableaux ci-dessus n'indiquent pas seulement une grande inégalité dans la marche du glacier. Ils concordent aussi, d'une manière frappante, quant aux époques d'accélération et de ralentissement. Le plus faible mouvement correspond aux mois de novembre et dé-

(*) L'observation du mois de novembre ayant été faite dans des conditions atmosphériques très-défavorables a été supprimée comme n'offrant pas une garantie suffisante.

cembre ; la plus grande vitesse, en revanche, a lieu au printemps, à l'époque de la fonte des neiges. C'est ainsi que nous avons eu pour moyenne du mois de décembre, à la station de l'Hôtel, 13 centimètres par jour, et au mois de mai, 37 centimètres. A la station de Trift, nous avons eu pour minimum au mois de novembre, 17 centimètres, et pour maximum, au mois de juin, 37 centimètres.

Si, pour être plus sûr d'échapper aux erreurs d'observation, nous essayons de répartir la moyenne de l'une de ces stations, de celle de l'Hôtel par exemple, entre des périodes plus longues, de trois mois en trois mois, nous obtiendrons les moyennes diurnes suivantes :

Pour le premier trimestre (du 21 juill. au 23 sept.', $0^m,2085$
Pour le second trimestre (du 23 sept. au 11 janv.), $0^m,1597$
Pour le troisième trimestre (du 11 janv. au 17 avr.), $0^m,2281$
Pour le quatrième trimestre (du 17 avr. au 29 juin), $0^m,3410$

Ici encore la différence entre le second et le quatrième trimestre, c'est-à-dire entre l'automne et le printemps est de plus de moitié, comme 16 à 34. Le premier et le troisième en revanche, sont à peu près égaux. Que si maintenant nous comparons ces moyennes trimestrielles à la moyenne annuelle, nous verrons que c'est au troisième trimestre que la correspondance est la plus frappante. Nous avons trouvé pour la période du 11 janvier au 17 avril 0^m, 2281, tandis que le chiffre de l'avancement annuel, nous donne une moyenne journalière de

$0^m,2269$. La moyenne du trimestre d'été à la même station est un peu inférieure $0^m, 2085$.

A la station de Trift (*) les variations ne sont pas aussi considérables. La différence est surtout moins forte entre l'automne et l'hiver. Cependant c'est aussi aux mois de novembre et de décembre que le mouvement est le plus ralenti. L'avancement du printemps est en revanche très-accéléré, et la différence entre le maximum du commencement de juin est comme 15 à 37.

On assure que M. Forbes de son côté a récemment observé des variations semblables au glacier des Bois, et que là aussi le minimum de vitesse, correspond aux mois les plus froids de l'hiver. Comme d'un autre côté, les observations de M. Ziegler sur le glacier de Grindelwald, que nous avons rapportées plus haut conduisent aux mêmes résultats, j'en conclus que les contrastes qui s'observent sous le rapport de vitesse entre l'hiver et l'été, ne sont pas l'effet du hasard, ni la

(*) Les relevés de la station du Pavillon (Pl. III), qui ont été continués jusqu'au 24 octobre ont donné des résultats tout à fait concordants, quoique les chiffres absolus soient un peu plus faibles qu'à la station de Trift :

1845 Du 13 juillet au 24 juillet, en moyenne...	0^m,	205
Du 24 juillet au 31.....................	0,	195
Du 31 juillet au 6 août.	0,	195
Du 6 août au 13 août.................	0,	188
Du 16 août au 5 septembre..................	0,	190
Du 5 septembre au 11......................	0,	240
Du 11 septembre au 2......	0,	194
Du 23 septembre au 24 octobre...	0,	159

conséquence d'observations défectueuses comme on a
semblé le croire un instant, mais que ces oscillations
sont l'expression d'une loi générale et régulière qui doit
se reproduire, et dont nous aurons à rechercher la raison en traitant des causes du mouvement (*).

(*) M. Forbes donne les mesures suivantes pour l'avancement saisonnaire du glacier des Bois, un peu en aval du Chapeau.

ÉPOQUES D'OBSERVATION.	DÉPLACEMENT en pieds et pouces anglais.	MOYENNE diurne en pouces anglais.
1844.		
2 octobre — 14 octobre.	32, 0	32,
14 octobre — 2 novembre. . . .	43, 11	27, 8
2 novemb. — 19 novembre. . . .	34, 11	24, 2
20 novemb. — 4 décembre. . . .	13, 10	11, 8
4 décembr. — 7 janvier.	32, 8	11, 5
1845.		
7 janvier — 18 février.	49, 2	14, 0
18 février — 18 mars.	39, 10	17, 0
18 mars — 17 avril.	42, 1	16, 9
17 avril — 17 mai.	56, 3	22, 5
17 mai — 31 mai.	43, 11	37, 0
31 mai — 19 juin.	61, 11	38, 4
19 juin — 4 juillet.	52,	42, 3
4 juillet — 18 juillet.	62,	52, 1
18 juillet — 6 août.	77, 6	49, 0
6 août — 8 octobre.	187, 8	35, 7
8 octobre — 8 novembre.	100, 9	36, 4
8 novemb. — 21 novembre.	32, 6	30, 1

L'avancement absolu, on le voit, est beaucoup plus considérable qu'au
glacier de l'Aar, mais les oscillations suivent à peu près la même
marche. Le ralentissement commence au mois d'octobre et se continue
jusqu'au mois de janvier, époque où le mouvement commence de nouveau à s'accélérer. La différence entre le minimum et le maximum

Ainsi donc les observations saisonnaires, loin d'infir-
mer les résultats de nos observations annuelles, les confirment au contraire de la manière la plus inattendue,
pourvu toutefois que l'on tienne compte de *toutes les
saisons*. Il est évident que l'on courrait de grande
chances d'erreur si l'on jugeait du déplacement annuel, d'après de simples observations saisonnaires. Ainsi
on s'exagérerait nécessairement la valeur du mouvement
annuel, si on allait le construire d'après une observation
isolée faite au printemps ; et, de même, on l'amoindrirait
beaucoup trop, en prenant pour base une observation
faite au mois de novembre ou de décembre. Par contre,
les moyennes de la fin de l'été et du commencement de
l'automne coïncident sensiblement avec la moyenne annuelle, et l'on pourrait même être tenté, si l'on ne possédait des observations que de cette époque, de croire que
le mouvement est uniforme. C'est sans doute pour s'en
être rapporté d'une manière trop exclusive à ces observations estivales, que M. Collomb a été entraîné à penser
« que le glacier de l'Aar est animé d'un mouvement
d'une régularité parfaite (*), » tandis qu'au contraire,

n'est plus seulement du double comme au glacier de l'Aar mais du
quadruple (comme 52 à 11). Il paraîtrait, d'après le même auteur,
qu'au glacier des Bossons, le ralentissement se continue jusqu'au mois
de mars, époque où la vitesse est à son minimum, comme 1 à 3 $\frac{1}{2}$. —
Illustrations of the viscous theory of glaciers motion, dans les *Philosophical Transactions*. 1846. p. 143.   D.

(*) Preuves de l'existence d'anciens glaciers dans les vallées des
Vosges, p. 226.

tous les observateurs, à l'exception de M. Dollfus, ont constaté des oscillations notables et une compensation manifeste entre les mouvements des différentes saisons.

Du moment que cette compensation existe, l'accélération du printemps et le ralentissement de l'automne n'ont plus rien que de très-naturel. L'un est la conséquence naturelle de l'autre; ce n'est qu'à la condition que la marche de l'hiver soit très-ralentie, que la progression du printemps peut s'accélérer de la sorte, de même que, *vice versa*, l'accélération du printemps ne se concevrait pas sans le ralentissement de l'automne.

EMPIÉTEMENT DE L'EXTRÉMITÉ DU GLACIER DE L'AAR.

La progression inégale des glaciers, selon les époques et les saisons, se trouve encore confirmée par quelques expériences que j'ai faites sur l'empiétement de l'extrémité du glacier de l'Aar. On sait que la progression des glaciers n'implique pas nécessairement un envahissement de leur extrémité. Celle-ci peut rester stationnaire ou même rétrograder sans que pour cela le glacier cesse de progresser dans les régions supérieures. C'est ce qui arrive toutes les fois que les influences destructives l'emportent sur les influences conservatrices, ou en d'autres termes, toutes les fois qu'il tombe dans les régions supérieures moins de neige qu'il ne fond de glace dans le cours de l'été. Si ces deux influences se compensent, l'extrémité du glacier reste stationnaire; si au contraire

31

les neiges sont très-abondantes, le glacier empiète (*).

J'avais remarqué que le glacier de l'Aar, depuis quelques années, poussait sa moraine devant lui. Je fus curieux de connaître la quantité de cet envahissement que j'obtins par un procédé bien simple que voici. En 1843, j'avais élevé au-devant du glacier une petite pyramide et sur l'une des pierres de sa face antérieure j'avais taillé une croix pour servir de repère. Le 3 août 1843, cette croix était éloignée de 15^m,72, du point le plus avancé de la moraine. Le 17 juillet 1845, la distance de ces deux points fut de nouveau mesurée ; elle n'était plus que de 9^m.70. La progression de la moraine avait été donc dans ces deux années de 6^m 02.

Expériences sur l'empiétement estival.

Des observations détaillées devaient plus tard me faire connaître la marche de cet envahissement aux différentes époques, et les variations auxquelles il est assujetti. Les premières expériences détaillées sur ce sujet remontent à l'été de 1844. M. Desor les fit au moyen d'un appareil

(*) Un exemple rendra ces rapports plus intelligibles. Supposons au lieu du glacier une coulée de cire glissant lentement vers un foyer de chaleur faisant fondre la cire à l'extrémité de la coulée à mesure qu'elle avance. Si la chaleur est intense et que le mouvement soit lent, l'extrémité de la coulée de cire s'éloignera du foyer de chaleur sans que pour cela elle cesse d'avancer. Si la chaleur et le mouvement se compensent, la coulée restera stationnaire ; enfin si la chaleur est faible et le mouvement rapide la coulée se rapprochera du foyer de chaleur. La coulée c'est le glacier, le foyer de chaleur, c'est l'air chaud des vallées inférieures.

à la fois très-simple et très-sûr qu'il décrit de la manière
suivante et dont la figure 4 de Pl. IX, représente le
croquis : « Un bâton de deux mètres de longueur,
reposant sur deux piédestaux, sur lesquels il glissait
librement, fut appliqué par son extrémité antérieure contre une grosse pierre de la moraine, tandis que son extrémité postérieure coïncidait avec le bord d'une borne
aux faces lisses, qui avait été fixée dans le sol. De cette
manière le moindre déplacement que subissait la moraine se transmettait au bâton dont l'extrémité graduée
débordait la borne d'autant que la moraine avait avancé.
Il suffisait, par conséquent, de compter à chaque observation le nombre de millimètres en avant du bord de la
dalle, pour savoir au juste de combien la moraine s'é-
tait avancée dans un temps donné. Le bâton pouvait
même être déplacé, sans préjudice pour l'observation.
On n'avait qu'à le remettre exactement dans sa position
primitive et comparer ensuite les deux observations » (*).

M. Desor n'ayant pas donné les détails des observations qu'il a faites, je crois utile de les consigner ici.
L'appareil, établi le 17 août 1844, fut observé de temps
en temps jusqu'au 5 septembre, puis une dernière fois
le 4 novembre. Le tableau suivant contient les cotes de
la progression en millimètres, à partir du 17 août. J'ai
ajouté dans la dernière colonne l'état du ciel.

(*) *E. Desor*, Nouvelles Excursions, p. 68.

TABLEAU *de l'empiétement du glacier de l'Aar en 1844.*

DATE. 1844.	HEURE.	DISTANCE DE LA MARQUE en millimètres.	MOYENNE DIURNE en millimètres.	ÉTAT DU CIEL.
Août.				
17	midi.	0,^{m}		Beau temps.
18	10 m.	7	7, 63	
19	8 m.	21	15, 27	Variable.
20	10 m.	35	12, 72	Serein, brouill. la n.
21	4 s.	45	7, 92	Variab.; tourm. la n.
22	8 m.	55	14, 88	Serein.
24	midi.	75	8, 12	Serein.
26	4 s.	95	8, 12	Serein, tourm. la n.
27	9 m.	100	6, 96	Pluie continuelle.
30	9 m.	122	7, 20	Serein.
Sept. 5		155	6, 48	Serein.
Du 5 sept. au 4 nov.		2^{m}95	4, 9	

Il n'est pas sans intérêt de faire remarquer que la moyenne des dix-neuf jours d'observation (8 millimètres par jour), correspond à peu près exactement à la moyenne de l'envahissement annuel, lorsqu'on répartit les 6^m,02, ci-dessus sur deux années (*). La moyenne du 5 septembre au 4 novembre est sensiblement plus faible ; elle n'est que de 5 millimètres par jour (**). Il y a, par conséquent, ralentissement de plus d'un tiers sur l'envahissement de l'été.

(*) 6^m,02 : 713 jours = 0^m, 008 i.
(**) 0^m,295 · 60 jours = 0^m, 00491.

TABLEAU *de l'empiétement du glacier de l'Aar en 1845.*

DATE.	HEURE.	AVANCEMENT total.	DATE.	HEURE.	AVANCEMENT total.
1845 Juillet.					
17	9 m.	0	30	midi.	139
20	5 s.	43	—	3 s.	139
21	10 m.	55	—	6 s.	139
—	2 s.	57	—	9 s.	140
23	6 s.	81	31	minuit.	140
24	9 m.	85	—	3 m.	140
27	midi.	113	—	6 m.	140
—	3 s.	113	—	9 m.	141
—	6 s.	115	—	midi.	142
28	minuit.	116	—	3 s.	142
—	3 m.	119	—	6 s.	142
—	6 m.	119	Août.		
—	9 m.	120	2	9 m.	153
—	midi.	120	3	5 s.	166
—	3 s.	121	4	midi.	172
—	6 s.	122	5	11 m.	180
—	9 s.	122	7	7 s.	210
29	minuit.	123	8	7 s.	228
—	3 m.	123	9	7 s.	232
—	6 m.	125	13	midi.	270
—	9 m.	128	16	7 s.	290
—	midi.	128	19	midi.	328
—	3 s.	130			
—	6 s.	132	Moyenne totale en 24 h. sur 33 j.		0, 00994

La moyenne totale de 33 jours que comprend ce tableau
est de 10 millimètres (plus exactement de 0^m,00994),
par conséquent de deux millimètres plus forte que l'année précédente. Mais ce mouvement n'est nullement
homogène. Si l'on divise ce laps de temps en plusieurs
périodes, on trouve que le mouvement varie considérablement suivant les époques. Il y a des moments où

la moyenne est fort au-dessus de ce chiffre, d'autres,
où elle reste sensiblement au-dessous, et d'autres enfin
où elle lui correspond d'une manière frappante. Ainsi
nous obtenons :

Pour la période du 16 au 20 juillet......... 0^m, 013
Pour celle du 20 au 29 juillet............. 0^m, 0090
Pour celle du 29 au 31 juillet............. 0^m, 005
Pour celle du 31 juillet au 8 août.......... 0^m, 0107
Pour celle du 8 au 16 août................ 0^m, 009

En comparant ces moyennes diverses avec l'état météorologique (voyez plus bas p. 494), nous trouvons
*que le max mum ne correspond pas aux moments
les plus chauds, mais aux jours qui leur succèdent.*
Ainsi, du 31 juillet au 8 août, la moyenne a été de près
de 11 millimètres, malgré le mauvais temps, tandis que
pendant les deux jours du 30 et 31 juillet qui furent les
plus beaux de la campagne, la moyenne n'a été que
de 5 millimètres. Il paraîtrait ainsi que l'effet de la grande
fonte de ces jours-là ne s'est fait sentir à l'extrémité du
glacier que les jours suivants.

Les mêmes oscillations se reproduisent aux différentes heures du jour. Nous avons vu dans le tableau qui
précède l'appareil rester à peu près fixe pendant trois,
six et neuf heures, comme cela est arrivé pendant la nuit
du 30 au 31 juillet, puis avancer soudain comme par
saccades de plusieurs millimètres. Mais il faut bien remarquer que ces saccades, si elles existent réellement, se
bornent à quelques millimètres. Peut-être aussi ne sont

elles dues qu'à la circonstance que le mouvement n'est pas transmis d'une manière directe, mais par l'intermédiaire d'un amas de pierre.

Ces observations ont été continuées à des intervalles plus éloignés jusqu'au commencement de janvier, époque à laquelle on a dû y renoncer à cause de la quantité de neige qui s'était accumulée devant le glacier. J'ai réuni dans le tableau suivant l'ensemble des observations de l'automne et de l'hiver dans leur succession chronologique, en y joignant sous un seul chef celles de l'été.

TABLEAU *de l'empiétement du talus terminal aux différentes époques de l'année.*

ÉPOQUES D'OBSERVATION.	NOMBRE de jours.	AVANCEMENT d'une observation à l'autre.	MOYENNE diurne.
Du 17 juillet au 19 août. . .	33	$0^m 328$	$0^m 00994$
Du 19 août au 6 septembre.	18	0, 196	0, 0108
Du 6 septembre au 13 sept.	7	0, 100	0, 0143
Du 13 septembre au 23 sept.	10	0, 096	0, 0096
Du 23 septemb. au 23 octob.	30	0, 260	0, 0086
Du 23 octobre au 20 nov.	28	0, 140	0, 0050
Du 20 novembre au 11 déc.	21	0, 090	0, 0042
Du 11 décembre au 30 déc.	19	0, 290	0, 0152
Du 30 décemb. au 11 janv. (*)	12	0, 160	0, 0133

(*) Pour faire l'observation du 11 janvier, MM. Desor et Dollfus ont dû faire creuser une galerie de 6 mètres de profondeur au travers de la neige accumulée devant le glacier.

Les variations sont ici encore plus frappantes que dans les deux tableaux de l'envahissement estival. Un fait qui mérite surtout d'être signalé, c'est la coïncidence de ces variations avec celles qui ont eu lieu à l'Hôtel des Neuchatelois. En effet, le maximum de vitesse de l'automne correspond au commencement de septembre; puis, à partir de ce moment, la progression se ralentit d'une manière sensible jusqu'au mois de décembre, époque où elle s'accélère de nouveau assez subitement, au point que sa vitesse est à peu près quadruple de ce qu'elle était au mois de novembre.

De ce que le ralentissement et l'accélération ont lieu aux mêmes époques, que les oscillations des régions supérieures, j'en conclus que la cause qui les détermine est la même, par conséquent que l'empiétement de l'extrémité des glaciers est soumis à des règles fixes, aussi bien que la progression des autres parties, dont nous rechercherons la cause dans les paragraphes suivants.

Les conséquences qui découlent de ces expériences sont faciles à résumer. Il est démontré par là :

1° Que le mouvement des glaciers subit des oscillations regulières ;

2° Qu'il atteint son maximum de vitesse au printemps et au commencement de l'été, époque à laquelle il excède de beaucoup la moyenne annuelle ;

3° Qu'il se ralentit insensiblement à l'approche de l'hiver, époque à laquelle il tombe au-dessous de la

moyenne annuelle, pour se relever de nouveau vers la
fin de l'hiver ou à l'approche du printemps.

PROGRESSION JOURNALIÈRE.

Le double résultat qui découle de nos observations sur
le mouvement annuel et saisonnaire, savoir: d'une part
la marche ralentie de la masse entière d'amont en aval
et d'autre part le ralentissement des bords relativement
au centre, ce double résultat dis-je devait recevoir une
confirmation éclatante par les observations sur le mouvement journalier dont nous allons rendre compte.

Le but primitif de ces observations, était d'apprendre
à connaître le rapport qui existe entre la progression
et les conditions générales de la température, afin d'arriver, si possible, à la cause véritable du mouvement.

Les premières observations remontent à l'été de 1842.
J'avais fixé sur un rocher de la rive gauche du glacier
de l'Aar, en face de l'Hôtel des Neuchâtelois, une lunette
avec un fil en croix et j'avais planté dans l'alignement du
fil vertical, à la distance d'à peu près 100ᵐ du bord, sur
la partie riveraine du Lauteraar (*) un pieu dont l'éloi-
gnement du fil vertical de la lunette devait m'indiquer
la somme du déplacement d'une observation à l'autre.
Les observations se faisaient deux fois par jour autant que
possible à la même heure (à 6 heures du matin et à
6 heures du soir).

(*) L'emplacement de ce pieu est indiqué par la lettre c sur la carte
de Pl. II.

Ces premières mesures, qui embrassent une période d'un mois ont indiqué en moyenne un avancement de 10 centimètres en 24 heures (*). Mais cet avancement n'était pas uniforme; il y avait des jours où il dépassait la moyenne et d'autres où il restait en dessous. Je crus aussi remarquer que la progression était plus accélérée de nuit que de jour.

Ce résultat, auquel j'attachais alors une très-grande importance (**), m'engagea à multiplier les observations. Je plantai la même année un second pieu sur le bras du Finsteraar, un peu en amont de l'Hôtel des Neuchâtelois (***). L'avancement en fut observé à des intervalles de plusieurs jours, au moyen du théodolite. Cette seconde série qui comprend une période de cinquante-deux jours (du 13 juillet au 3 septembre 1842) me donna une moyenne bien plus forte , de 23 centimètres par vingt-quatre heures qui s'explique tout naturellement par la position du signal au milieu du glacier. Je remarquai encore cette fois des oscillations assez fortes entre les différentes époques. Il se pourrait à la vérité que ces résultats, à raison du procédé employé (****), ne fussent pas tout

(*) Ce chiffre très-faible ne doit pas surprendre à raison de la situation du pieu qui se trouvait près du bord, dans une région où nous avons vu que le mouvement est beaucoup plus lent qu'au milieu du glacier.

(**) Comptes rendus de l'Académie des Sciences, T. XV, p. 737 et 1205.

(***) Ce pieu est indiqué par un *H* sur la carte de Pl. III.

(****) M. Wild plaçait, à chaque observation, son théodolite au-dessus du pieu et mesurait les angles que celui-ci formait avec les points fixes

à fait rigoureux, et c'est pourquoi je n'en reproduirai pas les éléments. Je me bornerai seulement à faire remarquer que le chiffre de la moyenne générale (0^m, 235) est supérieur à la moyenne annuelle de 1842 qui, d'après le tableau de p. 438, n'a été que de 0^m,188 à l'Hôtel des Neuchâtelois.

Observations de 1844.

Les observations furent reprises avec plus de détails en 1844 , et poursuivies sans interruption pendant la plus grande partie de la campagne de cette année. Le théâtre des nouvelles expériences avait été transporté de l'Hôtel des Neuchâtelois à notre nouvelle habitation, au pied du Rothhorn qui est à 5 kilom. en aval de l'Abschwung. Le signal sur lequel on mesurait l'avancement n'était plus dans la région riveraine, mais au milieu de la moraine médiane, par conséquent à l'endroit où la vitesse est à son maximum (*).

du rivage. Cette méthode qui est celle qu'a employé M. Forbes est en effet très-bonne, lorsqu'il s'agit de distances considérables, mais peut-être ne présente-t-elle pas le même degré de certitude, lorsqu'on veut mesurer de très-petites distances, attendu que l'instrument, par cela même qu'il est placé sur la glace qui fond, n'est jamais parfaitement immobile.

(*) **M. Desor**, qui fut chargé de ces mesures pendant la campagne de 1844, en a rendu un compte détaillé dans ses *Excursions* (*). Je ne puis mieux faire que de reproduire en substance cette description. Ce sera mettre, en même temps, le lecteur à même de juger du degré de confiance que méritent ces observations. « Je choisis,

* Comptes rendus de l'Académie des Sciences. T. XIX, p. 1299 et suiv.

Les observations qui furent recueillies cette année, forment deux séries qui représentent ensemble un espace de vingt-trois jours, pendant lequel la perche a avancé de 5^m,9, soit en moyenne de 22 centimètres par jour, par conséquent d'une quantité supérieure à la moyenne annuelle du lieu, qui est ici au maximum de 19 centimètres. Durant la première période qui comprend un espace de huit jours, la progression fut de 1^m,49 soit de 18 centimètres (0^m,186) par jour. La seconde période a eu un mouvement d'un quart plus accéléré, de 3^m,69 pour quinze jours, ou de 24 centim. par jour. M. Desor insiste à cette occasion sur le rapport qu'il croit exister entre la progression et l'état de la température dans les deux périodes. Pendant la première période, la température a été froide et neigeuse, tandis que la seconde a

dit-il, un emplacement tout près du Pavillon, sur lequel je fixai solidement, et de manière à la rendre immobile, une bonne lunette, munie d'un fil en croix. Je peignis avec de la couleur à l'huile une grande croix blanche sur la rive opposée, pour servir de point de repère. J'alignai ensuite avec ces deux points fixes une grande perche solidement fixée contre un bloc du sommet de la moraine médiane. A cette perche était attachée une tige horizontale, divisée en fractions décimales et centésimales. Tous les matins et tous les soirs, et souvent aussi pendant la journée, lorsque nos occupations et l'état du ciel le permettaient, l'un de nous se rendait à la perche, muni d'un bâton, surmonté d'une croix noire et blanche pour la rendre plus voyante, et guidé par l'observateur, placé à la lunette, il faisait glisser son bâton sur la tige horizontale de la perche, jusqu'à ce qu'il fût exactement dans le plan du fil vertical. Il lisait alors le chiffre auquel son bâton correspondait, et ce chiffre, comparé à celui de l'observation précédente, donnait la somme de l'avancement. » — Nouvelles Excursions et séjours dans les glaciers, p. 61.

joui d'un ciel en général serein et d'une température sensiblement plus chaude. Il se pourrait cependant que ces différences n'eussent pas l'importance qu'on leur a prêté, attendu que si les variations de l'atmosphère exercent une influence sur la marche des glaciers, cette influence ne saurait en aucun cas être immédiate, du moins dans les grands glaciers.

Observations de 1845.

Ces mesures ont été reprises à la même station pendant l'été de 1845. Une alidade, destinée exclusivement à cet usage, fut fixée sur le rocher dit l'*Observatoire*, au pied du Pavillon, et tous les jours on observait au moins deux fois la quantité dont la perche s'était déplacée. Ces observations ont duré depuis le 18 juillet, jusqu'au 14 août. Plus tard l'instrument ayant été employé à d'autres usages, on se borna à des observations isolées semblables à celles qui avaient été faites en 1842.

Le tableau suivant contient le détail des observations journalières avec l'indication du jour et de l'heure où elles ont été faites. La troisième colonne indique en fractions de mètres, la distance à laquelle la perche se trouvait de son emplacement primitif. La quatrième colonne donne la moyenne de mouvement pour chaque période de vingt-quatre heures. Les autres colonnes indiquent l'état météorologique à chaque observation, ainsi que les maxima et les minima de la température.

Progression journalière d'un pieu situé sur la moraine médiane, en face du Pavillon.

DATE. — 1845.	HEURE.	DISTANCE en mètres.	AVANC. MOY. en 24 h.	TEMPÉRATURE.			ÉTAT DU CIEL.
				MINIMUM.	MAXIMUM.	MOYENNE.	
Juillet.							
18	6 s.	0, 00		— 1, 2	+ 10, 5	+ 4, 7	Partiellement couvert.
19	6 s.	0, 18	0, 180	— 4, 2	+ 12, 0	+ 5, 9	Serein et ch. jusq. 4 h. du s.
20	7 m.	0, 25		+ 0, 4			Nuit sereine.
—	6 s.	0, 55	0, 170		+ 12, 0	+ 6, 2	Partiellement couvert.
21	9 m.	0, 40		— 1, 0			Neige et pluie la nuit.
—	6 s	0, 60	0, 250		+ 12, 0	+ 5, 5	Neige et pluie jusq. 11 h.
22	7 m.	0, 68		+ 0, 4			Couvert.
—	2 s.	0, 74			+ 11, 5	+ 5, 9	Partiellement couvert.
—	7 s.	0, 79	0, 182				Commence à s'éclaircir.
23	7 m.	0, 88		+ 0, 6			Partiellement couvert.
—	6 s.	0, 99	0, 208		+ 11, 0	+ 7, 3	Serein et calme.
24	7 m.	1, 08					Orage la nuit, beau le m.
—	2 s.	1, 16			+ 13, 0		Beau et serein.
—	8 s.	1, 25	0, 221				Brouillards partiels.
25	7 m.	1, 32		+ 2, 5			Serein le matin.
—	2 s.	1, 42			+ 10, 0	+ 6, 2	Brouillard.
—	7 s.	1, 47	0, 270				Serein.
26	7 m.	1, 55		+ 5, 5			Conv. Les couvert. ont paru
—	2 s.	1, 64			+ 10, 0	+ 6, 7	Couvert. [trop chaudes.]
—	7 s.	1, 69	0, 250				Couvert, pluie.
27	8 m.	1, 80		+ 0, 5			Pluie et neige la nuit.
—	6 s.	1, 89	0, 200		+ 7, 5	+ 3, 9	Brouillard.
28	7 m.	1, 97		— 1, 5			Serein.
—	7 s.	2, 05	0, 160		+ 6, 0	+ 2, 2	Pluie l'après-midi.
29	6 m.	2, 12		+ 2, 2			Pluie continue.
—	8 s.	2, 28?	0, 212		+ 6, 0	+ 4, 1	Pluie continue et neige.
30	8 m.	2, 34		— 2, 0			Brouillard le matin.
—	7 s.	2, 41	0, 115		+ 15, 0	+ 6, 5	Serein.
31	9 m.	2, 54		0,	+ 15, 5	+ 7, 5	Serein.
Août.							
1	9 m.	2, 75		+ 2, 8			Serein.
—	7 s.	2, 81	0, 205		+ 10, 0	+ 6, 4	Fort vent.
2	7 m.	2, 89		+ 1, 5			Nuit très-venteuse.
—	midi.	2, 90			+ 9, 5	+ 5, 5	Couvert, fort vent.
3	9 m.	3, 10		+ 1, 4	+ 8, 5	+ 4, 9	Pluie la nuit.
4	8 m.	3, 31		+ 0, 4			Pluie la nuit.
—	6 s.	3, 39	0, 195		+ 8, 5	+ 4, 4	Pluie et brouillard.
5	9 m.	3, 48		+ 0, 5	+ 5, 0	+ 2, 7	Brouillard, pluie.
6	midi.	3, 67		— 1, 5	+ 3, 0	+ 1, 2	Neige la nuit et le matin.
—	6 s.	3, 77	0, 190				Neige, vent.
8	9 m.	4, 10		— 4, 5			Neige continuelle.
—	5 s.	4, 14	0, 190		+ 5, 0	+ 0, 9	Couvert.
9	7 m.	4, 21		— 0, 5			Nuit sereine.
—	7 s.	4, 32	0, 180		+ 11, 0	+ 5, 2	Serein et chaud.
10	7 m.	4, 41		+ 1, 0			Variable, nuit chaude.
—	6 s	4, 55	0, 215		+ 10, 0	+ 5, 5	Variable, couvert.
11	6 m.	4, 58		— 0, 2	+ 5, 5	+ 1, 6	Pluie la nuit.
12	6 m.	4, 75		0, 0			Serein.
—	6 s.	4, 85	0, 160		+ 4, 0	+ 2, 0	Pluie.
13	7 m.	4, 89					Pluie.
—	6 s.	5, 09	0, 240				Serein, calme et chaud.
14	10 m.	5, 20					Couvert, neige la nuit.

Avancement total en 26 jours 6 heures. 5m, 20

Avancement diurne. 0m, 195

Nous retrouvons encore ici des différences sensibles entre les jours, différences qui vont quelquefois jusqu'au quart et au tiers, comme on peut s'en assurer en comparant les chiffres de la quatrième colonne. La moyenne diurne de ces 26 ½ jours a été, comme l'indique le tableau, de 195 millimètres, par conséquent de 35 millimètres inférieure à celle de l'été dernier. En revanche, il se trouve qu'elle est à peu près exactement semblable à celle du mouvement annuel de cette partie du glacier (*).

Si j'essaye de comparer la progression avec l'état météorologique, je trouve que le mouvement le plus accéléré a eu lieu après la mi-juillet, par un temps variable et pluvieux, tandis que durant le mois d'août le mouvement a été beaucoup plus lent, quoique le temps fût à peu près le même. Mais ce qui mérite surtout d'être signalé, c'est que pendant les trois jours du 29 au 31 juillet, qui furent les plus beaux et les plus chauds de la saison, le mouvement, loin de s'accélérer, s'est au contraire ralenti, preuve que la température n'influe pas d'une manière immédiate sur la progression (**).

Je ne me dissimule pas que les variations du tableau

(*) La perche qui avait servi aux observations journalières de l'année précédente avait résisté aux tourmentes de l'hiver et fut retrouvée debout au mois de juillet 1845. Ayant mesuré sa distance de l'alignement primitif, je trouvai qu'elle avait avancé de 61^m,40, depuis le 4 septembre 1844 jusqu'au 19 juillet 1845, soit en moyenne de 193 millimètres par vingt-quatre heures, chiffre qui correspond à 2 millimètres près à la moyenne de l'avancement estival.

(**) L'absence de relation directe entre la vitesse et l'état atmosphé-

ci-dessus, quelque considérables qu'elles paraissent, sont peu de chose en elles-mêmes , attendu qu'elles portent sur des chiffres très-minimes, et l'on pourrait, vu l'imperfection de nos moyens d'observation, se demander si elles ne rentrent pas dans les limites des erreurs d'observation.

Je les donne avec d'autant plus de réserve que MM. Dollfus, Otz et Martins, opérant avec un instrument plus parfait, ont trouvé en 1846, un mouvement sensiblement uniforme pendant une période de onze jours, du 18 au 29 août. Aussi bien, s'il est vrai, comme nous le montrerons plus bas , que les mouvements du glacier dépendent de la présence de l'eau dans l'intérieur de la masse glacée, on conçoit qu'en effet, les oscillations de la progression soient très-faibles, attendu qu'en été la température de l'intérieur du glacier, qui est invariablement à zéro, entretient une saturation permanente qui ne saurait être modifiée d'une manière notable par les variations de la température extérieure. D'un autre côté, les effets de ces variations sont nécessairement d'autant moins sensibles que la masse est plus épaisse ; et comme la plus grande

rique m'explique pourquoi je n'ai pas réussi à déterminer, comme je m'y attendais, la part du mouvement qui revient à la nuit et celle qui appartient au jour. En effet, pour y parvenir, il faudrait savoir dans quelles limites les variations diurnes du thermomètre et de l'hygromètre influent sur la progression. Or, c'est ce que nous ignorons complétement jusqu'à présent.

(Comptes Rendus de l'Académie des Sciences, T. XXIII, p. 823.)

épaisseur est au milieu du glacier, il s'ensuit que le mouvement doit y être plus indépendant des variations diurnes et partant plus égal que sur les côtés, où l'influence des obstacles du rivage vient s'ajouter aux retards occasionnés par les influences de la température. Nous allons voir par les expériences suivantes qu'en effet c'est là ce qui arrive au glacier de l'Aar. Si donc j'ajoute encore quelque valeur aux oscillations ci-dessus, c'est essentiellement parce qu'elles correspondent d'une manière assez frappante à celles plus importantes du mouvement des bords.

Déplacement journalier du bord.

En même temps qu'on observait le déplacement diurne du milieu du glacier, des expériences non moins suivies se faisaient au bord du glacier.

Il importait de s'assurer par des observations directes si le mouvement des parties riveraines s'effectue avec la même régularité, et de quelle manière il est influencé par les circonstances intérieures. MM. Desor et Dollfus construisirent à cette fin un appareil particulier, dont l'un d'eux, M. Desor, a donné la description accompagnée d'un croquis que j'ai reproduit Pl. IX, fig. 3. « Nous plantâmes, dit-il, trois pieux sur la même ligne, à une distance de quatre mètres du rivage et espacés de deux mètres. Après les avoir entourés de gazon à leur base, pour empêcher l'ablation, nous les réunîmes au moyen d'une poutre traversière (*a*), qui fut clouée à chacun des pieux. Contre le rocher en face était appliquée une mesure métrique (*b*), avec divisions en centimètres et en millimètres, qui correspondait à un indicateur (*c*). De cette manière c'était en quelque sorte l'appareil qui observait, et l'observateur n'avait autre chose à faire qu'à noter en passant le chiffre auquel l'indicateur correspondait au moment de l'observation. En comparant ensuite ce chiffre avec celui de l'observation précédente, il savait à un millimètre près de combien l'appareil avait cheminé dans l'intervalle. L'on était ainsi à même d'observer à toute heure du jour et même de la nuit, sans avoir à craindre d'être entravé par la pluie ou le brouillard (*) ».

Les observations de 1844 comprennent deux séries, l'une de six jours (du 20 au 26 août), et l'autre de huit jours (27 août au 4 septembre). Pendant la dernière période qui comprend les observations les plus suivies, l'avancement total a été de 121 millimètres en six jours, ce qui fait par conséquent 15^{mm} par jour. Or ce chiffre, quelque faible qu'il paraisse, est cependant très-sensible à l'observation. Il égale même à peu près la moyenne du pieu VIII de la ligne C D de Pl. IV, qui, comme nous l'avons vu plus haut (p. 451), n'a subi qu'un déplacement de 11^m,2 en deux ans ou de 5^m,6 par an, ce qui, réduit en moyenne de 24 heures, ne fait guère que

(*) E. Desor, Nouvelles Excursions, p. 65.

16^{mm} par jour. Or, comme le pieu VIII, de la ligne C D,
ne touche pas le bord, et qu'il faut admettre par conséquent que les autres pieux plus rapprochés du rivage,
(les pieux X et XI de la même ligne) sont plus ralentis
encore, il s'en suit qu'au pied même du Pavillon le bord
du glacier est animé d'un mouvement plus accéléré que
derrière le promontoire, où se trouve le pieu VIII, d'où
je conclus que ce promontoire retarde réellement la
marche du glacier en ce point.

Mouvement transversal et de hausse.

Ces expériences rendirent MM. Desor et Dollfus atten-
tifs à d'autres mouvements qui s'effectuent simultanément
avec la progression d'amont en aval, et qui consistent :
1° dans un refoulement insensible de la masse entière
vers le bord ; 2° dans un mouvement de hausse contre le
rivage. Tel pieu, qui aujourd'hui se trouve à une distance
donnée du bord, ne se maintient pas dans la même position relativement au rivage, mais s'approche insensiblement du bord, tout en progressant d'amont en aval ; en
d'autres termes, son mouvement, au lieu de s'effectuer
parallèlement à l'axe du glacier décrit une ligne oblique.
Sans être aussi considérable que le mouvement d'amont en
aval, ce déplacement est cependant sensible, et M. Desor
rapporte expressément (*) qu'il fut plus d'une fois dans le

(*) Nouvelles Excursions, p. 67.

cas de raccourcir l'indicateur de son appareil afin de l'empêcher de toucher le rocher. Dans l'espace de huit jours (du 27 août au 24 septembre) ce mouvement, que nous appellerons *transversal* a été de 79^{mm}, soit de 10^{mm} par jour, par conséquent d'un tiers moins fort que le déplacement longitudinal. Le troisième mouvement, quoique plus faible, n'est pas moins régulier. Il consiste dans un exhaussement continuel de la masse du glacier près des bords ; c'est pourquoi je le désigne sous le nom de *mouvement de hausse.*

Les observations sur ces trois mouvements furent reprises avec plus de détail en 1845. Un appareil des plus solides, construit sur le modèle du précédent, fut établi sur le même emplacement, au pied du Pavillon. Les observations se faisaient d'abord trois fois par jour, le matin, à midi et le soir. Plus tard on se contenta d'une seule mesure. La durée des observations de 1845 embrasse une période de quinze jours, depuis le 26 juillet jusqu'au 10 août. J'ai réuni les cotes des trois mouvements dans le tableau synoptique suivant, avec l'indication de la moyenne du mouvement longitudinal par heure. J'y ai ajouté en outre la température moyenne du jour et l'état du ciel à chaque observation.

Tableau *des observations journalières faites au pied du Pavillon, sur le mouvement du bord.*

DATE.	HEURE.	MOUVEMENT longitud.	MOYENNE en millim. par heure.	MOUVEMENT transversal.	MOUVEMENT de hausse.	TEMPÉRAT. moyenne.	ÉTAT DU CIEL.
Juillet.							
25	5 s.	»	»	»	»	+ 6, 2	Serein.
26	7 m.	13	1, 07	8	5		Couvert, nuit douce.
	11 m.	5	1, 25	1	3	+ 6, 7	Couvert.
	5 s.	8	1, 3	3	4		Couvert.
27	midi.	12	0, 63	8	3		Couv., pluie et n. la nuit.
	6 s.	9	1, 5	4	4	+ 3, 9	Serein.
28	8 m.	9	0, 64	4	2		Serein.
	1 s.	4	0, 8	2	2	+ 2, 2	Couvert.
	7 s.	2	0, 53	3	1		Pluie.
29	2 s.	13	0, 68	7	5	+ 4. 1	Pluie continue.
30	9 m.	16	0, 84	2	3		Brouillard.
	7 s.	11	1, 1	11	3	+ 6, 5	Serein, très-chaud.
31	9 m.	13	0, 92	16	3	+ 7. 5	Très-chaud, fonte abond.
Août.							
1	9 m.	14	0, 58	11	7		Serein et chaud.
	6 s.	6	0, 64	10	0	+ 6, 9	Serein, vent violent.
2	6 s.	11	0, 91	10	4		Couvert, vent violent.
3	2 s.	19	0, 93	10			Couvert et pluie.
4	8 m.	18	1	8			Pluie la nuit.
	4 s.	7	0, 87	4			Couvert et pluie.
6	3 s.	33	0, 74	11	33		Neige et pluie.
8	midi.	26	0, 58	18	7		Neige continuelle.
9	10 m.	17	0, 77	10	5		Serein et chaud.

	Mouvement longitudinal. . 18ᵐᵐ (0, 0180)
Moyenne en 24 heures. .	Mouvement transversal . . 10 (0, 0106)
	Mouvement de hausse. . . 6 (0, 00603)

Il résulte de ce tableau que non-seulement le mouvement longitudinal et le mouvement transversal sont un
fait constant, puisqu'ils se sont reproduits comme en 1844,
mais encore qu'ils se maintiennent dans une certaine
proportion entre eux. En thèse générale, le mouvement

longitudinal est plus considérable que le mouvement transversal (en moyenne dans le rapport de 18 à 10). Cependant cette proportion n'est pas régulière et uniforme. Le plus souvent, sans doute, le mouvement longitudinal l'emporte sur le mouvement transversal ; mais il est aussi des jours où ce dernier égale et dépasse même le mouvement longitudinal, soit qu'il s'accélère outre mesure ou bien que le mouvement longitudinal se trouve retardé. Cette inconstance dans les détails indique assez que les mouvements des glaciers ne s'accomplissent pas d'une manière tout à fait uniforme, mais qu'il survient réellement des accélérations et des ralentissements. Il en est de même du mouvement de hausse qui égale en moyenne environ la moitié du mouvement transversal et le tiers du mouvement longitudinal. Dans ses détails ce mouvement est plus régulier que le mouvement transversal, et l'on peut voir, par le tableau, ci-dessus qu'il se maintient à peu près toujours dans les mêmes proportions relativement aux autres déplacements.

En ramenant les trois mouvements à des moyennes de 24 heures, on trouve :

Pour le mouvement longitudinal...... 18^{mm} (0^m, 018)
Pour le mouvement transversal....... 10 (0 , 0109)
Pour le mouvement de hausse........ 6 (0 , 006)

Ces mouvements divers du bord sont influencés d'une manière plus directe par les agents atmosphériques, que ne l'est le déplacement de la moraine médiane. Si le rapport n'est pas toujours immédiat entre la vitesse du mouvement et les conditions atmosphériques, nous remarquons du moins que le maximum correspond en général aux époques les plus chaudes, témoins les journées du 26 et du 31 juillet, pendant lesquelles la moyenne du déplacement longitudinal a été à peu près double de ce qu'elle est pendant les journées froides. A certains égards cette influence est encore plus sensible sur le mouvement transversal. En comparant le tableau ci-dessus, on trouve que pendant les journées du 31 juillet et du 1er août le mouvement transversal a non-seulement atteint son maximum, mais qu'il a même dépassé à cette époque le mouvement longitudinal, tandis qu'en temps ordinaire il est d'un tiers et souvent de moitié moindre. Ainsi que je l'ai dit plus haut, je ne doute nullement qu'il ne faille attribuer à la moindre épaisseur du glacier près des bords, la circonstance que les déplacements y sont plus dépendants des variations de la température. La concordance est moins frappante à l'égard du mouvement de hausse, bien que ce soit également à cette époque qu'il arrive à son maximum.

Afin de s'assurer que ces mouvements divers ne sont pas un phénomène local, mais qu'ils remontent à une cause générale, M. Dollfus construisit en face de l'Hôtel des Neuchâtelois, au pied du Mieselen, un second appareil dont l'emplacement est indiqué par la lettre a sur la carte de Pl. III. L'ayant observé pendant dix-huit jours consécutifs, nous avons trouvé des résultats tout à fait concordants avec ceux de la station du Pavillon : savoir un mouvement longitudinal prédominant, un mouvement latéral un peu moins fort, et un mouvement de hausse très-faible. Il n'y avait de différence que dans les proportions. Ainsi les moyennes diurnes du 29 juillet au 16 août ont été en 24 heures :

$$
\begin{array}{ll}
\text{Pour le mouvement longitudinal} \dots\dots & 0^m, 016 \\
\text{Pour le mouvement transversal} \dots\dots & 0\ ,\ 013 \\
\text{Pour le mouvement de hausse} \dots\dots & 0\ ,\ 003
\end{array}
$$

Par conséquent la différence entre le mouvement du centre et celui des bords est plus grande à l'Hôtel des Neuchâtelois qu'au Pavillon. Le rapport de vitesse est :

$$
\begin{array}{ll}
\text{A l'Hôtel des Neuchâtelois comme} \dots & 1 \text{ à } 13\ (16 : 211) \\
\text{Au Pavillon comme} \dots\dots & 1 \text{ à } 11\ (18 : 196)
\end{array}
$$

D'où il faut conclure que le glacier ne se ralentit pas seulement d'amont en aval, mais qu'en outre le contraste qui existe entre le centre et les bords tend à s'effacer insensiblement.

Cause des mouvements latéraux.

Si, comme tout me porte à le croire, les mouvements divers que nous venons d'analyser sont propres à tous les glaciers, ils doivent de toute nécessité exercer une certaine influence sur leur mécanisme et leur physionomie. La théorie ne saurait dès lors se dispenser d'en tenir compte. Une première conséquence du mouvement

transversal que j'entrevois est celle-ci : Une certaine
quantité de glace tend constamment à gagner le bord, où
elle est en partie absorbée par la fonte. En se portant de
ce côté, elle entraîne avec elle les débris de rochers qui
sont gisant à sa surface et qui finissent par se mêler avec
la moraine latérale dont ils augmentent le volume. J'i-
gnore jusqu'où s'étend ce mouvement transversal; mais
à supposer qu'il se fît sentir jusqu'au milieu du glacier, il
devrait en résulter qu'au bout d'un temps donné, les glaciers, s'ils étaient assez longs, finiraient par refouler latéralement toutes leurs moraines. On pourrait même
indiquer d'avance le moment où une pierre ou une moraine isolée, située à une distance donnée du rivage, irait
rejoindre la moraine latérale, comme cela a effectivement lieu au glacier de l'Aar. Je ne doute nullement que
la réunion des deux petites moraines de la rive gauche
du Lauteraar, dont fait partie le bloc N° 4 (voy. Pl. II.),
ne s'opère par l'effet du mouvement transversal.

La cause de ce mouvement transversal doit être cherchée dans la plus grande vitesse des masses centrales,
qui, en se portant continuellement en avant, refoulent
latéralement les parties voisines du bord, absolument
comme cela a lieu dans les rivières. Il est probable que
l'effet est d'autant plus sensible que la vallée se rétrécit davantage d'amont en aval.

Le mouvement de hausse a sa cause dans les mêmes
circonstances, combinées avec l'épaisseur inégale de la
glace. Nous avons vu plus haut que les glaciers augmen-

tent d'épaisseur des bords vers le centre, par la raison toute naturelle que la vallée est en forme de berceau et qu'elle a d'ordinaire sa plus grande profondeur au milieu. Or, si la glace du milieu est refoulée vers les bords elle doit y arriver avec un excédant d'épaisseur, et comme l'ablation ne compense pas toujours cet excédant, il en résulte un mouvement de hausse qui est la conséquence du mouvement transversal.

DE LA PROGRESSION DES GLACIERS DE SECOND ORDRE.

On ne possédait jusqu'ici aucune donnée positive sur les déplacements des glaciers de second ordre. Tout ce que l'on en savait se bornait à quelques vagues suppositions déduites des circonstances dans lesquelles ces glaciers se trouvent. Cependant tout le monde était d'accord pour admettre que la connaissance de leur progression devait être d'un grand poids dans l'étude du mécanisme des glaciers. Placés pour la plupart sur des pentes de 20°, 30°, 40° et même 50°, et peu gênés dans leur allure par les obstacles de leur lit qui est en général très-peu profond, ils sont en effet plus particulièrement propres à nous faire connaître la part qui revient aux différents facteurs du mouvement dans des conditions données. Aussi ai-je cru devoir leur accorder une attention toute spéciale.

Les premières observations sur ce sujet ont été faites en 1844 par M. Desor, sur différents affluents du glacier de l'Aar (*). Ces expériences ont été reprises et continuées pendant la campagne de 1845, et complétées enfin en 1846, par MM. Otz et Martins. J'exposerai dans les pages suivantes les expériences de ces trois années, avec l'indication de l'époque à laquelle elles ont été faites, en commençant par le glacier de Grünberg sur lequel on possède les observations les plus nombreuses (**).

Progression du glacier de Grünberg.

M. Desor avait établi sur ce glacier au mois d'août 1844, deux stations d'observations, l'une (A) à 150^m au-dessus du confluent, l'autre (B) 150^m plus haut (***). L'inclinaison de la surface du glacier était en A de 30°, en B de 31°. L'avancement observé a été :

(*) *E. Desor,* Nouvelles Excursions, p. 70. — **M.** Forbes annonce avoir fait à la même époque des observations sur un petit glacier qui descend du Schœnhorn dans la chaîne du Simplon, mais il n'en a pas encore publié les détails. — Edinb., N. Philos. Journ. 1845. Neuvième lettre à M. Jameson.

(**) Le mode d'opérer est le même que celui employé pour les mesures du grand glacier. Deux points fixes ont été marqués avec de la couleur à l'huile sur les rochers du bord. Un ou plusieurs pieux ont été forés dans l'alignement de ces deux points, en sorte qu'en mesurant à chaque opération la distance qui sépare le pieu de l'alignement primitif, on obtient la somme exacte de l'avancement dans un temps donné. La seule différence, c'est que ces observations sont beaucoup plus pénibles, à cause de la position, souvent très-élevée, de ces glaciers qui sont en général d'un accès difficile. Il est telles mesures qui exigaient une course d'une journée, par exemple celles qui se faisaient au glacier postérieur de Trift.

(***) *Voy.* la carte Pl. III.

A la station *A* :

Du 12 août au 4 sept. (23 jours) 0^m, 49 — Moyenne 0^m, 0213

A la station *B* :

Du 12 au 21 août (9 jours) 0^m, 62 — Moyenne 0^m, 0688

Du 21 août au 4 sept. (14 jours) 1, 11 — Moyenne 0 , 0792

Ces pieux ayant été retrouvés intacts l'année suivante, j'ai pu mesurer leur avancement annuel, et j'ai trouvé qu'ils avaient avancé, dans l'intervalle de 340 jours (du 12 août 1844, jusqu'au 18 juillet 1845).

Le pieu *A* de... 12^m, 50   Moyenne diurne... 0^m,0367

Le pieu *B* de... 19, 60   .... 0, 0507

En 1845, j'eus soin de faire reforer ces deux pieux, auxquels j'en ajoutai un troisième (*C*) que je plaçai à 100^m au-dessus de *B*, à un endroit où l'inclinaison est de 34°. Ces trois stations ont encore été relevées au mois de septembre 1845. L'avancement mesuré avec une bonne lunette a été pour une période de 53 jours (du 18 juillet au 9 septembre) :

A la station *A* de..... 2^m, 23   Moyenne..... 0^m,043

A la station *B* de..... 2, 46   .... 0, 464

A la station *C* de..... 2. 86   .... 0, 539

D'après ces observations, la moyenne de l'avancement annuel est d'environ 5 centimètres par jour, et le maximum de l'avancement de l'été n'excède pas 8 centim.

Progression du glacier de Silberberg.

Les observations ne devant pas se borner à un seul affluent, des expériences semblables furent commencées à la même époque sur deux autres affluents voisins du Grünberg, les glaciers de Zinkenstock et de Silberberg. Ce dernier, moins incliné et d'un accès plus facile que les autres, devait fournir à M. Desor l'occasion d'observer la marche relative des différents points d'une ligne transversale, et de s'assurer si, de même que dans les grands glaciers, le milieu avance plus rapidement que les bords. Une ligne d'observation fut tracée à cette fin dans la partie inférieure du glacier, à une distance de 170^m du confluent. Cette ligne se composait de trois pieux (A. B. C.) dont l'un (A) occupait le milieu, tandis que les deux autres étaient placés près des bords, l'un (B) sur la rive droite, et l'autre (C) sur la rive gauche. L'observation a donné les chiffres suivants pour une période de vingt et un jours (du 14 août au 4 septembre 1844).

Au pieu A.	0^m, 93	Moyenne.	0^m, 0423
Au pieu B.	0 , 81	Moyenne.	0 , 0385
Au pieu C.	1 , 46	Moyenne.	0 , 0219

De ces trois pieux un seul, le pieu A, fut trouvé debout l'année suivante. Il avait avancé de la même quantité que le pieu A du glacier de Grünberg, savoir, en 338 jours, de :

12^m, 80 — Moyenne. 0^m, 0378

Nous voyons par là que le ralentissement des bords, sans être aussi considérable qu'au glacier de l'Aar, est néanmoins sensible, puisque la vitesse du pieu C n'est que moitié de celle du pieu A, et il est probable que la différence serait encore plus grande si l'on rapprochait davantage le pieu du bord. La différence est moins frappante au pieu *B*, mais c'est sans doute parce que le lit du glacier est inégal et que l'épaisseur de la glace est plus considérable sur ce point que près de la rive gauche.

Progression du glacier de Zinkenstock.

Le glacier du Zinkenstock est le plus escarpé de tous les affluents latéraux du glacier de l'Aar. Son inclinaison est en moyenne d'au moins 30^d et il est des endroits où elle atteint 50^d. Il m'importait d'autant plus de mesurer son avancement, que j'avais l'espoir de connaître par ce moyen l'influence que la pente exerce sur la progression en général. J'y établis en conséquence deux stations d'observation composées chacune d'un pieu, l'un (A) placé à environ 100^m du confluent, immédiatement au-dessus de la cascade qui s'échappe de dessous le glacier, en un endroit où la pente est de 41^d. Le second pieu (B) se trouvait à environ 200^m au-dessus du précédent, en un endroit où la pente est de 38^d ; les deux pieux étaient rapportés à des croix peintes à l'huile sur les rochers des deux rives. Voici, en résumé, quelle a été la marche des deux stations :

Au pieu *A* pendant une période de 27 jours (du 19 juillet au 15 août 1845).......... 1^m, 57 Moyenne....... 0^m, 0581

Au pieu *B* pendant une période de 52 jours (du 19 août au 9 septembre).......... 3^m, 48 Moyenne....... 0^m, 0669

Ainsi donc, malgré son inclinaison très-forte, le glacier de Zinkenstock ne marche pas plus vite que les autres. Non-seulement il n'atteint pas la vitesse du grand glacier, il reste même en arrière du glacier de Grünberg, qui cependant est moins incliné. Pour se rendre compte de cette apparente anomalie, il faut se rappeler que le glacier de Zinkenstock n'a qu'une faible épaisseur qui n'est pas compensée par la pente. Autrement, ce glacier aurait nécessairement la marche la plus accélérée.

Ce résultat est d'ailleurs confirmé par la comparaison des deux pieux du glacier de Zinkenstock lui-même. Le pieu *A*, malgré sa forte pente, n'est pas celui qui marche le plus vite. Il le cède même d'une quantité assez notable au pieu B. C'est encore ici la conséquence de la moindre épaisseur de la glace, jointe peut-être à la position un peu marginale du pieu *A*, tandis que le pieu *B* était situé exactement au milieu du glacier.

Je conclus de ces expériences que les glaciers latéraux suivent, dans leur progression, les mêmes lois que les grands glaciers, puisque nous y retrouvons les mêmes variations que nous avons constatées au glacier de l'Aar, savoir : 1° la marche accélérée du centre relativement aux bords, d'après les observations faites au glacier du Grünberg; 2° la prépondérance du mouvement estival sur le mouvement annuel d'après les expériences faites au glacier de Grünberg; 3° le ralentissement du mouvement d'amont en aval, démontré par les résultats des glaciers de Grünberg, et de Zinkenstock.

Progression des glaciers latéraux de la rive gauche.

Les résultats qui découlent des observations ci-dessus, ne devaient cependant être envisagés comme définitivement acquis, qu'autant qu'ils auraient été vérifiés sur d'autres glaciers latéraux placés dans des conditions différentes. Ceci s'applique surtout au troisième des résultats indiqués ci-dessus, savoir, au ralentissement d'amont en aval. Il est une objection entre autres qui devait se présenter naturellement. Les trois glaciers dont il vient d'être question, celui de Grünberg, de Silberberg et de Zinkenstock, n'ont pas un cours entièrement libre. Tous trois confluent avec le grand glacier qui leur fait obstacle et se les incorpore successivement. N'était-il pas naturel dès lors, que, se trouvant ainsi arrêtés dans leur marche, leur progression en fût ralentie, surtout à leur extrémité? Pour répondre à cette objection, il fallait répéter les expériences sur des glaciers qui ne fussent pas dans ces conditions. Les glaciers de la rive gauche devaient nous en fournir l'occasion (*).

Progression du glacier de Trift antérieur.

Le glacier de Trift antérieur, est situé vis-à-vis du

(*) Nous avons vu plus haut, en traitant de la topographie du glacier de l'Aar, que les montagnes de la rive gauche ont, comme celles de la rive droite, leurs flancs tapissés de petits glaciers. Mais ces glaciers ont un cours très-limité, car comme ils sont tournés au midi et que par conséquent, ils subissent une fonte plus considérable, il en résulte qu'ils sont épuisés avant d'avoir atteint le grand glacier auquel ils n'envoient que le tribut de leurs eaux.

glacier de Zinkenstock. Alimenté par une grande terrasse, comprise entre les deux pics du Rothhorn et du
Bœchlistock, il descend droit au sud et se divise à son extrémité en deux branches, dont l'une, la plus occiden-
tale, vient s'appuyer contre les escarpements du massif
du Rothhorn. C'est cette dernière que nous choisîmes pour
nos observations. M. Desor y fit les premières expériences pendant l'été de 1844, à 200^m de l'extrémité du glacier, en un endroit où la glace est très-crevassée et où la
pente de la surface commence à devenir très-roide
(de 20-25^d). Des trois pieux qu'il planta le 14 août en
les alignant avec deux points fixes du rivage, il se trouva
que le plus accéléré avait avancé en vingt et un jours de
1^m, 11, d'où

Avancement diurne moyen......... 0^m, 0528

Aucun des pieux n'ayant été retrouvé en 1845, j'en
fis replanter trois autres : l'un (*A*) au milieu du glacier, les deux autres sur les côtés, l'un (*B*) à droite, l'autre (*C*) à gauche, à égale distance les uns des autres.
L'avancement observé comprend une période de qua-
rante-sept jours (du 25 juillet au 10 septembre). Il a été :

Au pieu A.....	3^m, 28	Moyenne diurne	0^m, 069
Au pieu B.....	3 , 66	» »	0 , 077
Au pieu C.....	3 , 08	» »	0 , 065

Ce mouvement, on le voit, est un peu plus accéléré
que celui du Zinkenstock et du Silberberg, mais il est
loin d'atteindre celui du grand glacier. Il n'égale pas

même celui du glacier de Grünberg. Et pourtant le glacier n'est gêné dans sa marche par aucun obstacle, car il s'écoule librement dans un large dégorgeoir. C'est à mes yeux une preuve manifeste que la vitesse de marche des glaciers ne dépend pas uniquement ni même essentiellement du relief du sol.

Glacier de Trift postérieur.

Les résultats qui précèdent, se trouvent encore confirmés par quelques expériences faites au glacier de Trift postérieur, où nous avons en même temps pu comparer la vitesse de la marche des différentes régions. Ce glacier s'étend sur les croupes du Mieselen, en face de l'Hôtel des Neuchâtelois. Alimenté par un petit cirque creusé dans l'arête qui forme le prolongement du Rothhorn (voy. Pl. III), il débouche à la limite des polis, à une hauteur de 3000ᵐ. Deux stations d'observation y furent établies en 1844 par les soins de M. Desor, l'une d'un seul pieu (*A*), à l'extrémité du glacier, en un endroit très-crevassé où la pente est d'environ 25°; l'autre, dans la région supérieure du cirque, là où le glacier atteint sa plus grande largeur. Cette dernière était composée de deux pieux (*B* et *C*), le premier situé au centre du glacier, le second près du bord droit. L'avancement observé a été pendant une période de treize jours (du 23 août au 5 septembre 1844) :

Au pieu A....	0ᵐ, 72	Moyenne diurne	0ᵐ, 0553
Au pieu B.....	0 , 61	» »	0 , 0469
Au pieu C.....	0 , 30	» »	0 , 0230

L'un des pieux, le pieu *C*, est resté debout pendant
l'hiver, et M. Desor a pu constater qu'il s'était avancé
en 379 jours (du 23 août 1844 au 6 sept. 1845 de :

3^m, 97 Moyenne diurne............ 0^m, 0104

On remarquera que le pieu de la station inférieure (le
pieu *A*) a marché plus vite que les deux pieux de la station supérieure (*B* et *C*). Ce résultat est contraire à ce
que nous ont appris les observations faites sur le grand
glacier et sur les glaciers latéraux de la rive droite. J'attribue cette différence au fait que ce glacier n'étant arrêté par aucun obstacle, peut s'écouler librement; et
comme la pente augmente d'une manière très-rapide
sur une petite distance, il s'ensuit que cette pente n'é-
tant pas compensée par une diminution proportionnelle
de la masse, la progression l'emporte ici en vitesse sur
celle des pieux situés plus en amont. Quant au ralentissement du pieu *C* relativement au pieu *B*, elle est la conséquence pure et simple de sa position marginale.

Enfin nous retrouvons ici une différence considérable
entre la progression estivale et la progression annuelle.
Cette dernière est de moitié plus faible. C'est là, comme
nous le montrerons plus bas, une conséquence de la position élevée de ce glacier qui, n'étant imbibé d'eau que
pendant une faible portion de l'année, doit s'égoutter de
meilleure heure et par conséquent se ralentir, si toutefois
il est vrai que la présence de l'eau soit la condition essentielle du mouvement des glaciers.

Progression des truelles.

Nous avons vu plus haut que les couloirs de neige que nous avons désignés sous le nom de *truelles* ne sont pas de glace aussi compacte que les glaciers latéraux. Leur surface est du névé, supporté par de la glace de névé. Il n'en était que plus intéressant de connaître la marche de leur progression.

Trois stations d'observation furent établies, en 1844, par M. Desor, sur l'une des trois truelles qui descendent des flancs de l'Escherhorn (voy. Pl. III). La première, composée d'un seul pieu, était située à 150ᵐ du confluent par une inclinaison de 29°, la seconde se trouvait à 150ᵐ plus haut en un endroit où la pente est de 40°. Elle comptait deux pieux (*B* et *C*), dont l'un, celui de droite *B*, était très-rapproché du bord. Enfin, la troisième station, d'un seul pieu (*D*), se trouvait près de l'endroit où la truelle subit un premier élargissement. La pente en cet endroit est très-forte, de 43°.

L'avancement a été en seize jours (du 19 août au 4 septembre 1844).

Au pieu A......	0ᵐ, 58	Moyenne diurne	0ᵐ, 0362
Au pieu B......	0 , 17	»	»	0 , 0106
Au pieu C......	0 , 28	»	»	0 , 0175
Au pieu D......	0 , 11	»	»	0 , 0068

La différence entre les stations est ici beaucoup plus forte que dans les glaciers latéraux, le rapport du pieu *A* au pieu *D* est comme 6 à 1. Les pieux *B* et *C* sont intermédiaires quant à leur vitesse. Cette accélération considérable de haut en bas est en quelque sorte en raison de la largeur croissante de la truelle et probablement aussi de son épaisseur. A la station D, la largeur du couloir ne dépasse pas 20^m et sa profondeur, à en juger par la forme des reliefs, est très-peu considérable. La station moyenne est plus large, quoique moins escarpée, mais c'est surtout à la station A, que la truelle s'élargit considérablement. Son épaisseur va croissant dans les mêmes proportions, ainsi qu'on peut s'en assurer par les crevasses qui se voient de temps en temps sur les côtés. Il est probable que la station A serait encore plus accélérée qu'elle ne l'est réellement, si le couloir ne rencontrait à son issue le grand glacier qui lui fait obstacle. La différence que le tableau indique entre le pieu B et le pieu C, qui cependant sont sur la même ligne, doit sans doute être attribuée à la position un peu plus marginale de B (*).

(*) Nous ne possédons malheureusement aucune mesure de la marche des petits glaciers sans névé, tels que ceux du Faulhorn qui reposent sur des pentes moins roides, mais je ne doute pas que leur progression ne s'opère de la même manière, c'est-à-dire qu'elle doit en général s'accélérer si le glacier gagne en largeur et en épaisseur d'amont en aval.

Il faut sans doute encore ranger dans la même catégorie les amas de neige qui persistent pendant une partie de l'été dans les fondrières et les ravins d'autres chaînes de montagnes qui n'atteignent pas la ligne des neiges éternelles. Il résulte des observations de M. *Collomb* (Comptes rendus de l'Académie des Sciences, T. 20, p. 1305), que les amas de névé du sommet des Vosges subissent un mouvement de translation de haut en bas qui se trahit d'une manière évidente par

*Conséquences des expériences qui précèdent sur la progression
des glaciers de second ordre.*

Quelles que soient les variations que l'on observe
dans le déplacement des glaciers de second ordre, il est
une particularité qui leur est commune à tous, c'est
leur marche beaucoup plus lente que celle des glaciers de

la disposition de la neige autour des troncs d'arbres. Il se forme un
cercle autour du tronc, mais ce cercle ne reste pas concentrique, comme
cela se voit dans la plaine, il devient au contraire peu à peu excentrique;
bientôt la dépression n'existe plus que du côté d'aval, tandis que du
côté d'amont le pourtour du cercle gagne insensiblement le bord du
tronc, d'où il résulte que la mousse et les lichens dont il est couvert
de ce côté sont usés et frottés, tandis que sur le côté opposé ces crypto-
games conservent la délicatesse de leurs formes. M. Collomb assure
avoir remarqué cette disposition de la neige autour de plusieurs centaines d'arbres, quelle que soit l'orientation des pentes, que le terrain
soit exposé au nord ou au midi.

Quelques-uns de ces petits névés reposent sur des pentes très-
roides, de plus de 45°, sans qu'il y ait pour cela accélération sensible.
Il paraîtrait ainsi que le mode de translation de ces névés est le même
que celui des névés des Alpes. Et, en effet, il ne saurait guère en être
autrement, car M. Collomb nous apprend que leur composition est absolument identique. Il a trouvé sur la tranche de la plupart de ces dépôts la superposition suivante :

1° Du névé à petits grains.
2° Du névé à gros grains.
3° De la glace de névé.
4° De la glace compacte.

Un point sur lequel M. Collomb insiste aussi de son côté, c'est le
fait que le mouvement de translation n'est pas en raison de la pente sur
laquelle reposent les névés, car comme ces masses ne sont retenues
par aucun obstacle du rivage, il est évident qu'elles devraient marcher
avec une vitesse croissante si leur mouvement était provoqué par la
pente du sol.

premier ordre. La moyenne journalière de l'été oscille entre 3 et 5 centimètres par jour. Le maximum qui ait été observé est de 8 centimètres (plus exactement $0^m 079$) au glacier de Grünberg. C'est par conséquent le tiers de la progression moyenne du grand glacier à l'Hôtel des Neuchâtelois.

Ce résultat est d'autant plus surprenant que les glaciers de second ordre (du moins ceux que nous avons étudiés) reposent tous sur de très-fortes pentes, et que jusqu'ici tous les partisans de la théorie du glissement avaient admis, les uns implicitement, les autres explicitement, que les glaciers devaient se mouvoir en raison de leur pente, et que les plus escarpés devaient être animés du mouvement le plus accéléré. Or, voici des glaciers qui, avec une inclinaison octuple et décuple de celle du glacier de l'Aar, marchent beaucoup plus lentement, parcourant les uns le tiers, les autres le quart, le cinquième et d'autres seulement le dixième de la distance franchie dans le même espace de temps par le grand glacier. Une conséquence importante découle de ces rapports, c'est que *la pente n'est pas la condition essentielle de la vitesse des glaciers.* Il faut donc que celle-ci soit subordonnée à d'autres influences, que nous allons essayer de rechercher.

Quand on compare plusieurs glaciers entre eux, ou bien les diverses parties d'un seul et même glacier, on trouve qu'en général le degré de vitesse avec laquelle le glacier se déplace dépend de la puissance de la masse.

Ainsi le glacier de l'Aar avance non-seulement plus vite que tous ses affluents latéraux, mais nous avons vu qu'il marche en outre plus rapidement dans sa région moyenne qu'à son issue. Parmi les glaciers latéraux, les plus accélérés sont aussi les plus puissants, ainsi le glacier de Grünberg marche plus rapidement que le glacier de Zinkenstock, qui cependant est beaucoup plus incliné, et celui-ci l'emporte à son tour sur le glacier de Trift postérieur. Enfin, la truelle de l'Escherhorn nous offre dans ses différentes stations un exemple frappant des différences qui peuvent exister dans un même glacier. Au rebours de ce que nous avons constaté dans les glaciers principaux, la progression la plus rapide se trouve ici à l'extrémité de la truelle, et cependant la pente est bien moins forte que dans la région supérieure. Mais il ne faut pas oublier que la plus grande épaisseur se trouve à l'extrémité. Au glacier de l'Aar et dans tous les grands glaciers en général, ce sont au contraire les régions supérieure et moyenne qui se font remarquer par leur puissance, tandis que leur extrémité est toujours plus ou moins atténuée.

Il est évident que dans ces deux exemples *la vitesse est déterminée par la puissance des masses et nullement par la pente*. Ce fait de la prépondérance de la masse sur la pente une fois constaté, il n'y a plus rien d'étonnant que les glaciers latéraux qui, sous le rapport de l'épaisseur, sont toujours inférieurs aux glaciers de premier ordre, marchent moins rapidement en raison de cette infériorité.

Toutefois je ne prétends pas contester la part d'action qui revient à la pente dans d'autres circonstances. Cette action doit se faire sentir toutes les fois qu'elle n'est pas contre-balancée par l'influence prépondérante de la masse. Ainsi lorsqu'un glacier passe d'une pente douce à une pente très-forte il y a accélération, pour peu que les autres conditions restent les mêmes. C'est en particulier à cette influence de la pente qu'il faut attribuer l'accélération que nous avons constatée à l'extrémité du glacier de Trift postérieur.

Quand on tient compte de toutes ces circonstances, les anomalies que nous venons de signaler, et qui au premier abord paraissent si choquantes, s'aplanissent d'elles mêmes et l'on arrive sans peine à ce résultat, que *les conditions de la progression sont les mêmes pour tous les glaciers, qu'il s'agisse de glaciers principaux, de glaciers de second ordre ou de simples truelles.*

Nous verrons plus bas quelles sont les causes déterminantes de la progression des glaciers en général. En attendant, les résultats des expériences qui précèdent peuvent se résumer dans les deux propositions suivantes :

1° Les glaciers de second ordre progressent plus lentement que les glaciers principaux. Cette différence est en raison de leur moindre épaisseur et non en raison de leur pente.

2° Les glaciers de second ordre présentent dans leur marche des variations tout à fait analogues à celles que nous avons signalées dans les grands glaciers, d'où il faut conclure qu'ils sont régis par les mêmes lois.

PROGRESSION DES DIFFÉRENTES COUCHES SUPERPOSÉES.

J'ai montré par l'étude de la stratification du glacier dont il a été traité au chapitre VI, que le mouvement des glaciers n'est pas le même sur tous les points d'une section verticale, mais qu'il doit exister à cet égard des variations notables. Nous avons vu que dans la région inférieure des glaciers les couches voisines du sol doivent marcher plus lentement que les couches supérieures, étant arrêtées dans leur progression par le frottement du fond et que c'est pour cela que toutes les couches ont une tendance à s'incliner en avant. Cependant ce ralentissement des couches inférieures n'avait pas été démontré par des observations directes. Cette lacune vient d'être comblée par les observations que MM. Martins et Dollfus ont faites sur la marche du glacier de Grünberg, l'un des affluents du glacier de l'Aar (voy. Pl. III), pendant l'été de 1846. Voici comment M. Martins rend lui-même compte de ces mesures (*).

« Un des affluents du glacier de l'Aar, celui de Grünberg, présente sur son flanc gauche un escarpement d'environ 12^m de haut; la partie inférieure de cet escarpement, d'une hauteur à peu près égale est masquée par

---

(*) Lettre à M. Arago, Compt. Rend. Acad. Sc. T. 23, p. 825, 1846.

une masse provenant de l'accumulation et de la soudure des blocs de glace éboulés qui font avalanche des parties supérieures du glacier. Le 13 août deux piquets furent plantés dans l'escarpement, l'un à 1^m,05 au-dessous de la surface, l'autre à 8^m,22 au-dessous du premier. Tous deux se trouvaient dans un plan vertical perpendiculaire à celui de l'escarpement et déterminé au moyen du théodolite. Une pile en maçonnerie formait le support de l'instrument, et une croix servant de repère avait été tracée sur un rocher de l'autre côté du glacier de Grünberg. Le 31 août on s'assura que le piquet inférieur était resté de 0^m,20 en arrière du piquet supérieur; donc de ces deux points inégalement distants de la surface supérieure, celui qui en est le plus éloigné marche plus lentement que l'autre. »

(*) M. *Forbes*, de son côté (Eleventh Letter to Professor Jameson. New Edimb. Philos. Journ. 1846. — Suppl. à la Bibl univ. Genève, 1846, T. III, p. 107) a fait à la même époque des expériences semblables au glacier des Bois. Trois pieux furent échelonnés sur le talus terminal du glacier : le N° 1 à 4 pieds au-dessus du sol; le N° 2 à 50 pieds au-dessus du N° 1, et le N° 3 à 89 pieds au-dessus du N° 2. Ces trois pieux ont avancé dans les proportions suivantes pendant l'espace de 5 jours, du 13 août à 11 heures du matin au 18 août à 3 heures du soir.

N° 1 de 2 p , 87
N° 2 de 4 p., 18
N° 3 de 4 p., 66

En d'autres termes, en prenant le N° 1 pour unité, on aurait le rapport suivant :

N° 1   1,00   N° 2   1,46   N° 3   1,62

Tout en confirmant les observations de M. Martins, ce résultat est

DES CAUSES DE LA PROGRESSION DES GLACIERS.

Maintenant que nous avons établi par une série d'expériences le mode de progression du glacier, c'est à la théorie à en donner l'explication. Résumons pour cela en peu de mots les principaux résultats des recherches ci-dessus.

Il est démontré par les observations qui précèdent,

1º Que tous les glaciers, quels qu'ils soient, subissent un mouvement de translation d'amont en aval ;

loin d'offrir les mêmes garanties et doit par conséquent être accueilli avec la plus grande réserve ; non pas que l'auteur n'ait apporté à ses mesures tout le soin désirable, mais à cause des conditions particulières dans lesquelles il s'est placé. En effet, il résulte de la description que M. Forbes a donnée de ses observations et des figures qui accompagnent son mémoire, que les trois pieux ci-dessus, ne sont pas placés dans un même plan vertical et perpendiculaire à l'axe du glacier, comme les deux pieux de M. Martins ; mais qu'ils se trouvent à des distances différentes de son extrémité inférieure. D'après l'échelle qui accompagne le dessin de l'auteur anglais, la distance horizontale, comptée dans le sens de la longueur du glacier entre le Nº 1 et le Nº 2, est de près de 50 pieds, celle du Nº 2 au Nº 3 de plus de 100 pieds. Le talus terminal présentant une inclinaison de 40", il s'en suit que l'épaisseur du glacier est beaucoup plus considérable sous le Nº 3 que sous les autres pieux. Or, si l'on se rappelle l'influence considérable des masses sur la vitesse des glaciers, telle que nous l'avons établie ci-dessus, il est évident que cette influence a dû se faire sentir dans le cas particulier. Il est probable dès lors que le ralentissement que M. Forbes a observé de haut en bas entre ses trois pieux n'est pas l'effet pur et simple du frottement du fond, mais qu'il se complique de toute la part qui revient à l'épaisseur variable de la glace sous les trois pieux.

On ne possède pas encore de renseignements positifs sur la limite

2° Que ce mouvement n'est ni égal sur tous les points d'un glacier, ni uniforme à toutes les époques, mais qu'il est au contraire assujetti à des variations nombreuses, dont les unes ont leur source dans la forme, l'étendue, la position des glaciers ; ce sont les *variations locales*. Les autres au contraire sont indépendantes de ces circonstances et ont leur source dans les conditions extérieures, ce sont les *variations temporaires ou périodiques*. Nous traiterons d'abord des premières.

Des causes qui déterminent les variations locales.

Nous avons montré, par les recherches qui précèdent, qu'il existe des différences notables, sous le rapport de la progression, d'une part entre les différents glaciers d'une chaîne de montagnes comparés entre eux, et d'autre part entre les diverses stations d'un même glacier. Sous ce rapport, les faits acquis peuvent se résumer en trois propositions principales qui sont autant de problèmes à résoudre :

exacte où s'arrête le retard effectif occasionné par le frottement du fond. Le fait qu'entre le N° 1 et le N° 2 la différence de vitesse est plus grande qu'entre le N° 2 et le N° 3, prouve qu'il est en tous cas plus actif dans les assises inférieures.

M. Forbes a lui-même démontré dans un précédent mémoire, à l'occasion de la verticalité des puits, que ce ralentissement doit être limité aux couches les plus voisines du sol. C'est pour avoir méconnu l'influence des masses qu'il fait remonter aujourd'hui ce ralentissement jusqu'aux assises supérieures contrairement à ses propres principes.   D.

1° Les glaciers de premier ordre marchent plus vite dans leur partie moyenne qu'à leur origine ou à leur extrémité.

2° Les glaciers de second ordre, malgré leur forte pente, ont une progression moins accélérée que les grands glaciers à faible pente.

3° La marche de tous les glaciers est plus accélérée au centre que près des bords.

En ce qui concerne la marche des glaciers de premier ordre, je commencerai par rappeler qu'au glacier de l'Aar la plus grande accélération se trouve aux environs de l'Abschwung, c'est-à-dire dans la région où l'épaisseur du glacier est à son maximum, et qu'elle va en se ralentissant en amont et en aval, à mesure que la puissance de la masse diminue. Le rapport entre la puissance des glaciers et la vitesse de leur progression peut se déduire des observations suivantes :

	Épaisseur.	Vitesse moyenne en 24 h.
Au bloc N° 5	380^m	0^m, 210
Au bloc N° 17	108	0 , 078

Dans cet exemple, le point N° 5 qui correspond à une épaisseur de glace de 380^m, marche trois fois plus vite que le N° 17 où l'épaisseur du glacier n'est que de 108^m; c'est par conséquent une preuve que l'épaisseur influe de la manière la plus directe sur la vitesse de la progression. D'après les renseignements que j'ai pu recueillir jusqu'ici, ces rapports sont sensiblement les mêmes dans

tous les glaciers, d'où je conclus, contrairement à l'opinion de quelques savants que, toutes choses égales, *la vitesse du glacier sur un point quelconque de son cours est
en raison de sa puissance ou de la profondeur de la section*.

Il est permis de supposer, d'après cela, qu'un glacier
dont la pente serait encore plus faible que celle du glacier de l'Aar, mais qui aurait une épaisseur plus considérable, comme les anciens glaciers diluviens, n'en pro-
gresserait pas pour cela plus lentement.

La marche ralentie des glaciers de second ordre vient
encore corroborer cette influence de la masse ou de la
section, en nous montrant que la pente, que l'on avait
jusqu'ici envisagée comme le facteur essentiel dans la progression des glaciers, ne joue qu'un rôle secondaire, ou
du moins qu'elle est complétement subordonnée à la
puissance. Les données que nous avons recueillies établissent le rapport suivant entre le glacier de l'Aar et
son affluent, le glacier de Grünberg, sous le triple rapport de la puissance, de la pente moyenne et du mouvement annuel, aux points les plus accélérés de leurs cours
respectifs.

	Épaisseur.	Pente moyenne.	Avancement annuel.
Glacier de l'Aar.	80^m	3^0	0^m, 210
Glacier de Grünberg.	25	30^0	0 , 056

Non-seulement l'épaisseur du glacier de l'Aar compense la plus forte pente qui est en faveur du glacier de

(*) M. Élie de Beaumont, tout en signalant d'avance l'importance de
ces recherches, ne paraissait pas disposé à attribuer *à priori* une aussi

Grünberg, mais elle détermine en outre une progression quatre fois plus considérable.

Ce n'est pas à dire qu'on ne doive tenir aucun compte de l'inclinaison. Nous avons vu au contraire que lorsque deux glaciers ont la même épaisseur, celui qui est le plus incliné avance le plus rapidement. Ainsi le glacier de Grünberg marche plus vite que celui de Trift, évidemment parce qu'il est plus incliné. Nous avons vu également la truelle de l'Escherhorn, dont la pente est de plus de 30°, subir une progression estivale moyenne de 36ᵐᵐ par jour, tandis que, d'après M. Martins, les déplacements du glacier du Faulhorn sont à peu près insensibles. Cependant la pente de sa surface supérieure est de 5ᵈ 45, celle du fond sur lequel il se meut de 15ᵈ et la hauteur de son escarpement était en 1842 de 20ᵐ, 3. C'est la partie la plus épaisse de ce glacier, et elle varie souvent de moitié d'une année à l'autre, car en 1841 l'escarpement terminal n'avait que 10ᵐ de haut (*).

Ces résultats sont d'accord en tous points avec les expériences qui ont été faites en petit pour déterminer la vitesse d'une masse de glace placée sur des plans différemment inclinés. Les expériences de M. Hopkins sont

grande influence à l'épaisseur de la masse. « Il est douteux, dit-il, qu'un glacier très-épais éprouve moins de difficulté à se mouvoir sur une pente faible que n'en éprouverait un glacier plus mince. » — *Annales des Sc. géol.* T. I, p. 565.

(*) Nouvelles observations sur le glacier du Faulhorn (*Bull. de la Soc. géol. de France*, 2ᵉ série, T. II, p. 226).

sous ce rapport d'un très-grand intérêt. Ce savant physicien recueillit des fragments de glace qu'il plaça dans
une caisse dont il avait enlevé le fond, de façon que la
glace débordait le bord inférieur de la caisse; le tout était
placé sur une dalle de grès simulant le lit d'un glacier qu'on pouvait incliner à volonté. La même charge
fut ainsi inclinée sous des angles variables, d'abord sous
un angle de 3ᵈ, puis successivement sous des angles de 6,
9, 12 et 15ᵈ. M. Hopkins remarqua constamment une
accélération en rapport avec l'inclinaison, de telle sorte
que lorsque l'inclinaison était de 6ᵈ, la vitesse était à peu
près double, par 9ᵈ de pente elle était triple; par 12ᵈ,
elle était quadruple, et ainsi de suite. Ce n'est que lorsqu'il élevait la pente à 20ᵈ que la masse commençait à
prendre un mouvement accéléré.

En général, aussi longtemps que l'inclinaison n'excédait pas 9 ou 10ᵈ, la vitesse augmentait, toutes choses
égales d'ailleurs, en raison de la pente. On observait encore un déplacement, très-faible à la vérité, mais cependant sensible par une pente de 1ᵈ, et en plaçant la glace
sur une surface unie, la progression se faisait sentir
même par une inclinaison de 40 minutes. La progression cessait complétement pendant la nuit, lorsque la
température tombait au-dessous de zéro.

Ces résultats acquis, M. Hopkins voulut aussi connaître l'influence des masses, alors il augmenta et dimi-
nua successivement le poids de sa caisse en la maintenant dans la même inclinaison. Ayant enlevé à cette fin

les deux tiers de la charge, au moment où l'inclinaison était de 9⁰, il remarqua un ralentissement de près de moitié [*].

On peut croire que si l'on décuplait la pente du glacier de l'Aar, l'accélération qui en résulterait ne serait pas seulement décuple, elle augmenterait dans des proportions qu'il est impossible d'entrevoir. On obtiendrait le même résultat, si l'on augmentait l'épaisseur du glacier de Grünberg de manière à lui donner la puissance du glacier de l'Aar.

Peut-être parviendra-t-on quelque jour à construire une formule exprimant l'influence relative de la pente et de l'épaisseur, de manière à pouvoir dire de combien il faudrait augmenter l'épaisseur du glacier de Grünberg, par exemple, pour arriver à la vitesse du glacier de l'Aar, ou de combien il faudrait amincir ce dernier pour le réduire au mouvement du glacier de Grünberg. Jusqu'ici les données expérimentales que nous possédons

[*] J'ai répété une partie de ces expériences au glacier de l'Aar, mais avec des blocs de glace d'une seule pièce, dont les uns pesaient 10, les autres 25, d'autres 50 kilog. Ces blocs de glace, placés sur des dalles de granit et sur des surfaces gazonnées d'une inclinaison variable, ont subi un déplacement uniforme et en rapport avec leur volume, mais qui n'a été bien sensible que pendant les premières heures, aussi longtemps que la glace ne s'était pas moulée dans les inégalités de la roche. Comme M. Hopkins opérait avec des fragments de glace qui se déplaçaient continuellement par l'effet de la fonte, ce déplacement, qui avait pour résultat d'empêcher la glace de prendre son assiette, lui permettait par là même un mouvement plus sensible et plus prolongé. (*Bulletin Soc. des Sc. nat. de Neuchâtel.* 1843-1844, p. 4.)

sont trop peu nombreuses pour être exprimées par une formule.

Le ralentissement des bords, relativement au centre, est une autre conséquence de l'inégale épaisseur, combinée avec le frottement de la glace contre les rochers.

Nous avons trouvé comme moyenne de la progression estivale au glacier de l'Aar, en face du Pavillon :

$$\text{Sur la moraine médiane} \dots\dots\dots \quad 0^m, 196$$
$$\text{Au bord du glacier} \dots\dots\dots\dots \quad 0\ ,\ 018$$

Le rapport de vitesse de ces deux points est par conséquent comme 11 à 1. Or, bien qu'il soit difficile de connaître au juste leur épaisseur relative, nous savons cependant que la plus grande puissance des masses se trouve au centre de la vallée et qu'elle va en diminuant graduellement vers les bords, à peu près comme dans la figure 6 de notre Pl. VII, qui représente la coupe transversale d'un glacier simple.

Une pareille différence, alors même qu'elle ne serait pas tout à fait proportionnelle à la vitesse relative des deux points, doit néanmoins exercer une influence notable sur leur marche, et cette seule raison, n'y en eût-il pas d'autre, serait suffisante pour expliquer, en partie du moins, l'accélération du centre.

C'est ainsi, on le voit, que la triple accélération que nous venons d'analyser, celle de la région moyenne relativement aux régions initiales et terminales, celle des grands glaciers relativement aux glaciers de second ordre, et celle du centre relativement aux bords, sont des effets variés d'une même cause, la *puissance de la masse*; c'est elle qui détermine la vitesse de la progression, soit qu'on compare différents glaciers entre eux ou bien les différentes parties d'un seul et même glacier.

Ainsi donc, la rapidité des glaciers, comme celle des rivières, est l'effet de deux causes, de la pente et de la profondeur. Il n'y a entre eux que cette différence, c'est que dans les glaciers l'influence de la section l'emporte de beaucoup sur celle de la pente dont le rôle est très-secondaire, tandis que dans les rivières la pente joue un rôle beaucoup plus important.

Des causes qui déterminent les variations temporaires
et périodiques du mouvement.

Nous avons montré par une série d'expériences que la progression sur quelque point ou dans quelque région du glacier qu'on l'observe, est sujette à des variations selon les saisons. Au glacier de l'Aar, le mouvement le plus accéléré a lieu au printemps, lors de la fonte des neiges hivernales, et réciproquement le mouvement se ralentit pendant la saison froide.

Ce fait à lui seul suffit pour prouver, ce que la théorie de la dilatation avait entrevu, savoir, que la progression des glaciers est, comme leur formation, un phénomène météorologique. On a dit avec raison qu'il faut aux glaciers la chaleur de l'été pour prospérer, seulement cette chaleur n'influe pas sur la glace comme sur les autres corps; elle agit d'une manière indirecte par la fonte qu'elle occasionne à la surface et d'où dépend la plus ou moins grande quantité d'eau qui s'infiltre dans les glaciers. Ces variations dans le régime de l'eau, combinées avec l'état thermométrique de l'extérieur, suffisent-elles pour expliquer les variations qu'on observe? Tel est le problème qui nous reste à résoudre. Voyons d'abord quelle est l'action de l'eau sur les glaciers.

L'eau qui s'infiltre dans la glace des glaciers peut agir de trois manières différentes sur leur progression : 1° par son poids; 2° par lubréfaction; 3° par congélation.

La première de ces trois influences est la moins efficace, à raison de la faible quantité d'eau que la glace tient en suspension. Je n'admets pas que le poids de deux litres d'eau par mètre cube (c'est la quantité d'eau contenue dans la glace compacte lorsqu'elle est saturée), puisse exercer une pression aussi énorme que le voudrait M. Forbes. Néanmoins il est probable qu'elle entre pour quelque chose dans les oscillations du mouvement et que c'est à elle en particulier qu'il faut attribuer les variations qu'on remarque dans la progression estivale.

La seconde influence, celle de la *lubréfaction*, est à beaucoup près la plus importante. Nous avons vu en effet (p. 152) que la glace à zéro a des propriétés fort différentes de la glace à une température plus basse. Ce qui la caractérise surtout, c'est qu'elle est plastique et compressible, tandis qu'à une température plus basse, elle perd ces propriétés et devient rigide et cassante. Or l'une des causes qui contribuent le plus puissamment à maintenir la glace à la température de zéro, c'est l'eau qui circule dans toute sa masse. Et comme il est probable que cette eau n'est jamais qu'à zéro, on doit en conclure *qu'aussi longtemps qu'il y a de l'eau dans le glacier, celui-ci doit être doué de cette plasticité et de cette mobilité qui est une des propriétés de la glace à zéro* (*).

Si tel est l'effet de l'eau sur la glace, il s'en suit que la souplesse du glacier doit diminuer à l'approche de la saison froide, à mesure que la glace cesse d'être lubréfiée par les eaux de la surface. On concevrait même que tout mouvement cessât, si le froid se communiquait à la masse entière du glacier. Mais nous avons vu, au chapitre de la température intérieure du glacier, qu'il n'est pas probable que le froid pénètre à une bien grande profondeur, et que, selon toute apparence, la température des couches voisines du sol est invariable. Le glacier ressemble alors à une immense éponge dont la surface seule serait gelée, tandis que l'intérieur resterait

---

(*) La manière dont l'eau agit sur la glace n'est pas connue d'une manière bien certaine. On a supposé que l'eau, en pénétrant dans les fissures capillaires, rendait les fragments angulaires plus mobiles et facilitait ainsi le mouvement de la masse. Cette théorie, émise pour la première fois par M. Trümpler de Zurich à la réunion des naturalistes suisses, à Altorf, en 1842 (Voy. *Actes de la Société Helvétique des Sc. nat.*, in-8°, 1842), a été formulée d'une manière encore plus précise par M. Sutherland, dans un mémoire lu la même année à la société des Sciences de Liverpool (*Philosophical Magazine*, Vol. 22, p. 232).

imbibé et conserverait par conséquent la faculté de se mouvoir (*).

La cause pour laquelle les glaciers ne s'égouttent pas complétement en hiver gît dans les fissures capillaires. Sans être toujours à proprement parler capillaires, ces fissures sont cependant assez petites pour retenir dans l'intérieur du glacier une partie de l'eau dont elles sont imprégnées. La puissance des glaciers est ici d'un grand poids. On conçoit, en effet, qu'une accumulation de glace de 300 ou 400 mètres ait plus de peine à s'é-goutter qu'un glacier qui n'aurait que 20 ou 30 mètres de puissance. Par conséquent un petit glacier pourrait se vider complétement et partant être stationnaire, en hiver, sans que pour cela on fût en droit d'appliquer le même raisonnement aux grands glaciers.

Cependant, à l'approche du printemps, la progression s'accélère de nouveau d'une manière très-prononcée. Nous avons vu plus haut que l'accélération a surtout été sensible au commencement du mois de mai de 1846, aux deux stations de l'Hôtel des Neuchâtelois et de Trift (voy. les tabl. p. 475), si bien que la moyenne de ce mois non-seulement dépasse de beaucoup la moyenne annuelle, mais excède encore la moyenne des mois

---

(*) Si cette comparaison est fondée, comme je suis porté à le croire on concevrait que les assises intérieures continuassent à cheminer en hiver, tandis que les couches superficielles, privées de cette mobilité, éprouveraient une beaucoup plus grande difficulté à franchir les obsta-cles du rivage à cause de leur rigidité.

d'été. Ainsi l'observation nous a donné à la station de Trift :

Pour la moyenne du mois d'août 1845....... 0^m, 20
Pour la moyenne du mois de mai 1846....... 0 , 29

À la station de l'Hôtel des Neuchâtelois :

Pour la moyenne du mois d'août 1845....... 0^m, 22
Pour la moyenne du mois de mai 1846....... 0 , 37

Cette augmentation de vitesse au printemps a quelque chose d'insolite, qu'il serait difficile d'expliquer par le fait seul de l'eau, quoique l'observation porte que la fonte fut assez abondante à cette époque. Ici se présente la troisième influence de l'eau, l'effet de la *congélation*.

Nous avons démontré plus haut, en traitant de la structure du glacier, qu'il gèle jusqu'à une certaine profondeur dans l'intérieur du glacier, et nous avons cité comme preuve la présence des bandes bleues qui accompagnent les plans de couches et les fissures de toute nature. Nous savons en outre qu'un thermométrographe qui avait passé deux hivers dans la glace indiquait une température minimum de — 2°, à une profondeur de 8 pieds. Ce refroidissement ne peut s'opérer en été, puisque, ainsi qu'il résulte des expériences rapportées au tom. XI, la température de la glace est à zéro dans cette saison, et que, d'ailleurs, on trouve toujours de l'eau sous la neige fraîche, même après les nuits les plus froides. Il faut donc que ce refroidissement, comme l'a judicieusement prévu M. Élie de Beaumont, soit l'œuvre de l'hiver. Le glacier devient alors en quelque sorte un magasin de froid qui contribue pour sa part à la progression du glacier. Le célèbre géologue que je viens de citer explique de la manière suivante la formation de ce foyer de froid. « Pendant l'hiver, la température de la surface du glacier s'abaisse à un grand nombre de degrés au-dessous de zéro, et cette basse température pénètre, quoique avec un affaiblissement graduel, dans l'intérieur de la masse. Le glacier se fendille par l'effet de la contraction résultant de ce refroidissement. Les fentes restent d'abord vides et concourent au refroidissement des glaciers en favorisant l'introduction de l'air froid extérieur; mais au printemps, lorsque les rayons du soleil échauffent la surface de la neige qui couvre le glacier, ils la ramènent d'abord à zéro, et ils produisent ensuite de l'eau à zéro qui tombe dans le glacier refroidi et fendillé. Cette eau s'y congèle à l'instant, en laissant dégager de la chaleur qui tend à ramener le glacier à zéro, et le phénomène se continue jusqu'à ce que la masse entière du glacier refroidi soit ramené à la température de zéro (*) ".

Ces transformations, on le conçoit, ne s'opèrent pas sans qu'il en résulte une dilatation dans la masse entière, que M. Élie de Beaumont désigne sous le nom d'*aug-*

(*) Annales des Sciences géologiques, I. p. 558. Je ne puis admettre que ce froid soit bien intense. Nous n'avons aucune raison de croire qu'il dépasse — 2° qui est la température que nous a donnée l'observation directe (Voy. p. 12..).

mentation par intususception. C'est sans doute à cette dilatation qu'il faut attribuer la marche accélérée du glacier au printemps.

On le voit, de quelque manière qu'on envisage le rôle de l'eau, c'est toujours à elle qu'il faut en revenir comme à la cause première de tout mouvement, soit qu'elle agisse à l'état liquide, comme élément lubréfiant, ou à l'état solide, comme cause de dilatation. Je conclus de là que, si un glacier pouvait s'égoutter complétement ou bien se refroidir au-dessous de zéro dans toute sa masse, il perdrait aussitôt sa plasticité, il deviendrait rigide, comme le sont pendant l'hiver ses couches superficielles, et de ce moment toute progression cesserait jusqu'à ce que l'eau vînt de nouveau le lubréfier en ramenant sa température à zéro. Si ce refroidissement n'a pas lieu d'une manière complète (*), c'est parce que les glaciers sont trop épais pour se vider et se refroidir de part en part. Les petits glaciers peu épais doivent subir à un plus haut degré l'influence retardatrice du froid, et il est probable qu'il y en a qui restent stationnaires.

RÉSUMÉ.

Je crois avoir prouvé par les observations qui précèdent :

1° Qu'un glacier ne progresse qu'à la condition d'être

(*) C'est pour avoir supposé que les glaciers se refroidissent dans toute leur épaisseur, que j'avais été conduit précédemment à admettre qu'ils étaient complétement stationnaires en hiver

à un certain degré de lubréfaction, au moins dans une partie de sa masse : cette lubréfaction n'est possible qu'autant que sa température intérieure est à zéro ;

2° Que les différences que l'on remarque sous le rapport de la vitesse entre les différents glaciers et entre les diverses régions d'un seul et même glacier, sont la conséquence de leur profondeur, combinée avec leur pente ;

3° Que les variations temporaires sont la conséquence de l'état plus ou moins complet de saturation dans lequel se trouve la glace ;

4° Qu'il faut probablement attribuer l'accélération du printemps à la congélation de l'eau dans les fissures capillaires du glacier, ajoutée aux autres causes de progression.

CHAPITRE XIII.

DES ENVAHISSEMENTS ET DES OSCILLATIONS DES GLACIERS.

Les personnes peu familières avec l'étude des glaciers confondent ordinairement l'envahissement des glaciers avec leur progression, ou plutôt elles ne se représentent la progression que sous cette forme. En réalité, l'envahissement n'est qu'un accident, un accessoire de la progression. La masse entière d'un glacier peut subir des déplacements considérables, sans qu'il soit nécessaire qu'il envahisse à son extrémité des espaces de terrain qu'il n'occupait pas auparavant. Bien plus, le glacier peut tout en avançant perdre du terrain à son issue. C'est ce qui a lieu toutes les fois que la fonte absorbe une plus grande quantité de glace que le mouvement n'en pousse en avant. Lorsque, au contraire, la fonte est faible et le mouvement considérable, le glacier empiète sur la vallée, et nous avons vu plus haut qu'au glacier de l'Aar cet empiétement est assujetti aux mêmes variations que le mouvement des régions situées en amont. Ces empiétements et retraits alternatifs constituent les *oscillations des glaciers*.

Oscillations régulières.

On admettait autrefois que les oscillations étaient soumises à une périodicité régulière, qu'après avoir avancé pendant sept ans, les glaciers reculaient pendant les sept années suivantes et qu'ainsi s'établissait la compensation entre les époques de retrait et les périodes d'envahissement. Aujourd'hui non-seulement personne ne croit plus à cette périodicité, mais l'on a de bonnes raisons de douter qu'entre l'envahissement et le retrait il y ait toujours eu compensation parfaite. Il est évident que parmi les nombreux exemples que l'on a cités pour prouver les oscillations des glaciers dans les temps historiques, ceux qui attestent un envahissement sont plus positifs que ceux qui témoignent en faveur d'une diminution, quoique le plus souvent on ne puisse pas déterminer d'une manière rigoureuse la quantité de l'envahissement dans un temps donné.

Il n'existe, à ma connaissance, qu'un seul document qui permette une certaine approximation, c'est un plan topographique des environs du Grimsel avec l'extrémité du glacier de l'Aar, faisant partie de l'ouvrage d'Altmann. Voici quelle est, en peu de mots, l'histoire de ce document : Vers l'an 1740, un médecin de Lucerne, appelé Kapeler, entreprit un voyage dans les montagnes de l'Aar, pour visiter certaines grottes de cristaux, aujourd'hui bien connues, qu'on venait de découvrir et dont l'imagination des montagnards se préoccupait fort, parce qu'ils les envisageaient comme une source de grande prospérité pour le pays. Kapeler se rendit sur les lieux et y dressa la petite carte en question. Cette carte, que j'ai reproduite avec tous ses détails (Pl. V, fig. 1), était accompagnée d'un Mémoire explicatif adressé sous forme de lettre à Altmann, alors professeur à Berne. Il n'y est pas, à la vérité, question d'un relevé géodésique, mais l'auteur dit positivement qu'à cette époque [sans doute immédiatement avant la publication du livre d'Altmann (*)], le glacier se terminait *en amont des grottes aux cristaux*. D'après l'échelle qui accompagne la carte, il y aurait eu au moins trois quarts de lieue de la première des grottes au torrent de l'Oberaar. Comme il y a plusieurs grottes, je veux, afin d'écarter toute cause d'erreur, n'admettre comme terme de comparaison que la dernière des grottes, celle qui est marquée d'un E. Mais même dans ce cas nous aurions depuis 1750, c'est-à-dire depuis près d'un siècle, un envahissement d'au moins 800 mètres, ce qui fait par conséquent 8 mètres par an, chiffre qui n'a rien d'extraordinaire et qui me paraît d'autant plus admissible qu'il correspond assez exactement à l'empiétement de ces dernières années.

(*) *Altmann*, Versuch einer historischen und physischen Beschreibung der helvetischen Eisberge. Zurich, 1751.

La forme et la disposition des moraines rendent de leur côté cet envahissement du glacier de l'Aar très-probable. En effet, s'il est vrai, comme nous l'avons montré plus haut, que la marche du talus terminal soit étroitement liée à la marche générale du glacier, et si cette marche est régulière et uniforme, on doit supposer que l'envahissement n'a pas discontinué depuis l'époque d'Altmann; car s'il y avait eu de grandes époques de retrait ou seulement de stabilité, la somme de l'avancement moyen qui résulte des observations ci-dessus ne suffirait pas pour en rendre compte.

Il est encore d'autres circonstances qui font supposer que depuis l'époque historique, le glacier de l'Aar n'a pas subi de retraits considérables, mais au contraire, que depuis fort longtemps il *va toujours en progressant*. En effet, le glacier de l'Aar est l'un des glaciers des Alpes qui charrie le plus de débris à sa surface, à tel point qu'il en est recouvert sur une étendue considérable (Pl. II). Par conséquent, si son extrémité venait à fondre, elle laisserait en place une quantité considérable de débris qui, à la première crue du glacier, seraient refoulés en avant et formeraient un rempart gigantesque. Or, le glacier de l'Aar n'a point de rempart pareil. On ne voit à son extrémité que des blocs tombés du haut du talus et mélangés à quelques blocs arrondis venus de dessous le glacier. Ces débris, en s'accumulant au pied du talus, y forment, non un bourrelet, mais un simple revêtement, d'où je conclus qu'à aucune époque le glacier de l'Aar n'a subi de retrait

considérable. et que si quelquefois il a pu rester stationnaire, ce n'est que par exception.

Je pourrais citer plusieurs autres exemples de glaciers
qui se trouvent dans le même cas, entre autres, le glacier de Zmutt, qui est également très-chargé de débris.
Cette grande quantité de moraines doit nécessairement
faciliter l'envahissement des glaciers qui en sont pour-
vus, par le seul fait qu'en protégeant les parties qu'elles
recouvrent contre la fonte et l'évaporation , elles diminuent leur ablation. Or, comme la progression est en
raison de l'ablation, on conçoit que, toutes choses égales,
les glaciers protégés par de larges moraines puissent
continuer à progresser, tandis que d'autres glaciers qui
ne jouissent pas de ce privilége restent stationnaires ou
battent même en retraite.

Nous avons une preuve frappante de cette influence
des moraines sur l'envahissement séculaire, dans le glacier d'Aneron qui débouche dans la vallée de Ferret. Il y
a un siècle environ, il se fit au fond de la vallée d'Aneron
un grand éboulement qui recouvrit toute la partie
moyenne du glacier. A partir de ce moment, le glacier,
au dire des montagnards, a fait des progrès surprenants
qui ne sont nullement en rapport avec sa largeur à son
origine. On peut encore suivre maintenant à sa surface
une traînée de blocs qui est comme la queue de l'éboulis
et qui forme une petite moraine médiane en amont de la
masse de décombres qui est maintenant accumulée à
l'extrémité du glacier. Il est probable que lorsque toute

la masse de l'éboulis aura atteint les dernières limites du glacier, celui-ci n'étant plus protégé à sa surface par de nouveaux éboulements, se retirera de nouveau dans ses limites anciennes.

Une circonstance qui vient encore à l'appui de ces considérations, c'est que les glaciers qui ont les moraines terminales les plus distinctes sont précisément ceux qui charrient le moins de débris, témoins le glacier supérieur de Grindelwald, celui de Mattmar, et surtout celui du Rhône, dont les moraines nombreuses et rapprochées indiquent des oscillations fréquentes survenues à de courts intervalles.

Je conclus de ces faits que les glaciers qui ont peu de moraines doivent être plus influencés que d'autres par les variations de la température, et par conséquent assujettis à des oscillations plus nombreuses que les glaciers dont la surface est protégée à leur extrémité par de grandes moraines. On explique ainsi comment certains glaciers, le glacier de l'Aar, par exemple, peuvent continuer de progresser, tandis que d'autres se retirent ou restent stationnaires.

Causes des oscillations régulières.

En thèse générale, la cause première des oscillations des glaciers réside dans les variations atmosphériques et plus particulièrement dans la quantité plus ou moins considérable de neige qui tombe dans les hautes montagnes. Les hivers rigoureux n'entraînent pas toujours les empiétements les plus considérables à leur suite. Nous avons montré (p. 21) que c'est l'inverse qui a lieu, attendu que les basses températures ne favorisent nullement les chutes de neige. Il y aura chance de retrait toutes les fois qu'à un hiver rigoureux succédera une série d'étés chauds, parce qu'alors les conditions d'alimentation seront faibles, les influences destructives, par contre, très-actives ; et réciproquement les glaciers devront empiéter, lorsqu'à des hivers doux succèderont des étés humides, parce qu'alors les chaleurs de l'été n'ayant pas la puissance de fondre toute la neige tombée en hiver, il n'y aura plus compensation entre les influences destructives et les influences conservatrices, et les glaciers gagneront du terrain.

Nous avons vu, en traitant de l'ablation (p. 413), que les chutes de neige en été exercent aussi une grande influence sur le maintien des glaciers, non-seulement parce qu'elles augmentent la masse du glacier, mais surtout parce qu'elles empêchent la fonte de la glace. Lorsque ces chutes sont fréquentes, la chaleur des beaux jours, au lieu de fondre de la glace, est employée à dissoudre la neige de la veille, et l'ablation se trouve ainsi diminuée d'une quantité notable. C'est à ces chutes de neige d'été qu'il faut attribuer, en partie du moins, les envahissements considérables de glaciers que l'on a signalés dans ces derniers temps.

Envahissements irréguliers.

A côté des oscillations régulières dont nous venons de traiter, les habitants de la plupart des vallées des hautes Alpes ont conservé le souvenir de catastrophes occasionnées par l'empiétement des glaciers et qui semblent au premier abord incompatibles avec la régularité de la marche des glaciers, telle que nous l'avons établie dans les pages qui précèdent. Il ne s'agit plus d'envahissements de quelques mètres par an, comme celui de l'extrémité du glacier de l'Aar, mais d'invasions subites ou du moins très-rapides, accompagnées de mouvements tumultueux et de complications diverses. M. Venetz, dans son remarquable Mémoire sur les *variations de la température* dans les Alpes, a cité plusieurs exemples de pareils envahissements survenus à la suite des années froides et neigeuses de 1815, 1816 et 1817. « Nous avons vu, dit-il (*), le glacier de Distel dans la vallée de Saas près du Monte-Moro, descendre plus de cinquante pieds dans une année. Dans la vallée d'Hérens, un glacier, dit-on, avançait avec un bruit semblable à celui des tonnerres, faisant à la fois des pas de plus de dix pieds de longueur. »

L'histoire du Tyrol mentionne aussi à plusieurs reprises des envahissements extraordinaires qui ont occasionné des inondations désastreuses (**). Cependant la

(*) Denkschriften der Allgemeinen schweizerischen Gesellschaft, 1833, vol. 1, part. 2.

(**) Les documents relatifs à ces envahissements ont été recueillis

plupart de ces renseignements étaient trop vagues pour servir de base à une théorie scientifique, et les observateurs modernes qui ont appris à leurs dépens à se défier des récits populaires, ont peut-être rejeté d'une manière trop absolue ces indications conservées par la tradition locale. J'avoue que j'ai été moi-même de ce nombre, et c'est pourquoi, dans mon premier ouvrage (*), je n'ai tenu aucun compte de ces mouvements irréguliers.

Mais voici qu'un événement récent vient ajouter une nouvelle valeur à ces données historiques et traditionnelles. Il s'agit du glacier de Vernagt dans le Tyrol. Ce glacier est situé sur le revers des Monts-Vernagt, dans une vallée latérale qui aboutit à la vallée de Rofen, l'une des branches supérieures de l'OEtzthal. A côté du glacier de Vernagt à droite, se trouve un autre petit glacier, le glacier de Rofen, qui est séparé de son voisin par une arête rocheuse, une sorte d'île dans la glace, appelée *im hinteren Grasslen*, à peu près comme, au glacier de l'Aar, les affluents de Silberberg et de Grünberg sont séparés par le massif du Silberberg (voy. Pl. III). En temps ordinaire, les deux glaciers de Vernagt et de Rofen ne se confondent pas, et leurs eaux seules se mêlent au pied de l'arête rocheuse du hinter Grasslen. Mais il leur est arrivé plusieurs fois de franchir ces limites et de

avec beaucoup de soin par deux auteurs récents, *M. Stotter*, Die Gletscher des Vernagt Thals, 1846, et *M. Frignet*, Essai sur le phénomène erratique du Tyrol, 1846.

(*) Etudes sur les glaciers, Chap. XVI.

s'avancer jusque dans la vallée de Rofenthal, de manière
à intercepter l'écoulement des eaux des vallées supérieures qui, retenues prisonnières derrière ce rempart
de glace, s'y sont accumulées comme dans la vallée de
Bagnes et ont causé de grands désastres, toutes les fois
que la digue s'est rompue. La même catastrophe s'est
répétée en 1845. Les premiers symptômes s'étaient ma-
nifestés en 1840, par une augmentation de glace du
glacier de Rofen. En 1842, on remarqua déjà un envahissement considérable de 200^m en soixante-sept
jours. De 1843 à 1844, l'avancement fut de 481 mètres
en 341 jours (du 13 novembre au 14 octobre 1844). A la
fin de 1844 les deux glaciers, maintenant réunis, continuaient de progresser dans des proportions inaccoutu-
mées (en moyenne de 1^m, 69 par jour). En même temps
le glacier gagnait en largeur et en hauteur, et il paraît,
d'après les données des habitants, qu'il était en proie à
des mouvements violents. M. Frignet rapporte, d'après
les observations du desservant de Rofen et de Fend,
M. Haid, qu'à la fin d'octobre, «il se faisait des déchire-
ments nombreux dans la masse du glacier; les détonations ressemblaient aux éclats de la foudre et avaient dans
la vallée un retentissement prolongé (*).» Enfin, en 1845,
le glacier, trompant toutes les prévisions, dépassa en
douze jours les 120 mètres qui le séparaient de la vallée de Rofenthal, et toute communication avec la partie

(* M. *Frignet*, l. c., p. 87.

supérieure de la vallée fut interceptée. Les eaux s'accumulèrent rapidement et bientôt le lac acquit des dimensions considérables. Le 13 juin la digue se rompit, mais pour se reformer de nouveau immédiatement après. M. Frignet résume dans le tableau suivant, les observations qu'on possède sur la vitesse de l'envahissement aux différentes époques [*].

Tableau *de la marche du glacier de Vernagt.*

ÉPOQUES D'OBSERVATION.	NOMBRE de jours.	AVANCEM.	INCLINAISON.	MOYENNE de 24 heures.
Du 13 novembre au 18 juin 1844.	219	$376^m 0$	$17°$	$1^m 71$
Du 18 juin au 18 octobre 1844.	122	105, 6	$17 — 19°$	0, 86
Du 18 octobre 1844 au 3 janvier 1845.	76	132, 8	$19°$	1, 73
Du 3 janvier au 19 mai 1845.	136	379, 2	$19 — 24°$	2, 78
Du 19 mai au 1er juin 1845.	13	129, 6	$12°$	9, 92

Ces chiffres, on le voit, sont hors de toute proportion avec ceux que nous possédons sur l'envahissement du glacier de l'Aar, à la même époque. Je conviens qu'il y a dans cette accélération prodigieuse quelque chose d'insolite dont il est difficile de se rendre compte, surtout si

---

[*] Frignet, l. c., p. 97.

l'on considère que les glaciers adjacents n'en étaient pas
affectés. C'est par conséquent dans des conditions particulières de ce glacier qu'il faut chercher la cause de cette
anomalie. Or, si j'examine la position du glacier de Vernagt, dans la carte qui accompagne le compte rendu de
M. Stotter et le Mémoire de M. Frignet, je trouve que,
comme beaucoup de glaciers de second ordre, il descend
d'une sorte de terrasse entourée de cimes neigeuses et
s'arrête à l'entrée d'une vallée étroite, par laquelle ses eaux
s'écoulent dans le Rofenthal. Il en est de même du glacier
de Rofen qui est à côté. Tant que les conditions météorologiques générales ne sont pas troublées, on conçoit que les deux glaciers se maintiennent l'un à côté de
l'autre sans se gêner. Mais supposons qu'il survienne
pendant une année des chutes très-abondantes de neige
dans les parties supérieures de ce glacier, de manière
que la somme des neiges tombées l'emporte sur la quantité de glace fondue, il en résultera une augmentation de
volume de la masse entière. A partir de ce moment, les
conditions générales de la progression se trouveront chan-
gées, et comme la vitesse est en raison des masses, la
progression devra naturellement s'accélérer. Les deux
glaciers, jusque-là séparés, se joindront, et pour peu que la
jonction s'opère en un point où la vallée est rétrécie, la
vitesse s'en trouvera encore augmentée dans une proportion déterminée ; les glaces, obligées de se resserrer dans
un espace étroit, gagneront en hauteur ce qui leur manque en largeur. J'ignore si ces circonstances réunies sont

suffisantes pour rendre compte de l'envahissement extraordinaire du glacier de Vernagt. Mais de toutes manières
elles ont dû y contribuer. Ce qui me le confirme, c'est
que, de l'aveu même des observateurs, l'envahissement
s'est sensiblement accéléré à partir de la réunion des
deux bras.

M. Stotter attribue en grande partie aux sources les
envahissements dont nous venons de parler. Cette action
se concevrait, s'il s'agissait d'un phénomène général,
mais nous avons vu qu'il n'y a que le glacier de Vernagt qui ait subi cette accélération, qui en outre n'a été
que passagère. Or, il est difficile de concevoir que des
sources, qui sont un phénomène de météorologie générale, soient venues sourdre tout à coup en très-grande
abondance sous le glacier de Vernagt, tandis qu'il ne
s'en serait pas montré dans les autres vallées. Il serait
plus étrange encore qu'après avoir existé pendant un
temps déterminé, elles vinssent soudain à tarir. En tous
cas, on n'expliquerait pas de cette manière le renflement
du glacier, qui a précédé l'envahissement.

Sans vouloir contester toute influence à l'action des
sources, il me paraît plus naturel de faire remonter
l'envahissement du glacier de Vernagt, comme tous les
mouvements du glacier, à une cause plus générale, à des
variations de température combinées avec la forme particulière de cette vallée. Remarquons d'abord que le glacier de Vernagt et son voisin, celui de Rofen, sont tous
deux des glaciers de second ordre, ayant l'un et l'autre

un cours très-limité. Par conséquent si une influence
accélératrice quelconque survient dans les parties supérieures de leur cours, elle se communiquera en très-peu
de temps à tout le glacier; et elle sera d'autant plus sensible à l'extrémité, que le couloir sera plus rétréci ;
tandis que s'il s'agit d'un grand glacier, l'accélération
ne se trahira à l'extrémité du glacier qu'au bout d'un
temps beaucoup plus long, et l'envahissement qui en
sera la conséquence, aura lieu d'une manière plus régulière et moins tumultueuse, par la raison que l'équilibre
aura pu s'établir dans l'intervalle.

RÉSUMÉ.

1° Les oscillations des glaciers sont une conséquence
des variations atmosphériques. Les glaciers empiètent à
la suite des années froides et humides, lorsque les influences conservatrices l'emportent sur les influences
destructives.

2° Les documents historiques autorisent à croire que
pendant les derniers siècles les influences conservatrices
l'ont emporté sur les influences destructives, attendu
qu'un certain nombre de glaciers, au nombre desquels
figure le glacier de l'Aar ont gagné beaucoup de terrain.

3° Les empiétements irréguliers tels que ceux du glacier de Vernagt en Tyrol sont, selon toute apparence, une
conséquence des mêmes influences climatologiques, combinées avec la forme particulière des vallées.

CHAPITRE XIV.

DES VARIATIONS DE NIVEAU DES GLACIERS.

Les variations de niveau des glaciers se rattachent d'une manière directe à leur progression. Il suffit d'avoir fréquenté les glaciers pendant quelques années pour se convaincre que leur niveau n'est pas invariable. Leurs berges sont d'ailleurs là pour nous dire qu'ils ont dû être jadis beaucoup plus épais, car de tous côtés l'on retrouve des traces de leur action sur les rochers. Il est vrai que ces effets remontent, pour la plupart, à une époque antérieure aux temps historiques, alors que les glaciers des Alpes se prolongeaient jusqu'au Jura. De nos jours les glaciers ne sont plus sujets à des oscillations aussi considérables, mais ils n'en subissent pas moins des variations de niveau susceptibles d'être constatées et qui correspondent à certains égards aux oscillations qu'on observe à leur extrémité. Ces changements de niveau se tradui-

sent par des renflements et par des abaissements. Les
montagnards savent qu'en général les glaciers sont plus
bas en automne qu'en été ; mais qu'à chaque printemps
ils reprennent de nouveau leur niveau habituel. Il y a
par conséquent alternativement hausse et baisse dans le
niveau des glaciers.

Affaissement des glaciers.

Nous avons analysé plus haut une des principales
causes de la baisse estivale, l'ablation (Chap. X). Si les
glaciers reposaient sur un sol horizontal et si leur progression était uniforme sur tous les points de leur cours,
il suffirait de mesurer l'ablation pour connaître la valeur
de la baisse ou de l'affaissement dans un temps donné, et
réciproquement l'on pourrait se rendre compte de l'ablation en mesurant la dépression géométrique. Mais il ne
faut pas perdre de vue que le glacier repose sur un plan
incliné et que dès lors la dépression géométrique doit
donner un résultat complexe composé de deux éléments distincts, l'ablation et l'inclinaison du sol. Suivant
l'inclinaison du glacier, ce sera l'un ou l'autre de ces
éléments qui l'emportera. Supposons un bloc gisant à la
surface d'un glacier incliné à sa base de 45 pour cent, au
point *C* du glacier de Grünberg, par exemple (Pl. III)
et progressant de 10 mètres par an. Je suppose qu'un
observateur qui aurait mesuré en 1846 la hauteur de ce
bloc au-dessus d'un point fixe du rivage y retourne en
1847 et retrouve le bloc *C* à 12 mètres plus bas, il est

évident qu'il ne pourra pas attribuer cette dépression uniquement à l'ablation. Il devra avant tout en déduire la valeur de la pente sur le trajet parcouru, qui sera dans le cas particulier de 9 mètres (la pente étant de 45 pour 100 et la distance parcourue de 20^m). Il ne restera donc que 1 mètre pour l'ablation.

Il en est autrement des grands glaciers. Comme leur fond est en général peu incliné, il s'ensuit que la part de la pente dans la baisse de la surface est bien plus faible, quoique l'avancement soit beaucoup plus considérable. Au glacier de l'Aar elle peut être évaluée en moyenne à 2^m 50 ; elle est par conséquent inférieure à la somme de l'ablation.

Il est une autre circonstance à laquelle on a attribué une grande part dans les variations de la surface des glaciers, c'est l'affaissement de la masse entière. Selon M. Forbes, cet affaissement serait dû à trois causes différentes ; savoir : 1° aux ruisseaux qui circulent sous le glacier et rongent sa face inférieure ; 2° à la fonte occasionnée par la chaleur propre de la terre ; 3° à ce que l'extrémité des glaciers marche plus vite que les régions situées en amont. L'auteur affirme (*) avoir constaté au glacier des Bois, une dépression d'un pied anglais par jour, par des jours chauds et humides de l'été de 1842, et il attribue en grande partie cette dépression à l'affaissement. Je n'examinerai pas si les procédés employés

(*) Travels, p. 155.

par M. Forbes sont de nature à donner des résultats rigoureux. Ce que je sais, c'est que rien de semblable ne s'observe au glacier de l'Aar (*).

Quant aux causes que M. Forbes assigne à cet affaissement du glacier des Bois, elles sont en tout cas d'une faible efficacité, si on les compare aux résultats qu'elles sont censées expliquer. En effet, l'influence de la chaleur terrestre est trop insignifiante pour pouvoir entrer en ligne de compte, puisque, d'après les calculs de M. Élie de Beaumont (**), la chaleur de la terre ne peut fondre qu'une couche de 6 millimètres de glace par an. Quant aux torrents, ils rongent sans doute la glace et y creusent des canaux qui sont quelquefois si nombreux que le glacier a l'air de reposer sur des piliers. Mais il ne résulte pas de là que le glacier doive s'affaisser, car s'il en était ainsi, cet affaissement devrait avant tout se manifester aux voûtes terminales par où s'échappent les torrents des glaciers. Or, c'est ce qui n'a pas lieu d'une manière sensible. Quant à la troisième cause, l'accélération locale d'un point, relativement à un autre situé en amont, je conçois qu'elle détermine, dans certains cas, un affaissement plus ou moins notable de certaines parties d'un glacier. Mais comme les glaciers dont j'ai observé la marche (le glacier de l'Aar

(*) Dans un article subséquent (Bibl. univ., 1846), l'auteur a considérablement réduit la part de l'affaissement qui ne serait plus que de $\frac{1}{10}$; la part de l'ablation étant de $\frac{7}{10}$.

(**) Ann. des sc. géol. 1842.

et le glacier du Rhône), loin de s'accélérer, se ralentissent, au contraire d'amont en aval, il s'ensuivrait qu'au lieu de s'affaisser, ces glaciers devraient au contraire se gonfler, en sorte que d'aucune manière les résultats de M. Forbes, fussent-ils exacts, ne pourraient, s'appliquer aux glaciers ci-dessus, ni par conséquent servir de base à un système général, puisqu'ils sont l'exception et non la règle (*).

J'ai de mon côté observé avec le plus grand soin les variations de niveau du glacier de l'Aar, au moyen d'un procédé fort simple, mais que je crois rigoureux. Une lunette avec un fil en croix (la même qui servait aux observations de la marche diurne) était placée sur un rocher de la rive gauche, au pied du Pavillon, et disposée de manière que le fil vertical correspondît à la tige et le fil horizontal aux bras de la croix de repère qui était peinte sur les rochers de la rive droite. A chaque observation, j'avais soin, après avoir constaté le déplacement de la perche, de m'assurer s'il était survenu quelque changement dans le niveau du glacier. Un guide se plaçait à cette fin à côté de la perche et faisait glisser le long de cette dernière un voyant en forme de croix jusqu'à ce que la branche transversale du voyant coïncidât avec le plan du fil horizontal de la lunette et avec la ligne hori-

(*) M. Forbes admet effectivement un gonflement virtuel qui serait compensé selon lui par l'ablation. J'ai essayé de combattre plus haut cette supposition, en montrant qu'elle est tout à fait dénuée de fondement.

zontale de la croix de repère. Alors il fixait son voyant et comptait de combien la base de ce dernier se trouvait au-dessus du zéro inscrit sur la tige.

Pendant huit jours qu'ont duré les expériences (du 21 juillet au 2 août 1845), je n'ai constaté qu'une dépression de 4 centimètres, par conséquent moins de 5 millimètres par jour, chiffre qui correspond à peu près à la pente du trajet parcouru, quelque faible qu'on la suppose en ce point, si toutefois il ne rentre pas dans les erreurs d'observations.

D'où je conclus qu'au glacier de l'Aar, et probablement dans tous les glaciers qui ont le même régime, l'affaissement du fond ne joue qu'un rôle très-subordonné. La dépression géométrique d'une partie quelconque de la surface, telle qu'elle peut se manifester dans le cours d'un été, est presque exclusivement l'effet de l'ablation. Ce n'est que lorsqu'on embrasse des périodes annuelles qu'il faut tenir compte de la pente et probablement aussi de la compression de la glace. Mais ces effets, je le répète, ne peuvent entrer en ligne de compte, s'il s'agit seulement de périodes de quelques jours ou de quelques semaines.

Gonflement des glaciers.

Le gonflement périodique du glacier sur un point donné est un phénomène moins compliqué que l'affaissement, et qui se rattache d'une manière directe à la progression. Voici de quelle manière. Nous savons que l'épaisseur des glaciers augmente d'aval en amont ; par conséquent, le mouvement de translation doit constamment amener sur tous les points du glacier une masse de glace plus considérable que celle qui vient de quitter. Si cette augmentation locale ne se remarque pas en été, c'est parce que, à cette saison, l'ablation est si considérable qu'elle compense cette quantité et au delà. En hiver, au contraire, aucune ablation n'a lieu ; et comme le mouvement n'en continue pas moins, quoique d'une manière ralentie. il s'ensuit que pendant ce temps les masses supérieures arrivent avec toute leur épaisseur. Par conséquent, si le sol était horizontal, le glacier devrait se gonfler au printemps de toute la quantité qui correspond à son augmentation d'épaisseur d'aval en amont. Si cette différence est de 4 mètres pour 100 (c'est à peu près la proportion du glacier de l'Aar), et que l'avancement hivernal soit en un point quelconque, par exemple à l'Hôtel des Neuchâtelois, de 40^m, on devrait y trouver, au printemps suivant, le niveau du glacier de 1^m,60 plus élevé qu'il n'était en automne. Mais comme le fond du glacier est incliné, il faut déduire de ce chiffre une quantité proportionnelle à son inclinaison. Si cette inclinaison est de 3^m pour 100, comme nous l'avons montré plus haut, ce sera par conséquent 90 centimètres qu'il faudra soustraire des 1^m 60. Dans ce cas il ne resterait que 70 centimètres pour l'exhaussement résultant de la marche hivernale.

Or, je me suis assuré par des expériences directes que le gonflement effectif que l'on remarque au printemps sur toute la surface du glacier de l'Aar est bien plus considérable. En traçant les deux lignes A–B et C-D de Pl. IV, M. Wild avait eu soin de déterminer exactement, au moyen d'un excellent instrument à niveler d'Erdl, la hauteur du glacier à tous les pieux des deux lignes ci-dessus, relativement à une ligne idéale tracée au–dessus du glacier. En 1843, les deux lignes furent relevées par le même ingénieur, qui trouva les différences de niveau suivantes :

TABLEAU *des variations de niveau observées*

SUR LA LIGNE A — B		SUR LA LIGNE C — D	
Nº DES PIEUX.	GONFLEMENT.	Nº DES PIEUX.	GONFLEMENT.
Lauteraar. IX	0^m, 72	*Lauteraar.* IX	0^m, 13
XIII	0 , 82	VIII	0 , 84
VI	2 , 54	VII	2 , 99
V	2 , 15	VI	1 , 78
IV	1 , 87	V	1 , 48
III	2 , 74	IV	2 . 38
		III	2 , 18
Finsteraar. III	1^m, 78	*Finsteraar.* III	1^m, 21
VI	3 , 41	VI	2 , 07
VIII	1 , 88	VII	2 , 62
IX	4 , 61		
XI	2 , 05	Moyenne. .	1^m, 76
XII	0 , 69		
Moyenne. .	2^m. 10		

36

La moyenne de la ligne A-B est, d'après le tableau ci-dessus, de $2^m,10$. Elle serait un peu plus considérable, si l'on prenait pour terme de comparaison les stations du milieu, attendu que les stations voisines du bord subissent un exhaussement bien plus faible (de $0^m 82$, 0^m72, et même de $0^m 13$, au pieu IX de la ligne C-D).

Cet exhaussement est, comme la marche accélérée du printemps, avant tout, l'effet de la dilatation qui survient à cette époque par suite de la congélation de l'eau dans les fissures capillaires. Pour apprécier d'une manière rigoureuse la part qui revient au gonflement, à l'exclusion des autres influences, il faut déduire des chiffres ci-dessus les 70 centimètres, qui sont indépendants de la dilatation, et qui proviennent de ce que la masse amenée par le mouvement hivernal sous la ligne A B est plus épaisse que celle qui l'a quittée; en sorte que la part du gonflement proprement dit se trouve réduite à $1^m,40$.

Ce gonflement compense en quelque sorte l'ablation, et nous allons voir qu'il est nécessaire pour rendre compte des rapports que nous avons établis ci-dessus entre l'ablation et le mouvement.

S'il est vrai, comme nous l'avons montré plus haut (p. 446) qu'un bloc situé au pied de l'Abschwung mette cent trente-trois ans pour atteindre la position du n° 17 ; s'il est vrai, d'un autre côté, que la somme de l'ablation annuelle doive être évaluée en moyenne à $3^m,5$ par an, il s'ensuit que pendant les cent trente-trois ans que dure le trajet du bloc, le glacier aurait perdu 465^m

de glace par l'ablation, qui, ajoutée a son épaisseur sous le bloc n° 17, porterait à 600^m l'épaisseur de la glace sous le n° 1, chiffre qui est évidemment exagéré. Que si, au contraire, l'on soustrait des 3^m,5 qu'absorbe l'ablation annuelle les 1^m,40 qui sont l'effet du gonflement, nous n'aurons qu'un abaissement de 2^m,10 par an, qui, combiné avec la progression, nous conduit à des résultats bien plus satisfaisants. Nous obtiendrons alors un chiffre d'environ 380^m savoir (2^m,10 $\times$ 133 + 100 $= 379^m$) pour l'épaisseur de la couche de glace sous le bloc N° 1.

Si ce gonflement a réellement l'origine que nous lui supposons, il devra être d'autant plus sensible qu'à parité de conditions météorologiques, le glacier sera plus épais. Par cette raison, il sera plus fort dans les grands glaciers que dans les petits, de même que nous avons vu qu'il est plus sensible au milieu du glacier de l'Aar que sur ses bords.

Que si l'on demande maintenant comment il se fait que les parties riveraines du glacier maintiennent néanmoins leur niveau à peu près constant, tandis qu'elles subissent la même ablation que les parties centrales, je renverrai aux expériences que j'ai rapportées plus haut sur le mouvement des bords, où j'ai montré qu'en outre du mouvement d'amont en aval, il existe un mouvement transversal qui tend à porter la masse vers les bords, et remplace ainsi ce qui est enlevé au glacier par l'ablation (p. 499).

RÉSUMÉ.

Il résulte des recherches qui précèdent :

1° Que la diminution des glaciers est avant tout l'œuvre de l'ablation.

2° Que le glacier de l'Aar et probablement tous les glaciers des Alpes subissent un gonflement à l'époque du printemps.

3° Que ce gonflement compense jusqu'à un certain point l'ablation et permet aux glaciers de se prolonger plus loin dans les vallées qu'ils ne le pourraient sans cela.

4° Que près des bords où le gonflement est faible, l'ablation est compensée par le mouvement transversal.

EXAMEN DES DIVERSES THÉORIES QUI ONT ÉTÉ PROPOSÉES POUR EXPLIQUER LA PROGRESSION DES GLACIERS.

Après avoir exposé la théorie du mécanisme des glaciers, telle qu'elle résulte des nombreuses observations consignées dans les chapitres qui précèdent, il nous reste maintenant à examiner en peu de mots les différents systèmes qui ont été successivement proposés par les savants qui se sont occupés de cette question.

THÉORIE DU GLISSEMENT.

Cette théorie, en apparence la plus simple de toutes, ne voit dans la progression des glaciers qu'un simple fait de glissement, provoqué par l'inclinaison du sol et favorisé

par l'action de la chaleur terrestre qui s'oppose à toute
adhérence. Proposée par Gruner (*), cette théorie fut
développée par Saussure (**) avec sa sagacité habituelle.
Un peu plus tard, elle fut défendue avec non moins de
talent par Kuhn (***) dans ses luttes avec les savants alle-
mands. Depuis cette époque, elle a été adoptée sans contrôle par tous les physiciens. Ce n'est que dans ces derniers temps que d'autres théories sont venues lui disputer
la prééminence. En effet, quelque vraisemblable qu'elle
paraisse au premier abord, cette théorie présente de
grandes difficultés, que les recherches des dernières
années ont surtout mises en évidence. La principale
objection qu'on lui a faite, est celle-ci : Si les glaciers étaient réellement entraînés par la pente du fond
comme s'exprime de Saussure, en d'autres termes, s'ils
glissaient par le simple effet de leur pente, il s'ensuit,
qu'ils devraient augmenter de vitesse d'amont en aval
par l'effet de la vitesse acquise qui se transmet avec une
force croissante d'amont en aval, surtout si, comme c'est
ordinairement le cas, la pente va en augmentant vers
l'extrémité des glaciers. Cette conséquence avait été pleinement adoptée par Saussure, à tel point que le célèbre
physicien admettait que *les glaciers cheminaient par
saccades*. Il existe en effet quelques exemples d'un pareil
avancement; mais c'est l'exception et non la règle. D'ail-

(*) Die Eisgebirge der Schweitz, 1760.
(**) Voyages dans les Alpes.
(***) Ueber den Mechanismus der Gletscher.

leurs si tel était le mode de progression habituel des glaciers, ils avanceraient constamment en raison de leur pente, et les glaciers les plus inclinés auraient la marche la plus accélérée. Or, nous avons vu que, contrairement aux prévisions de Saussure, la pente ne joue qu'un rôle subordonné, puisque de petits glaciers d'une inclinaison très-forte, de 30° et au delà (par exemple le glacier de Grünberg) marchent beaucoup moins vite que le glacier de l'Aar dont l'inclinaison moyenne n'est que de 4°. Nous avons montré, en outre, que ce même glacier de l'Aar, loin d'augmenter de vitesse d'amont en aval, comme il le devrait d'après les exigences de la théorie, se ralentit au contraire d'une manière graduelle près de son extrémité, et cela précisément dans la partie de son cours où la pente de la surface augmente de la manière la plus sensible.

M. P. Mérian, dans un Mémoire spécial sur le mouvement des glaciers (*) a cherché à expliquer par la forme particulière de la vallée de l'Aar, l'absence de saccades, ainsi que le ralentissement du glacier vers son extrémité. Cette objection, qui a déjà été combattue par M. Desor (**) ne saurait plus être une difficulté, aujourd'hui que j'ai démontré que ce même ralentissement graduel s'observe dans d'autres glaciers, dont la marche n'est gênée par aucun obstacle du rivage. Nous savons d'ailleurs que les

(*) Ueber die Theorie der Gletscher, dans *Leonhard und Bronn*, 1843, et *Poggendorff's Ann.*, vol. 60.
(**) *Leonhards und Bronn's Jahrbuch* 1844.

glaciers de second ordre à forte pente qui ne sont arrêtés
par aucune barrière à leur extrémité, n'en marchent pas
moins très-lentement, témoins les deux glaciers de
Trift (p. 512).

M. Hopkins , de son côté, a aussi cherché à défendre
la théorie du glissement, mais en la modifiant profondément. Partant du fait que la faible inclinaison des
glaciers de premier ordre ne les empêche pas de progresser, il a démontré par une série d'expériences, dont
nous avons rapporté les détails plus haut (p. 529), qu'il
n'est pente si faible sur laquelle une masse de glace n'a-
vance en vertu de son poids, lorsqu'elle est maintenue à
un certain degré de lubréfaction. M. Hopkins a ainsi
écarté l'objection capitale qu'on tirait mal à propos du
peu d'inclinaison des grands glaciers, et montré en même
temps que la vitesse acquise n'agit que dans des limites
très-restreintes. Il a formulé lui-même ses conclusions de
la manière suivante :

1° Il n'y a point d'accélération lorsque l'inclinaison est
inférieure à 20 degrés. 2° Aussi longtemps que l'inclinaison n'excède pas 9^d ou 10^d, la vitesse est, toutes choses
égales d'ailleurs, proportionnelle à l'inclinaison. 3° A
pente égale, la vitesse s'accroît lorsqu'on augmente le
poids. 4° Pour que le mouvement s'opère, il faut que le
glacier soit dans un état constant de lubréfaction.

Ces résultats, on le voit, sont d'accord en tous points
avec ceux qui découlent des expériences faites sur les
glaciers. Je crois cependant, que M. Hopkins s'exagère la

part de la lubréfaction, lorsqu'il affirme qu'elle entre
pour les neuf dixièmes dans la vitesse du mouvement (*).
En effet, s'il en était ainsi, on n'observerait pas des différences aussi considérables entre le mouvement des
glaciers latéraux et celui des glaciers de premier ordre,
qui se trouvent cependant dans les mêmes conditions
de température et de lubréfaction. M. Hopkins a été évidemment induit en erreur par les données de M. Forbes
qui prétend à tort, que les glaciers marchent plus rapidement à leur extrémité que dans la région moyenne (**).
Pour expliquer ce résultat inexact, le savant physicien
de Cambridge a dû faire violence à ses propres expériences, en attribuant une influence exagérée aux vents
chauds qui pénètrent sous le glacier par les voûtes.

Il est évident toutefois que M. Hopkins, en modifiant
de la sorte la théorie du glissement, l'a affranchie des difficultés qui s'opposaient à son adoption, aussi longtemps
qu'on faisait intervenir la vitesse acquise comme élément
essentiel du mouvement. Je conviens volontiers que
sous cette forme elle rend compte des circonstances les
plus importantes de la progression, surtout si l'on
a égard à la plasticité de la glace, que M. Hopkins ré-

(*) L. c., p. 248.

(**) J'ai montré plus haut (p. 467), par des expériences faites au glacier de l'Aar et à celui du Rhône, que loin de s'accélérer, la partie terminale a, au contraire, un mouvement ralenti et par conséquent que
les résultats de M. Forbes tiennent à ce qu'il opérait par l'extrémité du
glacier des Bois, mais en face du Pavillon de Montanvert, à 3 kilomètres
environ de l'escarpement terminal.

cuse d'une manière trop absolue, bien qu'elle ait
été été admise par Saussure lui-même (*).

THÉORIE DE LA DILATATION.

La théorie de la dilatation, proposée il y a deux
siècles par Scheuchzer, a passé à peu près inaperçue jusqu'à ce que les naturalistes modernes, MM. Biselx et
de Charpentier à leur tête, la tirèrent de l'oubli. C'est
aussi celle à laquelle je m'étais arrêté dans mon premier
ouvrage, et l'on a pu voir dans les chapitres qui précèdent, que les expériences de ces dernières années l'ont
confirmée sous plus d'un rapport. Il suffit de rappeler
les bandes bleues, et surtout la transformation de plus
en plus complète de la glace bulleuse en glace compacte.
Mais à d'autres égards les faits observés m'obligent à res-
treindre considérablement la part trop exclusive que j'at-
tribuais, avec M. de Charpentier, à la congélation dans
tout ce qui concerne la progression en été. En effet, pour
expliquer, à l'aide de la congélation diurne, la régularité
qu'on observe dans le mouvement estival, il faut admettre
que la température tombe toutes les nuits au-dessous de
zéro et en second lieu que le froid pénètre *journellement*
à une grande profondeur. Or, c'est ce qui n'a pas lieu.
Il résulte des observations faites en 1842 par MM. Desor
et Wild sur le glacier de la Strableck, à une hauteur de
2600^m, et répétées plus tard sur d'autres points du gla-

(*) Voyages dans les Alpes, § 860.

cier de l'Aar, que lorsque le glacier est recouvert d'une couche de neige, le froid d'une seule nuit ne suffit pas pour geler l'eau qui se trouve entre la glace et la neige, ce qui explique pourquoi on trouve fréquemment de l'eau sous la croûte gelée qui recouvre la neige. D'ailleurs l'observation directe n'indique aucune augmentation de volume, même à la suite des nuits très-froides. D'où il résulte, que la dilatation opérée par la congélation nocturne ne saurait être la cause de la progression pendant la belle saison. C'est bien toujours l'eau qui facilite l'avancement, mais l'eau liquide, sans qu'il soit nécessaire qu'elle passe à l'état de glace. Ainsi que je l'ai fait voir plus haut (p. 477), il n'y a qu'une époque de l'année où la congélation intervient comme agent propulsif, c'est à l'époque des premières fontes du printemps.

THÉORIE DE LA SEMI-FLUIDITÉ.

Il est une troisième théorie, celle de la viscosité ou de la semi-fluidité, qui consiste à se représenter le glacier comme un corps visqueux ou semi-fluide, se mouvant à la manière des coulées de lave. On ne saurait nier en effet, que les glaciers ne présentent des particularités qui attestent une certaine plasticité. Il suffit de rappeler la régularité avec laquelle ils suivent les accidents de la vallée, contournant les promontoires et s'étalant dans les anses et les anfractuosités du rivage (*Voy.* Pl. III). Saussure déjà avait entrevu la plasticité de la glace. Plus tard M. Rendu, aujourd'hui évêque d'Annecy, a insisté d'une manière toute spéciale sur cette propriété des glaciers. Il se demande même à cette occasion s'il n'y aurait pas lieu de les assimiler à des coulées de pâte molle. Mais, comme il le reconnaît lui-même, cette ductilité n'est qu'apparente, et n'empêche pas que la glace ne présente toutes les particularités d'un corps rigide. M. Forbes n'en a pas moins maintenu la théorie de la semi-fluidité. Pour lui le glacier n'est pas seulement en *apparence* un corps visqueux, il l'est en *réalité*. Je ne m'arrêterai pas à reproduire tous les arguments que le simple bon sens suggère contre cette théorie, qui pour se maintenir est obligée de bouleverser toutes les notions du langage. En effet, peut-on appeler visqueux un corps qui se désagrége en fragments anguleux, aussi tranchants que du verre, un corps qui éclate avec détonation par suite d'une tension vaincue?

L'erreur provient de ce que l'on a pris pour identiques des phénomènes qui ne sont qu'analogues. Sans doute, il y a quelqu'analogie entre l'allure d'un glacier et celle d'une coulée de lave et il y a longtemps que des voyageurs l'ont signalée. Mais ce n'est pas une raison pour en conclure que les deux mouvements soient soumis aux mêmes lois. Dans les coulées de lave, la progression s'opère par le déplacement de toutes les molécules constitutives, comme cela a lieu dans une rivière. Le glacier n'est pas mobile de la sorte; ce n'est pas un liquide, mais une agglomération de fragments de glace rigides, juxtaposés et rendus mobiles par l'introduction d'un corps étranger dans leurs interstices. Les coulées de lave, étrangères au milieu qui les environne, avancent en vertu de leurs propriétés intrinsèques, quelles que soient les conditions atmosphériques ou climatériques dans lesquelles elles se trouvent, qu'elles descendent des plus hauts pics du globe ou qu'elles s'échappent d'une petite colline, sous le climat des tropiques ou dans les frimats du Nord. Le mouvement du glacier, au contraire, est dans la plus étroite dépendance du climat, puisque sa vitesse de progression varie suivant les saisons. Or, de ce qu'il est influencé par des causes aussi diverses que celles que nous avons énumérées ci-dessus, nous en concluons qu'entre la progression des glaciers et celles des laves, il y a analogie extérieure, mais non pas identité (*).

En résumé, la vérité, comme il arrive si souvent, se trouve ici entre les différents systèmes. Les agents divers que chacun d'eux fait intervenir d'une manière trop

---

(*) Je ne m'arrêterai pas à discuter la théorie de M. Hugi qui attribue au mécanisme des glaciers une sorte de vitalité, en vertu de laquelle la glace des glaciers se transformerait successivement en glace de plus en plus compacte et tendrait à gagner les régions inférieures.

M. Petzholdt de son côté, ayant cru remarquer que la glace augmentait de volume en se refroidissant, s'était cru autorisé à fonder sur ce fait une nouvelle théorie, d'après laquelle les glaciers avanceraient uniquement en hiver par l'effet du froid. L'observation de l'augmentation de volume ayant été reconnue inexacte par les expériences d'autres physiciens, qui ont montré que la glace diminue au contraire de volume en se refroidissant (p. 162), l'auteur a lui-même renoncé à sa théorie.

exclusive ont leur part d'influence. Ainsi la pente est une condition de la progression, mais elle n'en détermine pas la vitesse. La plasticité est une autre condition non moins essentielle, puisqu'elle permet à un corps comme la glace de se mouvoir sur des pentes très-faibles. Enfin la dilatation intervient également comme force motrice, alors que l'influence de la plasticité est réduite à son minimum.

Ce résultat ne saurait surprendre, après que nous avons démontré que la progression des glaciers, loin d'être l'effet d'une cause unique, comme on l'avait supposé à tort, est au contraire un phénomène complexe.

CHAPITRE XV.

DE L'ACTION DES GLACIERS SUR LEUR FOND.

Ayant consacré tout un chapitre de mon premier ouvrage (*) à l'examen des effets que les glaciers produisent sur les surfaces qu'ils recouvrent, il ne me restera
que peu de choses à ajouter sur les phénomènes qui sont
occasionnés par le frottement des glaciers, savoir le polissage et le burinage des rochers que la glace recouvre
ou contre lesquels elle s'appuie.

On sait que le polissage n'est pas produit directement
par la glace, mais qu'il existe entre elle et le sol, une
couche de dépôt de matières meubles, plus ou moins
triturées, que j'ai appelée la *couche de boue* (**). Cette
couche est l'émeri au moyen duquel le glacier use et

* Etudes, Chap. XIV.
** Etudes, p. 188

polit les rochers sur lesquels il passe. En général cet émeri est d'autant plus fin qu'on le prend plus près de l'extrémité du glacier ; souvent même il est réduit à un véritable limon, dont les propriétés varient suivant la nature de la roche. La roche des rives est-elle du granit, ce limon est blanc et incohérent comme au glacier du Rhône ; lorsque c'est du gneiss, comme au glacier de l'Aar, il prend une teinte plus foncée et un aspect plus vaseux ; enfin, il devient tout à fait terreux, lorsque le glacier se trouve dans une vallée calcaire, comme celle de Rosenlaui. Il entoure alors les débris des moraines qui sont comme incrustés de boue (*), toutes les fois qu'ils n'ont pas été lavés par un torrent. C'est ce limon qui donne à l'eau des glaciers la teinte laiteuse qui les caractérise (**).

Quoique en général très-fin, ce limon n'est cependant

(*) Ce caractère est très-important pour l'étude des anciennes moraines, en ce qu'il exclut d'entrée toute idée de courants ; car si les blocs erratiques qui en sont incrustés avaient été transportés par l'eau, celle-ci aurait commencé par les laver et l'on trouverait les blocs parfaitement propres comme dans le lit des torrents. Or, il n'est pas sans importance de faire remarquer que cette boue glaciaire se retrouve partout où les dépôts morainiques sont intacts. M. Collomb l'a reconnue dans les anciennes moraines des Vosges, et j'ai pu me convaincre, en visitant ces localités sous sa direction, qu'elle a absolument le même aspect qu'à l'extrémité de nos glaciers actuels.

(**) La quantité de sable tenue ainsi en suspension dans l'eau des torrents est assez considérable. M. Dollfus qui a fait à ce sujet des expériences rigoureuses a trouvé qu'elle s'élève au glacier de l'Aar à 142 grammes par mètre cube.

pas toujours très-homogène; il contient d'ordinaire une foule de petits fragments de quarz et d'autres pierres dures qui, tout en polissant la roche, y occasionnent ces stries et ce fin burinage qui est l'un des caractères des polis des glaciers. J'ai montré ailleurs, que ces stries sont presque toujours rectilignes sans être bien parallèles, et qu'il y en a qui se croisent sous des angles très-forts, de 40 à 60^d et même à angle droit (*).

Cependant les petits graviers ne sont pas seuls capables d'entamer la roche. Lorsque des fragments d'un plus gros volume se trouvent pris entre la glace et le rocher et pressés contre ce dernier avec toute la force du glacier, ils y gravent à leur tour des sillons non moins caractéristiques, qui se présentent sous la forme de cannelures, de larges sillons, de coups de gouge, etc.

On pouvait voir en 1844 et 1845, sur la rive gauche du glacier de l'Aar, au pied du Pavillon, une ouverture en forme de caverne (Pl. IX, fig. 8), qui avait été occasionnée par une chute de rochers. En descendant dans cette caverne qui était comprise entre deux petits promontoires du rivage, on voyait la couche de boue, après avoir été serrée contre le promontoire (*a*) se détacher en forme de

____

(*) *Voy.* Études, Pl. 18. — M. Durocher, en affirmant (*Bull. Soc. géol. de France*, 2ᵉ série, T. IV, p. 80, 2 nov. 1846) que les stries dans les Alpes ne se croisent jamais sous des angles de plus de 15 à 25^d, commet une erreur d'autant plus regrettable qu'il en tire une objection contre l'application de la théorie glaciaire aux phénomènes erratiques de la Scandinavie, où il n'est pas rare de voir des stries s'entre-croiser sous des angles très-ouverts.

larges écailles qui montraient des traces d'une énorme pression et qui évidemment ont dû user et polir quelque peu le rocher, en se frottant contre lui, absolument comme le ferait une masse de grès qu'on ferait mouvoir lentement mais avec une très-forte pression contre des parois de rochers. On voyait en outre dans le toit de la grotte, des cailloux et des galets de différente grosseur enchâssés dans la glace, comme dans une monture. La plupart étaient à fleur de glace; quelques-uns seulement étaient légèrement en relief, et comme il y avait dans le prolongement du rocher *a* des sillons de même largeur, je ne doute pas qu'ils ne fussent dus à de pareils galets (*).

On a objecté à cette explication le fait que ces sillons sont en général burinés et striés comme le reste de la paroi, tandis que s'ils étaient occasionnés par des galets, qui sont d'ordinaire usés et même lisses, les sillons devraient l'être également. La difficulté ici n'est qu'apparente. Il suffit d'examiner la manière dont les cailloux sont répartis dans le toit de la caverne mentionnée ci-

(*) Je pourrais citer plusieurs exemples de l'énorme pression que le glacier exerce. En voici un : En quittant le glacier de l'Aar en 1844, M. Desor avait laissé subsister l'appareil destiné aux mesures de l'avancement des bords au pied du Pavillon. Cet appareil s'était bientôt disloqué, et une partie des poutres étaient tombées entre la glace et le rocher. Lorsque nous retournâmes au glacier, au mois d'août 1845, nous vîmes après quelque temps ces mêmes poutres reparaître à la surface, mais elles étaient complétement désagrégées, ce n'était plus que des paquets de fibres ligneuses.

dessus ; pour s'assurer qu'il n'y a aucune régularité dans leur disposition. Or, comme le glacier avance toujours, il doit y avoir échange continuel entre les parties qui entrent en contact avec le rocher. Par conséquent, les blocs *m n o* après avoir passé devant le promontoire *a* et y avoir creusé un sillon, seront suivis d'une couche de fin gravier qui polira et rayera à son tour le sillon que le galet vient de creuser [*].

J'ai vu au glacier de Rosenlaui, sur la rive droite, un galet de gneiss de la grosseur de la tête enchâssé entre la glace et le rocher et suivi d'une empreinte creuse, d'une sorte de sillon plat de la largeur du galet, qu'il eût été difficile de ne pas rapporter au frottement de ce dernier contre la paroi calcaire. Enfin, j'ai également détaché, sous le glacier de Zermat, un fragment de serpentine polie, montrant des stries très-nettes en contact avec la couche de boue [**].

En présence de faits aussi concluants, je ne crois pas

[*] Cette même caverne est encore instructive sous d'autres rapports. La glace, malgré sa plasticité, ne fait que passer sur les promontoires, mais ne se moule pas dans la cavité qui les sépare. Elle décrit au contraire, autour d'eux, une voûte surbaissée sur laquelle on voit se reproduire les empreintes de toutes les inégalités du promontoire *a*, et qui, vues d'en haut, ressemblent à une succession d'immenses cercles. Ce fait démontre également que la glace, tout en étant plastique, puisqu'elle reproduit les inégalités du rocher *a*, n'est cependant pas un corps visqueux, car autrement elle se déverserait dans l'anse de la caverne et la remplirait

[**] C'est le fragment qui est figuré dans la Pl. XVIII, fig. 2, de l'atlas qui accompagne mes Études.

devoir m'arrêter à réfuter en détail toutes les objections qui m'ont été faites par les adversaires de la théorie des glaciers. Il n'y a pas jusqu'à l'ancienne objection de la prétendue impossibilité de polir et de rayer un minéral quelconque, avec un minéral de même nature, qu'on n'ait reproduite. M. Necker de Saussure (*) veut bien accorder que les sables et cailloux feldspathiques et quartzeux, que les glaciers de Grindelwald apportent de leurs portions supérieures, aient pu rayer les calcaires qui occupent l'espace où ces glaciers viennent finir ; mais il n'admet pas que les cailloux feldspathiques que transportent les glaciers de Chamonix puissent rayer les roches quartzeuses sur lesquelles ceux-ci viennent se terminer.

Le petit-fils de l'illustre Saussure exprime le regret qu'au lieu d'assertions générales, on n'ait pas apprécié d'une manière détaillée les circonstances dans lesquelles se manifestent les stries. Que répondrai-je à de pareilles objections, si ce n'est que tous ceux qui ont observé les glaciers avec quelque attention, ont pu les voir tous les jours à l'œuvre polissant et rayant leurs rives ? Allez au glacier de Bois, allez au glacier de l'Aar, allez au glacier de Rosenlaui ; vous trouverez partout à vous édifier. M. G. Bischof s'est d'ailleurs chargé de réfuter cette prétendue impossibilité du burinage par un corps d'égale dureté, et il rappelle à ce sujet, qu'au bord du Rhin les bornes de granit sont usées par les cordes de halage. Qui

Études géologiques dans les Alpes, I, p. 193.

ne sait aussi que dans les Alpes et en Écosse, les vaches polissent tous les rochers qui font saillie dans les paturages, en se frottant contre eux.

On s'est prévalu également de la présence de certaines stries dues à d'autres causes, pour contester ou amoindrir les conséquences qu'on peut tirer de l'action polissante et burinante des glaciers (*). Je n'ignore pas qu'il existe dans les montagnes et même dans le voisinage des glaciers, des surfaces très-distinctement striées, qui sont dues à des glissements. Je possède moi-même, dans ma collection, de fort beaux échantillons détachés des flancs de l'Abschwung qui ont cette origine. Mais je crois aussi qu'il est facile de les distinguer des véritables stries glaciaires. Les surfaces polies par glissement ont ordinairement un certain lustre qui rappelle la nacre ; les calcaires sont fréquemment spathisées ; les serpentines amianthées, et les cristaux de feldspath du granit ont une certaine apparence vitrifiée. Les stries, enfin, sont toujours d'un parallélisme rigoureux, tandis que celles des surfaces polies par le glacier se croisent fréquemment et quelquefois sous des angles très-forts. On conçoit, en effet, que des roches glissant les unes sur les autres ne puissent produire que des stries parallèles et toujours dirigées dans le sens de la pente. Ces stries-là ne sont pas nécessairement limitées à la surface et il n'est pas rare de les voir pénétrer dans l'intérieur des montagnes, mais je

---

* Bibra dans *Leonhards und Bronns Jahrbuch*, 1843, p. 574.

le répète, il y a loin de ces polis à ceux des glaciers, et je
ne pense pas qu'un œil exercé puisse s'y tromper. Il eût
été à désirer, que les personnes qui ont invoqué ces stries
comme un argument contre la théorie des glaciers, nous
eussent au moins indiqué leur direction, qui est un
caractère essentiel à noter. La plupart des stries de glissement, sinon toutes, sont presque verticales, tandis que
les stries des glaciers sont en général longitudinales et
indépendantes de l'inclinaison des couches.

D'autres ont voulu voir dans les contours arrondis des
polis du granit, et spécialement dans ceux des environs
du Grimsel, l'expression d'une structure propre aux roches granitiques. Quoique cette objection soit partie d'une
grande autorité (*), je ne puis cependant l'envisager
comme sérieuse. Sans doute, le granit de ces contrées,
comme celui de Suède et d'Écosse, a une tendance à se
disloquer en grandes écailles ellipsoïdales, et l'on peut voir
près de l'hospice de Grimsel au glacier de l'Aar, sur les
flancs de l'Escherhorn, le long de la rive gauche du glacier de Thierberg, des exemples frappants de cette structure. Mais il suffit d'avoir comparé ces surfaces avec les
véritables polis qui sont à côté, pour se convaincre qu'il
n'y a aucun rapport entre les deux phénomènes. Les
écailles granitiques de M. de Buch sont à la vérité arrondies, mais elles ne sont jamais polies, et il leur manque,

(*) L. de Buch *Ueber Granit und Gneuss. Abhandl. der Berliner
Academie* 1842, p. 57, et un extrait *Bull. Soc. geol. de France*, 2e série,
t. III, p. 617. — 1845.

en outre, le caractère essentiel du poli des glaciers, les stries et les cannelures.

Les caractères qui distinguent les polis de glaciers de ceux qui sont occasionnés par l'eau sont trop bien connus pour que je croie devoir y revenir. Ces derniers n'ont ni la régularité, ni l'homogénéité des polis de glaciers. Ils ne sont jamais burinés, et lorsqu'ils présentent des sillons, ce sont des canaux profonds et tortueux qui indiquent l'action irrégulière d'un corps mobile, et nullement l'action soutenue et uniforme d'un corps solide. Ces sillons sinueux, connus sous le nom de *Karren* ou de *Lapiaz* (*), se retrouvent jusque dans le domaine des glaciers, partout où des torrents creusent la roche. Ils peuvent même, dans certains cas, se former sous le glacier, par l'effet des eaux qui circulent sur le sol, ou lorsque des cascades se précipitent à travers les crevasses, de manière à atteindre le rocher. J'attribue à ce mode de formation les *Karren* qu'on voit au-devant du glacier de Rosenlaui, et d'autres à peu près semblables au glacier de Grindelwald.

D'autres auteurs veulent bien accorder que les polis qui se trouvent dans les limites du glacier, et que l'on remarque peu au-dessus de leur niveau actuel, ont été

<hr>

(*) Il existe un Mémoire spécial sur les *Karren* de M. Ferdinand Keller, intitulé : *Bemerkungen über die Karren oder Schratten romanisch Lapiaz in der Kalkgebirgen.* — Zurich, 1840. *Voyez* aussi la réponse de M. Martins aux objections de M. Durocher contre l'ancienne extension des glaciers de la Scandinavie. *Bull. de la Soc. géol. de France* 2 série, III, p. 111 — 1845.

occasionnés par le frottement de ces derniers, mais ils nient que les glaciers se soient jamais étendus fort au delà. Cette objection, comme l'a montré M. Martins (*), n'est pas rationnelle. En effet si l'on considère les rives du glacier de l'Aar ou de beaucoup d'autres glaciers des Alpes, on voit que les polis ne se bornent pas aux environs immédiats du glacier. On les suit des yeux jusqu'à une grande hauteur, et si on les examine de près, on trouve qu'ils sont tout aussi bien conservés à 100^m et à 200^m qu'à 5^m ou 6^m au-dessus du glacier. C'est ce qui se voit surtout bien sur la rive gauche du glacier de l'Aar, que représente notre Pl. A, où les polis s'élèvent jusqu'à 600^m au-dessus du glacier. Or, d'après les rapports qui existent entre l'épaisseur des glaciers et leur longueur, il est impossible que le glacier ait en cette épaisseur au Bærenritz, sans se prolonger dans la vallée fort au delà de ses limites actuelles. C'est ce qu'il est aisé de démontrer en se fondant sur les résultats des recherches contenues dans les chapitres précèdents.

Dans la région qui nous occupe, le glacier de l'Aar perd en moyenne à peu près 3^m,5 de glace par l'ablation ou la fonte superficielle. Par conséquent s'il avait 600^m d'épaisseur de plus, il lui faudrait 170 ans pour le ramener à son niveau actuel en ce point, à supposer qu'il ne reçût aucune augmentation dans l'intervalle. Mais le glacier

(*) De l'ancienne extension des glaciers de Chamonix, *Revue des deux Mondes*, t. XVII, p 919. — 1er mars 1847.

n'est pas immobile ; il progresse continuellement. Dans
les conditions actuelles, l'avancement est de 30^m par an.
Le glacier, par conséquent, aurait pu avancer de plus
de 5 kilomètres pendant ces 170 ans, à supposer que
la progression fût la même qu'aujourd'hui. Mais nous
avons montré que le mouvement est en raison de l'épaisseur combinée avec la pente. Or, comme la pente de la
vallée est considérable en aval de l'hospice du Grimsel, et que d'un autre côté l'épaisseur du glacier devait
comporter une vitesse au moins quadruple de ce qu'elle
est maintenant, on comprend aisément que le glacier
descendait à cette époque de plusieurs myriamètres dans
la vallée de Hassli.

Tous les points des rives d'un glacier ne sont pas également polis. J'ai indiqué sur la carte de Pl. II, les endroits du glacier de l'Aar, où les polis sont le plus frappants ; j'ai remarqué que ces endroits correspondaient en
général aux points qui sont dans la direction de la chute
momentanée du glacier ; tels sont, par exemple, les polis
du Mieselen sur la rive gauche, ceux de l'Escherhorn sur
la rive droite, plus bas ceux du Zinkenstock, et à l'opposite de ces derniers, ceux du Bærenritz ; en d'autres
termes, les polis et les stries sont le plus parfaits, là où la
pression est la plus forte. Si, en même temps, la vallée
se rétrécit, les sillons et les stries n'en ressortent que
mieux, et ils prennent une direction ascensionnelle,
comme ceux qui sont représentés sur la Pl. A.

ROCHES MOUTONNÉES.

A côté des surfaces et des parois les mieux polies, il y en a d'autres où l'action du glacier ne se trahit que d'une manière vague. Les stries sont frustes, les polis à peine indiqués ; malgré cela , il est facile de voir que les rochers n'ont pas leur forme naturelle. Au lieu d'être déchirés et délités, ils sont arrondis et ballonnés jusqu'à une certaine hauteur, absolument comme les véritables roches polies. Ce sont les *roches moutonnées* de Saussure, dont on trouve des exemples dans toutes les grandes vallées des Alpes. Il y a longtemps que ce contraste des roches moutonnées avec les cimes dentelées a été signalé. Conrad Escher de la Linth en avait été souvent frappé dans ses voyages, et son fils Arnold Escher de la Linth nous a fait voir plusieurs de ses dessins où le phénomène se trouve représenté avec une grande précision. Saussure a dû les remarquer fréquemment, mais il n'en donne aucune explication. M. Hugi en parle à plusieurs reprises dans ses ouvrages, et il essaye même de l'expliquer à sa manière (*). M. Lobauer l'a signalé dans son Histoire de

(*) **M.** Hugi croit que cette différence, entre la partie supérieure et la partie inférieure des parois des vallées, est due à une différence de roche, et il appelle granit ventru (*Bauchgranit*) les masses arrondies de la base, et mi-granit (*Halbgranit*) les masses déchirées des sommets. Aujourd'hui que personne ne conteste l'influence des glaciers sur les rochers, il serait inutile de s'arrêter à combattre une pareille explication. Il suffit d'ailleurs d'entamer la roche au point de contact, pour s'assurer qu'il y a presque toujours identité pétrographique.

la bataille du Grimsel ; M. Élie de Beaumont, dans une note dont il accompagne une lettre de M. Desor (*), dit les avoir remarquées dès 1838 sur les deux rives de l'Aar.

Ordinairement, ce sont les roches moutonnées qui dominent aux niveaux supérieurs, et celui qui n'aurait vu que cette forme imparfaite, serait en droit d'élever des doutes légitimes sur la signification qu'on leur attribue. Mais quand on considère la liaison intime qui existe entre ces formes ballonnées et les véritables surfaces polies, et la manière dont elles passent de l'un à l'autre, on ne peut douter un seul instant, qu'elles ne soient l'effet d'une seule et même cause. S'il en est ainsi, il faut admettre de deux choses l'une : ou bien les glaciers ont façonné les rochers aussi haut qu'on trouve des polis; ou bien il n'existe aucun rapport entre les glaciers et les polis, et ces derniers sont dus à des causes entièrement différentes. Or, je crois avoir prouvé, en montrant le glacier à l'œuvre, que cette dernière opinion est contraire aux faits observés.

Limite des roches polies et moutonnées.

Une circonstance qui avait échappé aux observateurs, c'est le mode de distribution des roches polies et moutonnées. Nous savons aujourd'hui que ces surfaces ne sont pas répandues au hasard, mais qu'elles sont, au contraire, limitées à une certaine région qu'elles ne dépas-

(*) Comptes rendus de l'Acad. des Sc., Tom. XIV, p. 112.

sent pas, et que j'appelle *la limite des polis*. La Pl. A. de notre atlas représente une portion de la rive gauche du glacier de l'Aar en aval du Pavillon, où cette limite est des plus distincte, et où les arêtes du sommet forment un contraste frappant avec les surfaces unies qui sont au-dessous.

C'est à M. Desor qu'appartient le mérite d'avoir montré la constance de cette limite, et signalé ses rapports avec les reliefs alpins (*). Il remarqua que sur les deux rives du glacier de l'Aar, sur le revers méridional du Zinkenstock, qui domine le glacier de l'Aar, ainsi que sur les flancs du Siedelhorn les *polis cessent à peu près à la même hauteur*, pour faire place à des rochers dentelés et délités, et que lorsqu'une montagne reste au-dessous de ce niveau, son sommet n'est plus dentelé, mais arrondi et poli.

L'année suivante (1841), je dirigeai toute mon attention sur cette limite des roches polies. Je les suivis de proche en proche sur les arêtes qui dominent le glacier de l'Aar; je comparai leur hauteur sur différents points, et je ne tardai pas à me convaincre qu'au lieu d'être horizontale, comme le croyait d'abord M. Desor, elle est légèrement inclinée dans le sens des vallées. Je la trouvai encore plus nette sur la rive gauche du glacier d'Oberaar, où elle disparaît sous les neiges, à une demi-heure du col et à une hauteur d'environ 3,000ᵐ. Je la retrouvai

(*) Bibl. univ., Genève, 1841, p. 93.

après avoir franchi le col à peu près à la même hauteur, sur les flancs du Rothhorn, dans la partie supérieure du glacier de Viesch.

La même année 1841, M. Desor constata une limite tout à fait semblable sur le plateau de l'Albrun, le long de la rivière de Lebedur. M. Escher de la Linth en découvrit une plus extraordinaire encore au Geisspfad, entre la vallée de Binnen et celle d'Antigario, et ce qui prouve bien qu'ici le phénomène est complétement indépendant de la structure de la roche, c'est que l'un des flancs est de serpentine et l'autre de gneiss, et cependant la limite des surfaces moutonnées est à la même hauteur sur les deux flancs.

En 1842, je poursuivis de nouveau la limite du phénomène au glacier inférieur de l'Aar, en lui appliquant cette fois des mesures exactes. Je trouvai les roches moutonnées les plus élevées de l'Abschwung à 2,800^m; sur les flancs du Rothhorn, elles ne sont plus qu'à 2,600, et au Zinkenstock à 2,550. Nous avons vu que cette même ligne, prolongée de là à l'Est, rencontre la limite supérieure des polis du Siedelhorn à 2,430^m. D'après cela, l'inclinaison de la limite supérieure des roches polies est d'environ 350^m pour 12 kilomètres, soit de 3^m pour cent par lieue, dans la vallée de l'Aar (*), tandis

(*) Les observations que j'ai faites plus tard dans d'autres vallées confirment cette inclinaison des niveaux supérieurs. Ainsi dans la vallée de la Reuss, entre Andermatt et Amsteg, on voit cette ligne s'abaisser graduellement jusqu'à Amsteg ; mais comme les montagnes s'a-

que celle de la surface actuelle du glacier est de 530
sur 2 lieues, depuis l'Abschwung jusqu'au bord du talus
terminal (N° 18), par conséquent, du double plus considérable.

Ainsi donc, les roches polies et moutonnées ne sont
pas seulement une preuve de l'existence d'anciens glaciers, mais leur hauteur au-dessus des vallées indique
en outre l'épaisseur que ces mêmes glaciers ont atteinte
dans les différentes localités. Or, de ce que la limite supérieure des roches polies ne dépasse pas une certaine
hauteur, 3,000^{m} en moyenne, nous en tirerons cette autre
conséquence, non moins importante, c'est qu'à l'époque
des grandes glaces, toutes les cimes plus élevées devaient
surgir comme des îles du milieu de la nappe de glace.
Ces deux conséquences sont si étroitement liées que l'une
ne subsiste pas sans l'autre. Si les glaciers ont pu fa-
çonner ainsi les rochers jusqu'à la limite des polis, à bien
plus forte raison devaient-ils pouvoir enlever les débris
meubles qui recouvraient les flancs des montagnes, et
c'est pourquoi on ne trouve guère de rochers disloqués
dans l'intérieur de la zone des polis. Mais il suffit de
s'élever de quelques mètres au-dessus de cette limite,
pour se trouver aussitôt au milieu de roches profondément délitées et déchirées. L'étendue de la partie déchi-

baissent davantage, elle se montre toujours plus près des sommets,
jusqu'à ce qu'à la fin ceux-ci n'étant plus assez élevés pour surgir
au-dessus de ce niveau, elle disparaît complétement. La même
chose s'observe dans la vallée de l'Aar, entre le Grimsel et Meyringen

rée dépend de la hauteur de la montagne combinée avec sa position relativement aux centres orographiques. Si la montagne ne s'élève pas au-dessus de cette limite, il n'y aura qu'une portion, proportionnellement petite, de son sommet qui sera délitée. Ainsi le Siedelhorn, qui a 2772^m d'élévation, n'est disloqué qu'à son extrême sommet sur un espace de 300^m seulement, tandis qu'au Schreckhorn l'espace couvert de roches éboulées est de plus de 1000^m. Comme cette ligne coïncide nécessairement avec la ligne des polis, elle peut, dans certains cas, lorsque toute trace de poli a disparu, tenir lieu de limite supérieure en nous indiquant le point où les débris meubles n'ont plus été enlevés des flancs des montagnes. Ce point sera la limite supérieure des anciennes glaces en cet endroit [*].

Il est plus d'un endroit, même au glacier de l'Aar, où cette absence de débris est la seule trace qui soit restée de l'ancienne présence des glaciers, par exemple, à l'Ewigschneehorn. Tous ceux qui ont fait l'ascension de

[*] M. Desor a cherché, dans une lettre adressée à M. Élie de Beaumont, à expliquer de cette manière les amas de blocs situés au sommet des plus hautes montagnes de la Forêt-Noire, et que l'on connaît sous le nom de mers de rochers (*Felsenmeere*). Il pense qu'on pourrait peut-être appliquer la même interprétation à toutes les montagnes qui présentent ce phénomène. Quoi qu'il en soit, il faut convenir qu'en principe cette théorie est plus rationnelle que celle qui explique le phénomène par des secousses locales ; car on ne conçoit pas trop comment des secousses locales n'auraient affecté que le sommet, souvent même seulement l'extrême sommet, tandis que les flancs seraient restés intacts.

cette belle montagne savent qu'arrivés au pied de la
pente, on monte jusqu'à mi-côte sur des surfaces gazonnées, entremêlées de rochers nus plus ou moins grossiè-
rement arrondis, qui n'ont conservé que quelques traces
vagues de leur ancien poli. A la hauteur de 3000^m, ces
surfaces gazonnées font soudain place à une pente complétement délitée, au point que l'on dirait que la montagne entière est composée de masses ébranlées. Plus
haut, les débris augmentent de volume, mais ils n'en
sont pas moins chaotiques, et le sommet est une arête
tranchante, hérissée de grandes dalles semblables à
d'immenses créneaux, qui auraient certainement été enlevés si le glacier s'était jamais élevé à cette hauteur. Il
en est de même au Schreckhorn, au Thierberg, au
Rothhorn et sur nombre d'autres cimes.

DES GALETS STRIÉS.

Les glaciers n'usent et ne strient pas seulement leurs
rives, ils façonnent de la même manière les galets et les
cailloux qui sont interposés entre eux et le sol. Quand on
examine, au pied d'un glacier, les dépôts meubles, on
les trouve toujours arrondis et polis, tandis que ceux de
la surface du glacier sont, presque sans exception, anguleux. Mais là ne se borne pas la différence. Les galets
et cailloux de la couche de boue sont aussi très-fréquem-
ment striés. Les stries ont la même apparence que celles
des parois encaissantes, avec cette différence qu'elles ne
suivent pas une même direction, et sont dirigées dans

tous les sens sur un même caillou. Cette circonstance n'a rien d'extraordinaire, quand on songe que les cailloux, en se frottant les uns par-dessus les autres, prennent successivement des positions très-diverses.

Cependant, les galets striés ne sont pas également abondants sous tous les glaciers. Il est des glaciers, celui du Rhône, par exemple, où ils sont très-rares. En revanche, ils sont très-nombreux et fort bien caractérisés aux glaciers deux de Grindelwald et à celui de Rosenlaui. M. Collomb, qui a observé les mêmes variations dans les anciennes moraines des Vosges, a fort bien expliqué cette diversité, qu'il attribue à la nature des roches. « Si le galet, dit-il, est d'une roche tendre et qu'il « se trouve, pendant son mouvement, en contact avec « une roche également tendre et friable, il ne sera pas « rayé. De même, si le galet provient d'une roche dure « comme le granit, et que dans son mouvement de « translation il rencontre des roches aussi dures que lui, « il sera simplement poli et usé, mais non pas rayé (*). »

Que si, au contraire, les rives d'un glacier se composent de roches d'une dureté variable, on conçoit que les débris plus tendres étant frottés par du gravier et du sable d'une roche plus dure, se rayent à leur contact. Au glacier de Grindelwald ainsi qu'au glacier de Rosenlaui, la partie supérieure de la vallée fournit des débris granitiques; la partie inférieure, au contraire, des débris cal-

Ed. Collomb, Preuves de l'existence d'anciens glaciers dans les vallées des Vosges.

caires, et ce sont précisément ces derniers qui sont si
bien striés. Au glacier du Rhône, les rives sont du gra-
nite pendant tout le trajet du glacier, et c'est pourquoi on
n'y trouve pas de galet strié. Au glacier de l'Aar, il y en
a bien quelques-uns, mais ce sont ceux de gneiss, provenant de la partie supérieure de la vallée.

Mais s'il est vrai que le burinage exige des roches d'une
dureté suffisante, comment se fait-il que les parois de
ces mêmes glaciers du Rhône et de l'Aar soient si distinctement rayées et burinées, tout en étant granitiques? Il faut bien distinguer ici entre le burinage des
galets et celui des roches en place. Les galets, par cela
même qu'ils sont mobiles et susceptibles de se mouvoir
les uns sur les autres, échappent aux pressions excessi-
ves, et c'est pourquoi des cailloux de même nature peuvent bien se polir, mais non pas s'entamer, se sillonner.
Les rochers fixes, au contraire, sont obligés de subir
toutes les pressions, et c'est pourquoi il n'est aucune roche en place, sans même en excepter les filons de quartz,
qui ne soit rayée. Les raies et les sillons sont toujours le
plus nets dans les endroits où la vallée se rétrécit, parce
que c'est là que le glacier exerce les frottements les plus
considérables.

TABLE DES MATIÈRES.

CHAPITRE PREMIER.

CHAP. V.

CHAP. VI.

CHAP. VII.

CHAP. VIII.

CHAP. XIII.

CHAP. XIV.

CHAP. XV.

FIN DE LA TABLE.